教育部高等学校材料类专业教学指导委员会规划教材

电子陶瓷材料与器件

吴家刚　主编
郑　婷　副主编

ELECTRONIC CERAMIC
MATERIALS AND
DEVICES

U0243577

化学工业出版社

·北京·

内 容 简 介

本书结合近几十年国内外有关电子陶瓷的主要研究成果和学术思想及本课题组在铁电压电领域的研究特色进行了编著，深入讨论了电子陶瓷的理论基础、制备方法与革新技术、近年来的研究进展以及相关器件应用。全书共 10 章，前 3 章主要阐述电子陶瓷的基本物理特性、材料与器件的制作、显微结构与性能的关联；后 7 章主要涵盖电子陶瓷材料与器件的发展，包括铁电压电陶瓷、铁电储能陶瓷、微波介质陶瓷、电容器陶瓷、敏感陶瓷、绝缘陶瓷、陶瓷基复合材料。本书重点引入了电子陶瓷新近发展的新理论、新方法、新技术、新材料以及新器件，内容新颖、案例丰富，有益于读者深入了解电子陶瓷材料与器件的发展。

本书可作为材料科学与工程、电子科学与技术、凝聚态物理、电介质物理、功能材料等学科或专业的本科生和研究生教学用书，也可供电子材料与元器件、功能陶瓷与器件等领域的研究人员和工程技术人员参考。

图书在版编目（CIP）数据

电子陶瓷材料与器件/吴家刚主编；郑婷副主编. —北京：化学工业出版社，2022.4（2023.11重印）

ISBN 978-7-122-40669-9

Ⅰ.①电…　Ⅱ.①吴…②郑…　Ⅲ.①电子陶瓷-教材②电子陶瓷器件-教材　Ⅳ.①TM28②TN6

中国版本图书馆 CIP 数据核字（2022）第 026307 号

责任编辑：陶艳玲　　　　　　　　　　　文字编辑：陈立璞
责任校对：边　涛　　　　　　　　　　　装帧设计：史利平

出版发行：化学工业出版社（北京市东城区青年湖南街 13 号　邮政编码 100011）
印　　装：北京科印技术咨询服务有限公司数码印刷分部
787mm×1092mm　1/16　印张 19½　字数 469 千字　2023 年 11 月北京第 1 版第 3 次印刷

购书咨询：010-64518888　　　　　　　　售后服务：010-64518899
网　　址：http://www.cip.com.cn

前 言

电子陶瓷作为一类重要的战略新材料，是无源电子元件等领域的核心关键材料，也是电子信息技术领域重要的科学技术前沿。 电子陶瓷的应用领域广阔、产值大，主要涉及消费电子、汽车电器、航空航天、医疗健康等行业。 近年来，电子陶瓷在小型化和便携式电子产品中占据十分重要的地位，高投入的研发使得电子陶瓷及元器件成为一个创新活跃、竞争激烈的领域。 我国是电子元件大国，多种电子陶瓷产品的产量居世界第一，已形成一批在国际上拥有一定竞争力的元器件产品生产基地，同时拥有全球最大的应用市场。 但是我国在高端电子陶瓷领域的应用与发展仍受到一些关键材料技术、工艺技术及设备技术等的制约。

本书编者长期从事电子陶瓷特别是压电铁电陶瓷及器件的研究工作，同时担任材料科学与工程、材料物理、材料化学、新能源材料与器件等本科专业课程的主讲教师。 鉴于国内同类教材编著时间相对较早，涉及的内容难以体现电子陶瓷近年来的蓬勃发展趋势，特别是近年来备受关注的无铅压电陶瓷及器件的发展缺乏系统的、深入的介绍。 有感于此，编者拟集自身的科研和教学所得，汇编本书，试图弥补。

本书内容的安排及编写力图实现本课程的教学目的：使读者掌握电子陶瓷的基础知识、基本原理、制备方法、发展现状、器件应用等，并对电子陶瓷的发展有较全面的认识和理解。 全书共 10 章，由四川大学材料科学与工程学院的吴家刚任主编，郑婷任副主编。 本书的出版得益于四川大学铁电压电材料及器件研究团队的共同努力，在此向他们的辛勤工作深表谢意。

在本书出版之际，深深感激引领我进入电子陶瓷研究领域的两位导师——肖定全教授和朱建国教授，感谢他们给予的长期关心与支持。 感谢国家自然科学基金委、四川省对编者在电子陶瓷科研方向上的资助。 同时，对本书中所引用文献资料的作者致以诚挚的谢意。

对书中存在的错误及不妥之处，恳请各位读者、同行批评指正。

吴家刚
2021 年 11 月于四川大学

目 录

第1章 绪论

第 2 章　电子陶瓷的制备工艺

第 3 章　电子陶瓷的显微结构

第 4 章　铁电压电陶瓷及器件

第 5 章　铁电储能陶瓷及器件

第6章 微波介质陶瓷及器件

第7章 电容器陶瓷

第8章　敏感陶瓷

第**9**章 | 绝缘陶瓷

第**10**章 | 陶瓷基复合材料

第 1 章

绪论

1.1 电子陶瓷的定义

传统陶瓷是指由黏土（有长石、石英等物）的混合物，经成型、干燥、烧结等流程制备而成的制品，主要包括日用陶瓷、建筑陶瓷、卫生陶瓷、化工陶瓷、工艺陶瓷等。随着社会的迅速发展，当前陶瓷制品已广泛应用于工业领域；并且不再仅仅采用传统黏土之类制备陶瓷，更多的是采用复杂的工业原料。由此，电子陶瓷的定义为：运用黏土或者工业原料制成的，在电子工业中能够运用其电、光、磁等性质的材料。例如电容器陶瓷、微波介质陶瓷、储能陶瓷、压电陶瓷、敏感陶瓷、陶瓷基复合材料、绝缘陶瓷等，在本书中将一一进行介绍。总而言之，当代电子陶瓷可以通过化学组成、制备工艺等方式调控微观结构并赋予新的功能性质，在国民经济、国防建设和工业发展中具有非常重要的作用。

1.2 电子陶瓷的基本性质

电子陶瓷的基本性质包括电学、力学、热学、光学、声学等在内的多种特性。随着科学技术的发展，电子陶瓷已不仅仅用作绝缘材料，在功能材料方面亦得到了广泛应用。其研究范围扩大到半导体、电介质、导体，在机械、电子及军工等领域以及力、热、光、电、磁等功能转换器件中具有不可替代的作用。因此，认识和了解电子陶瓷的电学、力学、热学、光学、声学等基本性质及其与组成、结构的关系将有利于增强材料性能，为国防和科技发展做出重要贡献。

1.2.1 电学性能

电子陶瓷的电学性质是指在电场作用下传导电流和被电场感应的性质。陶瓷传导电流可用下式描述：

$$J = \sigma E \tag{1.1}$$

式中，J 为电流密度（一般为矢量）；E 为电场强度（一般为矢量）；σ 为电导率（一般为张量）。陶瓷被电场感应的性质，通常可用下式描述：

$$D = \varepsilon E \tag{1.2}$$

式中，D 为电位移（一般为矢量）；ε 为介电常数（一般为张量）。其中电导率 σ 和介电常数 ε 是描述电子陶瓷电学性质的两个最基本的电学参数。

1.2.1.1 电子陶瓷的导电性能

陶瓷材料多是由离子键和共价键组成，键能大，结合牢固，具有宽禁带宽度，表现出绝缘特性，例如氧化铝、氧化硅、氮化硅等。当对绝缘陶瓷进行化学掺杂或者构成非化学计量比时，可以得到半导体陶瓷，例如 $NiO(Li)$、SnO_{2-x} 等。部分陶瓷材料的离子性较强，晶格中有可以自由移动的离子参与导电，如 AgI 等。甚至高温超导材料的导电能力已经超过了金属，现有先进陶瓷材料的电导率几乎覆盖了从良导体到绝缘体的范围，并已经得到广泛应用。

电子陶瓷在低电压下，其电阻 R 和电流 I 与作用电压 U 之间的关系符合欧姆定律。但是在高电压作用下，三者之间的关系则不符合欧姆定律。在高电压下，电子陶瓷中的载流子迅速增殖，造成击穿，电子直接由满带跃迁到导带，发生电离。陶瓷材料的电阻包括表面电阻和体积电阻。表面电阻率不仅与材料的表面组成和结构有关，还与陶瓷材料表面的污染程度、开口气孔率的大小、是否亲水以及环境等因素有关。而体积电阻率只与材料的组成和结构有关，是表征陶瓷材料导电能力大小的特征参数。因此，国际标准和国家标准均规定采用三电极系统测量陶瓷材料的体积电阻和表面电阻，再根据式样的几何尺寸计算陶瓷式样的体积电阻率和表面电阻率。

假设陶瓷式样为国家标准规定的"平板式电容器"圆片状。其中，一个平面上设有金属保护电极和测量电极，在该平面最外层的环状金属薄层为保护电极，该平面中部的圆形金属薄层为测量电极，两电极之间是没有金属的环状陶瓷表面；另一平面为高压电极，该表面均为金属薄层。设标准陶瓷式样的测量电极面积为 S，测量电极与高压电极的间距为 h，则该陶瓷式样的体积电导率（简称为电导率）为：

$$\sigma = \frac{Gh}{S} \tag{1.3}$$

式中，G 为式样的电导。

由此可得，式样的电导率为面积 $1cm^2$、厚度 $1cm$ 的陶瓷式样所具有的电导。电导率又称为比电导或者导电系数，单位是 S/m（西门子/米），通常用 $(\Omega \cdot m)^{-1}$ 表示。体积电导率 σ 的倒数即为体积电阻率，用 ρ 表示，单位为 $\Omega \cdot m$，也是衡量陶瓷材料导电能力的特性参数。

表 1.1 列出了一些电子陶瓷材料在室温下的电导率。可以看出，陶瓷材料的电导率大小取决于材料类型，其差异巨大。在陶瓷材料中存在能够传递电荷的质点，这些质点称为载流子。不同陶瓷中的载流子有所区别。陶瓷中的载流子可以是离子、电子、空穴或者几种载流子共同存在。离子作为载流子的导电机制称为离子电导；电子或者空穴作为载流子的导电机制称为电子电导。一般而言，电介质陶瓷和绝缘陶瓷主要是离子电导，而半导体和导电陶瓷主要是电子电导。

表 1.1　一些电子陶瓷材料在室温下的电导率

类别	材料	电导率/$(\Omega \cdot m)^{-1}$	用途
导电陶瓷	ReO_3	10^6	电热体、电极、热电偶、微波吸收材料
	CrO_3	10^5	
	TiC	10^4	
	SnO_2、CuO、Sb_2O_3	10^3	
半导体陶瓷	Fe_3O_4	10^2	敏感元件、电阻器、电容器
	B_4C_3	10^1	
	NiO、Li_2O	10^0	
	SiC	10^1	
	$LaCrO_3$	10^2	
	SnO_2	10^3	
	NiO	10^8	
电介质陶瓷	钡长石瓷	10^{-12}	直流、低频和高频绝缘子、微波器件、光学器件、集成电路器件、电容器、换能器、滤波器等压电器件
	滑石瓷	10^{-13}	
	镁橄榄石瓷	10^{-14}	
	尖晶石瓷	10^{-13}	
	金红石瓷	10^{-11}	
	钛酸钡瓷	10^{-10}	
	刚玉瓷	10^{-14}	

　　电子陶瓷的导电机制比较复杂，其导电粒子具体包括电子、正离子和负离子。导电性的强弱与材料中载流子的浓度和迁移率密切相关，并受到材料的组成、微观结构、晶体缺陷、制备工艺和后处理过程的影响。

　　陶瓷中的离子电导来源于其中的晶相结构和玻璃相（或者晶界相）结构。通常，晶相的电导率比玻璃相小。在玻璃相含量较高的陶瓷中，电导主要取决于玻璃相，遵循普通玻璃的导电规律，其电导率一般较大。反之，在含有少量玻璃相的陶瓷中，电导主要取决于晶相，导电规律与晶体一致，其电导率较小。玻璃相的离子导电规律一般可用玻璃网状结构理论来描述，而晶体中的离子导电规律可以用晶格振动理论来描述。

　　晶体一般分为离子晶体、原子晶体和分子晶体。离子晶体中占据晶格位置的是正负离子，当离子离开晶格位置时就会产生电荷移动，即电流。原子晶体和分子晶体中占据晶格位置的是具有电中性的原子和分子，这些粒子不能直接成为载流子，只有出现杂质离子时才能引起离子电导。

　　离子晶体中离子离开晶格位置的现象称为解离，解离后的离子可以进入晶格间隙，称为填隙离子；这些填隙离子也可以回到晶格位置，这种现象称为复合，没有离子存在的晶格位置称为空位。填隙离子和空位都是晶格缺陷的一种。由于热运动而形成的本征填隙离子和空位缺陷称为热缺陷，是晶体普遍存在的一种缺陷。杂质也是一种晶体缺陷，称为杂质缺陷或者化学缺陷。杂质离子可以存在于晶格间隙中成为填隙离子，也可以取代本征离子占据晶格位置。因此，在陶瓷材料中，正负填隙离子、空位、电子和空穴都是带电质点，在电场作用下规则地迁移，形成电流。

　　设单位体积陶瓷式样中载流子的数目为 n，每个载流子所带的电荷为 q，在电场 E 下，载流子沿电场迁移的平均速率为 v，那么其电流密度可表示为：

$$J = nqv \qquad (1.4)$$

结合式 (1.3)，可得

$$\sigma = nqX \tag{1.5}$$

其中，$X = \dfrac{v}{E}$ 为迁移率，单位为 $cm^2/(s \cdot V)$，表示在单位电场强度下，载流子沿电场方向的平均迁移速度。离子的迁移率在 $10^{-8} \sim 10^{-10}\, cm^2/(s \cdot V)$ 范围内，电子的迁移率在 $1 \sim 100\, cm^2/(s \cdot V)$ 范围内。迁移率的大小与材料的化学组成、晶体结构、温度等有关。根据玻尔兹曼能量分配定律，电导率的指数表达式为：

$$\sigma = A\exp\left(-\frac{B}{T}\right) \tag{1.6}$$

式中，A、$B = \dfrac{U_0}{K}$ 为与陶瓷材料的化学组成和晶体结构有关的常数（U_0 为活化能，当载流子为离子时，它与离子的解离和迁移有关，当载流子为电子时，它与禁带宽度 ΔE 有关；K 为玻尔兹曼常数，$K = 1.38 \times 10^{-4}\, eV/K$）；$T$ 为热力学温度。上式表示一种载流子引起的电导率与温度的关系。当有多种载流子共同存在时，可用多项式表示：

$$\sigma = \sum A_j \exp\left(-\frac{B_j}{T}\right) \tag{1.7}$$

上式表明陶瓷材料的导电机理相当复杂，在不同温度范围，载流子的性质可能不同。例如，刚玉（$\alpha\text{-}Al_2O_3$）陶瓷在低温时为杂质离子电导，在高温（超过 1100℃）时呈现明显的电子电导。应该指出，此处的电导率应确切地称为体积电导率。这是因为表面电导率还与材料的表面组成、结构、性质和环境条件等因素有关。

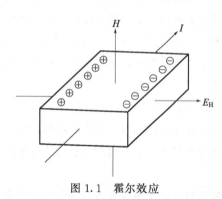

图 1.1　霍尔效应

电子电导的特征是具有霍尔效应。如图 1.1 所示，当电流通过电子电导和陶瓷式样时，如果在垂直于电流的方向上施加磁场 H，那么在垂直于 $I\text{-}H$ 平面的方向产生的电场 E_H 就称为霍尔电场，这种现象就称为霍尔效应。实验表明霍尔效应产生于电子在磁场作用下的横向位移。由于离子的质量比电子大得多，在磁场作用下没有横向位移，导致离子电导不呈现霍尔效应。因此，常用霍尔效应来区分陶瓷材料是离子电导还是电子电导。根据能带理论，导体、半导体和绝缘体中的电子能态是不同的。导体中的导电电子是自由电子，它具有空带的能态。绝缘体中的电子具有满带的能态，该满带与导带之间相隔一个宽的禁带，一般这种电子是非导电的束缚电子，因此绝缘体中较少呈现电子电导。在电场作用下，一般离子晶体在室温时由离子电导引起的电导很小。半导体具有类似绝缘体的能带结构，但其禁带宽度小且禁带中有一定数量的施主能级和受主能级，施主能级上的电子是弱束缚电子，容易受外界电场、热、光等的作用，获得较小的能量就可跃迁到空带形成自由态的导电电子；同时，满带中电子的空位子——空穴，可以看成带正电的质点，与空带中的自由电子一样，参与电导。利用霍尔效应还可以判断导体和半导体中参加导电的是电子还是空穴。表 1.2 为一些化合物的禁带宽度。常见的化合物材料中，属于电子电导的有：ZnO、TiO_2、WO_3、Al_2O_3、$MgAl_2O_4$、MnO_2、SnO_2、Fe_3O_4、BaO、CdO 等；属于空穴电导的有：Cu_2O、Ag_2O、Hg_2O、SnO、MnO、Bi_2O_3、Cr_2O_3、CoO、Pr_2O_3、MoO_2 等；既有电子电导又有空穴电导的有：SiC、Al_2O_3、Mn_3O_4、Co_3O_4、IrO_4、UO_2 等。

表 1.2　一些化合物的禁带宽度

化合物	Mn_3O_4	SiC	Cu_2O	Fe_2O_3	$\gamma\text{-}Al_2O_3$	$BaTiO_3$	TiO_2(金红石)	ZnO	$\alpha\text{-}Al_2O_3$	MgO	BaO	SrO	CaO	Li_2O
禁带宽度 /eV	1.25	1.5	1.55	2.2	2.5	2.5~3.2	3.05	3.2	7.3~7.8	7.8	8.4	9.2	10.8	12.8

1.2.1.2　电子陶瓷的介电性能

介电常数是衡量电介质材料储存电荷能力的参数，通常又叫作介电系数或电容率。设真空介质常数为 1，则非真空电介质材料的介电常数为：

$$\varepsilon = \frac{Q}{Q_0} \tag{1.8}$$

式中，Q_0 为真空介质的电极上的电荷量；Q 为同一电场和电极系统中介质为非真空电介质时电极上的电荷量。表明在同一电场作用下，同一电极系统中，介质为非真空电介质时电极上储存电荷量相比真空介质情况下电极上储存电荷量增加的倍数等于该非真空介质的介电常数。由上式得到

$$\varepsilon = C\,\frac{h}{\varepsilon_0 S} \tag{1.9}$$

式中，C 为式样的电容量；h 为式样厚度或两电极之间的距离；S 为电极的面积；ε_0 为真空介电常数，$\varepsilon_0 = \frac{1}{4}\pi \times 9 \times 10^{11}\,\text{F/cm}$。

电子陶瓷在室温下的介电常数随组成变化，在数值上呈现出很大的差异，因此具有广泛的应用。电子陶瓷在介电常数上的差异主要是因为其内部存在不同的极化机制。研究表明，陶瓷中参加极化的质点只有电子和离子，这两种质点在电场作用下以多种形式参加极化过程，如位移式极化、松弛式极化、界面极化、谐振式极化、自发极化。具体阐述如下：

（1）位移式极化

这种极化是电子或离子在电场作用下瞬间完成，去掉电场时又恢复原状态的极化形式。它包括离子位移极化和电子位移极化。

离子位移极化——在外电场作用下，构成陶瓷的正、负离子在其平衡位置附近也发生与电子位移极化类似的可逆性位移，最终形成离子位移极化。离子位移极化与离子半径、晶体结构密切相关。离子位移极化所需的时间与离子晶格振动周期的数量级（$10^{-12} \sim 10^{-13}\,\text{s}$）相同。一般当外加电场的频率低于 $10^{13}\,\text{Hz}$ 时，离子位移极化就存在；通常当电场频率高于 $10^{13}\,\text{Hz}$ 时，离子位移极化来不及完成，陶瓷的介电常数将减小。

电子位移极化——在没有外电场作用时，构成陶瓷的离子（或原子）的正、负电荷中心重合。在电场作用下，离子（或原子）中的电子向电场反方向移动一个小距离，带正电的原子核将沿电场方向移动一个更小的距离，造成正、负电荷中心分离；而当外加电场取消后又恢复到原来的状态。离子（或原子）的这种极化方式称为电子位移极化。这种位移极化通常会导致陶瓷材料的介电常数增加。电子位移极化建立的时间仅为 $10^{-14} \sim 10^{-15}\,\text{s}$，所以只要

作用于陶瓷材料的外加电场频率小于 10^{15} Hz，就存在这种形式的极化。因此，电子位移极化存在于所有的陶瓷材料中。

（2）松弛式极化

这种极化不仅与外电场作用有关，还与极化质点的热运动有关。陶瓷材料中主要有离子松弛极化和电子松弛极化。

离子松弛极化——陶瓷材料的晶相和玻璃相中存在着晶格等结构缺陷，即存在一些弱联系离子。这些弱联系离子在热运动过程中，不断从一个平衡位置迁移到另一个平衡位置。在无外电场作用下，离子向电场方向或反电场方向迁移的概率增大，使陶瓷介质呈现电极性。这种极化不同于离子位移极化，是离子同时在外电场作用和热运动作用下产生的极化。作用在离子上与电场作用力相对抗的力，不是离子键的静电力，而是不规则的热运动阻力，极化建立的过程是一种热松弛过程。由于离子松弛极化与温度有明显的关系，因此介电常数与温度有明显的关系。离子松弛极化建立的时间为 $10^{-2} \sim 10^{-9}$ s。在高频电场作用下，离子松弛极化不易充分建立起来，因此其介电常数随电场频率升高而减小。

电子松弛极化——晶格热振动、晶格缺陷、杂质的引入、化学组成的局部改变等因素都能使电子能态发生变化，出现位于禁带中的电子局部能级，形成弱束缚的电子或空穴。在外加电场作用下，该弱束缚电子的运动具有方向性，而呈现极化，这种极化称为电子松弛极化。电子松弛极化可使介电常数上升到几千至几万，同时产生较大的介质损耗。通常在钛质陶瓷、钛酸盐陶瓷以及以铌、铋氧化物为基础的陶瓷中存在着电子松弛极化。电子松弛极化建立的时间需 $10^{-2} \sim 10^{-9}$ s。通常，这些陶瓷材料的介电常数随电场频率的升高而减小，随温度的变化有极大值。

（3）界面极化

界面极化是与陶瓷体内电荷分布情况有关的极化形式。其主要原因是陶瓷内部存在不均匀性和界面，其中普遍存在晶界，部分陶瓷中还存在相界。由于界面两边各相的电学性质（电导率、介电常数）等不同，在界面处容易聚集空间电荷。不均匀的化学组成、夹层、气泡是陶瓷的宏观不均匀性，在界面上也存在空间电荷。一些陶瓷在直流电场作用下会发生电化学反应，在一个电极或两个电极附近形成新的物质（称为形成层作用），使陶瓷变成两层或多层电学性质不同的介质。在这些层间界面上也会聚集空间电荷，使电极附近电荷增加，呈现了宏观极化。这种极化能够形成很高的与外加电场方向相反的电动势——反电动势，因此这种宏观极化也称为高压式极化。由夹层、气泡等缺陷形成的极化则称为夹层式极化。高压式和夹层式极化可以统称为界面极化。由于空间电荷聚集是一个缓慢的过程，因此这种极化建立的时间较长，从几秒到几十个小时。界面极化只对直流和低频下介质材料的介电性能有影响。

（4）谐振式极化

陶瓷中的电子、离子都处于周期性的振动状态，其固有振动频率处于红外线、可见光和紫外线的频段，约为 $10^{12} \sim 10^{15}$ Hz。当外加电场的频率接近或达到此固有频率时，将会发生谐振。电子或离子在电场作用下振幅增大，呈现极化现象。振幅增大之后的电子或离子与其周围质点相互作用，将振动能转变成热能，或者发生辐射，导致能量损耗。这种极化形式仅发生在光频段。

（5）自发极化

自发极化是铁电体特有的一种极化形式。铁电晶体在一定温度范围内，由于晶胞结构的自身原因，无外加电场作用时，其正、负电荷中心不重合。也就是说，原始晶胞具有一定的固有偶极矩 u。这种极化形式称为自发极化，其方向随外电场方向的变化而发生相应的变化。铁电晶体中存在由相同方向的自发极化构成的小区域，不同区域之间的极化方向不同，这些小区域称为"铁电畴"，是铁电晶体的特征之一。铁电陶瓷多属于多晶体，通常晶粒分布混乱，晶粒之间为晶界组合物，因此宏观上各个晶粒的自发极化互相抵消，不呈现极化。各种极化形式及其特征如表 1.3 所示。

表 1.3 不同极化形式及其特征

极化形式	相应的电介质	频率范围	与温度的关系	能量损耗
离子位移极化	离子组成的陶瓷	直流到红外线	温度升高，极化增强	很微弱
电子位移极化	一切陶瓷	直流到光谱	无关	没有
离子松弛极化	离子组成的玻璃、结构不紧密的晶体基陶瓷	直流到超高频	随温度变化有极大值	有
电子松弛极化	钛质陶瓷、高价金属氧化物基础的陶瓷	直流到超高频	随温度变化有极大值	有
自发极化	极化温度低于居里温度的铁电材料	直流到超高频	随温度变化有特别显著的极大值	很大
界面极化	结构不均匀的陶瓷	直流到音频	随温度升高而减弱	有
谐振式极化	所有陶瓷	光谱	无关	很大
极性分子弹性联系转向极化、极性分子松弛转向极化	有机材料	直流到超高频	随温度变化有极大值	有

1.2.1.3 电子陶瓷的介质损耗

陶瓷材料在电场作用下的电导和部分极化过程都会将一部分电能转化为热能，导致能量损耗。在这个过程中，单位时间内消耗的电能称为介质损耗。

在直流电场作用下，陶瓷材料的介质损耗由电导过程引起，即介质损耗取决于陶瓷材料的电导率和电场强度，表示为：

$$P = \sigma E^2 \tag{1.10}$$

当电场强度 E 一定时，陶瓷材料的介质损耗与该材料的电导率成正比。

在交流电场作用下，陶瓷材料的介质损耗由电导和部分极化过程共同引起。陶瓷电容器可等效为一个理想电容器和一个纯电阻并联或串联，其等效电路如图 1.2 所示。

图 1.2 中，δ 称为损耗角，是有损耗电容器中电流超前电压的相位角 ϕ 与无损耗电容器的相位角 $90°$ 的差值。陶瓷材料的损耗角一般小于 $1°$。根据并联等效电路可得：

$$\tan\delta = \frac{P_a}{P_c} = \frac{I_R}{I_C} = \frac{U/R_P}{U/R_C} = \frac{1}{R_P R_C} = \frac{1}{\omega C_P R_P} \tag{1.11}$$

式中，P_a 为有功功率，即介质损耗的功率；$P_c = U^2/R_C = \omega C U^2$，为无功功率；$\omega$ 为角频率；C_P 为等效并联电容；R_P 为等效并联电阻。由串联电路得出：

$$\tan\delta = \frac{U_R}{U_C} = \omega C_s R_s \tag{1.12}$$

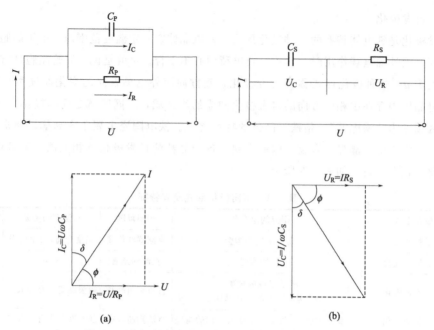

图 1.2　有损耗电容器的等效电路图及对应的矢量图

式中，C_S 为等效串联电容；R_S 为等效串联电阻。因此

$$\frac{1}{\omega C_P R_P} = \omega C_S R_S \tag{1.13}$$

所以，当 $\tan\delta$ 很小时，$C_P \approx C_S$，$R_P \gg R_S$。

$\tan\delta$ 的具体意义是有损耗电容器每周期消耗的电能与其所储存电能的比值。实验上，经常用 $\tan\delta$ 来表示介质损耗的大小。但应注意，用 $\tan\delta$ 表示介质损耗时必须指明测量（或工作）频率。因为介质损耗功率为：

$$P_a = P_c \tan\delta = \omega C \tan\delta U^2 \tag{1.14}$$

单位体积的介质损耗功率为：

$$P = \omega \varepsilon \tan\delta E^2 \tag{1.15}$$

可以看出，介质损耗与频率密切有关。上式中，$\varepsilon \tan\delta$ 被称为损耗因数，在外界条件一定时，它是介质本身的特定参数；$\omega \varepsilon \tan\delta$ 被称为等效电导率，随着频率增加而增大。因此，在高频、高功率下工作的介质陶瓷其损耗必须小，即保证低 $\tan\delta$。一般而言，高频介质应小于 6×10^{-4}，高频、高功率介质应小于 3×10^{-4}，因此在生产上控制 $\tan\delta$ 是很重要的。

此外，陶瓷的 $\tan\delta$ 对湿度非常敏感，表现为受潮之后 $\tan\delta$ 急剧增大，式样受潮越严重，$\tan\delta$ 增大越厉害，因此可以利用损耗来大概判断陶瓷烧结性能的好坏。介质损耗与化学组成、相组成、结构、制备工艺等因素都很相关，凡是影响电导和极化的因素都对陶瓷材料的介质损耗有影响。

1.2.1.4　电子陶瓷的绝缘强度

陶瓷介质的绝缘性是在一定电压范围内，即相对弱电场范围内，介质保持介电状态。当电场强度超过临界值时，介质由介电体变为导电体，这种现象称为介质的击穿。击穿时，电流急剧增大，在击穿处往往出现局部高温、活化、炸裂和裂纹等现象，造成材料本身不可逆的破坏。同时,击穿处常出现小孔、裂缝,或击穿时整个陶瓷式样炸裂的现象。击穿时的电压称为击穿电压 U_j,相应的电场强度称为击穿电场强度、绝缘强度、介电强度或抗电强度等,用 E_j 表示。当电场在陶瓷介质中均匀分布时

$$E_j = \frac{U_j}{h} \tag{1.16}$$

式中,h 为击穿处介质的厚度。

在某些电容器陶瓷和半导体陶瓷中,击穿往往不造成机械破坏,电场降低后仍然能恢复介电状态,此时也认为发生了击穿。陶瓷材料的击穿电场与电极的大小、形状、结构,试验时的温度、湿度,施加电压的方式、时间,式样周围的环境等因素有关。陶瓷发生击穿过程的时间约为 10^{-7}s,过程比较复杂。击穿电场一般为 $4\sim60$kV/mm,沿陶瓷表面的击穿电场更低,因此在制造陶瓷器件时必须特别注意这个问题。

一般介质的击穿分为电击穿和热击穿两种。陶瓷在电场作用下,由于其内部气孔常发生内电离、电化学效应引起介质老化,以及强电场作用下的应力和电致应变、压电效应和电致相变等引起形变和裂纹,最终导致电击穿或热击穿,是陶瓷材料比较特殊的击穿形式。

电击穿是指在电场作用下,介质中的载流子迅速增加造成的击穿。这个过程约在 10^{-7}s 内完成。电击穿电场强度较高,为 $10^6\sim10^7$V/cm。热击穿是指陶瓷材料在电场作用下发生热不稳定,因温度升高而导致的破坏。热击穿过程不像电击穿那样迅速,往往使陶瓷的温度迅速升高。热击穿电场强度较低,一般为 $10^4\sim10^5$V/cm。

电子陶瓷在直流电场作用下的实验表明,温度较高时通常发生热击穿,温度较低时则发生电击穿。电击穿强度与温度无关,而热击穿强度随温度升高而降低。此外,电击穿和热击穿温度范围的划分十分复杂,与样品的组成、结构、环境对样品的冷却情况、电压类型有关,特别是电场频率对其影响很大。表 1.4 列出了金红石陶瓷和刚玉陶瓷击穿电场强度与试样厚度的关系。

表 1.4 陶瓷材料击穿电场强度与试样厚度的关系

式样名称	式样厚度/m	E_j/(V/m)	
		直流	$f=50$Hz(油浴)
金红石陶瓷	3.0×10^{-4}	3.75×10^7	2.7×10^7
	1.5×10^{-3}	1.75×10^7	1.05×10^7
	3.0×10^{-3}	1.2×10^7	0.85×10^7
刚玉陶瓷	3.0×10^{-4}	4.1×10^7	3.6×10^7
	1.5×10^{-3}	2.5×10^7	1.7×10^7
	3.0×10^{-3}	1.9×10^7	1.1×10^7

1.2.2 力学性能

材料在外力作用下都会发生一定的形变和体积变化,当外力超过某一临界值时,材料将被破坏,甚至断裂,且不可恢复。在外力作用下,不同陶瓷材料的形变或断裂呈现不同规律。图 1.3 为不同材料的应变和应力关系。在 A 段为弹性形变范围,遵守胡克定律,曲线 AB 段为塑性形变范围。大多数陶瓷材料的塑性形变范围很小,甚至没有,呈现脆性断裂。研究陶瓷材料的断裂机理,对提高材料的强度和韧性具有重要意义。

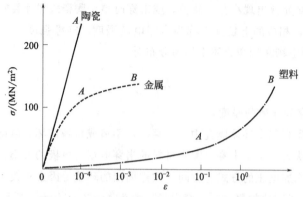

图 1.3　不同材料的应力随应变的变化趋势

（1）弹性模量

陶瓷材料宏观上可以看作各向同性。设在胡克定律范围内，沿 x 方向作用于试样的应力，在 x 方向和 y 方向产生应变，则

$$\sigma_{xx} = E\varepsilon_{xx} \tag{1.17}$$

$$\sigma_{xx} = -\frac{E}{\mu}, \varepsilon_{yy} = -\frac{E}{\mu}\varepsilon_{zz} \tag{1.18}$$

式中，E 为弹性模量；μ 为泊松比或横向形变系数。

对试样施加剪切应力或等静压力，可得到剪切模量 G 和体积弹性模量 K，其关系如下：

$$G = \frac{E}{2(1+\mu)} \tag{1.19}$$

$$K = \frac{E}{3(1-2\mu)} \tag{1.20}$$

陶瓷材料的弹性模量变化范围大，为 $10^9 \sim 10^{11} \text{N/m}$，泊松比为 $0.2 \sim 0.3$。弹性模量是原子（或离子）间结合强度的一种指标。原子间的作用力如图 1.4 所示。当原子不受力时，$r = a$，处于平衡状态。当原子受到拉伸时，原子逐渐分开，作用力与原子间距先呈线性变化，而后呈非线性变化并达到最大值。弹性模量 E 与 $r = a$ 处曲线的斜率 $\tan\alpha$ 有关。原子间结合力强，曲线陡，$\tan\alpha$ 大，则 E 大；原子间结合力弱，$\tan\alpha$ 小，则 E 小。共价键晶体结

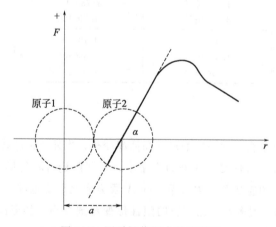

图 1.4　原子间作用力的示意图

合力强，E 较大，离子键晶体结合力次强，E 较小，分子键结合力最弱。原子间距的变化影响弹性模量。压应力使原子间距离变小，E 增加；张应力是使原子间距先增加，E 减小，然后温度升高，热膨胀使原子间距变大，E 降低。

弹性模量与材料的理论断裂强度密切相关。Orowan 计算的理论强度为：

$$\sigma_{th} = \sqrt{\frac{E\gamma}{a}} \tag{1.21}$$

式中，γ 为断裂表面能，是材料断裂形成单位面积新表面所需的能量。一般陶瓷材料的 $\gamma \approx 10^{-4} \text{J/cm}^3$，$a \approx 10^{-8} \text{cm}$，可以估算出 $\sigma_{th} = \dfrac{E}{10}$。

(2) 机械强度

材料的机械强度是对外加机械负荷的抵抗能力，是材料的力学性能之一，是设计和使用材料与器件的重要指标之一。根据不同使用环境的要求，材料有抗压强度、抗拉强度、抗折强度、抗剪切强度、抗冲击强度和抗循环负荷强度等多种强度指标。一般情况下，材料的抗压强度约是抗拉强度的 10 倍。材料类型不同，其主要强度指标也不同。例如，功能陶瓷的强度常用抗折强度表示。实际材料的强度通常比理论强度低得多，如烧结氧化铝陶瓷的 $E = 3.66 \times 10^{11} \text{N/m}^2$，再根据式子(1.21)，计算出其理论强度 $\sigma_{th} = 6.05 \times 10^{10} \text{N/m}^2$，而实际测量得到的强度 $\sigma = 2.66 \times 10^8 \text{N/m}^2$，其值远低于理论强度。已有很多理论解释了较低的实际强度，其中格里菲斯（Griffith）的微裂纹理论比较适合脆性断裂的材料。微裂纹理论认为，实际材料中有很多微裂纹，在外力作用下，应力集中于裂纹尖端附近。当这种局部应力超过材料强度时，裂纹扩展，最终导致断裂。格里菲斯从能量观点研究裂纹扩展条件后，得到了平面应力状态裂纹扩展的临界应力为：

$$\sigma_c = \sqrt{\frac{2E\gamma}{\pi c}} \tag{1.22}$$

平面应变状态裂纹扩展的临界应力为：

$$\sigma_c = \sqrt{\frac{2E\gamma}{(1-\mu^2)\pi c}} \tag{1.23}$$

式中，c 为材料中裂纹的半长度。

由上式可知，若材料中的裂纹长度 $2c$ 与原子间距 d 接近，就能达到理论强度。由此可知，要提高材料的强度必须减小裂纹尺寸，提高弹性模量和断裂表面能。陶瓷的断裂表面能比单晶的大，故其强度也较高。如果将陶瓷和适当的金属制成复合材料，金属的塑性形变会吸收陶瓷晶相中裂纹扩展释放出的能量，使裂纹终止在相界上，提高材料的断裂表面能，从而获得较高的强度和韧性。此外，还可以用其他方法阻止裂纹扩展。例如，在陶瓷中形成大量小于临界长度（达到临界应力时的裂纹长度）的微小裂纹，以吸收裂纹扩展时积蓄的弹性应变能，阻止裂纹扩张。增韧陶瓷就是利用此原理研制的。陶瓷材料微晶化后可以提高其强度。当晶相中的微裂纹受到与其长度方向垂直的应力作用时，裂纹扩展到晶界区。由于晶界强度较低，晶界被打开，形成沿晶界方向的裂纹。作用于此晶粒的外力与晶界平行，裂纹尖端的应力降低，裂纹扩展后即停止。由于细晶粒陶瓷中垂直于裂纹扩展方向的晶界数比粗晶粒陶瓷中的多，因此当晶粒尺寸减小时，陶瓷的强度增大。

（3）断裂韧性

裂纹扩展到一定程度会导致断裂，因此，陶瓷材料脆性断裂的研究包括了裂纹的产生、裂纹尖端的应力分布、裂纹快速扩展。根据断裂力学，裂纹尖端应力场的强度可以用应力强度因子表示，即：

$$K_{\mathrm{I}} = Y\sigma\sqrt{c} \tag{1.24}$$

式中，Y 为几何形状因子，是与裂纹形式、试样几何形状有关的量，可以从断裂力学及有关手册中查到。

对于大薄平板中间有穿透裂纹的情况，$Y = \sqrt{\pi}$；对于大薄平板边缘穿透的裂纹，$Y = 1.1\sqrt{\pi}$；对于三点弯曲的长度式样有穿透的边缘裂纹，$Y = 1.7 \sim 3.4$，与裂纹长度和式样厚度的比值有关。K_{I} 是外加应力与裂纹半场的函数，随外加应力增加或裂纹扩展而增大。K_{I} 值小于或等于某临界值时，材料不会发生断裂。此临界值叫作断裂韧性，即：

$$K_{\mathrm{IC}} = Y\sigma_{\mathrm{c}}\sqrt{c} \tag{1.25}$$

式中，σ_{c} 为临界应力。防止脆性断裂的条件是：

$$K_{\mathrm{I}} \leqslant K_{\mathrm{IC}}$$

式中，K_{I} 和 K_{IC} 的单位均为 $\mathrm{N/m^{3/2}}$。由裂纹扩展的断裂表面能 γ 可以导出脆性材料 K_{IC} 的另一表达式，对于平面应力状态：

$$K_{\mathrm{IC}} = \sqrt{2E\gamma} \tag{1.26}$$

对于平面应变状态：

$$K_{\mathrm{IC}} = \sqrt{\frac{2E\gamma}{1-\mu^2}} \tag{1.27}$$

式中，2γ 是脆性材料中裂纹扩展单位面积所降低的应变能，称为裂纹扩展力。因此，K_{IC} 也表征材料阻止裂纹扩展的能力，是材料的固有常数。

1.2.3 热学性能

由于陶瓷材料通常应用于不同的温度环境中，因此其热学性质也是功能陶瓷的重要性质之一。例如，集成电路外壳用陶瓷不仅应有高的绝缘性和好的热传导性，还应具有好的耐热冲击性等。陶瓷材料的热学性质可以用比热容、膨胀系数、热导率、热稳定性及抗热冲击性等参数来衡量。

（1）比热容

单位质量的物质升高 $1\,^{\circ}\mathrm{C}$ 所吸收的热量叫比热容。1 mol 物质升高 $1\,^{\circ}\mathrm{C}$ 所吸收的热叫摩尔热容量，即热容。热容用来衡量物质的温度每升高 $1\,^{\circ}\mathrm{C}$ 所增加的能量。恒定压力下物质的热容称为恒压热容，可以写成：

$$C_{\mathrm{p}} = \left(\frac{\partial Q}{\partial T}\right)_{\mathrm{p}} = \left(\frac{\partial H}{\partial T}\right)_{\mathrm{p}} \tag{1.28}$$

恒定体积下物质的热容称为恒容热容，可写为：

$$C_{\mathrm{v}} = \left(\frac{\partial Q}{\partial T}\right)_{\mathrm{v}} = \left(\frac{\partial E}{\partial T}\right)_{\mathrm{v}} \tag{1.29}$$

式中，Q 为热量；H 为焓；E 为内能；T 为温度。

一般而言，电子陶瓷的 $C_p \approx C_V$，但高温时差别较大。低温时，C_V 随着温度降低按照 T^3 关系趋向零；高温时，C_V 随温度升高趋向恒定值 $3R$ [$R=8.314\text{J}/(\text{mol} \cdot \text{℃})$，为气体常数]。对于大多数陶瓷，当温度超过 1000℃ 时，C_V 接近于 $24.95\text{kJ}/(\text{mol} \cdot \text{℃})$。

根据德拜热容理论

$$C_V = 3Rf\left(\frac{Q_D}{T}\right) \tag{1.30}$$

式中，Q_D 称为德拜温度。低温时，C_V 与 $\left(\dfrac{T}{Q_D}\right)^3$ 成正比；高温时，$f\left(\dfrac{Q_D}{T}\right)$ 趋近于 1，C_V 趋近于常数。德拜理论的物理模型是：固体中原子的受热振动不是孤立的，而是互相联系的，可以看成一系列弹性波的叠加。弹性波的能量是量子化的，称为声子。在低温下，激发的声子数极少，接近 0 K 时 C_V 趋向于 0；温度升高，能量最大的声子容易激发出来，热容增大；高温时，各种振动方式都已激发，每种振动频率的声子数均随温度呈线性增加，故 C_V 趋于常数。

（2）膨胀系数

材料的体积或长度随温度升高 1℃ 而引起的相对变化叫作体积膨胀系数或线膨胀系数。体积膨胀系数为：

$$\alpha_V = \frac{1}{V} \times \frac{\mathrm{d}V}{\mathrm{d}T} \tag{1.31}$$

线膨胀系数为：

$$\alpha_l = \frac{1}{l} \times \frac{\mathrm{d}l}{\mathrm{d}T} \tag{1.32}$$

对陶瓷材料和各向同性的固体而言，$\alpha_V = 3\alpha_l$。因此，一般情况下，利用线膨胀系数就可以表示材料的热膨胀系数。大多数固体材料的膨胀系数为正值，少数为负值。膨胀系数的正负取决于原子势能曲线的非对称形式。图 1.5(a) 为原子平衡位置之间距离随温度升高而变大时体积膨胀的原子势能曲线，其排斥能曲线上升较快。图 1.5(b) 为原子平衡位置之间距离随温度升高而缩小时体积收缩的原子势能曲线，其吸引能曲线上升较快。

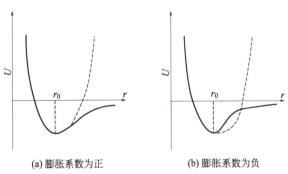

(a) 膨胀系数为正　　　　　　　(b) 膨胀系数为负

图 1.5　原子势能曲线

陶瓷材料的线膨胀系数通常为 $10^{-5} \sim 10^{-7}\text{℃}^{-1}$。膨胀系数较大的陶瓷随温度变化其体积变化较大，造成的内应力也较大。当温度变化剧烈时，陶瓷可能会炸裂。这一点在配制釉料以及金属陶瓷封接环节中非常重要。表 1.5 为几种陶瓷材料在一定温度范围内的平均线膨胀系数。

表 1.5　几种陶瓷的平均线膨胀系数

材料名称	温度范围/℃	$\alpha_1/10^{-6}℃^{-1}$
滑石瓷	20～100	8
低碱瓷	20～100	6
75 氧化铝陶瓷	20～100	6
95 氧化铝陶瓷	20～500	6.5～8.0
金红石陶瓷	20～100	9
铁磁陶瓷	20～100	12
董青石瓷	20～1000	2.0～2.5

（3）热导率

固体材料的温度不均衡时，热量会从较热的部分传到较冷的部分，或从热物体传到另一个与其相接触的冷物体，这种现象称为热传导。

不同材料的热传导能力不同，在导体中自由电子起着决定性作用，因而这种材料导热、导电能力很强。在绝缘体中，自由电子非常少，主要靠材料中基本质点（原子、离子或分子）的热运动来实现热传导，所以绝缘体的导热能力比金属小得多。但是，有部分材料既绝缘又导热，如氧化铍陶瓷、氮化硼陶瓷等。在热传导中，单位时间通过物质传导的热量 $\dfrac{dQ}{dt}$ 与截面面积 S、温度梯度 $\dfrac{dT}{dh}$ 成正比，即：

$$\frac{dQ}{dt} = -\lambda S \frac{dT}{dh} \tag{1.33}$$

式中，λ 为热导率，是单位温度梯度、单位时间内通过单位横截面的热量，是衡量材料热传导能力的特征参数。上式适用于稳定传热，也就是材料各部分的温度在传热过程中不发生变化，即在传热过程中流入任一界面的热量等于由另一界面流出的热量。在不稳定传热条件下，常采用导温系数来衡量材料的传热能力。设在一个温度均匀的环境内，某材料表面突然受热，与内部产生温差，热量就会掺入材料内部。热量的传播速度与热导率 λ 成正比，与比热容 c 和密度 ρ 的乘积成反比，即：

$$K = \frac{\lambda}{c\rho} \tag{1.34}$$

式中，K 为导温系数，表示材料在温度变化时各部分温度区域平均的能力。K 值小表示温度变化缓慢。热导率受到很多因素的影响，例如化学组成、晶体结构、气孔等，不同温度下材料的热导率也不同。表 1.6 为几种材料的热导率。

表 1.6　几种材料的热导率

材料名称	温度/℃	$\lambda/[cal/(cm \cdot s \cdot ℃)]$
95 氧化铝陶瓷	20 100	0.04 0.03
95 氧化铍陶瓷	20 100	0.48 0.40
95 氮化硼陶瓷（垂直与热压方向）	60	0.10

材料名称	温度/℃	$\lambda/[\mathrm{cal}/(\mathrm{cm} \cdot \mathrm{s} \cdot ℃)]$
铜	20 100	0.920 0.903
镍	20	0.147
钼	20	0.35

注：1cal＝4.186J。

（4）热稳定性

抗热振性是指材料在温度急剧变化时抵抗破坏的能力，也就是材料的稳定性。材料在加工和使用过程中经常受到环境温度变化的热冲击，有时这样的温度变化是非常剧烈的。热稳定性是衡量陶瓷材料的一个非常重要的性能。

通常，陶瓷材料的抗热振性是比较差的。在热冲击下，其中一种损失为材料发生瞬时断裂，对这类破坏的抵抗称为抗热振断裂性。材料是否出现热应力断裂，不仅与热应力的大小密切相关，还与材料的应力分布、应力产生的速率和持续时间、材料的特性（例如延性、均匀性等）以及原先存在的裂纹、缺陷等情况有关。另一种热冲击下的损失是指在热冲击循环作用下，材料表面开裂、剥落，并不断发展，最终导致陶瓷材料碎裂或变质，这类破坏的抵抗能力称为抗热振损伤性。实际材料中都存在一些大小和数量不等的微裂纹，在发生热冲击时，这些裂纹产生、扩展和蔓延的程度，与材料内的弹性应变能和裂纹扩展的断裂表面能有关。材料的可积存弹性应变越小，则裂纹扩展的可能性就越小，裂纹蔓延时断裂表面能越大。则裂纹能蔓延的程度就越小，对应的抗热振性就越好。

由于材料结构和应用环境的复杂性，目前还没有合适的方法来计算材料的理论抗热振性，但可以通过测定方法，对材料的抗热振性进行评定。具体方法为：先把试样加热到一定温度，再冷却，以检验材料被破坏的程度。不同材料标准也是不一样的。提高陶瓷材料抗热振性的主要途径有陶瓷材料的复合化以及发展陶瓷梯度功能化和纳米陶瓷。材料复合化是各种材料互相取长补短，制造高强高韧性陶瓷的有效方法，也是当今材料发展的一大趋势。

（5）抗热冲击性

抗热冲击性是指材料能承受温度剧烈变化而不被破坏的能力，采用规定条件下的热冲击次数表示。陶瓷材料在加工和实际使用过程中，当环境温度急剧变化时就会受到热冲击。一般陶瓷材料的抗热冲击性较差，在热冲击时陶瓷材料通常会发生瞬时断裂，抵抗这种破坏的性能称为抗热冲击断裂性；或者表面开裂、剥落，最后碎裂或损坏，抵抗这种破坏的性能称为抗热冲击损伤性。抗热冲击性与材料的膨胀系数、热导率、弹性模量、机械强度、断裂韧性、热应力等因素有关，对陶瓷而言，还与其形状、尺寸等因素有关。陶瓷材料的抗热冲击性虽然不是单一的物理参数，但是在电子陶瓷元器件的制造和应用方面重要的技术指标。因此，根据以上影响因素改善陶瓷材料的抗热冲击性是非常有意义的。

1.2.4 光学性能

电子陶瓷的光学性能是指在红外线、可见光、紫外线以及射线作用下的特有性能。随着遥感、计算机、激光、光纤通信等技术的发展以及"透明陶瓷"的出现，特别是近年来研究者针对各类透明陶瓷开展了大量富有成效的研究工作，电子陶瓷逐步应用于光学领域。具有光学性能的材料在各种光或者射线作用下，会出现反射、透射、折射和吸收等现象。对陶瓷材料而言，主要是指其透光性。当光照射到陶瓷材料上时，一部分被反射，一部分进入介质内部，发生散射和吸收，还有一部分会透过介质，可以表示为：

$$I_O = I_R + I_S + I_A + I_T \tag{1.35}$$

式中，I_O 为入射光强度；I_R 为反射光强度；I_S 为散射光强度；I_A 为吸收光强度；I_T 为透射光强度。归一化之后可以得到

$$R + S + A + T = 1 \tag{1.36}$$

式中，R 为反射率；S 为散射率；A 为吸收率；T 为透射率。

由于散射损失，通常陶瓷材料对入射光的吸收率很小。光和物质的作用是光子和物质中电子相互作用的结果。光子的能量可能转移给电子，引起电子极化，或电子吸收能量转变成热能，引起光子能量损失。电子谐振通常吸收可见光的能量，离子谐振则吸收红外线的能量，因此物质对光的吸收率取决于光的频率。

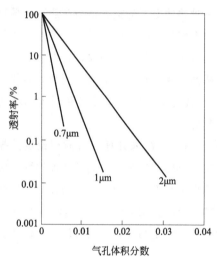

图 1.6 Al_2O_3 陶瓷的透射率与气孔体积分数的关系（样品厚度为 0.5mm）

陶瓷材料一般为多相结构，通常由主晶相、非主晶相、玻璃相和气孔构成。因此，晶界、相界等都可能发生界面反射损失。陶瓷的晶粒尺寸越小，单位体积内的界面越多，界面反射损失越大。此外，由于空气的折射率接近 1，与陶瓷晶体的折射率相差很大，可能引起晶相与气体界面较强烈的反射，导致较大的界面反射损失。因此，当陶瓷中气孔较多时，仅仅通过增大晶粒尺寸来减少晶面反射损失是很有限的。陶瓷中气孔的大小约为 0.5～2μm，接近可见光和红外线的波长，因而散射最大。图 1.6 为气孔含量与透射率的关系。可见要提高材料的透射率，必须降低气孔含量。一般陶瓷材料的折射率为 1.3～4.0。除气孔外，陶瓷中还含有非主晶相和较多杂质，与主晶相的折射率相差很大时，也会引起较大的界面损失。

一般而言，可以通过使用高纯原料，并掺入抑制晶粒长大的离子，再采用适当的工艺排除气孔，制备晶粒细小的透明陶瓷材料。表 1.7 为几种透明材料的透射波长。

表 1.7 几种透明材料的透射波长

陶瓷材料	Al_2O_3	MgO	BeO	ZrO_2	PZT
透射波长/μm	1～6	0.39～10	0.2～5	1～10	0.5～8

1.2.5 耦合性能

电子陶瓷的电学、力学、热学、光学等性质都与材料的化学组成、微观结构等有密切关联。外部作用常常引起材料的组成和结构改变，使得材料的相关特性参数发生变化。电子陶

瓷材料的各种性质并不是孤立的，而是通过组成和结构紧密联系在一起。陶瓷材料的某些性质相联系又有区别的关系叫作材料性质之间的转换和耦合。例如，某些陶瓷在电场作用下，机械性能会出现大幅度的变化，可以用逆压电效应来表述；某些陶瓷在电场作用下，光学常数（如折射率）会随电场发生变化，可以用光电效应来描述；某些陶瓷在受热情况下，会产生表面电荷，可以用热释电效应来表征。材料的耦合性质内容非常广泛，可作为一种特殊性能。随着传感技术和信息处理技术的发展，材料的这种耦合性质越来越受到重视。目前对于电子陶瓷材料的这种耦合性质研究比较多的有光电陶瓷材料、压电陶瓷材料、热释电陶瓷材料、热电陶瓷材料、电光陶瓷材料、磁光陶瓷材料、声光陶瓷材料以及各种智能型多功能陶瓷材料等。

1.3 电子陶瓷的晶体结构

电子陶瓷的基本结构由金属元素和非金属元素通过离子键、共价键结合而成。晶体结构比金属单质的结构更为复杂，也不像单晶的结构那样，按照几何学原子规则整齐地排列组成晶格。目前，实用化的电子陶瓷有多种晶体结构，如钙钛矿、尖晶石、钨青铜、焦绿石、钛铁矿和铋层状结构等。其中基于钙钛矿结构的电子陶瓷品种最多、应用面最广，占据了电子陶瓷的主导地位。

1.3.1 基本结构

在电子陶瓷的晶体结构中，正负离子参与密堆积。通常，负离子半径要比正离子半径大得多，从而形成不等径球密堆。一般情况下，负离子以某种形式堆积，正离子填充在其堆积间隙中，围成间隙空间的原子个数称为配位数。因此，负离子之间的配位数越大，则其堆积密度越大，堆积间隙越小，可容纳正离子的半径越小。陶瓷中的离子堆积方式不仅与正、负离子的相对大小有关，还与正、负离子的电荷有关。例如，在 CaF_2 中，一个 Ca^{2+} 必须对应 2 个 F^-。Pauling 在经过大量研究之后提出了 Pauling 法则对陶瓷的离子堆积方式进行归纳。

（1）负离子配位多面体原则

在正离子周围形成负离子配位多面体；正负离子间距与离子半径之和有关；配位数与正负离子的半径之比有关。负离子组成多面体，正离子占据间隙位置。一般阳离子嵌入比自身半径稍小的间隙时，可形成稳定的结构；阳离子嵌入比自身半径大的间隙时，形成不稳定结构。

（2）电价原则

正负离子的电价和配位数满足以下原则：

$$\frac{Z_+}{CN_+} = \frac{Z_-}{CN_-} \tag{1.37}$$

式中，Z_+、Z_- 为正、负离子的电价；CN_+、CN_- 为正、负离子的配位数。

（3）共用原则

当配位体共用顶点、棱或面时，稳定性会降低。正离子的电价越高、配位数越低，此效应越明显。这是因为在共顶点、共棱、共面的情况下，正离子的间距减小，离子间静电斥力增加，稳定性降低。

（4）共顶点原则

当晶体中含有一种以上的正离子时，电价较大、配位数较小的正离子周围的负离子配位多面体总趋于共顶点结合。

（5）类型原则

晶体中配位体的类型总是尽可能地减少。

在晶体的球填充结构模型中，球与球之间存在未被原子填充的空间，这种空间在晶体点阵中称为点阵间隙。密排结构的点阵排列有两种，如图1.7所示。图1.7(a)为6个原子形成的八面体间隙，根据几何关系可以计算出间隙中能放入球形原子的最大半径。如果原子的间隙半径为r_0，则八面体间隙半径为：$(\sqrt{2}-1)r_0=0.414r_0$。图1.7(b)为4个原子围成的四面体间隙，计算得到的四面体间隙半径为：$(\sqrt{3/2}-1)r_0=0.225r_0$。陶瓷的晶体结构中，一般是由大离子构成基本点阵，而小离子填充间隙位置。多面体中间隙位置多用配位数来表示。表1.8为不同配位数形成的间隙中的原子尺寸。

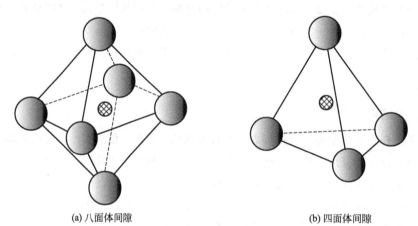

(a) 八面体间隙   (b) 四面体间隙

图1.7　密排结构中的晶格间隙

表1.8　不同配位数形成的间隙中的原子尺寸

配位数	3	4	6	8	12
间隙半径	$0.155r_0$	$0.225r_0$	$0.414r_0$	$0.732r_0$	$1.000r_0$

1.3.2　离子半径与离子型晶体的构成

在离子型晶体中，假定离子为球心，并且具有一定尺寸，且这种尺寸不随结合对象变化而变化，离子半径的大小一般遵从下列规律：在原子序数相近时，阴离子的半径比阳离子更大，例如O^{2-}的半径为0.14nm，而N^{5+}的半径为0.013nm；同一周期的阳离子，价位越高，离子半径越小，例如Na^+、Mg^{2+}、Al^{3+}；同一周期的阴离子，价位越高，半径越小，例如O^{2-}和F^-；变价元素离子，价位越高，离子半径越小，如Mn^{2+}、Mn^{4+}、Mn^{7+}；同价离子原子序数越大，离子半径越大，但是锕系元素和镧系元素除外。

离子半径也会随着配位数的变化而变化。根据6配位数时的离子半径，其他配位数的离子应乘以修正系数。如 4 配位数时，修正系数为 0.94；8 配位数时，修正系数为 1.03。

离子型晶体由阴离子形成的密排结构的点阵和嵌入间隙位置的阳离子构成。例如氧化物和卤化物中，F^- 和 O^{2-} 构成密排结构的基本点阵，而阳离子则嵌入形成的间隙中。假设阳离子的半径为 r_C，阴离子的半径为 r_A，则阳离子所在间隙位置的配位数可以 r_C/r_A 来判断。阳离子嵌入比其本身稍小的间隙时，构成稳定结构；嵌入比其本身尺寸更大的间隙时，则不稳定。表 1.9 为配位数与离子半径比 r_C/r_A 的关系。

表 1.9　配位数与离子半径比的关系

配位数	3	4	6	8	12
r_C/r_A	≥0.155	≥0.225	≥0.414	≥0.732	≥1.000

因此，若知道了某种化合物的离子排列方式和阴、阳离子半径比，就可以根据理想情况来推断出其晶体结构。

1.3.3　代表性结构

根据组成和对应的结构，可以将离子晶体划分为：MX 结构、MX_2 结构、M_2X 结构、M_2X_3 结构、MX_3 结构以及 M_2X_5 结构。对应的特征和结构如表 1.10 所示。

表 1.10　离子晶体的典型结构与特征

组成	配位数	晶体结构	代表性化合物
MX	4：4 ($0.414 > r_C/r_A > 0.225$)	闪锌矿结构（FCC） 钎锌矿结构（HCP）	ZnS、CuCl、AgI、ZnSe、β-SiC ZnS、ZnSe、AgI、ZnO
	6：6 ($0.732 > r_C/r_A > 0.41$)	NaCl 结构（FCC）	CaO、CoO、MgO、 NiO、TiC、VC、TiC、VN、LiF
	8：8 ($r_C/r_A > 0.732$)	CsCl 结构（BCC）	CsCl、CsBr、CdI
MX_2	4：2 ($r_C/r_A > 0.732$)	β-方石英结构	SiO_2 异构体
	6：3 ($0.732 > r_C/r_A > 0.41$)	金红石结构	TiO_2 异构体的一种
	8：4 ($0.414 > r_C/r_A > 0.225$)	萤石结构	CaF_2
M_2X	2：4	赤铜矿结构	Cu_2O、Ag_2O
	4：8	反萤石结构	—
M_2X_3	6：4	刚玉型结构 C 型稀土化合物 （立方晶系）	— Sc_2O_3 型、Tl_2O_3 型、 Al_2O_3 型和 α-Fe_2O_3 型
	7：4	A 型稀土化合物（正交晶系） B 型稀土化合物（单斜晶系）	La_2O_3 Sm_2O_3
MX_3	6：2	立方晶系	ReO_3 型
M_2X_5	6：2 6：3	Nb_2O_5 型	Nb_2O_5、V_2O_5

除了离子型氧化物这种只含有一种阳离子的结构外，还有含有两种以上阳离子的化合物结构。典型的有钛铁矿结构、钙钛矿结构和尖晶石结构。

钛铁矿是以 $FeTiO_3$ 为主要成分的天然矿物，其组成可表达为 ABO_3，属于正交晶系。这种结构是将刚玉结构中的阳离子分成两类而成，例如将 Al_2O_3 中的两个 3 价阳离子用 2 价和 4 价或者 1 价和 5 价阳离子置换而成。属于这种结构的化合物有：$MgTiO_3$、$MnTiO_3$、$FeTiO_3$、$CoTiO_3$、$LiTaO_3$ 等。

钙钛矿是以 $CaTiO_3$ 为主要成分的天然矿物，理想情况下为立方晶系。钙钛矿结构的组成也是 ABO_3，但是 A 离子的尺寸与氧离子的尺寸大小相同或者相近。A 离子与氧离子构成 FCC 结构，B 离子位于氧离子围成的 6 配位间隙中。图 1.8 给出了理想情况下的钙钛矿结构。以 $CaTiO_3$ 为例，Ti^{4+} 和 O^{2-} 构成 FCC 晶胞，Ca^{2+} 位于顶角，O^{2-} 位于面心，而 Ti^{4+} 位于体心，对应的配位数比为：$12:6:6$。当 A^{2+} 与阴离子同样大小或者比阴离子大，且 B^{4+} 的配位数为 6 时，该结构才能稳定存在。理想状态下，两种阳离子的半径 r_A、r_B 与阴离子的半径 r_O 之间应满足关系式

$$r_A + r_O = \sqrt{2}(r_B + r_O) \tag{1.38}$$

在实际材料中，大多数这种结构的化合物都不是理想的，而是存在一定畸变。例如，$BaTiO_3$、$PbTiO_3$ 和具有高温超导特性的氧化物。非理想的钙钛矿结构中离子半径之间的关系可用下式表达：

$$r_A + r_O = t \times \sqrt{2}(r_B + r_O) \tag{1.39}$$

式中，t 为容忍因子。$t=1$ 时，为理想型钙钛矿结构；$t>1$ 时，r_A 过大，r_B 过大；$t<1$ 时则相反。一般情况下，钙钛矿结构的 t 值在 $0.77\sim1.05$ 之间。A、B 离子的半径不同时，ABO_3 化合物可以形成多种晶体结构。

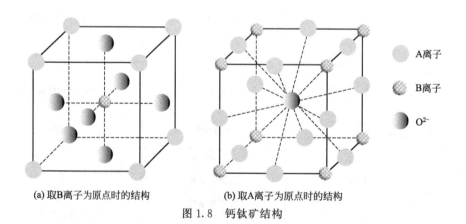

(a) 取B离子为原点时的结构 (b) 取A离子为原点时的结构

图 1.8 钙钛矿结构

此外，钙钛矿的结构随着温度变化而发生变化。以 $BaTiO_3$ 为例，随温度的变化，其结构将会发生转变：三方 $\xrightarrow{-80℃}$ 斜方 $\xrightarrow{5℃}$ 正方 $\xrightarrow{120℃}$ 立方 $\xrightarrow{1460℃}$ 六方。其中的三方、斜方、正方都是由立方相经少量畸变得到的。在高温下由立方相转变为六方相，立方结构被破坏而进行六方点阵重构。具有这类结构的化合物有：$NaNbO_3$、$SrZrO_3$、$CaTiO_3$、$PbZrO_3$、$SrTiO_3$、$BaZrO_3$、$PbTiO_3$、$AgTiO_3$ 和 $LaAlO_3$ 等。

尖晶石结构的组成为 AB_2O_4，属于立方晶系。在 AB_2O_4 组成中，常见的是 A 为 2 价离子，B 为 3 价离子，但是也有 A 为 4 价、B 为 2 价的情况。在尖晶石结构中，O^{2-} 排列成 HCP 密排层结构，其中 6 配位位置的 1/2 和 4 配位位置的 1/8 被阳离子有规律地占据。将 4 配位的位置称为 A 位，6 配位的位置称为 B 位。如图 1.9 所示，仅 6 配位位置上有阳离子的原子层中，阳离子只占 B 位的 3/4；而 4 配位和 6 配位两种位置上都有阳离子的原子层中，阳离子占据 A 位的 1/4、B 位的 1/4。将两种原子层交替堆垛起来就形成了尖晶石结构。当 A 离子占据 A 位，B 离子占据 B 位时，称为正尖晶石结构，用化学式表示为 (A)[B_2]O_4。例如，$MgAl_2O_4$、$CoAl_2O_4$、$ZnFe_2O_4$ 为正尖晶石结构。若 A 离子占据 B 位，B 离子占据 A 位，则称为反尖晶石结构，化学式为 (B)[AB]O_4。典型的反尖晶石结构有 $NiFe_2O_4$、$NiCo_2O_4$、$CoFe_2O_4$ 等。有的尖晶石则同时含有以上两种结构，称为混合型尖晶石结构，化学表达式为 $(A_{1-x}B_x)[A_xB_{2-x}]O_4(0<x<1)$，例如 $CuAl_2O_4$ 和 $MgFe_2O_4$。

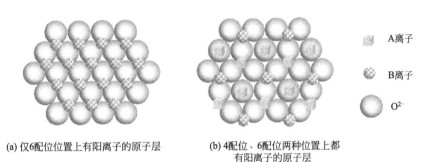

(a) 仅 6 配位位置上有阳离子的原子层　　　(b) 4 配位、6 配位两种位置上都有阳离子的原子层

A 离子

B 离子

O^{2-}

图 1.9　构成尖晶石结构的两种阳离子排列

1.4　电子陶瓷的相与相变理论

1.4.1　相与相平衡规律

相，就是指系统中物理性质和化学性质均匀的，被一个表面包围的部分，且可以和系统中的其他部分机械地分开。例如，水、冰和水蒸气平衡共存时，各自构成了系统中的一个相。系统中只有一个相时称为单相，有几个相共同存在时称为多相。相一般有以下几个规律：相与相之间存在物理界面，界面两侧的性质有所不同；一个相可以是连续的，也可以是不连续的；一个相可以是单质，也可以是混合物。应特别注意，无论是单一的气体还是多种气体混合而成都是单相，只要能够互溶，组成均匀液相的也是单相；固溶体和非晶态体系均是单相。

相平衡，就是指相与相之间建立起来的平衡关系。当多相系统处于平衡态时，每个相的温度 T、压强 p 及其组分在所有相中的化学式 μ 均相等，且系统的宏观性能不随时间而变化。当系统的热量一定时，平衡态的熵大于其他状态；当压强和温度一定时，吉布斯自由能最小。

当系统处于相平衡状态时，应遵循 Gibbs 相律，满足以下关系式：

$$W + V = C + 2 \qquad (1.40)$$

式中，W 表示相的数目；V 表示系统的自由度通量，指能够独立地和任意地改变而不引起原有相消失或新相产生的最小热力学产量数目，如温度、压强、组元浓度等；C 表示独立组元数，就是指在平衡系统中可以独立变化，能够把系统中各相的组成表示出来的化学物质数目；2 是指能够影响平衡状态的外界因素数目。

对电子陶瓷而言，大气压力的改变对相平衡的影响较微弱，一般忽略不计，都以一个大气压为准。因此，其相律可以简化为：

$$W + V = C + 1 \qquad (1.41)$$

需要注意的是，相律适用于平衡系统和所有的宏观系统，但不适用于微观系统。虽然相律能够表示出相平衡的条件或者趋于平衡的方向，但不能反映出趋于平衡时的速度，也不能反映出物质内部的复杂结构。

1.4.2 相变的热力学与动力学定律

相变是指一种物质从一种状态（或结构）转变为另一种状态（或结构）的过程。相变理论主要是针对三个方面的问题：相变进行的方向（相变热力学）；相变过程、途径和速度（相变动力学）；相变产物的结构特征（相变结构学）。

（1）相变热力学

根据热力学理论，当独立变量确定之后，只要一个热力学函数就可以将一个均匀系统的平衡性质完全确定，这个函数就称为特征函数。当系统达到平衡时，独立变量不再变化。不考虑电磁作用，热力学定律涉及两组变量：(T, S) 和 (p, V)。相变的热力学特征函数如表 1.11 所示。当选定独立变量时，系统的热力学平衡条件是相应的热力学函数达到极小值。在不同的状态下，可以选用不同的热力学函数来描述。

表 1.11　相变的热力学特征函数

特征函数	表示式	独立变量
亥姆霍兹自由能(自由能,功函数)	$F = U - TS$	V, T
Gibbs 自由能	$G = U + pV - TS$	p, T
焓	$H = U + pV$	p, S

Ehrenfest 根据发生不连续变化的热力学函数之间的关系及与 Gibbs 自由能函数之间的关系对固态相变进行了分类，以相变发生时热力学参量不连续变化所对应的 Gibbs 自由能函数导数的级数为相变的级数，即一个第 n 级相变的晶体的 Gibbs 自由能 G 的 $n-1$ 阶微商在相变点处是连续的，而第 n 阶微商不连续。Gibbs 自由能 G 的一阶及二阶微分为：

$$\left(\frac{\partial G}{\partial p} \right)_T = V$$

$$\left(\frac{\partial G}{\partial T} \right)_p = -S$$

$$\left(\frac{\partial^2 G}{\partial p^2} \right)_T = \left(\frac{\partial V}{\partial p} \right)_T = -V\beta$$

$$\left(\frac{\partial^2 G}{\partial p \partial T} \right)_p = \left(\frac{\partial V}{\partial T} \right)_p = V\alpha_p$$

$$\left(\frac{\partial^2 G}{\partial T^2}\right)_p = \left(-\frac{\partial S}{\partial T}\right)_p = -\frac{C_p}{T}$$

式中，C_p、α_p 和 β 分别为定压热容、定压体积热膨胀系数和定温压缩系数，而

$$\alpha_p = \frac{1}{V}\left(\frac{\partial V}{\partial T}\right)_p ; \quad \beta = -\frac{1}{V}\left(\frac{\partial V}{\partial p}\right)_T$$

因此，可以判定，相变时，体积 V 及熵 S 发生不连续变化者属于一级相变；而 C_p、α_p 和 β 发生不连续变化，但 V 及 S 均无突变的转变属于二级相变。

具有相变的两相体系的自由能和温度关系如图 1.10 所示。图中 G_1 和 G_2 分别为压力不变时 1 相和 2 相的自由能，T_0 为恒压时的相转变温度。当温度高于 T_0 时，$G_2 > G_1$，1 相为稳定相，系统处于 1 相；当温度低于 T_0 时，$G_2 < G_1$，2 相为稳定相，物质处于 2 相。当温度等于 T_0 时，两相的自由能相等，相变发生，物质处于 1 相和 2 相共存状态。

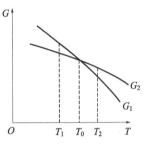

图 1.10　具有相变物质的两相自由能与温度的关系

一级相变的特征如图 1.11 所示。在临界温度 T_0 附近，出现熵 S 和体积 V 的突变，突变的大小由相变具体情况决定。ΔS 和 ΔV 变化越大，一级相变的特征越明显；ΔS 和 ΔV 变化越小，则表现出的特征就越接近二级相变。当系统发生二级相变时，ΔS 和 ΔV 均趋近于 0。由于 S 和 V 发生跃迁，其导数会出现断裂，因此 C_p 和 α_p 在一级相变附近出现尖锐的极值。

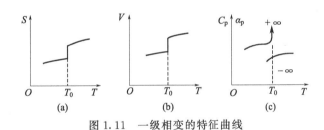

图 1.11　一级相变的特征曲线

二级相变的特征如图 1.12 所示。物质的能量、熵和体积等热力学函数是连续的，而其导数 C_p 和 α_p 发生跃迁。实验结果表明，在二级相变附近，C_p 和 α_p 在 T_0 处出现明显变化，但不及一级相变强烈。

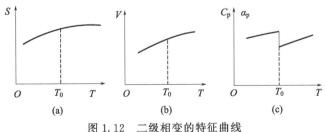

图 1.12　二级相变的特征曲线

需要注意的是，在某些晶体及液晶中，相变既不遵循一级相变规律也不遵循二级相变规

律。例如，"λ"形相变，其比热容在相变温度 T_0 处出现无穷尖峰。这种反常用 C_V-T 作图没有 C_p-T 曲线明显，因为相变时伴随着体积的增加，不能严格归属于上述任何一类。例如 $BaTiO_3$ 相变具有二级相变的特征，但是也出现微小的潜热；KH_2PO_4 的铁电相变理论上是一级相变，但实际上更接近二级相变。因此许多相变实际上是混合型的。

在单元系统中，两相的自由能可以用两个变量 p 和 T 的平面来描述。一级相变发生在两个平面的交叉线上，其斜率可以用 Clausius-Clapeyron 方程来描述。根据 G_1 和 G_2 相等，可得：

$$\frac{\mathrm{d}p}{\mathrm{d}T} = \frac{\Delta S}{\Delta V} = \frac{\Delta H}{T \Delta V}$$

发生二级相变时，S 和 V 是连续的，S_1 和 S_2 相等，故有：

$$\frac{\mathrm{d}p}{\mathrm{d}T} = \frac{\Delta C_p}{VT \Delta \alpha_p}$$

$$\frac{\mathrm{d}p}{\mathrm{d}T} = \frac{\Delta \alpha_p}{\Delta \beta}$$

物质在相变附近性质发生的变化可用朗道相变理论加以描述。首先，引入一个描述相变的基本参量，称为序参量 η，代表系统内部有序化的程度。有序化程度的提高伴随着晶体对称性的降低。当系统中的相位无序时，$\eta = 0$，而在有序相中，$\eta \neq 0$。在相变点附近，特征函数可以展开为序参量的各次幂之和，由特征函数取极小值的条件得出序参量及其随温度的变化。假设应力为零，系统的自由能 G 或者热力学势 φ 按 η 参数展开为级数

$$G(T, \eta) = G_0(T) + A\eta + B\eta^2 + C\eta^3 + D\eta^4 + \cdots$$

根据热力学平衡条件，可得 $A = 0$。在大多数情况下，无序相是中心对称的，G 在 $\eta = 0$ 附近应当关于纵轴对称。因此，η 的奇次项所有系数均应等于零，上述表达式可以简化为：

$$G = G_0 + B\eta^2 + D\eta^4 + F\mu^6$$

为了便于计算，一般将上式改写成：

$$G = G_0 + \frac{\alpha}{2}\eta^2 + \frac{\beta}{4}\eta^4 + \frac{\gamma}{6}\eta^6$$

式中，α 是温度的函数，并在相变处 $\alpha = 0$，有 $\alpha = \alpha_0(T - T_0)$，$\alpha_0$ 为与温度无关的系数，α 与温度呈线性关系；β 和 γ 在多数情况下可忽略不计。

序参量是一个不同于原子排列状态而与相的微观特征相关的参数，随着导致相变的微观机制及相变所产生的结构变化不同，η 具有不同的物理意义。例如，在铁电体中，η 可以表征电偶极子在系统中的序态，序参量是自发极化；在铁磁体中，η 可描述自旋磁矩的定向，序参量是约化磁化强度。在描述具有聚集态变化的相变时，η 具有更广泛的意义，可以表征原子或分子排列的有序度等。

（2）相变动力学

在研究由成核生长过程引起的相变过程中，常用的有效方法是描述给定时间内式样发生相变的体积分数。假定将试样迅速升温至新相稳定的温度，并保持一段时间 τ，已经发生相变部分的体积用 V^β 表示，而原有相部分的体积用 V^α 表示。在一个极小的时间间隔内，形成的新相离子数目为：

$$N_\tau = I_v V^\alpha \mathrm{d}\tau$$

式中，I_v 为成核速率，表示单位时间、单位体积内形成的新粒子数目。假定界面上单位面积的成长速率 u 为各向同性，则已相变的区域为球形。把 u 看成与时间无关，则在 t 时已相变的体积为：

$$V_\tau^\beta = \frac{4\pi}{3} u^3 (t - \tau)^3$$

在相变初始阶段，当晶核间距很大时，相邻晶核之间的相互作用较小，且 $V^a = V$（V 为式样体积）。经过时间 t，成核区产生的相变体积为：

$$dV^\beta = N_\tau V_\tau^\beta \approx \frac{4\pi}{3} V I_v u^3 (t - \tau)^3 dt$$

已相变的体积分数为：

$$\frac{V^\beta}{V} = \frac{4\pi}{3} \int_\tau^{\tau+dt} I_v u^3 (t - \tau)^3 dt$$

当成核速率与时间无关时

$$\frac{V^\beta}{V} = \frac{\pi}{3} I_v u^3 t^4$$

当相变部分达到不可忽略时，将已相变部分的碰撞影响包括进去，不考虑在已相变材料中的成核。上述关系式经处理之后变为：

$$\frac{V^\beta}{V} = 1 - \exp\left[-\frac{4\pi}{3} u^3 \int_\tau^{\tau+dt} I_v (t - \tau)^3 dt \right]$$

当 I_v 为常数时

$$\frac{V^\beta}{V} = 1 - \exp\left(-\frac{\pi}{3} I_v u^3 t^4 \right)$$

对随成核速率和成长速率而变化的其他一些变量进行分析，得出如下公式：

$$\frac{V^\beta}{V} = 1 - \exp(-at^n)$$

式中，n 称为阿弗拉米指数。上式描绘了相变分数对时间的 S 形曲线。

由此可见，在一定时间内形成的新相体积分数取决于成核和生长过程中的动力学常数 I_v 和 u。这些常数与各种热力学和动力学因素有关，如相变热、平衡的偏离及原子迁移率等。

1.4.3 结构相变

结构相变是指固体材料在不同的晶型之间转变时发生的物理本质完全不同的相变。这些不同晶体变形的每一种在一定的温度和压力范围内都是稳定的。结构相变可以分为两类：重构式相变和位移式相变。

重构式相变涉及晶体结构变化大的重组，使许多键不得不断裂并产生新的键。例如，SiO_2 的石英与方英石之间的转变就是重构式转变。二者的结构都是由 SiO_2 四面体共顶相连形成的三维骨架，但是由于它们的骨架结构不同，因此相变发生时必须有部分 Si—O 键断裂并重组。由于化学键断裂需要较高的能量，重构式转变通常有较高的活化能，且发生过程缓慢。

位移式相变涉及的是键的畸变而不是断裂，结构变化较小，需要的活化能也很小，易于发生，也难以阻止。除了结构相似外，两个多形体相之间存在对称关系。例如，石英、鳞石英和方英石等同为 SiO_2 的同质多晶变体，三者之间进行位移式的低温-高温转变时包括了 SiO_4 四面体的变形或转动。

图 1.13 为重构式相变和位移式相变之间的关系。结构 A 转变成结构 B、C、D 中的任何一种都需要断裂化学键，属于重构式相变。结构 B、C、D 之间的相互转变不需要断裂化学键，只需要小的旋转运动，属于位移式相变。

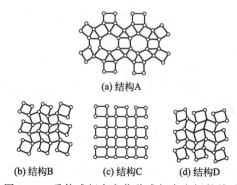

(a) 结构A

(b) 结构B   (c) 结构C   (d) 结构D

图 1.13 重构式相变和位移式相变之间的关系

后来，Buerger 提出了更详细的分类，如表 1.12 所示。不同类型相变的分界线是不严格的，有时很难找出一个最佳的分类，但是 Buerger 方案为理解相变提供了一个非常有用的结构基础。

表 1.12 相转变的分类

相变类型	实例	
涉及第一配位的转变	重构式(慢) 膨胀式(快)	金刚石—石英 岩盐—CsCl
	重构式(慢) 位移式(快)	石英—方英石 低温—高温石英
涉及无序的转变	取代式(慢) 取向式或旋转式(快)	低温—高温 $LiFeO_2$ 铁电性—顺电性 $NH_4H_2PO_4$
键型的转变(慢)		灰—白 Sn

1.4.4 铁电相变

在 32 种点群的晶体中，有 20 种点群的晶体可能具有压电性，属于压电晶体；而在压电晶体中有 10 种点群存在自发极化，可能具有热释电特性，属于热释电晶体。这些热释电晶体中，有些晶体的自发极化方向会随着外电场的方向转向，这类晶体称为铁电体。铁电体的铁电性通常只存在于一定的温度范围内。当温度超过某一值时，自发极化减小，铁电体则变为顺电体。铁电相与顺电相之间的这种转变简称为铁电相变，该临界温度称为居里温度或者居里点 T_C。

铁电相变属于结构相变的一种。现在普遍采用的热力学理论——德文希尔理论，实质上也就是朗道理论在铁电体中的具体体现。因此，可以采用热力学描述相变的方法来说明铁电体相变的宏观规律，而微观理论则是从原子和原子机制来说明铁电性。

根据晶体结构的测定和理论分析，铁电相变可以分为位移型和有序-无序型相变。这里的位移型相变是原子发生位移的结果，而有序-无序型相变是原子或原子团分布有序化的结果。这种分类是近似的，有许多铁电体兼具位移型和有序-无序型两者的特征。

（1）宏观规律（热力学理论）

在铁电体中，涉及的变量有热学量（T 和 S）、力学量（X 和 x）和电学量（E 和 D 或者 P）。选择任意一个作为独立变量，可以构成对应的特征函数，如表1.13所示。其中，T 为温度；S 为熵；X 为应力；x 为应变；E 为电场；D 为电位移矢量（可用标量代替）；P 为极化强度；$m=1、2、\cdots，i=1、2、3$。

表 1.13　铁电体的热力学特征函数

特征函数	表示式	独立变量
内能	U	x,D,S
亥姆霍兹自由能	$F=U-TS$	x,D,T
Gibbs自由能	$G=U-TS-X_i x_i-E_m D_m$	X,E,T
弹性Gibbs自由能	$G_1=U-TS-X_i x_i$	X,D,T
电Gibbs自由能	$G_2=U-TS-E_m D_m$	x,E,T
焓	$H=U-X_i x_i-E_m D_m$	x,D,T
弹性焓	$H_1=U-X_i x_i$	X,E,S
电焓	$H_2=U-E_m D_m$	x,E,S

对应的全微分形式为：

$$dU=TdS+X_i dx_i+E_m dD_m$$
$$dF=-SdT+X_i dx_i+E_m dD_m$$
$$dG=-SdT-x_i dX_i-D_m dE_m$$
$$dG_1=-SdT-x_i dX_i+E_m dD_m$$
$$dG_2=-SdT+x_i dx_i-D_m dE_m$$
$$dH=TdS-x_i dX_i-D_m dE_m$$
$$dH_1=TdS-x_i dX_i+E_m dD_m$$
$$dH_2=TdS+X_i dx_i-D_m dE_m$$

在实际中，具体采用何种特征函数，应根据独立变量的选择情况确定。例如，当温度、应力和电位移作为独立变量时，系统的状态就应用弹性吉布斯自由能来描述。因此，在研究铁电相变的过程中，应首先考虑独立变量的选择。

在实验中，应力和温度是较易控制的，因此选择 X 和 T 作为独立变量；而铁电相变的发生取决于极化对特征函数的影响，所以再选择 D 作为独立变量，得到功函数

$$dG_1=-SdT-x_i dX_i+E_m dD_m$$

经简化，并假设 D 沿着 x、y、z 中某一轴，展开之后可得：

$$G_1=G_{10}+\frac{1}{2}\alpha D^2+\frac{1}{4}\beta D^2+\frac{1}{6}\gamma D^2$$

式中，G_{10} 为非极性相的 G_1；α 与温度呈线性关系，满足关系式 $\alpha=\alpha_0(T-T_0)$。其中，

T_0 为居里-外斯温度。α 是顺电相电容率的倒数，可得：

$$\varepsilon = \frac{1}{\alpha_0 \, (T-T_0)}$$

与实验室测得的居里-外斯定律一致。

因此，G_1 随电位移和温度的变化依赖于 β 的符号：$\beta < 0$ 相对应于一级相变，$\beta > 0$ 相对应于二级相变。

其自发极化表示式如下：

$$\beta < 0 \text{ 时}, P_s^2 = -\frac{\beta}{2r}\{1 + [1 + 4\alpha_0 r\beta^{-2}(T-T_0)]^{1/2}\}$$

$$\beta > 0 \text{ 时}, P_s^2 = -\frac{\beta}{2r}\{1 + [1 - 4\alpha_0 r\beta^{-2}(T-T_0)]^{1/2}\}$$

介电隔离率矩阵是电容率矩阵的逆矩阵，在一维情况下，二者互为倒数。介电隔离率 λ 的表达式为：

$$\lambda = \frac{\partial E}{\partial D} = \frac{\partial^2 G_1}{\partial D^2} = \alpha_0(T-T_0) + 3\beta D^2 + 5\gamma D^4$$

一级相变的特征是有热滞。在降温通过居里点时，即使 T_C 以下，晶体仍然保持其亚稳的顺电相；在升温通过居里点时，即使在 T_C 以上，晶体仍保持亚稳的铁电相。热滞的大小取决于晶体的性质。此外，T_C 与电场的关系呈现正相关，满足关系式

$$\frac{\partial T_C}{\partial E_m} = -\frac{D_{ma} - D_{mb}}{S_a - S_b}$$

忽略 β 和 γ 对温度的依赖性，可得

$$\frac{\partial T_C}{\partial E_m} = \frac{2}{\alpha_0 P_{SC}} = \frac{4}{\alpha_0}\left(\frac{-\gamma}{3\beta}\right)$$

在 T_C 以上时，足够强的电场可以诱发出铁电相，表现出双电滞回线。

一级相变铁电体中，其自发极化和介电隔离率随温度的变化如图 1.14 所示。

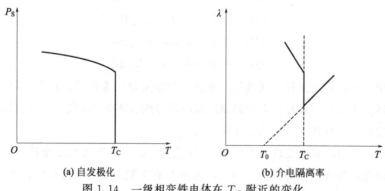

(a) 自发极化	(b) 介电隔离率

图 1.14　一级相变铁电体在 T_C 附近的变化

二级相变发生时，T_0 与 T_C 相等，且其基本特征不因 D^6 项的存在而改变。因此，通常令 $\gamma = 0$。随着温度上升至 T_C，自发极化连续地下降到零；且因为自发极化是连续的，故不会存在相变潜热。此外，二级相变铁电体不会发生场致相变。二级铁电相变附近的自发极化和介电隔离率的变化如图 1.15 所示。

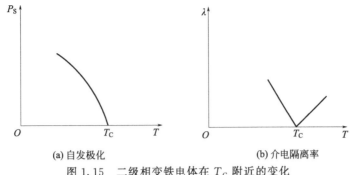

(a) 自发极化   (b) 介电隔离率

图 1.15 二级相变铁电体在 T_C 附近的变化

应该注意的是，晶体中不可避免地存在着缺陷、应变和其他不均匀性，使相变范围变宽，导致在一级相变中，自发极化也并不表现出显著的不连续，在二级相变中也并不成为无穷大，表现出明确的一级或二级相变特征。在实验中，判断一级或者二级相变的方法有：①相变是否有热滞；②特征函数的倒数是否连续；③相变上下的居里常量之比；④T_0 与 T_C 是否相等。

(2) 微观理论

早期的微观理论只有一些针对特定晶体的模型理论，相当不完善。进入 20 世纪 60 年代以后，微观理论有了突破，Cochran 和 Anderson 首次提出了软模理论。该理论认为，铁电相变应该在晶格动力学范围内加以研究。也就是说，自发极化的出现与布里渊区某个光学横模的软化密切相关，软模本征矢量的"冻结"造成了原子的静态位移，从而产生了自发极化。软化在这里表示频率降低，当软化到频率为零时，原子不能恢复到原来的平衡位置，称为"冻结"。软化的原因可以理解为：振动着的离子受到短程力和长程库仑力的作用，对光学横模来说，这两种力的符号相反。当温度适当时，二者的数值相等，使振动频率趋近于零。

软模理论最初只是用来处理位移型相变系统，后来它也可以用于有序-无序系统。不过，在有序-无序相变系统中，相变时软化的集体激发不是晶格振动而是赝自旋波。赝自旋波描述了粒子在双势阱中的运动，主要模型是横场 Ising 模型。

以氢键型铁电体为例，根据自旋波理论，质子位于左右两个势阱，其对应于赝自旋的上下两种取向，整个晶体中质子的分布和运动则用系统的赝自旋波来描写。为了集中研究单粒子在双势阱中分布的主要特征，在计入贯穿势阱的隧道效应前提下，忽略高能级的状态以及粒子在阱内的运动。于是，所讨论的是一个二能级系统。根据推导，得出的赝自旋系统模型的哈密顿量为：

$$H = -\Omega \sum_i S_i^z - \frac{1}{2} \sum_{ij} J_{ij} S_i^x S_j^x$$

式中，$\Omega \approx E_- - E_+$，即反对称态和对称态能级之差，称为隧穿频率或隧穿积分；J_{ij} 是相互作用系数，相当于铁磁系统中的交换积分。

上式表明，如果把 Ω 看作横向场，则赝自旋模型的哈密顿量与处在横向场中的 Ising 模型的哈密顿量相同。这种模型就称为横场 Ising 模型。在氢键型铁电体中，Ω 就是质子的隧穿频率。

铁电相变往往兼具位移型和有序-无序型相变，在同一个理论框架内涉及这两种机制的是统一理论。为了采用统一的模型来描述铁电相变，研究者们设计了不同的系统来进行研究。

Gills 和 Goehler 研究了一种非谐声子系统，并用自洽声子近似处理主要的非谐声子系统，不但确定了相变的类型与参数的关系，还发现了相变的级随晶胞间耦合的大小而变化。

Aubry 的理论也是针对非谐声子系统的。假设晶体包含两个亚晶格 A 和 B，低温有序相是通过亚晶格 A 和 B 的相对位移实现的，且位移中有两个位置使能量取最小值。Aubry 模型的行为取决于两个独立的参量：Ca^2/E_0 和 kT/E_0。前者表示粒子间相互作用能与势垒的相对大小，后者表示热运动能与势垒的大小。相变的类型取决于 Ca^2/E_0。当 $Ca^2 \ll E_0$ 时，为有序-无序型相变；反之，则为位移型相变。

Stamenkovic 等提出了另一种铁电相变的统一理论，该理论认为铁电相变是晶格振动不稳定性以及极性遂穿运动的粒子在各平衡位置有序的结果。用格林函数方法处理非谐振子系统，用 Bogolybov 变分法处理赝自旋系统，最后用数值法求解位移序参量和自旋序参量。相变类型取决于约化的耦合系数 f_0。当 f_0 较小时，相变为有序-无序型；当 f_0 较大时，相变为位移型；中间的 f_0 对应混合型相变。

软模理论主要考虑刚性离子的振动，忽略了电子运动对铁电相变的影响。实际上，在电子带隙并不宽的情况下，电子可能被热激发，电子运动与晶格振动之间有强烈的相互作用。这种晶格和电子两个系统的耦合运动需要用振动-电子模式来描写。铁电相变振动-电子理论的基本点是：为了降低系统的总能量，原子发生静态位移，使电子基态与最低激发态混合。当这种位移是偶极型的，则进入铁电相。导致铁电相变的条件是：振动-电子作用系数要大，晶格要"软"，能隙要小。振动-电子理论强调了振动-电子耦合对铁电相变的影响，这种影响在窄带隙晶体（铁电半导体）中是重要的。该理论可以很好地解释铁电半导体的一些性质，例如光铁电性。

（3）几种典型铁电相变

根据晶格结构划分，铁电相变有铁电-顺电相变、铁电-铁电相变、弥散相变。

铁电体中的铁电相是在一定温度范围内存在的，当超过居里点时，相结构转变为顺电相。因此，在居里点附近发生的相变称为铁电-顺电相变。以 $BaTiO_3$ 陶瓷为例，$BaTiO_3$ 有六方相、立方相、四方相、斜方相和三方相等结构。其中，立方相属于顺电相，四方相、斜方向和三方相都属于铁电相。$BaTiO_3$ 的居里温度约为 120℃，立方相在此温度以上是稳定的，在此温度以下为铁电相。

铁电-铁电相变是指铁电体中铁电相和铁电相之间发生的相变。例如，$BaTiO_3$ 中四方相、斜方相和三方相之间在相应温度点发生互相转变时的相变。需要特别注意的是，铅基铁电体存在一种仅与组分相关的三方-四方相变，称为准同型相界。后来，研究者们进一步研究发现这种准同型相界中可能有中间相存在（比如斜方相）。在无铅铁电体系中存在与组分和温度都相关的相变，包括三方-斜方、斜方-四方、三方-四方以及三方-斜方-四方相变，这种相变称为多晶型相变。这种铁电-铁电相变是增强压电性能和介电性能的有效方法。

单一组分的纯铁电钙钛矿单晶中的相变表现得尖锐而明显，但是许多由复杂组分组成的铁电陶瓷，例如 $Ba(Ti，Sn)O_3$ 及铌镁酸铅（PMN），其介电常数-温度特性往往表现出宽化的现象。也就是说，铁电相变不是发生在一定的温度点，而是发生在一个扩展的温区中，通常将这种扩展于一定温区的相变称为弥散相变（DPT）。

1.5　电子陶瓷材料与器件的分类与应用

电子陶瓷根据其应用方向可以分为两大类：结构陶瓷和功能陶瓷。

1.5.1　结构陶瓷及应用

结构陶瓷是指用于制造电子元件、器件、部件等的基体、外壳、固定件、绝缘零件等的陶瓷材料，又称装置瓷。在电子陶瓷工业中，这类陶瓷产量最多，应用面最广。近年来，随着集成电路的发展，这类陶瓷在电路基片制造方面有了飞速发展。按照其原料和化学组成、矿物组成，又可分为滑石瓷、氧化铝陶瓷、氧化铍陶瓷、碳化硅陶瓷、氮化铝陶瓷和莫来石瓷。详细的介绍可以参见第 9 章的绝缘陶瓷。接下来，我们简单列举几类进行介绍。

滑石瓷，又称块滑石瓷、滑石陶瓷，其主要原料是原顽辉石，占整体组成的 65%（质量分数）以上，其余为玻璃相。滑石瓷以滑石（$3MgO \cdot 4SiO_2 \cdot H_2O$）为主要原料，加入一定量的黏土、膨润土、碳酸钡和三氧化二硼等经高温烧结而成。滑石瓷是一种具有优良电学性能的装置瓷，例如，其介电常数低、介质损耗角正切值低、绝缘强度为 $20 \sim 30kV/cm$、体积电阻率高、静态抗弯强度为 $120 \sim 200MPa$，介电常数随频率升高而降低，在高频下随温度的升高变化很小，且化学稳定性好，耐酸、耐碱、耐腐蚀。

氧化铝陶瓷（Al_2O_3 陶瓷）是以 Al_2O_3 为主要原料，以刚玉（α-Al_2O_3）为主要矿物组成，是一种非常重要的陶瓷材料。Al_2O_3 陶瓷的机械强度高，导热性能良好，绝缘强度、电阻率高，介质损耗低，介电常数一般为 $8 \sim 10$，电学性能随频率的变化比较稳定。特别是高纯（Al_2O_3 含量达到 99.5%）的刚玉陶瓷，频率达到 10^{10} Hz 以上时，$\tan\delta < 1 \times 10^{-4}$。$Al_2O_3$ 陶瓷在电子技术领域中广泛用作真空电容器的陶瓷管壳、大功率栅控金属陶瓷管、微波管的陶瓷管壳、微波管输能窗的陶瓷组件、各种陶瓷基板及半导体集成电路陶瓷封装管壳等。当前，氧化铝陶瓷也被用作散热基片。

高热导率陶瓷材料的晶相或者主晶相是具有高热导率的晶相。通常由较低原子量的元素构成且具有共价键特性或者很强共价键的单质或者一些二元化合物。高热导率材料的种类并不多，目前，用于制造高热导率电绝缘陶瓷材料的只有 BeO、六方 BN、AlN 和 SiC 等。高热导率材料在某些电真空陶瓷器件、集成电路陶瓷基片和陶瓷封装管壳等方面具有重要作用。

1.5.2　功能陶瓷及器件的应用

功能陶瓷根据功能特性，可分为电容器陶瓷、压电陶瓷、铁电陶瓷、半导体陶瓷、导电陶瓷、超导陶瓷以及磁性陶瓷等。具有不同功能特性的电子陶瓷通常其组成和结构也有所不同。这里简单列举了电容器陶瓷、压电陶瓷、半导体陶瓷和绝缘装置瓷材料的特征与器件的应用。详细的阐述参见后续章节。

（1）电容器陶瓷及器件

电容器陶瓷材料主要用来制造各种条件下应用的电容器，根据国家标准规定分为Ⅰ类电容器陶瓷、Ⅱ类电容器陶瓷和Ⅲ类电容器陶瓷。Ⅰ类电容器陶瓷主要用来制造高频陶瓷电容器，高频电场下的介电常数为10～900，介质损耗小，介电常数的温度系数数值范围宽，代表性陶瓷材料有金红石陶瓷、钛酸钙陶瓷、钙钛硅陶瓷等。Ⅱ类电容器陶瓷为铁电陶瓷介质，特点是低频电场下的介电常数高，介质损耗较大，介电常数随温度和电场强度的变化呈现强烈的非线性变化，具有电畴结构、电滞回线、电滞应变特性和压电效应等，代表性陶瓷材料有钛酸钡（$BaTiO_3$）陶瓷和钛酸锶（$SrTiO_3$）陶瓷等，主要用来制造电子路线中的旁路、耦合电路、低频及其他对电容器温度稳定性和介质损耗要求不高的电容器。Ⅲ类电容器陶瓷又称为半导体陶瓷介质，特点是陶瓷的晶粒为半导体，晶界层为绝缘体，具有介质层极薄、介电系数大、介电系数的温度变化小等性能特征，典型代表有 $BaTiO_3$ 半导体陶瓷和 $SrTiO_3$ 半导体陶瓷，主要用于制造在较低电压下工作的大电容量、小体积的电容器，用于汽车、电子计算机等电路中。

此外，随着计算机、自动化控制、家用电器等整机的高速发展，片式多层陶瓷电容器（MLCC）、微波介质陶瓷电容器等得到了迅猛发展。例如，MLCC是电容器市场最为主流的产品，是全球市场占有率最高的电容器产品。微波介质陶瓷具有介电常数高、介电损耗低、温度系数小等优良性能，在现代通信中被用作谐振器、滤波器、介质基片、介质天线、介质导波回路等，广泛应用于移动电话、卫星广播、雷达和无线电遥控等领域。

（2）压电陶瓷及器件

压电陶瓷材料可利用陶瓷正压电效应和逆压电效应的特性实现电能和机械能之间的转换，在电子元器件领域占据着重要地位，主要用于制作各种压电陶瓷换能器、微位移元器件、扬声器等电声器件、滤波器等频率元器件等，应用于水下通信、超声、高压点火等领域。传感器、滤波器等压电器件都是在谐振状态下工作的，应用的压电陶瓷多为硬性，具有高品质因数、高功率密度和低介质损耗以及高压电性能和良好的温度稳定性能，典型代表材料有锆/钛酸铅［$Pb(Zr，Ti)O_3$］陶瓷、$Pb(Mg_{1/3}Nb_{2/3})O_3$-$PbTiO_3$（PMN-PT）陶瓷。传统的压电陶瓷材料主要是铅基压电陶瓷，其中 PbO（或 Pb_3O_4）的含量约占70%。铅基压电陶瓷在生产、使用及废弃后处理过程中都会给人类及生态环境带来严重危害。当前，几类无铅压电陶瓷（钛酸钡、钛酸铋钠、铌酸盐、铁酸铋、铋层状陶瓷）得到广泛关注，部分材料已制作了相关产品。

压电陶瓷元器件作为压电功能器件的核心部分，压电陶瓷的性能直接关系到器件品质的好坏，在电子信息和国防领域具有重要作用。

（3）半导体陶瓷及器件

半导体陶瓷除了可用于制造Ⅲ类电容器陶瓷外，还可以用来制造各类敏感元器件、传感器等，利用陶瓷在温度、压力、湿度和光等外界条件变化时发生的电阻、电容量和电感等变化而制成敏感元件，主要包括热敏、压敏、湿敏和光敏器件。代表性陶瓷材料有 $BaTiO_3$ 半导体 PTC 热敏电阻陶瓷、ZnO 压敏陶瓷等。

热敏器件是对温度敏感的一类器件，分为热敏电阻、热敏电容、热电和热释电。以热敏电阻为例，在电子工业、医疗卫生、家用电器、机械、能源、生物工程、食品工业、石油气化等领域广泛应用，主要表现在自控温加热、过电流保护、温度检测和温度补偿及抑制浪涌电流等方面。压敏器件的电阻与外加电压呈显著的非直线性关系。压敏电阻广泛应用于程控电话交换机、硅整流器、彩色电视机、微型顶机、大规模集成电路（LAI）和超大规模集成电路（SLAI）等领域。湿敏陶瓷元件大多由多孔半导体陶瓷制成，可将湿度变化转变为电信号，在家用电器、国防装备、环境保护、物资储存、航空航天、食品、医药和工业等领域具有广泛应用。光敏器件利用光敏陶瓷的光电效应，应用于电子摄像、彩色电视等方面。

（4）绝缘装置瓷及器件

绝缘装置瓷具有优良的电绝缘性能，是用于电子设备和器件中的结构件、基片和外壳等的电子陶瓷。绝缘装置瓷件包括各种绝缘子、线圈骨架、电子管座、波段开关、电容器支柱支架、集成电路基片和封装外壳。

除了以上典型的陶瓷材料与电子器件，还有利用磁性材料制成的磁性元器件，如铁氧体磁性材料；根据不同材料特性制成复合陶瓷材料，实现具有多功能性的陶瓷材料；具有导电特性的导电陶瓷制成的器件，包括离子导电的快离子陶瓷及电子导电和超导陶瓷。

1.5.3 电子陶瓷材料及器件的新型应用

随着电子信息技术的高速发展，电子陶瓷材料应用领域正在从传统的消费类电子产品转向数字化的信息产品，包括通信设备、计算机和数字化音视频设备等，数字技术对陶瓷元器件提出了一系列的要求。为了满足这些要求，世界各国都在研发以信息技术为应用领域的功能陶瓷新材料、新工艺和新产品。

在3C电子领域，电子陶瓷主要应用于手机及智能手表的穿戴。我国已经进入5G全面建设阶段，5G手机迅速普及，预计2019～2023年全球5G手机渗透率将由0.9%增长至51.4%。同时，智能穿戴市场兴起，预计2020～2022年中国可穿戴设备出货量由8847万台增长至11380万台，市场规模由473亿元增长至607亿元。

在5G基站建设领域，陶瓷插芯主要应用于光纤连接器、其他光无源器件。光纤陶瓷插芯主要的应用领域包括基站建设、光纤到户、IDC搭建等。其中，微波介质陶瓷滤波器的 Q 值（品质因数）高、插损低、介电常数高、尺寸小、轻量化且成本低廉，有望成为5G基站的主流器件。随着5G的商用化，5G基站建设也将逐步打开。5G技术的发展将迅速带动光纤陶瓷插芯、陶瓷介质滤波器的市场增长。

1.5.4 电子陶瓷材料及器件的发展趋势

在当今社会的迅速发展下，利用计算机等实现数字化和系统化的控制技术成为重点技术。基于此，对电子陶瓷技术提出了新的要求。新型电子陶瓷元器件及相关材料的发展趋势主要体现在下列几个方面：

① 材料柔性化　近年来，柔性材料与器件得到了迅速发展，其强可折叠性、多能力复合结构等特性在信息技术发展和系统应用方面影响重大。柔性可通过两种方式实现，即材料引入柔性和结构引入柔性。目前，柔性电子器件主要应用于柔性应变传感器、柔性显示器和薄膜太阳能电池等方面。随着柔性电子技术的发展，柔性电子器件与系统将大规模服务于人们的生活。

② 器件微型化　随着移动通信和卫星通信的迅速发展，提出了器件小型化、微型化的要求。然而，电子元器件特别是大量使用的以电子陶瓷材料为基础的各类无源元器件，是实现整机小型化、微型化的主要瓶颈。因此，目前器件微型化、小型化是器件研发的重要任务，片式化功能陶瓷元件占据了很大一部分市场。

③ 技术集成化　多种技术的集成化是电子陶瓷材料制备技术的新发展趋势。比如，纳米陶瓷制备技术及纳米级陶瓷原料、快速成型及烧结技术、湿化学合成技术等都为开发高性能电子陶瓷材料打下了基础。

④ 功能复合化　利用陶瓷、半导体及金属结合起来的复合电子陶瓷是开发各种电子元器件的基础，它是发展智能材料和机敏材料的有效途径，同时也为器件与材料的一体化提供了重要的技术支持。

⑤ 产品高频化　高频化是数字 3C 产品发展的必然趋势。移动通信和远距离通信技术的快速发展，对微波陶瓷介质材料及其微波谐振器、微波滤波器、微波电容器等提出了广阔的市场需求。

⑥ 环保无害化　随着人类社会的可持续发展以及环境保护的需求，新型环境友好的电子陶瓷成为世界各国致力研发的热点材料。例如，为了减少铅元素对环境的污染，国内外科研人员展开了无铅系压电陶瓷的研究。

课后习题

1. 简述电子陶瓷的发展现状和趋势，试举例说明。
2. 列举几种典型的电子陶瓷，并简述其特点。
3. 简述区分电子电导和离子电导的方法。
4. 总结区分一级相变和二级相变的方法，并结合实例说明。
5. 简述几种典型的电子陶瓷器件，包括对应的性能参数要求和应用领域。

参考文献

[1] 曲远方. 功能陶瓷及应用 [M]. 北京：化学工业出版社，2014.
[2] 徐庭献，沈继跃，薄站满，等. 电子陶瓷材料 [M]. 天津：天津大学出版社，1993.
[3] 熊兆贤. 材料物理导论 [M]. 北京：科学出版社，2001.
[4] 周玉. 陶瓷材料学 [M]. 哈尔滨：哈尔滨工业大学出版社，1995.
[5] 殷声. 现代陶瓷及其应用 [M]. 北京：北京科学技术出版社，1990.
[6] 郝虎在. 电子陶瓷物理 [M]. 北京：中国铁道出版社，2002.
[7] 钟维烈. 铁电物理学 [M]. 北京：科学出版社，1996.
[8] Cochran W. Crystal stability and the theory of ferroelectricity [J]. Phys Rev Lett，1959，3：412.

[9] De Gennes P G. Crossref Google Scholar Blinc R 1960 [J]. J Phys Chem Solids, 1963, 13: 204.

[10] Brout R, Muller K A, Thomas H. Tunnelling and collective excitations in a microscopic model of ferroelectricity [J]. Solid State Commun, 1966, 4: 507.

[11] Lines M E, Glass A M. Priciples and Applications of Gerroelectrics and Related Materials [M]. Oxford: Clarendon Press, 1997.

[12] Mitsui T, Tatsuzaki I, Nakamura E. An Introduction to the Physiscs of Feroelectrics [M]. New York: Gordon and Breach, 1997.

[13] 王竹溪. 热力学 [M]. 北京: 高等教育出版社, 1955.

[14] Bersuker I B, Vekhter B G. The vibronic theory of ferroelectricity [J]. Feroelectrics, 1978, 19: 137.

[15] Blinc B, Zeks B. Dynamics of order-disorder-type ferroelectrics and anti-ferroelectrics [J]. Adv Phys, 1972, 91: 693.

[16] Blinc B, Zeks B. Soft Modes in Ferroelectric and Antiferroelectrics [M]. Amsterdam: North-Holland, 1974.

[17] 刘成功. 浅谈电子陶瓷的发展 [J]. 科技资讯, 2010, 29: 112.

[18] 陈大任, 郭演仪. $Bi_4(Pb,Sr)Ti_4O_{15}$ 含铋层状结构铁电陶瓷的介电和压电性能 [J]. 电子元件与材料, 1982 (1): 26-34.

[19] Cady W G. Piezoelectricity [M]. Mc Graw-Hill Book Co Inc, 1946.

[20] Kingery W D. Introduction to ceramics [M]. John Wiley Sons Inc, 1960.

[21] 邱关明. 新型陶瓷 [M]. 北京: 兵器工业出版社, 1993.

第 2 章

电子陶瓷的制备工艺

2.1 引言

材料科学与工程是研究材料的组成结构、制备工艺、物理化学性质、使用效能及其相互关系的学科。因此，组成结构、制备工艺、物理化学性质和使用效能被称为材料科学与工程的四个基本要素，如图 2.1 所示。

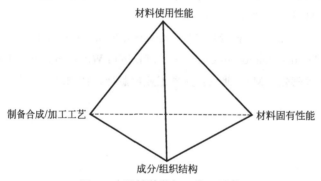

图 2.1　材料科学与工程四要素

制备工艺在材料科学中占有重要的地位，尤其是对电子陶瓷材料而言，其性能在很大程度上取决于其制备工艺。电子陶瓷的制备工艺（图 2.2）包括原料处理、配料计算、粉料加工、成型、排胶、烧结、表面金属化等一系列步骤，在此过程中发生的物理化学变化将严重影响电子陶瓷的微观结构和电学性能。因此，严格控制实验步骤的正确性以及合理性是制备具有优异电学性能电子陶瓷的基础。

图 2.2　电子陶瓷的制备流程图

2.2 原料

电子陶瓷所用的原料主要有两种：天然矿物原料和化工原料。天然矿物原料的成分十分复杂，含杂质较多，纯度相对较低。化工原料由于纯度相对较高，且物理特性可控，成为电子陶瓷实际生产中最常用的原料。

电子陶瓷工业生产中所用的化工原料主要为金属和非金属氧化物、碳酸盐等。下面仅对代表性的化工原料进行介绍。

（1）氧化钛（TiO_2）

氧化钛是一种细分散的白色带黄粉末，属于同质多晶体；常压下为锐钛矿、板钛矿和金红石结构，高压下为铌铁矿、斜锆石和氯铅矿结构，其中以常压下的三种结构最为常见。由表2.1可见，锐钛矿和板钛矿分别于一定温度下可以转化为金红石结构，同时介电常数增大，说明介电常数的大小与其晶体结构密切相关。因此，在用于制作相关陶瓷原料的时候，要考虑二氧化钛不同晶体结构对性能的影响。

表 2.1　氧化钛的各种晶态及基本性质

名称	晶系	相对密度 /(g/cm³)	莫氏硬度	温度/℃		热膨胀系数 /℃⁻¹	介电常数
				熔融	转化为金红石		
锐钛矿	四方	3.9	5～6	—	915	4.7～8.2	31
板钛矿	斜方	3.9～4.0	5～6	—	650	14.5～22.9	78
金红石	四方	4.2～4.3	6	1840	—	7.1～9.2	⊥c轴 89 //c轴 173

金红石相的 TiO_2 结构为四方晶系的 P42/MNM 空间群，单位晶胞为一个四方体，钛原子占据四方体的顶点和体心位置，6 个氧原子分别位于四方体上下底面的两条平行对角线和通过体心的另一方向的对角线上，形成一个氧八面体，如图 2.3 所示。从氧原子的角度来看，氧原子被三个钛原子包围，为三个 TiO_3 八面体所共有。正是因为具有这一特殊结构，在外电场的影响下，离子间相互作用形成强烈的局部内电场；在这一内电场的作用下，离子外层电子轨道发生强烈变形，离子本身也发生很大的位移，从而使 TiO_2 呈现高的介电常数。

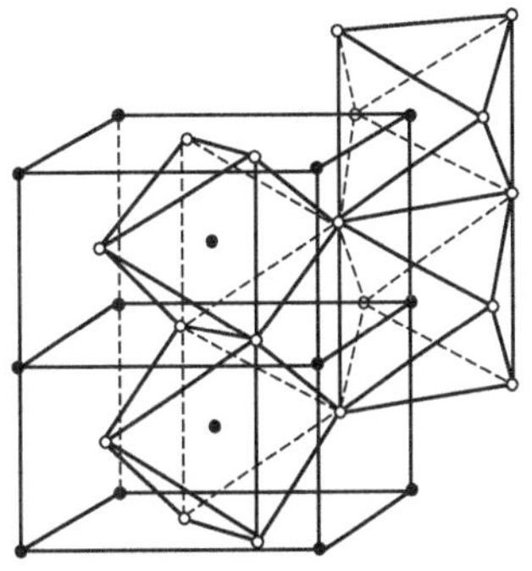

图 2.3　金红石晶体结构及其 Ti-O₆ 配位八面体的排列形式

除了高的介电常数，金红石结构的 TiO_2 在加热过程中还容易被部分还原形成具有氧空位的缺陷结构。被还原时，氧以分子状态逸出，为了维持电中性，部分 Ti^{4+} 捕获周围多余的电子，形成 $[Ti^{4+}e^-]$。这个被捕获的电子和 Ti^{4+} 的结合力较弱，类似金属中的自由电子。这一过程也可以看作三价钛离子的生成，缺陷方程式如下：

$$2Ti^{4+} + O^{2-} \longrightarrow 2Ti^{3+} + \frac{1}{2}O^2 \uparrow + 2V_O^{\times}$$

当施加电场时，这个被捕获的电子可以发生定向移动，具有高的电导，使得材料的介电性能恶化，表现为绝缘性能降低、损耗增大。

（2）氧化铝（Al_2O_3）

以氧化铝为主的电子陶瓷具有良好的介电性能以及机械、耐热性能，其热导率仅次于氧化铍，在工业上主要用作超高频绝缘以及集成电路的外壳、基板等。氧化铝具有好几种结晶形态，可以肯定的有三种：$\alpha\text{-}Al_2O_3$、$\beta\text{-}Al_2O_3$ 和 $\gamma\text{-}Al_2O_3$。自然界中只存在 $\alpha\text{-}Al_2O_3$ 和 $\beta\text{-}Al_2O_3$，$\gamma\text{-}Al_2O_3$ 只能通过人工方法合成。$\gamma\text{-}Al_2O_3$ 为白色、松散的结晶性粉末，是工业氧化铝的主要成分。不同形态 Al_2O_3 的主要性能见表 2.2。

表 2.2 不同形态氧化铝的主要性能

名称	晶系	相对密度 /(g/cm³)	莫氏硬度	介电损耗 ($T=300℃$, $f=1MHz$)	比体积电阻 ($T=300℃$)/$\Omega \cdot cm$
$\alpha\text{-}Al_2O_3$	三方	3.99~4.00	9.0	0.0005	5×10^{12}
$\gamma\text{-}Al_2O_3$	立方	3.45~3.65	—	0.006	5×10^{11}
$\beta\text{-}Al_2O_3$ $Na_2O \cdot 11Al_2O_3$ $CaO \cdot 6Al_2O_3$ $BaO \cdot 6Al_2O_3$	六方	3.32 3.54 3.69	5.5~6.0	0.1 — —	2×10^9 — —

$\alpha\text{-}Al_2O_3$ 属于三方晶系，其单位晶胞是一个尖的菱面体，是三种形态 Al_2O_3 中最稳定的一种，其晶体结构可以稳定保持到熔点附近。$\gamma\text{-}Al_2O_3$ 属于低温稳定型，只能存在于一定温度范围内。一般认为 $\gamma\text{-}Al_2O_3$ 在 1050℃ 以下是稳定的，超过该温度就开始转化为 $\alpha\text{-}Al_2O_3$ 形态，且转化不可逆。相比于 $\alpha\text{-}Al_2O_3$，$\gamma\text{-}Al_2O_3$ 的晶格更为松弛且有缺陷，所以吸附能力更强、化学活性更大，可用作吸附剂和催化剂。$\beta\text{-}Al_2O_3$ 从实质上讲是不存在的，只能看作一种 Al_2O_3 含量很高的铝酸盐聚集体，其化学组成可近似表示为 $M_2O \cdot 11Al_2O_3$ 和 $MO \cdot 6Al_2O_3$。以 $Na_2O \cdot 11Al_2O_3$ 为例，由于含有较松弛的 Na—O 层，易形成离子松弛电导，因此 $\beta\text{-}Al_2O_3$ 的介电损耗高、电学性能差。

（3）氧化锆（ZrO_2）

ZrO_2 是合成一系列铁电和非铁电锆酸盐的主要原料。在制造电容器时，常用 ZrO_2 来稳定氧化钛，使其不易失氧并调节负温度系数。ZrO_2 是一种白色带黄或带灰的粉末，其形态主要有三种：低于 1000℃ 为单斜晶系；1000~2370℃ 为四方晶系；2370℃ 以上为立方晶系。低温氧化锆属于单斜晶系，在 1000℃ 以下是稳定的，温度升高时转变为较致密的四方晶系且转化可逆；随温度降低，四方 ZrO_2 在 900℃ 左右变回单斜 ZrO_2。

对于纯 ZrO_2，其在发生相变时由于相对密度变化会发生体积膨胀，使得制品开裂，如图 2.4 所示。因此，常在 ZrO_2 中加入少量 CaO、Y_2O_3 或 MgO，得到立方相的 ZrO_2 固溶体。这种氧化锆随温度变化不会发生相转变和体积的变化，称为稳定氧化锆。掺入的 Ca^{2+}、Y^{3+} 相对于 ZrO_2 是不等价置换，在晶格中将产生氧空位的缺陷结构。当温度高于 900℃ 时，氧离子通过氧空位移动，使稳定氧化锆具有导电性能。同时，这种固溶体是典型的萤石（CaF_2）结构，阳离子呈面心立方密堆积，氧离子为简单立方堆积，但其中阳离子只占有一半氧离子立方体的体心位置。所以晶胞中心有大的空隙，有利于氧离子的移动。这种高温电导性能使得稳定氧化锆可以用作电阻炉的发热体，最高使用温度达 2000℃。

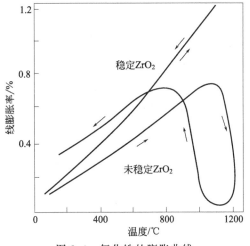

图 2.4　氧化锆的膨胀曲线

（4）氧化锌（ZnO）

氧化锌是压电陶瓷和压敏陶瓷的主要原料，工业上常用作矿化剂以降低陶瓷烧结温度，形成细晶结构。氧化锌是白色的非结晶性粉末，受热时变为黄色，伴随少量氧气逸出，温度下降后恢复白色。当温度达到 1975℃时，氧化锌分解产生锌蒸气和氧气。

氧化锌有两种典型的晶体结构，六边纤锌矿结构和立方闪锌矿结构，如图 2.5 所示。其中纤锌矿结构的稳定性高，因而最为常见。在两种结构中，每个锌或氧原子都与相邻原子组成以其为中心的正四面体结构，整个晶体具有中心对称性而没有轴对称性，这使得它们都具有压电效应。由于锌和氧在原子尺寸上相差较大，晶体内部具有较大的空间，这使得氧化锌即使不掺入其他物质，也具有 N 型半导体的特征。

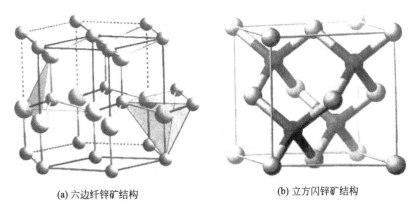

(a) 六边纤锌矿结构　　　　　　　　　(b) 立方闪锌矿结构

图 2.5　氧化锌的晶体结构

（5）稀土金属氧化物

电子陶瓷生产中常用的稀土金属氧化物有 La_2O_3、CeO_2、Sm_2O_3、Dy_2O_3 等。这类原料常作为微量添加物加入，但对材料的性能影响很大，通常用于改进材料性能。如在 PZT 中

加入少量 La_2O_3 可以改进其电阻率和老化性能；在 $BaTiO_3$ 中添加适量 Dy_2O_3 可改善陶瓷的介电性能，降低损耗。

（6）碱土金属碳酸盐

碱土金属元素位于周期表第二主族。该族元素的氧化物易与水起作用，在空气中不易储存。其碳酸盐比较稳定，且碳酸盐加热时分解产生的氧化物活性较大，利于化学反应的进行，因此一般直接用碱土金属的碳酸盐作为原料。但含有碳酸盐瓷料的煅烧温度要受碳酸盐分解温度的影响，通常 SiO_2、Al_2O_3 或 TiO_2 的存在可以降低分解温度。

① 碳酸钡（$BaCO_3$） $BaCO_3$ 是合成铁电体钛酸钡 $BaTiO_3$ 的主要原料。$BaCO_3$ 有三种结晶形态：常温下为 $\gamma\text{-}BaCO_3$，属于斜方晶系；$811\sim982℃$ 转变为 $\beta\text{-}BaCO_3$，属于六方晶系；$982℃$ 以上为 $\alpha\text{-}BaCO_3$，属于四方晶系。温度继续升高，在 $1400℃$ 左右发生分解。但当 TiO_2、ZrO_2 和 SiO_2 存在时，$BaCO_3$ 的分解温度会大大降低。如在 ZrO_2 的参与下，$BaCO_3$ 的分解温度下降到 $700℃$ 左右。

② 碳酸锶（$SrCO_3$） $SrCO_3$ 是合成 $SrTiO_3$ 的主要原料，也用作助熔剂，以降低某些陶瓷的烧成温度。$SrCO_3$ 有两种晶型：常温下为 $\beta\text{-}SrCO_3$，属于斜方晶系；$900\sim950℃$ 转变为 $\alpha\text{-}SrCO_3$，属于六方晶系。在 $1100℃$ 以上开始分解为 SrO 和 CO_2，约 $1250℃$ 分解完成。

（7）含铅化合物

铅的氧化物有三种：密陀僧（PbO）、铅丹（Pb_3O_4）、铅白 $[2PbCO_3 \cdot Pb(OH)_2]$。在电子陶瓷工业中，考虑到成本，多采用 PbO 和 Pb_3O_4。

PbO 有两种形态，红色的四方形态和黄色的斜方形态。四方形态更为稳定，溶解度也更低。Pb_3O_4 是在空气中将 PbO 加热到 $500℃$ 左右得到的红色粉末。Pb_3O_4 对热不稳定，当加热到 $600℃$ 左右时，会发生分解：

$$Pb_3O_4 \longrightarrow 3PbO + \frac{1}{2}O_2 \uparrow$$

如继续加热，PbO 在 $880℃$ 熔融。相比于 Pb_3O_4，脱氧后的 PbO 活性较大，能降低瓷料的合成温度，因而被用作制备锆钛酸铅（PZT）压电陶瓷的主要原料。在制备含铅陶瓷的过程中，不同的铅原料将对制品的最终性能产生很大影响，因此选择合适的含铅原料至关重要。

（8）氮化物

过去电子陶瓷主要是以氧化物为主，但氮化物由于电绝缘性高、半导性好、导热性高等特性也吸引着研究者的注意。下面主要介绍氮化硼（BN）。

BN 属于六方晶系，相对密度 $2.26g/cm^3$，无明显熔点，在 $3000℃$ 升华；外观呈白色粉末，晶体结构与石墨十分相似（图 2.6），所以又名白石墨。晶体结构上的相似使得 BN 和石墨在某些性能上也具有相似性，但二者的电绝缘性能大不相同。表 2.3 给出了 BN 和 Al_2O_3 性能的比较。

表 2.3　BN 和 Al_2O_3 的性能比较

材料	安全使用温度 /℃	绝缘强度 /(kV/cm)	介电常数 ε	介电损耗 $\tan\delta/10^{-4}$	体积电阻率 /Ω·cm
BN	$900\sim1000$（空气）2800（惰性气氛）	$30\sim40$	$3.9\sim5.3$	$2\sim8$	$>10^{14}$
Al_2O_3	$1350\sim1500$	$7\sim15$	$8\sim9$	4	$>10^{14}$

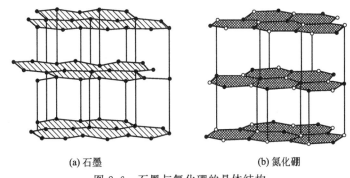

(a) 石墨   (b) 氮化硼

图 2.6   石墨与氮化硼的晶体结构

由表 2.3 可见，BN 的绝缘强度是 Al_2O_3 的 3～4 倍，即便在 2000℃的高温下，也能保持稳定的绝缘性能。但其具有较低的介电常数，而且介电损耗也很小。此外，BN 的热导率很高，仅次于氧化铍，在室温下几乎与铁相等。BN 既有优异的电绝缘性能，又有高的热导率，这是其他材料难有的。

2.3 配料计算

在选定所需要的陶瓷原料后，即可根据合成陶瓷制品的化学式计算其原料配比，这是电子陶瓷配料计算的方法之一；也可以根据瓷料预期的化学组成进行计算，这是以天然矿物为主要原料时所采用的计算方式。以第一种方法为例，具体的计算步骤如下：

① 根据欲合成化合物的化学分子式计算各原料的摩尔数比例；

② 根据相应化学原料的相对分子质量计算各原料的质量；

③ 根据原料纯度对各原料的实际用量进行修正。

为了保持每次配料的一致性，每次配料都要注明原料的生产批号、配料日期等，以便制品性能波动时有所查考。对于容易挥发的原料，在配料时通常要过量。例如，在合成铁酸铋（$BiFeO_3$）基无铅压电陶瓷时，考虑到 Bi 元素易挥发的特性，Bi_2O_3 通常要过量；过量的 Bi 在烧结时形成部分液相，有助于坯体的致密化。对于容易吸潮的药品，要事先进行烘烤或在真空手套箱内进行称量。例如，在制备铌酸钾钠基陶瓷时，原料中的碳酸钾和碳酸钠就容易发生潮解，因此要对药品进行干燥且称量过程要迅速。对于有毒药品，称量则需要在通风橱进行。

2.4 粉体制备/混合工艺

粉料制备是电子陶瓷生产中的重要工序之一，电子陶瓷的显微结构很大程度上由粉体的特性决定。原料粒度越细越有利于混合料成分的均匀性，而成分均匀则是电子陶瓷烧结过程中各成分之间反应均匀的基础。因此粉体质量直接影响陶瓷材料的优劣。

电子陶瓷的粉体制备技术一般可分为物理法和化学法，如图 2.7 所示。物理法主要包括机械粉碎、蒸发冷凝、冷冻干燥等方法；化学法可分为液相法、气相法和熔盐法三种。

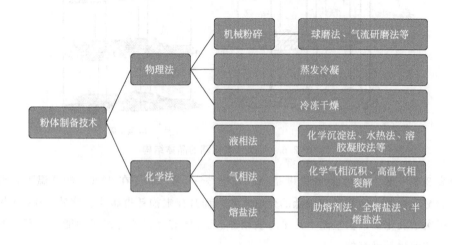

图 2.7　电子陶瓷的粉体制备技术

2.4.1　物理法

2.4.1.1　机械法

机械法制备陶瓷粉体是通过机械破碎、研磨的方式将大块材料或粗大颗粒细化，制得的粉体平均粒度通常在 $1\mu m$ 以下，但亚微米级别的均匀颗粒还难以达到。从能量的角度来看，机械法制备是将粉碎机械的动能或机械能转换为粉体表面自由能的过程，利用动能破坏材料的内结合力，使材料分裂形成新的表面；比表面积增加，从而使其表面自由能增加。这里介绍两种主要的机械法陶瓷粉体制备技术，球磨法和气流研磨法。

（1）球磨法

球磨法是机械法最主要的表现形式，包括球磨筒、磨球、研磨物质和研磨介质四种基本要素。其基本原理是在研磨过程中，利用球磨筒将机械能传递到筒内的物料和介质上，相互间产生冲击力、挤压力、摩擦力等，当这些复杂外力作用到脆性粉末颗粒上时，即发生颗粒的解离和细化过程。但在球磨法中，要注意避免将球磨介质引入粉体之中，造成化学成分的偏离。根据球磨方式的不同，球磨法可分为以下几类：

① 滚筒式球磨　滚筒式球磨的工作原理是筒体在沿轴水平旋转时，磨球在离心力的作用下贴在筒体内壁随筒体一起旋转；当磨球被带到一定高度时，由于重力作用被抛出、落下，对研磨物料产生撞击而使其粉碎，如图 2.8 所示。

对于滚筒式球磨，磨筒的转速会直接影响磨球的运动方式。若转速太慢低于下界临界转速，则磨球上升达不到足够高度即向下滑动，此时只有摩擦作用而无撞击作用，工作效率很低；若转速过高达到上界临界转速，则磨球做离心运动一

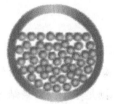

(a) 静止时　　　　(b) 干燥物料投入

图 2.8　滚动球磨的工作原理

直紧贴在筒壁上，不能跌落，也无撞击作用。上界临界转速$n_{临界}$（r/min）与磨筒的直径D有关：

$$n_{临界} = \frac{42.4}{D^{\frac{1}{2}}}$$

若要获得最佳的研磨效果，须使磨筒的工作转速处于上、下界临界转速之间。

(a) 静止时　　(b) 连续运转时

图 2.9　振动球磨的工作原理

② 振动球磨　振动球磨是利用筒体高频率、小振幅的偏心振动，使磨球对物料产生剧烈的磨剥力和冲击力而将其粉碎，如图 2.9 所示。

振动球磨在筒体自旋的同时，还进行上下振动，因此研磨效率远远高于普通滚动球磨；而且振动球磨是通过振动的方式增加输入能量，运动系统不受临界转速的限制，因而可采用较高的能量进行研磨，是一种高能、高效的研磨方式。一般振动频率越高，球磨效率越高。

③ 搅拌球磨　搅拌球磨亦称高能球磨。与滚筒式球磨和振动球磨不同，搅拌球磨的球磨筒是固定的。将球磨介质和物料装入球磨筒后，利用主电动机强大的驱动力带动搅拌臂做高速运动，使磨球与物料之间发生相互撞击和剪切，从而实现对物料的超细粉碎，粉末粒径可达亚微米级别。由于球磨的动能是由转轴横臂提供的，因此搅拌球磨也不受临界转速的限制。

在粉碎过程中，磨球的运动形式呈螺旋上升，球磨作用并不发生在筒壁上，因而对筒壁的磨损甚微，如图 2.10 所示。在球磨过程中，微细颗粒悬浮于浆料上层，粗颗粒沉降于下层，泵送系统使得物料周而复始地循环，故可获得均匀的料度。

不管何种球磨方式，球磨介质的种类、尺寸以及配比等都会影响最终粉体。因此，需要针对具体球磨方式，优化和选择球磨介质。

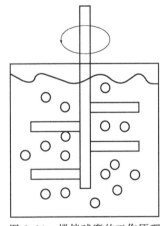

图 2.10　搅拌球磨的工作原理

（2）气流研磨法

气流研磨法的工作原理是利用高速气流的强烈冲击作用使物料相互撞击来实现干式物料的超细粉碎。其基本要素是研磨设备、气体和研磨物料，不需要研磨体和研磨介质。

在研磨过程中，物料通过投料装置进入粉碎室，压缩空气通过特殊喷嘴向粉碎室高速喷射，物料在高速射流中加速，并在喷嘴交汇处反复冲击、碰撞而被粉碎。被粉碎的物料随上升气流进入分级室，在分级机的高速旋转下，分级粒径以上的粗颗粒返回粉碎室继续粉碎，分级粒径以下的细颗粒随气流进入旋风分离器而被收集，气体则由引风机排出。

气流研磨的最大优点是没有研磨体，故物料不会受到杂质污染；缺点是由于物料和气流充分接触，粉碎后物料吸附的气体较多，增加了粉体使用前排除吸附气体的工序。

2.4.1.2　蒸发冷凝法

蒸发冷凝法是将原料在充有一定惰性气体的真空蒸发室内加热、蒸发，使之汽化成为原子或分子，与惰性气体碰撞失去能量，然后骤冷使之凝结，生成超微颗粒。凝聚形成的纳米粒子将在冷阱上沉积，可用刮刀刮下收集起来。

纳米金属粉体可通过向真空室内通以甲烷，为粉体包覆碳胶囊得到；纳米合金可通过同时蒸发数种金属得到；纳米氧化物可在粉体制成后向真空室内通以纯氧使之氧化得到。

蒸发冷凝法制得的粉体表面清洁，粒径一般在 5～100nm 之间。粒径尺寸可通过调节气氛压力、种类、流速以及加热温度等进行控制，还可以原位加压制成纳米块体，但结晶形状难以控制，生产效率低，多用于实验研究。

2.4.2　化学法

2.4.2.1　液相法

液相法是目前实验和工业上最广泛采用的合成陶瓷粉体方法。液相法的共同特点是以溶液为出发点，通过各种途径使溶质和溶剂分离，得到所需粉体的前驱体，再经过热解得到所需的粉体。根据溶质和溶剂分离方法的不同，液相法可分为溶剂蒸发法、化学沉淀法、水热法、溶胶凝胶法等。其优点是对于成分复杂的材料也可以获得化学均匀性高且粒径可控的粉末。

（1）溶剂蒸发法

溶剂蒸发法是先把金属盐溶液制成微小液滴，再加热使溶剂蒸发、溶质析出，得到纳米粒子的方法。溶剂蒸发法又可分为喷雾干燥法、喷雾热解法等。

① 喷雾干燥法　喷雾干燥法是将混合溶液喷雾形成非常小的雾状液滴，再在热风中急剧干燥的方法。喷雾干燥法的优点是工艺简单、制得的粉体化学均匀性好、重复性好。

② 喷雾热解法　喷雾热解法也是先将金属盐溶液喷雾至高温气氛中，但与喷雾干燥法的不同之处在于雾滴中的溶质分子在干燥的同时即发生分解，即溶剂蒸发和金属盐热解同时进行，是用一道工序制成氧化物粉末的方法，生产效率更高。

（2）化学沉淀法

化学沉淀法的原理是在溶液状态下将不同成分的物质混合，在混合溶液中加入适量沉淀剂，得到粉体的前驱体沉淀物，然后经过滤、洗涤、干燥，有时还需要加热分解等工艺过程，最终得到所需的粉体颗粒。化学沉淀法反应过程简单且成本低，便于推广和工业化生产，能制备粒径为数十纳米的纳米粉体。其缺点是沉淀物通常为胶状物，水洗、过滤困难；沉淀剂易作为杂质混入沉淀物；水洗时部分沉淀物重新发生溶解等。

根据沉淀方式的不同，化学沉淀法可分为共沉淀法、直接沉淀法、均匀沉淀法和水解沉淀法等。

① 共沉淀法　共沉淀法是指在混合的金属盐溶液中加入合适的沉淀剂，让所有金属阳离子完全沉淀，生成组成均匀的沉淀，再对沉淀做热处理得到高纯度的纳米粉末。目前该方法已广泛应用于合成 $BaTiO_3$ 系敏感材料铁氧体、尖晶石型材料以及荧光材料等。例如，在含 Ba^{2+}、Ti^{2+} 的硝酸盐溶液中加入草酸沉淀剂后，可以得到单相化合物 $BaTiO(C_2O_4) \cdot 4H_2O$ 沉淀。

② 直接沉淀法　直接沉淀法是指溶液中的金属阳离子直接与沉淀剂发生化学反应生成沉淀物而不需要进行热分解的方法，工艺较共沉淀法相对简单。例如，$TiCl_4$ 的水解产物与 $SrCl_2$ 溶液在强碱性水溶液中于 90℃ 反应，直接生成 $SrTiO_3$ 沉淀，沉淀经过滤、洗涤、干燥后，得到粒径 20～40nm 的 $SrTiO_3$ 纳米粉体。

③ 均匀沉淀法　一般的沉淀过程是不平衡的，但如果控制溶液中沉淀剂的浓度，使之缓慢增加，让沉淀在整个溶液中均匀出现，处于平衡状态，则这种方法叫作均匀沉淀法。均匀沉淀法的特殊之处在于，沉淀剂是通过溶液中的化学反应缓慢生成的，而不是由外部加入，从而克服了外加沉淀剂局部不均匀造成的沉淀不均匀。例如，将尿素的水溶液加热到 70℃ 左右，尿素会发生分解：

$$(NH_2)_2CO + 3H_2O \longrightarrow 2NH_4OH + CO_2 \uparrow$$

由此生成的沉淀剂 NH_4OH 在金属盐溶液中分布均匀，可以使沉淀均匀地生成。尿素的分解速率可以通过温度和尿素浓度进行控制，因而可以使尿素的分解速率降得很低，从而控制沉淀的生成速率。

均匀沉淀法得到的沉淀物颗粒均匀致密，便于过滤和洗涤，解决了共沉淀法各组分均匀沉淀控制困难的缺点，最终可以得到粒度均匀、纯度高的纳米粉体。

④ 水解沉淀法　水解沉淀法即通过调节原料溶液的 pH 值或改变原料溶液的温度而使其中的金属离子水解生成沉淀，利用沉淀物来制备粉体的方法。例如，通过水解钛盐溶液，可以合成分散的 TiO_2 颗粒；通过水解三价铁盐溶液，可以得到 α-Fe_2O_3 超微颗粒。

（3）水热法

水热法，又称液热法，是指在特制的密闭反应器如高压釜中，以水为溶剂，通过对反应体系加热、加压，创造一个相对高温、高压的反应环境，使得通常难溶或不溶的物质充分溶解并达到一定的过饱和度，再发生重结晶来得到粉体的方法。目前除了原位加热、加压外，还可以在合成时进行搅拌。

根据化学反应类型的不同，水热法可进一步细分为以下几种：

① 水热氧化　利用高温高压，使水、水溶液等溶剂与金属或合金直接反应生成新的化合物；

② 水热晶化　以非晶态氢氧化物、氧化物或水凝胶为前驱物，在水热条件下结晶形成新的氧化物晶粒；

③ 水热合成　允许参数在很宽的范围内变化，使两种或两种以上的化合物起反应生成新的化合物；

④ 水热分解　利用某些氧化物在水热条件下发生分解，再进行分离，得到单一的化合物微粉；

⑤ 水热沉淀　使在通常条件下很难或无法生成沉淀的化合物，在水热条件下反应生成新的化合物沉淀。

水热法制备纳米粉体的化学反应过程通常是在有流体参与的高压容器中进行的。高温时，密封容器中具有一定填充度的溶剂发生膨胀，充满整个容器，从而产生很高的压力。在加热过程中，原本难溶或不溶的前驱物随温度升高溶解度逐渐增大，最终导致溶液过饱和，并逐步形成更稳定的氧化物新相。反应过程的驱动力就是最后可溶的前驱物或中间产物与稳定的氧化物新相之间的溶解度差。从严格意义上讲，几种水热法的原理并不完全相同，并非都可用这种"溶解-沉淀"机理来解释，反应中矿化剂、中间产物以及反应条件对最终产物的影响非常复杂，还有待研究。但可以肯定的是，水热法为各种前驱物的反应和结晶提供了一个特殊的物理、化学环境。由于反应是在相对高的温度和压力下进行，因此可以实现在常规条件下不能进行的反应，通过改变反应条件，如温度、酸碱度等，可能得到具有不同晶体结构、组成、形貌和颗粒尺寸的产物。此方法合成的粉体纯度高、晶粒发育好，而且粉体后续处理无需煅烧，可直接用于加工成型，避免了煅烧过程引入杂质或粉体团聚。

（4）溶胶凝胶法

溶胶凝胶法是以无机物或金属醇盐作为前驱体，经过液相混合、水解和化学缩合反应形成溶胶，再经陈化形成凝胶，最后经过干燥和热处理得到陶瓷粉体的方法。溶胶凝胶法制备粉体包括四个过程：

① 溶胶的制备　将前驱体（无机物或金属醇盐）溶于溶剂（水或有机溶剂）中，形成均相溶液；前驱体在溶液中发生水解和缩合反应，形成稳定的透明溶胶体系。

② 溶胶-凝胶的转化　溶胶经陈化，胶粒间缓慢聚合，形成具有三维空间网络结构和一定刚性的凝胶。

③ 凝胶的干燥　采用蒸发法脱去凝胶网络间的残余水分和有机溶剂，得到干凝胶。

④ 热处理　将干凝胶研磨后煅烧，除去化学吸附的羟基、烷基以及物理吸附的有机溶剂和水，即可得到纳米粉体。

从上述过程可看出，醇盐的水解和缩聚反应是均相溶液转变为溶胶的根本原因，因此控制醇盐水解缩聚的条件是制备高质量溶胶的关键。

利用溶胶凝胶法制备得到的粉体产品纯度高、粒径小、均匀性好、粒径分布窄；而且，溶胶凝胶体系中组分的扩散在纳米范围内，反应容易进行，煅烧温度远低于高温固相反应，可以节约能源；同时利用溶胶的流变特性，还可以在反应的不同阶段获得不同的制品。溶胶凝胶法虽然具有众多优点，但用到的原料价格昂贵、反应成本高，反应周期长且条件不易控制，产量小，难以实现工业化生产。

2.4.2.2　气相法

气相法制备陶瓷粉体是利用挥发性的金属化合物蒸气，通过化学反应生成需要的化合物，在保护气氛下迅速冷却、凝聚长大，形成超微粒子。气相法的特点是制得的粉体纯度高、颗粒尺寸小、团聚少、组分易控制，且非常适于非氧化物粉末的生产。根据反应类型，先进陶瓷粉体的气相合成方法可分为化学气相沉积和高温气相裂解等。

（1）化学气相沉积

化学气相沉积法（CVD）是利用挥发性金属化合物在远高于热力学临界反应的温度条件下，反应形成很高的饱和蒸气压，使其自动凝聚形成大量的晶核；这些晶核在加热区不断长大，聚集成颗粒，随着气流进入低温区，颗粒生长、聚集、晶化过程停止，最终收集得到纳米粉末。在传统CVD的基础上，目前又发展出了新的CVD技术，如等离子增强化学气相沉积（PECVD）、激光化学气相沉积（LCVD）和金属有机化学气相沉积（MOCVD）。

化学气相沉积法的优点是合成产率高、产品纯度高、工艺可控性和过程连续性好，缺点是所制得的样品尺寸小、实验设备要求高，难以实现工业化生产。目前，实验上利用CVD

法已经可以制得平均粒径为 $30\sim50\,nm$ 的 SiC 纳米粉体和平均粒径小于 $35\,nm$ 的无定形 SiC/Si_3N_4 纳米复合粉末。同时，CVD 是制备二维材料的重要方法，然而当前制备化合物二维材料主要以固相前驱体为原料，其升华和扩散过程复杂且难以控制，生长体系中材料制备反应和副反应共存，这给材料制备的可控性、重复性和高质量材料的获取带来了巨大挑战。

（2）高温气相裂解

高温气相裂解相对于化学气相沉积法过程更为复杂，整个过程由气相化学反应、表面反应、均相成核、非均相成核、凝结及聚集或熔合六部分组成。各基元步骤的相对重要性决定了产物粒子的差异。本法生产的纳米粒子粒度细、化学活性高、粒子呈球形、单分散性好、凝聚粒子小、透光性好以及对紫外光的吸收能力强等。

2.4.2.3 熔盐法

熔盐合成法是采用一种或数种低熔点的盐类作为反应介质，在高温熔融盐中完成合成反应；反应结束后，将熔融盐冷却，用合适的溶剂将盐类溶解，再经过滤、洗涤即可得到合成产物。

熔盐合成法主要利用参与合成的反应物在熔融态盐中有一定的溶解度，实现反应物在原子尺度上的混合；另外，反应物在液相介质中具有更快的扩散速率。这两种效应使得合成反应可以在较短时间内和较低温度下完成。同时，在反应过程中熔融盐贯穿在生成的粉体颗粒之间，阻止了颗粒之间的相互连接，所以合成粉体的分散性很好，经溶解、洗涤后几乎不发生团聚现象，也有利于杂质的清除，使产物纯度提高。因此，熔盐法是一种理想的制备粉体材料的方法。

按照熔融盐在反应中的作用，可以将熔盐法分为三种：

① 助熔剂法　熔融盐不参加反应，其作用主要是提供反应介质；

② 半熔盐法　反应物中至少有一种为熔融盐，其同时作为反应介质；

③ 全熔盐法　参与反应的反应物均为盐类。

2.4.3 粉体混合工艺

由于在陶瓷制备中常用到两种或两种以上的原料，因此就需要混合。混合可以采用干法混合，也可以采用湿法混合——以水、酒精或其他有机物作为介质混合。混合可以在球磨机、V 形混料机等各种形式的混料机中进行，也可以采用化学混合法，即将化合物粉末与添加组分的盐溶液进行混合或将全部组分以盐溶液的形式进行混合。不论采用何种混合方式，陶瓷粉料在混合过程中均须注意加料的次序和方法，以保证混合的均匀性。

（1）加料次序

对于在整个原料中占比很小的微量添加物，为使其在整个坯料中分布均匀，在加料时应按照用量"多-少-多"的次序进行添加。这样，用量少的原料就夹在用量多的原料中间，可防止用量少的原料粘在球磨罐的壁上或研磨体上，造成配料不均匀，从而影响制品性能。

（2）加料方法

当含量少的添加物是一种多元化合物时，应预先合成此多元化合物，再加入坯料中混合。如果没有预先合成而是将多元化合物按构成组分一种一种地加入，则易造成混合不均匀和称量误差，从而产生化学计量比的偏移；而且多元化合物的含量越少，产生的误差越大。

（3）湿法混合

采用湿法混合时，原料的分散性和均匀性都较好。但由于原料密度有所不同，湿法混合得到的浆料很容易出现分层现象而使原料混合不均匀。对于这种情况，应选择分散性较好的有机试剂并严格控制浆料的浓度；必要时可在烘干后再次进行干法混合，然后过筛，以减少分层现象。

（4）球磨筒的使用

由于在电子陶瓷的制备过程中，对其化学组成要求十分严格，因此粉体混合所用到的球磨筒或其他混具最好能专料专用，或者同一类型的坯料至少要专用，以防其他配方中的原料对球磨筒造成污染，影响制品的性能。

2.5 造粒

原料的粒度一般希望越细越好，细的粉料既有利于高温烧结，也可降低烧结温度。但对于成型，尤其是干压成型来说，细小的粉料流动性差，不能均匀、充分地填满整个模具，从而造成坯体空洞、边角不致密、层裂等，影响制品性能。因此，细小的粉料在成型前要先进行造粒。所谓造粒，就是在细粉料中加入粘接剂做成流动性好的较粗颗粒。为了区别于粉料中的原始粒子，把这种造粒后的颗粒称为团粒。团粒质量对于后续成型坯体的质量影响很大。所谓团粒质量，包括团粒的体积密度、堆积密度以及团粒的形状。团粒的体积密度大，则相对密度大，流动性好；同时球状团粒更易流动，且堆积密度提高。

常用的造粒方法有三种：普通造粒法、加压造粒法和喷雾造粒法。

（1）普通造粒法

普通造粒法是在粉料中加入适量的粘接剂水溶液，在研钵中用研磨棒混合均匀，然后过筛，得到粒度大小比较均匀的团粒。此方法工艺简单，适用于只有少量粉料的情况，是实验室中常用的方法。

（2）加压造粒法

加压造粒法是将混合好粘接剂的粉料预压成块，然后再粉碎过筛。该法造出的颗粒体积密度大、机械强度高，能满足各种大型、异型制品成型的要求。造粒时，先在一定压力下预压成块，再用破碎机夹碎，过 8 目粗筛，余下的送回破碎机继续破碎；再过 40 目筛，余下的反复粉碎过程，待粉料全部通过后，再过一次 40 目筛，使粉料均匀。这种方法的机动性虽然大，但是产量小、劳动强度高，不能适应大量生产。

（3）喷雾造粒法

喷雾造粒法是将粉料与粘接剂混合做成浆料，再用喷雾器喷入造粒塔进行雾化；进入塔里的雾滴与塔里的热空气汇合，干燥形成干粉，然后经分离器回收备用。这种方法很容易得到流动性好的球形团粒，但团粒质量还与浆料黏度以及喷嘴压力密切相关，黏度与压力选择不当会使造出的团粒中心出现空洞。这种造粒方法产量大，可以进行连续生产，被现代化大规模生产采用。

2.6 成型工艺

成型是将粉料转变为具有一定几何形状和强度的素坯的过程。为了避免坯体在干燥和烧结时出现过大或不均匀的收缩而引起制品开裂变形，成型坯体的密度应尽可能高，且各部分密度应尽量均匀一致，这是对成型工艺的基本要求。电子陶瓷的成型方法大体上可分为干法成型和湿法成型，具体选择何种成型方法应根据原料性质、制品形状、大小而定。

2.6.1 干法成型

干法成型是指将粉料放在一定形状的模具中，直接压制成型的方法。加压过程应尽可能将粉料颗粒之间的空气排除，使坯体致密化。根据加压方式的不同，干法成型又可分为干压成型和等静压成型，两种方法制得的坯体质量差别较大。

2.6.1.1 干压成型

干压成型又称模压成型，是将经过造粒后的粉料置于钢模中，在压力机上加压制成一定形状素坯的工艺。干压成型的特点是粘接剂含量低，一般为 $7\%\sim8\%$，具有生产工序简单、效率高、坯体收缩小、可自动化生产等优点，可用于圆片、薄片等简单形状的功能陶瓷和电子元件的批量生产。干压成型时，加压方式、加压压力、加压速度以及保压时间等工艺参数都会对坯体的致密性产生重要影响，从而影响制品性能。

（1）加压方式

干压成型的加压方式有两种，单向加压和双向加压。

单向加压的模具比较简单，但单向施加的压力会在坯体中产生明显的压力梯度，使压制得到的坯体致密度不够理想。如图 2.11 所示（图中 L 为坯体高度，D 为坯体直径，数值代表各层对应的压强相对值），L/D 比值越大，坯体各部分的压强差越大，密度分布也就越不均匀——坯体密度在上方最大，下方及中心部位较小。

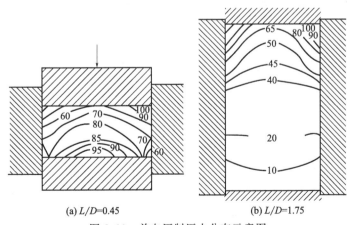

(a) L/D=0.45　　　　　(b) L/D=1.75

图 2.11　单向压制压力分布示意图

为了克服这一缺点，可以采用双向加压。由于是从上下两个方向同时加压，压力梯度的有效传递距离得以缩短，由摩擦带来的能量损失减小，坯体密度相对均匀。

无论是单向加压还是双向加压，在粉料中加入油酸、硬脂酸锌、石蜡、汽油等润滑剂，或在模壁上涂润滑剂，都可有效降低坯体中的压力分布不均。

加压方式对坯体密度的影响见图2.12。

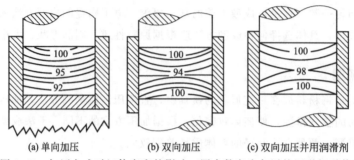

(a) 单向加压   (b) 双向加压   (c) 双向加压并用润滑剂

图 2.12　加压方式对坯体密度的影响（图中数字为各层的压强相对值）

（2）加压压力

一般来说，压力增大时，粉料颗粒呈紧密状态堆积，使压成坯体的密度提高。但当施加压力超过极限压力时，压力增大反而会使坯体密度下降。这是因为空气以及粉料颗粒在压力撤去后产生弹性后效，引起坯体产生层裂。

（3）加压速度与保压时间

加压速度和保压时间对坯体性能有很大影响，这是因为压力的传递与气体的排除有很大关系。加压速度过快、保压时间过短，气体不易排出，会使坯体出现鼓泡、夹层、裂纹等；如果加压速度过慢、保压时间过长，则会使生产效率降低。因此应根据坯体大小、厚薄和形状来调整加压速度和保压时间。

2.6.1.2　等静压成型

等静压成型又叫静水压成型，是利用液体介质的不可压缩性和均匀传递压力性的一种成型方法。按成型和固结时温度的高低，可分为冷等静压、温等静压和热等静压。由于三种技术在等静压时温度的差别，采用的压力介质和成型模具材料也有所差别，如表2.4所示。

表 2.4　等静压技术分类

等静压技术	压制温度/℃	压力介质	包套材料
冷等静压	室温	水乳液	油橡胶、塑料
温等静压	80～120	油	橡胶、塑料
热等静压	1000～2000	惰性气体	金属、玻璃

冷等静压分为湿袋法和干袋法两种，如图2.13、图2.14所示。湿袋法是先将粉料放入成型模具中，经密封后置于高压缸中进行压制；压制过程中模具完全浸入液体，与压力传递介质直接接触。干袋法是将粉料倒进成型橡皮模后，一起放进加压橡皮模中，成型模具与液体介质不相接触。湿袋法适用性强，尤其适用于实验研究和小批量生产，可用于复杂形状制件的生产；干袋法适用于大批量生产，自动化程度高，可以实现连续操作，但因加压橡皮模

更换不易，成型产品的尺寸和形状受到一定限制。当粉料在室温下难以成型时，可选用温等静压，其操作温度一般在80～120℃。当温度进一步升高到1000℃以上时，可以采用热等静压技术，使物料的成型和烧结同时进行。

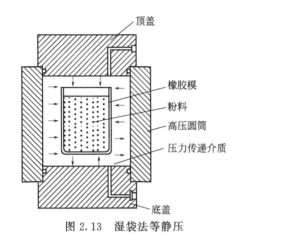

图 2.13 湿袋法等静压

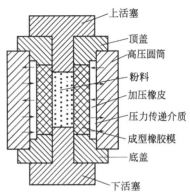

图 2.14 干袋法等静压

等静压技术与常规成型技术相比，具有明显的优点：

① 压制得到的坯体密度均匀一致。在干压成型中，无论是单向还是双向压制，由于粉料和模具之间存在摩擦阻力，都会出现坯体密度分布不均的现象。对于复杂形状的制品，这种密度变化往往可达到10%以上。而等静压压制利用流体介质传递压力，各方向上压力相等，粉料与模具之间的摩擦阻力很小，受压缩程度大体一致，密度下降梯度一般只有1%以下，因此认为等静压压制的坯体密度是均匀的。因为坯体密度均匀，所以可用于生产棒状、管状等长径比大的产品。

② 坯体密度高。等静压成型的坯体密度一般比单向和双向压制成型高5%～15%。由于坯体密度高，因此烧成收缩小，不易变形。

③ 坯体强度高，可直接进行搬运和机械加工。

④ 坯体内应力小，减少了坯体开裂、分层等缺陷。

⑤ 可以少用或不用粘接剂，减少对制品的污染，简化制坯工序。

⑥ 可实现坯体的近净尺寸成型，降低加工成本和减少原料浪费。

虽然具有以上优点，但等静压成型也存在一些不足，如工艺效率较低、设备昂贵等。

2.6.2 湿法成型

为了满足形状更为复杂的陶瓷制品需求，人们又开发了多种湿法成型技术。不同于干法成型，湿法成型的成型对象是陶瓷粉料和水或其他有机介质混合形成的胶态体系，因此湿法成型也被称为胶态成型。与干法成型相比，湿法成型可以成型尺寸更大、形状更复杂的部件，并可通过工艺调整很好地控制成型过程中坯体内部的各种杂质、团聚物等，从而制备出高性能的陶瓷部件。湿法成型中根据选用介质的不同，成型机理也有所差别。下面对常用的湿法成型工艺作简单介绍。

2.6.2.1　注浆成型

注浆成型方法的原理是将制备好的陶瓷浆料注入有吸水性的模型中，利用模型的透气性和吸水性排除浆料中的水或有机介质，使坯体具有一定形状和强度。作为湿法成型中的传统成型方法，注浆成型所需的设备简单，操作便捷，可实现制品的大批量生产，尤其适用于成型尺寸大、形状复杂的薄壁陶瓷制品。

注浆成型的工艺可以分为两步，即浆料制备和注浆。

（1）浆料制备

对于注浆法而言，配置合适的浆料是使陶瓷坯体成型的关键。对浆料的性能要求主要有以下几点：

① 流动性好，黏度低，以便浆料充满模具的各个角落；

② 在保证流动性的前提下，浆料中的含水量应尽可能小，以缩短成型时间，减少坯体的收缩变形；

③ 稳定性好，即浆料黏度随时间变化不大，静置后不易分层和沉降，以满足注浆成型工艺周期长的需要；

④ 水分被模具吸收的速率适中，以便控制注件厚度；

⑤ 易脱模，即成型的坯体易从模具上脱离；

⑥ 浆料中的空气应尽可能地少，可专门做真空处理。

不同于传统陶瓷制备所采用的黏土，先进电子陶瓷的原料多为瘠性的化工原料，自由状态下很难形成稳定均匀、悬浮性能良好的注浆浆料，因此必须采取一定的措施使浆料具有悬浮性。通常的方法有两种：控制浆料的 pH 值和添加有机活性物质。

对于在非中性介质中发生离解作用的两性氧化物粉料，其离解程度取决于介质的 pH 值。介质 pH 的变化会引起胶粒 ξ 电位的变化，而 ξ 电位变化又会引起胶粒表面引力与斥力平衡的改变，从而使这些氧化物胶粒发生胶溶或者絮凝。因此，通过改变浆料的 pH 值就可以实现这类瘠性粉料的悬浮。例如，Al_2O_3 用盐酸处理后，在 Al_2O_3 粒子表面生成 $AlCl_3$，并立即水解形成 $AlCl(OH)_2$ 大分子胶团悬浮在悬浮液 HCl 中。只要控制悬浮液的 pH 值在 3.5 左右，即可获得悬浮性能良好的浆料。

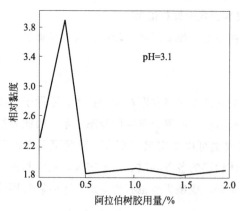

图 2.15　阿拉伯树胶对 Al_2O_3 浆料黏度的影响

除了通过调节 pH 值改善陶瓷粉体的悬浮性外，生产中还常用阿拉伯树胶、明胶和羧甲基纤维素来改变粉料的悬浮性能。而且，在注浆成型时在 Al_2O_3 浆料加入 1.0%～1.5% 的阿拉伯树胶可以增加浆料的流动性。阿拉伯树胶对 Al_2O_3 浆料黏度的影响如图 2.15 所示。当阿拉伯树胶用量少时，由于黏附的 Al_2O_3 胶粒较多，使质量变大，从而引起沉降；当增加阿拉伯树胶用量时，它的线性大分子在水溶液中形成网络结构，而 Al_2O_3 胶粒表面形成一层有机亲水保护膜，胶粒相互碰撞聚沉就很困难，从而提高了粉料的悬浮性。

（2）注浆

注浆的方法主要包括两大类，空心注浆和实心注浆。

空心注浆也称单面注浆，工艺模具仅给出制品的外形轮廓而没有规定内部形状的芯模。因为浆料与模具仅有单面接触，所以水分仅单方向渗透，干涸层在型腔的各个部分同时增厚；当达到所需厚度后，将多余浆料倒出，就构成了制品的内壁。利用这种方法得到的制品内外几何形状基本是一致的。

实心注浆又称双面注浆，注浆模具分为外模与芯模，浆料就注入在二者之间的空腔，空腔的形状即坯体的形状。实心注浆主要用于制造大尺寸和外形比较复杂的制品。该类制品的尺寸大、壁厚，利用实心注浆可使浆料的水分同时向外模与芯模渗透，从而缩短注浆时间。

上述两种注浆方法存在一个共同的缺点，即注件不够致密，干燥和烧成后收缩较大，容易形变，使制品尺寸难以控制；此外，对于大型制品而言，注浆需要的时间很长。为了提高注浆速度和坯体质量，人们在"空心注浆"和"实心注浆"的基础上，发展出了压力注浆、真空注浆、离心注浆等新方法。

① 压力注浆即在压力下将浆料注入石膏模，通常的加压方法是将注浆斗提高形成压头。根据注浆压力的大小，又可分为微压、低压、中压和高压注浆。

② 除了压力注浆，提高坯体致密度的另一个手段是真空注浆。一般来说，浆料中都含有少量空气，这些空气无疑会影响制品的机械和电学性能。因此，对于质量要求高的制品，应尽可能排除浆料中的空气。图2.16是真空注浆的装置示意图。如图所示，在抽气罐的一侧连有真空泵，另一侧连有储浆桶，压力表可以显示罐内的真空程度。当抽气罐内达到所需的真空度时，打开进浆阀，浆料就可被吸入抽气罐内；与此同时，真空泵不断抽走浆料所含的空气。真空处理完毕后，浆料就由输浆管浇注到模具中去。

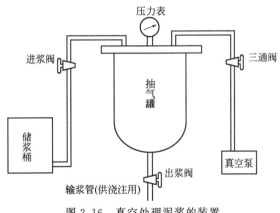

图2.16　真空处理泥浆的装置

③ 无论是压力注浆还是真空注浆，其目的都是为了去除浆料中的空气，提高制件的致密度。而采用离心注浆，这两种优点兼而有之。当浆料注入型腔后，在离心力的作用下，浆料中的气泡先集中于中心，随后发生破裂，同时还能形成致密的干涸层。

2.6.2.2　热压铸成型

热压铸成型从原理上来说，也属于注浆成型，但其不同之处在于坯料中混有石蜡，利用

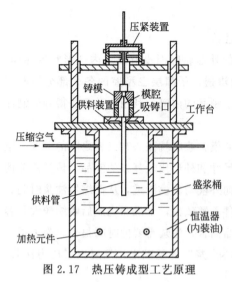

图 2.17 热压铸成型工艺原理

石蜡的热流动性,加压注入金属模具并冷凝成型,再经过排蜡和烧结工序,得到所需的制品。热压铸法是电子陶瓷工业中成型异型制品的常用方法,其原理如图 2.17 所示。

对于热压铸成型,石蜡浆料的制备是成型过程中的一个重要环节。典型的陶瓷粉体石蜡浆料的配制工艺流程如下:

① 将经过预烧的陶瓷粉料充分干燥,使含水量小于 0.5%。预烧可以降低制品烧结发生的收缩和变形,干燥则有利于粉料与蜡液的充分混合。将干燥后的粉料在 60~80℃下预热,以备与液态石蜡混合。

② 取一定量的石蜡加热融化成蜡液,石蜡的用量取决于粉料的粒度和形貌,通常为粉料的 12%~16%。为了使石蜡与粉料更好地混合,可加入少量的表面活性物质,如油酸、硬脂酸等。

③ 将粉料倒入石蜡液中,搅拌混合得到蜡浆,凝固后制成蜡板,备用。

在热压铸成型时,将制好的浆料蜡板置于热压铸机筒内加热熔化成浆料,用压缩空气将筒内浆料通过吸铸口压入模腔,并保压一段时间;然后去掉压力,让浆料在模腔内冷却成型。

热压铸形成的坯体在烧结前要先进行排蜡处理。排蜡是将坯体埋入疏松、惰性的保护粉料中进行的,保护粉料一般使用煅烧的工业氧化铝。在升温过程中,坯体中的石蜡融化、挥发、燃烧,吸附剂对坯体形成支撑,使坯体具有一定强度并保持形状。排蜡后的坯体需将表面的吸附剂清除再进行烧结。

用热压铸成型的制品,不仅具有较高的光洁度和准确的尺寸,更重要的是它适用于任何非可塑性瓷料。此外,热压铸成型工艺还具有一系列优点,如设备构造简单、操作灵活方便、劳动强度低、生产效率高、模具损耗小、使用寿命长等,适合于形状复杂、精度要求较高的中小型先进陶瓷制品的成型。但其工艺复杂、能耗较大、工期较长,对于薄壁、大而长的制品,由于不易充满模腔并不适用。

2.6.2.3 挤压成型

挤压成型是将具有塑性的陶瓷浆料放入挤压机内,通过对浆料施加挤压压力,使其通过具有一定形状的机嘴而获得成型的坯体。挤压成型也属于湿法成型,但与注浆成型利用浆料流动性的特点不同,它是利用浆料可塑性的特点。立式挤压机的结构如图 2.18 所示。

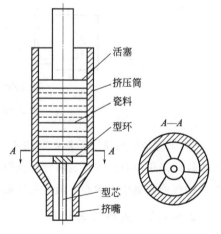

图 2.18 立式挤压机结构

挤压成型对浆料的要求较高，要求浆料高度均匀；粉料的粒度较细、颗粒外形圆滑，以长时间小磨球球磨的粉料为好；溶剂、增塑剂、粘接剂的用量要适当。

浆料的塑化也是成型中的关键步骤。塑化是利用塑化剂使原来无塑性的浆料具有可塑性的过程。塑化剂通常由粘接剂、增塑剂和溶剂组成。粘接剂根据成分可分为有机和无机两大类。蜡基粘接剂就是陶瓷浆料挤压成型中常用的一种有机粘接剂，其优点是黏度低、浆料固相含量高、成本低，但浆料性能不够稳定，易产生相分离，保形性差。除了有机粘接剂外，无机粘接剂由于烧结过程中"烧损"较少以及残炭量低也受到重视，其中水基粘接剂由于易去除、脱脂速度快、对环境的污染小，也是一种很有前途的粘接剂。但水基粘接剂容易发生固液分离现象，必须提高浆料的稳定性以改善这种情况。

挤压成型具有污染小、操作易于自动化、可连续生产、效率高的优点，但挤压嘴结构复杂、加工精度要求高。此外，由于浆料中添加了较多的溶剂和粘接剂，坯体在干燥和烧结时收缩较大，性能受到影响。先进陶瓷管件、棒件、板件制品的塑性成型常采用挤压成型，随着粉料质量和浆料可塑性的提高，也可用于挤制长 100～200mm、厚 0.2～3mm 的片状坯膜。

2.6.2.4 流延成型

流延成型又称带式浇注法、刮刀法，是薄片陶瓷材料的一种重要成型工艺，自 1952 年获得专利以来一直应用于生产单层或多层薄板陶瓷材料。流延法成型设备较简单、工艺稳定、自动化程度高，可实现生产上的连续操作，适用于制造厚度在 0.2mm 以下、表面光洁的超薄制品。流延成型的缺点是由于粘接剂含量高，烧成成品收缩较大。目前，该工艺已被广泛应用于独石电容器瓷片、厚膜和薄膜电路基片的生产，是一种比较成熟的可获得高质量超薄陶瓷制品的成型方法。

流延成型的工作原理见图 2.19。

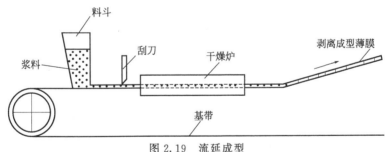

图 2.19　流延成型

（1）浆料制备

流延法的浆料制备对陶瓷粉料、溶剂、分散剂、粘接剂以及增塑剂等的选择非常重要，选择合适的陶瓷粉料和添加剂是制得品质优良的素坯的关键。流延法中粉料的粒度一般在微米级，颗粒越细、粒形越圆润，则薄坯质量越高。只有这样，才能在浆料具有良好流动性的同时在厚度方向上保持有一定的粉料粒子堆积个数。

溶剂的选择上要考虑的因素主要有以下几点：

① 能溶解分散剂、粘接剂和塑性剂；

② 不与粉料发生化学反应；

③ 使浆料具有合适的黏度；

④ 在适当温度下可烧除；

⑤ 对环境污染小且价格便宜。

实践中普遍选择使用混合溶剂，这是因为聚合物在溶剂的最佳混合物中比在任何一种单独溶剂中都更易溶解。

（2）流延工艺简介

流延工艺自出现以来，无论是理论还是技术方面都在不断发展，成型工艺也由原来的非水基发展到现在的水基成型工艺以及由此派生出来的一些新型成型工艺，例如流延等静压复合成型工艺、凝胶流延成型工艺等。

① 非水基/水基流延成型工艺　非水基流延成型工艺也就是传统的流延成型工艺，目前已经发展得较为成熟，在陶瓷领域有着广泛应用，如制备 Al_2O_3、AlN、YSZ 薄膜等。其具体工艺过程如下：

a. 首先利用传统固相烧结法制备出陶瓷粉体，然后在研钵中将粉体进行充分研磨，过筛后备用；

b. 将制备好的陶瓷粉体先与溶剂、增塑剂和分散剂按一定的比例在球磨机中低速混合，再加入均质剂和粘接剂继续以相同转速混合，混合均匀后置于真空除泡机中除泡；

c. 将除泡后得到的具有一定黏度的浆料倒入流延机的料槽内进行流延，膜的厚度可通过刮刀间距进行调节；

d. 将流延得到的膜带在室温下静置干燥待用。

虽然非水基流延工艺已经得到了广泛运用，但其所使用的有机溶剂具有一定毒性，对人体存在危害，且生产成本较高；此外，由于浆料中有机物的含量较高，生坯密度低，烧制得到的坯体易开裂变形。因此，人们开始尝试用水基溶剂代替有机溶剂进行流延。由于水分子是极性分子，而粘接剂、增塑剂和分散剂等是有机添加剂，与水分子之间存在相容性的问题。因此，添加剂应选择水溶性或能够在水中形成稳定乳浊液的有机物，以确保得到稳定均一的浆料。水基流延成型具有价格低廉、无毒性、不易燃等优点，但也存在诸如蒸发效率低、粘接剂浓度高、陶瓷粉体易团聚、浆料对工艺参数变化敏感的缺点。

② 紫外引发聚合流延成型工艺　基于水基流延成型工艺的不足，人们对成型机理进行了改进，发展出紫外引发原位聚合机制。在浆料中加入紫外光敏单体和紫外光聚合引发剂，成型时引发聚合反应，使浆料原位固化达到成型的目的，免去了最易导致成型失败的干燥工艺。

紫外引发聚合流延成型的浆料由陶瓷粉体、分散剂、光敏单体和引发剂组成，经球磨混合后即可用于成型。为了使浆料保持流延成型所需的黏度，可对浆料进行加热；为了使浆料保持较好的流动性，应选择黏度较低的光敏单体。制备的陶瓷浆料经过流延成膜后，在一定强度的紫外光照射下，引发剂引发光敏单体发生聚合反应，形成网络结构，将陶瓷颗粒固定其中，形成具有一定强度的素坯。

与传统的流延工艺相比，紫外引发聚合流延成型工艺的最大特点是不使用溶剂，因而不需要费时复杂的干燥工序，可避免干燥收缩和开裂现象，提高生产成品率。该工艺的缺点是整个工艺过程需要保持温度在 50℃ 以上，以保证浆料的流动性；聚合时较高的紫外光强度也会对人体产生危害。

③ 流延等静压复合成型工艺　流延等静压复合成型工艺是以非水基和水基流延成型工艺为基础发展起来的一种新型成型工艺。普通成型工艺采用的浆料固相含量低，制备得到的坯体相对密度小；虽然增大粒径可以提高浆料固相含量和素坯密度，但也会造成坯体烧结性能的下降。此外，素坯在干燥过程中由于溶剂挥发会在表面留下凹坑和孔洞，使素坯结构疏松；加上烧结过程中有机添加剂的大量烧除，很难获得致密的流延坯体。而流延等静压复合成型工艺将流延成型工艺和等静压成型工艺进行了有效结合，即对密度较低但延展性较好的素坯进行等静压二次成型，以达到提高烧结后坯体密度的目的。该工艺较为简单，易于实现工业化生产。

2.6.2.5　注射成型

注射成型工艺是目前国际上发展最快、应用最广泛的陶瓷零部件精密制造技术。其工艺原理是在陶瓷粉料中加入一定量的聚合物及其他添加剂组元，赋予陶瓷粉料与聚合物相似的流动性，利用压力注射制成各种形状的制品，解决了复杂形状制品的成型问题。注射成型的工艺流程主要包括注射浆料的制备、压力注射充模、脱脂以及后续加工，其中浆料的制备和成型制品的脱脂是整个工艺过程的关键。

（1）注射浆料的制备

注射成型的浆料是将陶瓷粉料与合适的有机添加剂在一定温度下按一定配比混炼均匀，再经过干燥、造粒得到的。注射浆料的基本要求包括：在满足流动性的前提下尽可能提高陶瓷的固相含量；陶瓷粉料在有机载体中稳定均匀分散；有机添加剂在脱脂工艺中易去除等。

制备合适的注射浆料的关键是选用合适的陶瓷粉料和有机添加剂。对陶瓷粉料的要求主要包括较宽的粒度分布、较小的平均粒径、球形的颗粒形貌、无团聚现象以及无毒害、低成本等。而理想的添加剂则应具备以下特点：成型时较低的黏度、冷却后足够的强度和硬度、流动时不与粉体发生分离、不与粉体发生反应、热膨胀系数小、由热膨胀引起的残余应力低、环保、价廉等。

（2）压力注射充模

充模是注射成型的一个重要步骤，受诸多因素的影响，如注射温度、注射压力、注射速度、保压压力、保压时间、浆料的温度以及浆料在该温度下的流变性等。增加保压压力、延长保压时间有助于保压补料和减少坯体密度差，可以在一定程度上改善坯体脱脂后的分层现象；提高注射浆料的温度可以改善浆料的流动性和充模效果，但温度过高会使有机物挥发而影响浆料的黏度，对坯体的致密性造成影响。另外，模具与浆料的温差不宜太大，否则浆料与模具接触的部分会先发生凝固，造成坯体分层和残余应力。

2.6.3　新型成型工艺——固体无模成型技术

固体无模成型（solid freeform fabrication，SFF）也称"固体自由成型制造"，其概念最早出现于 20 世纪 70 年代，90 年代初正式应用于陶瓷领域。固体无模成型是一种生长型的成型方法。操作时先在软件中设计出所需零件的三维实体模型，然后按工艺要求将其分解成一系列具有一定厚度的"二维平面"，再将数据进行处理，转化为外部设备可识别的工艺参数；随后在计算机的控制下，外部设备进行层层打印，最终得到所需的三维立体构件。

目前固体无模成型技术已有 20 多种，其中较为典型的有喷墨打印成型技术、激光选区烧结技术、墨水直写式 3D 打印技术、立体光刻成型技术、熔融沉积成型技术、分层实体制造技术等。使用这些技术得到的陶瓷坯体经过高温脱脂和烧结后便可得到陶瓷零件。根据成型方法和使用原料的不同，每种打印技术都有自己的优缺点，发展程度也有差距。

（1）喷墨打印成型技术

喷墨打印（ink-jet printing，IJP）技术，又称为 3D 打印（three-dimensional printing，3DP）技术，其原理是通过打印头在特定区域喷洒粘接剂将粉体材料粘接在一起，再逐层累积得到所需要尺寸的陶瓷坯体。

具体打印时，打印头根据计算机的指令在三维空间中精准移动，并在指定区域内喷洒粘接剂。在打印完一层后，打印平台向下移动，与此同时新的粉体被均匀地覆盖在先前打印好的支架之上。如此循环往复，直到整个支架被打印出来。粉体材料的尺寸、形貌、表面粗糙度和润湿性以及粘接剂的浓度等参数都会影响最终打印的支架坯体质量。

喷墨式 3D 打印技术的成本低，材料应用范围广，且打印时无需额外的支撑；但其缺点也比较明显，比如打印的支架力学性能较低、支架表面粗糙、打印精度较差等。

喷墨打印成型示意如图 2.20 所示。

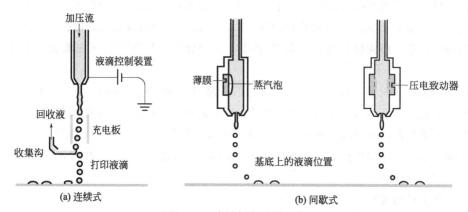

图 2.20 喷墨打印成型示意

（2）激光选区烧结技术

激光选区烧结（selective laser sintering，SLS）技术，又称为选择性激光熔融（selective laser melting，SLM）技术，也是基于粉体的一种打印技术。不同于喷墨式 3D 打印技术通过液体粘接剂来粘接粉体，SLS 技术是通过激光直接熔合粉体或者加热熔化粉体表面的聚合物涂层来实现打印。其中，直接熔化粉体的技术被称为直接 SLS 技术；熔化粉体表面聚合物涂层的技术被称为间接 SLS 技术。

相比于其他打印技术，直接 SLS 技术最吸引人的地方就在于它可以直接熔合粉体颗粒而无需添加任何粘接剂，这一点特别适用于金属材料的打印。但对于烧结温度很高的陶瓷材料而言，目前只能采用间接 SLS 技术进行成型。但是由于聚合物涂层的含量较高，因此所得的陶瓷坯体密度较低，通常需要后续处理以提高致密度，如等静压处理、浸渗技术等。另外，SLS 成型工艺所用到的设备复杂，成本较高。

激光选区烧结示意如图 2.21 所示。

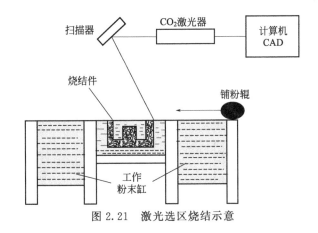

图 2.21　激光选区烧结示意

（3）墨水直写式 3D 打印技术

墨水直写式 3D 打印（direct ink writing，DIW）技术，又称为自动注浆成型技术。不同于基于粉体材料的喷墨式 3D 打印技术，DIW 技术是通过移动打印头逐层直接挤出打印浆料来构建三维支架的，这就要求浆料具备剪切稀释的特性，并且需要在被挤出后保持三维立体形状而不会坍塌。打印浆料的固相含量、陶瓷颗粒的尺寸及形貌都会影响最终打印效果。

DIW 技术最突出的优势就是打印速度快、易于操作、成本低，而且适用于多种材料体系，这些特点使得 DIW 技术被广泛应用于三维多孔支架的制备。不过，在打印某些复杂结构时，DIW 技术仍需要额外的支撑来辅助打印；打印过程中，支架还存在凹陷变形的可能。

（4）立体光刻成型技术

立体光刻成型（stereo lithography，SL）技术，又称为光固化成型技术，是通过一定波长的紫外光照射液态的树脂，使其高速聚合成为固态的一种光加工工艺，其本质是光引发的交联、聚合反应。

在树脂中加入陶瓷粉末后得到陶瓷浆料，随后将其铺展于工作台上；通过计算机控制，使紫外线选择性照射到光敏树脂上，便可固化得到一层坯体；下移工作平台使光敏树脂重新铺展，进行下一层的固化，如此反复，便可得到所需形状的陶瓷坯体。

与其他固体无模成型技术相比，立体光刻技术在制备高精度、形状复杂的大型零件时具有很大优势，但其对于浆料的要求一般较高，如浆料需要有较高的固相含量、较低的密度，同时陶瓷颗粒需要在树脂中分散均匀，而且该方法所使用的设备昂贵，制造成本较高。

立体光刻成型示意如图 2.22 所示。

（5）熔融沉积成型技术

熔融沉积成型（fused deposition modeling，FDM）技术发明于 1988 年，最早用于聚合物材料成型，后来由 Rutgers 大学和 Argonne 国家实验室将其应用于陶瓷材料，并称其为 FDC（fused deposition of ceramics）。

FDC 技术的基本流程为：将陶瓷粉末与制备的粘接剂混合，并挤压成细丝状，然后将其送入熔化器中；在计算机的控制下，根据模型的分层数据，控制热熔喷头的路径，对半流动的陶瓷材料进行挤压,使其在指定位置冷却成型。打印层层进行,直至完成零件加工。

相比于其他的 SFF 方法,FDC 技术成型密度、成型精度较高,设备运行成本较低,但是陶瓷粉末和金属粉末的制丝工艺较为复杂。

熔融沉积成型示意如图 2.23 所示。

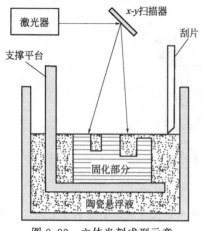

图 2.22　立体光刻成型示意

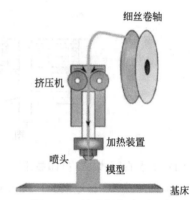

图 2.23　熔融沉积成型示意

2.7　烧结工艺

完成对生坯的成型后,就来到了电子陶瓷材料制备过程中最关键的一步——烧结。当材料的化学组成一定时,其性能主要取决于内部的显微结构,而烧结过程就是使陶瓷材料获得预期显微结构的过程,决定着制品的最终性能。因此,选择合适的烧结方法是获得具有良好性能电子陶瓷制品的有效手段。

2.7.1　烧结机理

烧结过程中物质传递的机理相当复杂,目前提出的理论主要有四种,蒸发和凝聚、扩散、流动、溶解和沉淀,见图 2.24。在实际烧结过程中,往往有多种传质机理同时起作用,而不能用单一的某种机理来解释一切烧结现象。

（1）蒸发和凝聚

蒸发和凝聚是由粉料颗粒各处的蒸气压不同引起的。具有弯曲表面的颗粒,与平面相比,有多余的表面自由能 ΔG。凸曲面的 ΔG 大于 0,表面自由能最大;凹曲面的 ΔG 小于0,表面自由能最小。当蒸发-凝聚传质过程发生时,质点将从高能量的凸处蒸发,在低能量的凹处凝结,其结果是颗粒的接触面增大,颗粒颈部形成,颗粒及气孔的形状改变,但颗粒间距和坯体致密程度不一定发生改变,如图 2.25 所示。

这一过程中物质传输的动力学信息可通过计算颗粒接触面积的变化来确定,如图 2.26、图 2.27 所示。颗粒之间接触面积的增大在物质传输初期速度较快,随着烧结过程的进行逐

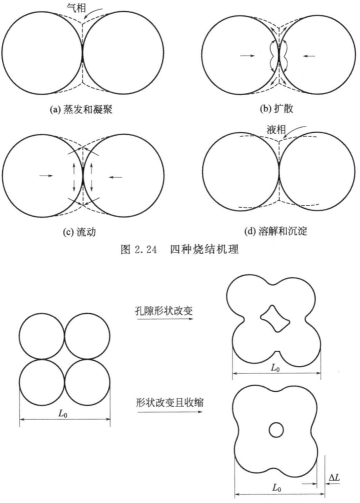

(a) 蒸发和凝聚　　　　　　　　　(b) 扩散

(c) 流动　　　　　　　　　(d) 溶解和沉淀

图 2.24　四种烧结机理

孔隙形状改变

形状改变且收缩

图 2.25　孔隙形状发生变化时颗粒间距并不一定减小

渐减弱。也就是说，随着烧结的进行，颗粒之间的凹曲面逐渐变得平直，由蒸气压产生的烧结驱动力也逐渐变小。

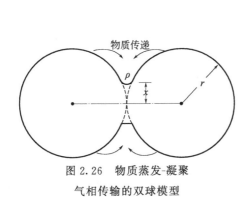

图 2.26　物质蒸发-凝聚
气相传输的双球模型

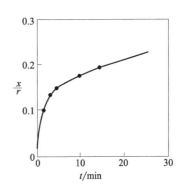

图 2.27　球形氯化钠颗粒之间
接触面积的成长曲线（725℃）

（2）扩散

扩散是指表面扩散和体积扩散。表面扩散是指质点在表面能的作用下，沿着颗粒的表面扩散，力图使表面积最小。体积扩散是由于坯体内缺陷浓度梯度的存在，使离子或空位发生迁移。若缺陷是填隙离子，则离子的扩散方向与缺陷的扩散方向一致；若缺陷是空位，则离子的扩散方向与缺陷的扩散方向相反。体积扩散主要取道于空位，所以晶粒内空位缺陷的多寡对扩散速率的影响很大。除了晶格缺陷外，材料的化学组成、颗粒度、温度、气氛、显微结构等均会影响扩散传质的过程。

（3）流动

流动包括黏滞流动和塑性流动。磨细了的粉料具有较高的表面能，温度升高后，粉料的塑性和液相的流动性大大增加。当包围粉料颗粒的液相的表面张力超过了颗粒的极限剪应力时，就会使颗粒产生形变和流动，导致坯体收缩，直至成为致密的坯体。热压烧结时，虽然没有液相参与，但由于外加应力使颗粒变形也会产生塑性流动。

（4）溶解和沉淀

溶解和沉淀是指界面能较高的小晶粒中的质点不断在液相中溶解，同时又不断向表面能较低的大晶粒处析出的现象。这一传质过程的发生必须具备以下条件：有足够的液相生成、液相能润湿固相、固相在液相中有适当的溶解度；传质过程的驱动力是细颗粒间液相的毛细管压力。

2.7.2 烧结过程

陶瓷材料的烧结是使成型生坯在一定温度下发生致密化过程的总称。在烧结过程中，随着温度升高和时间延长，分散的固体颗粒相互结合，晶粒长大，气孔和晶界逐渐减少；坯体发生收缩，密度增加，同时机械强度显著提高，成为坚硬的多晶体。烧结过程的发生必须满足两项原则：其一为物质的迁移，只有通过物质迁移才能消除生坯中的空隙，实现坯体的致密化；其二是能量——用于促进和维持物质的迁移，升温是使用最为广泛的一种方法，利用高温下物质的迁移相对容易实现坯体的热致密化。

在烧结过程中，坯体会发生一系列物理化学变化，宏观上表现为陶瓷微观形貌的改变，并最终决定陶瓷的性能和质量。基于不同烧结时期陶瓷晶粒及气孔的形状和尺寸不同，整个烧结过程可以被分为三个阶段：

（1）烧结前期

烧结前期主要发生颗粒间接触、晶粒长大的过程。烧结前，陶瓷粉料以具有一定形状和机械强度的多孔坯体存在，粉料颗粒之间只有点接触，坯体中气孔的含量高。在烧结驱动力的作用下，粉体通过不同的扩散途径向颗粒间的颈部和气孔部位填充，使颈部逐渐长大。

（2）烧结中期

烧结中期包含连通孔洞收缩、孔洞圆化、孔洞闭合和致密化的过程。在这一阶段，所有晶粒都与最邻近晶粒接触，因此晶粒整体的移动已经停止。只有通过晶格或者晶界扩散，将晶粒间的物质迁移到颈表面，收缩才能进行；相邻晶界相遇，形成晶界网络。随着晶界的移动，晶粒逐步长大，导致气孔逐渐缩小，坯体的致密度提高，直到气孔相互不再连通，形成孤立的圆形气孔分布于几个晶粒相交的位置。

（3）烧结后期

烧结后期发生孔洞粗化以及晶粒长大的过程。在这一阶段，封闭气孔主要存在于晶粒交界处。封闭、孤立的气孔扩散、填充，同时晶粒继续长大，使得致密化继续。当气孔随晶界移动至致密化，此后，如继续在高温下烧结，晶界移动和晶粒长大。此时，晶粒长大不是小晶粒的互相粘接，而是晶界移动的结果。形状不同的晶界，移动的情况各不相同。弯曲的晶界总是向曲率中心移动，曲率半径越小，移动越快。在烧结后期的晶粒长大过程中，可能出现气孔迁移速率显著低于晶界迁移速率的现象，这时气孔离开晶界而被包到晶粒内，使气孔的进一步缩小和排除几乎不可能继续进行。在这种情况下继续烧结，虽然晶粒尺寸还会不断长大（少数晶粒甚至会异常长大），但坯体致密度很难有所提高。这是因为残留的小气泡更多地被包到了大晶粒的深处。

不同烧结阶段晶粒的排列示意如图 2.28 所示。

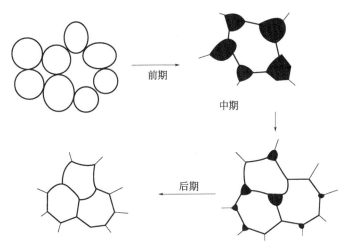

前期

中期

后期

图 2.28　不同烧结阶段晶粒的排列示意

上面给出了不同烧结阶段晶粒的变化过程，但需要注意，对于不同材料和不同烧结方法，上述各阶段的特点会有所差异。

2.7.3　影响烧结的因素

电子陶瓷的烧结是一个十分复杂的过程，受到多种因素的影响，粉料粒度、添加剂、成型工艺、烧结工艺等都会对材料的最终性能有不同程度的影响。

（1）粉料粒度

无论是固相还是液相烧结，细粉料由于增加了烧结的驱动力、缩短了原子扩散距离和提高了颗粒在液相中的溶解度，均可以加速烧结过程。理论上，当起始粒度降低时，烧结温度相应降低，烧结速率显著增大。从防止二次结晶的角度考虑，起始粒径必须细而均匀，否则容易发生晶粒的异常生长而不利于烧结。一般氧化物材料最适宜的粉料粒度为 $0.05 \sim 0.5\mu m$，粒度不同，烧结机理也会发生变化。

（2）添加剂

在固相烧结中，少量添加剂（或称助烧剂）可使主晶相晶格发生畸变而加速烧结；在液相烧结中，添加剂能改变液相的性质（如黏度、组成等）而促进烧结。

① 添加剂与主晶相形成固溶体　当添加剂与烧结主体的晶格类型、离子半径和电价接近时，二者能够互溶形成固溶体，使主晶相晶格发生畸变，结构单元便于移动，从而促进烧结。一般而言，添加剂离子与烧结主体离子的电价、半径相差越大时，晶格畸变程度越大，对烧结的促进作用也越明显。

② 添加剂与烧结主体形成液相　当添加剂与烧结体的某些组分生成液相时，由于液相中扩散传质阻力小、流动传质速度快，可以降低烧结温度、提高坯体致密度，也会促进烧结。

除此之外，添加剂还能抑制晶型发生转变，使致密化易于进行；拓宽烧结温度，给工艺控制带来方便。但是，添加剂只有适量加入才能促进烧结，如选择的添加剂种类不当或加入量过多，会妨碍烧结相颗粒的直接接触，影响传质过程，从而阻碍烧结过程的进行。

（3）成型压力

陶瓷粉料成型时往往施加一定的压力，压力除了使坯体具有一定形状和强度外，也给烧结创造了颗粒间紧密接触的条件，减少了烧结时的扩散阻力。一般来说，成型压力越大，颗粒间接触越紧密，对烧结越有利。但若压力过大，超过了粉料的塑性变形极限，也会使粉料发生脆性断裂。因此，适当的成型压力可以提高坯体的烧结密度。

（4）烧结气氛

在烧结中，气氛的影响也很复杂。在由扩散控制的氧化物烧结中，气氛的影响不仅与扩散的控制因素有关，也与气孔内气体的扩散、溶解能力有关。

根据燃烧产物中游离氧的含量不同，烧结气氛可分为氧化性、还原性和中性三种。氧含量为 4%～5% 时为氧化气氛，氧含量在 1%～1.5% 时为中性气氛，小于 1% 时为还原气氛。若氧化物材料是由阴离子的扩散速率控制烧结过程，当其在还原性气氛中烧结时，由于燃烧产物中氧分压低，晶体中的氧可直接从表面逸出，在晶体表面留下很多氧空位，使 O_2^{2-} 的扩散速率增大，烧结过程加速；若氧化物材料是由阳离子的扩散速率控制烧结过程，则在氧化性气氛中烧结可以使晶体表面吸附大量氧，产生多余的阳离子空位，有利于阳离子扩散而促进烧结。进入气孔内气体的原子尺寸越小，如氢、氦等，气体越容易发生扩散，气孔消除也越容易；而氩、氮等大分子气体则容易残留在坯体中。同时，烧结气氛的引入，可以抑制某些元素价态的变化。

此外，当样品组分中含有铅、铋、钾、钠等易挥发元素时，烧结气氛的控制就更为重要了。如烧结锆钛酸铅时，可通过控制一定分压的铅气氛来抑制坯体中铅的大量逸出，从而避免组分的化学计量比发生偏离，影响材料性能。

（5）升温速率、烧结温度和保温时间

在晶体中，晶格能越大，离子结合越牢固，所需的烧结温度就越高。各种晶体结合情况不同，因此烧结温度也相差很大，即使对同一种晶体，烧结温度也不是一成不变的。提高烧结温度对固相扩散和溶解-沉淀等传质过程都是有利的，但是烧结温度过高可能会使少数晶粒异常长大，破坏组织结构的均匀性和致密性。在有液相的烧结过程中，温度过高会使液相含量增加，黏度下降，使制品变形。因此不同制品的烧结温度需要结合陶瓷材料所需的显微结构，通过仔细实验来制定。

从烧结机理可知，只有体扩散才能导致坯体致密化，表面扩散只能改变气孔形状而不能引起颗粒中心距离的逼近，因而不能使坯体致密化。在烧结的低温阶段以表面扩散为主，高温阶段以体扩散为主。因此，如果陶瓷材料在低温阶段保温较长时间，不仅不能引起坯体致密化，反而会因表面扩散损害制品性能。延长高温阶段的保温时间可以在一定程度上促进坯体致密化，但时间过长也会使晶粒过分长大或发生二次重结晶。

因此，烧结致密陶瓷时应尽可能快地从低温升到高温以为体扩散创造条件，而且快速升温还有助于抑制挥发元素的挥发、晶粒的长大等。

2.7.4 常见烧结方法

常见的烧结方法如图 2.29 所示。

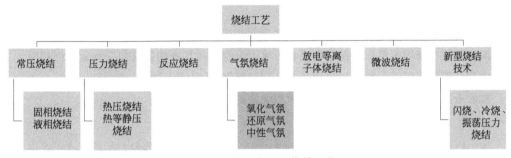

图 2.29　电子陶瓷的烧结工艺

2.7.4.1　常压烧结

常压烧结又称无压烧结，即烧结过程中无需额外施加压力，是在大气压力条件下对陶瓷进行烧结的方法。作为一种最基本的烧结方式，常压烧结适用于不同形状、尺寸物件的烧制，烧结程序易于控制，对烧结过程中物体的致密化过程和显微结构发育的研究具有重要意义。根据烧结过程中是否添加助烧剂形成液相，常压烧结又可分为固相烧结和液相烧结两大类。

（1）固相烧结

固相烧结的烧结过程中没有液相形成，坯体的致密化主要通过蒸发-凝聚和扩散传质等方式实现。蒸发-凝聚的传质方式需要系统产生足够高的蒸气压，一般仅在高温下蒸气压较大的系统内进行，如氧化铅、氧化铍和氧化铁等。对于更多进行固相烧结的陶瓷材料，由于高温下蒸气压低，固体内扩散传质的传质方式更为重要。

扩散传质的驱动力是作用在陶瓷颗粒颈部的张应力。由于颗粒颈部及接触区域作用力的不同（颈部为张应力，接触区域为压应力），导致颗粒中的空位浓度在不同区域产生差异：颈部最大，颗粒内部次之，颗粒接触部位最小。因此，空位从颈部向接触部位迁移。而固体质点的扩散方向则与空位相反，即固体质点发生向颈部的扩散，从而逐步排除气泡，完成致密化的过程。

固相烧结虽然可以实现陶瓷坯体的烧结，但烧结体中总是存在一定的孔隙率，无法获得完全致密或接近完全致密的烧结体。事实上，由于实际陶瓷粉体中含有少量杂质，或高温下出现"接触"的熔融现象，大多数陶瓷坯体在烧结过程中都会或多或少地出现液相，纯粹的固相烧结很难实现。

（2）液相烧结

凡是有液相参与烧结的过程均称为液相烧结。液相烧结的传质方式主要是流动传质和溶解-沉淀传质。相比于扩散传质，流动传质的传质速率更快，因而液相烧结的致密化速率更高，可在比固相烧结温度低得多的温度下获得致密的烧结体。

根据流动性质的不同，流动传质可以分为牛顿型流动的黏性流动传质和非牛顿型流动的塑性传质。对于黏性流动传质，黏度及其随温度的变化程度是需要控制的关键因素。如果某种坯体烧结速率太低，可以加入液相黏度较低的组分来提高烧结速率。当坯体中的烧结液相量较少时，流动传质往往表现为塑性传质，即只有作用应力超过某一屈服值时才发生的传质。对于这种传质方式，较小的颗粒起始粒径和黏度、较大的表面张力有利于烧结体的致密化。

液相烧结过程的烧结速率还与液相的数量和性质、液相与固相的润湿情况、固相在液相中的溶解度等有密切关系。当固相在液相中有可溶性，并且液相能够较好地润湿固相时，就会发生部分固相溶解并在另一部分固相上沉积的溶解-沉积传质过程。

总的来说，影响液相烧结的因素比固相烧结更为复杂。

2.7.4.2 压力烧结

压力烧结是在无压烧结的基础上发展起来的，是在烧结时对被烧结体施加一定压力来促使其致密化的一种烧结方法。在无压烧结中，由于温度是唯一可控的因素，因而对陶瓷材料致密化的控制较为困难，为了得到较高的致密度，常需要很高的烧结温度，结果导致晶粒过分长大或异常生长，使烧结体性能下降。压力烧结是在加热的同时施加压力，陶瓷样品的致密化主要通过在外加压力作用下物质的迁移来完成，故烧结温度往往比无压烧结低。而且，在此情况下晶粒几乎不生长或很少生长，从而得到了接近于理论密度且晶粒细小的致密陶瓷材料。

压力烧结通常在非氧化物陶瓷如 Si_3N_4、SiC 的烧结中表现出明显优势。这类陶瓷的表面张力小、扩散系数低，在常压下即使使用很高的温度也难以使其致密化。此外，某些非氧化物陶瓷（Si_3N_4）在一定温度（1650℃）以上会发生分解，使得无压烧结更为困难。

根据加压方式的不同，压力烧结可分为热压烧结和热等静压烧结。前者为单向加压，后者则是周向加压。

（1）热压烧结

热压烧结可以看成高温下的干压成型，即只需将样品连同模具一起加热，同时施以一定压力，成型和烧结同时进行。

热压烧结中加热方法为电加热法，加压方式为单向油压加压，模具根据不同要求可采用石墨模具或氧化铝模具。石墨模具必须在非氧化性气氛中使用，使用简单、成本低；氧化铝模具适用于氧化气氛，但制造困难、成本高且寿命低。

热压烧结原理如图 2.30 所示。

（2）热等静压烧结

热压烧结虽然具有众多优点，但由于是单向加压，只能制造片状或环状等形状简单的样品。另外，对于非等轴晶系的样品，热压后晶粒会发生严重取向。热等静压烧结不仅能像热压烧结那样提高致密度、抑制晶粒生长，还能像无压烧结那样制造出形状复杂的产品，且避免了非等轴晶系样品的晶粒取向，是一种先进的陶瓷烧结方法。

热等静压烧结原理如图 2.31 所示。

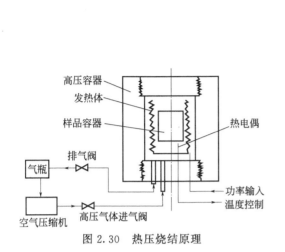

图 2.30　热压烧结原理　　　　　图 2.31　热等静压烧结原理

热等静压烧结炉的炉腔往往制成柱状，内部通高压气氛作为压力传递介质，加热方式为电阻加热。目前热等静压装置的压力可达 200MPa，温度可达 2000℃或更高。由于热等静压烧结时气体是承压介质，而陶瓷粉料或素坯中气孔是连续的，因此样品必须进行封装，否则高压气体将渗入样品内部而使样品无法致密化。

除了直接用于陶瓷试样的烧结，热等静压还可用于对已经历过无压烧结的样品进行后处理，以进一步提高样品致密度和消除有害缺陷。

2.7.4.3　气氛烧结

对于在空气中很难烧结的制品，可在炉腔内通入一定量的某种气体或采用某种方式控制挥发性物质的挥发。这种在特定气氛下进行的烧结称为气氛烧结。

（1）通气烧结

通气烧结通过向烧结室中持续通入所需气体，使烧结室中保持所要求的气氛，以促进瓷体烧结或达到其他目的，如控制晶粒长大、使晶粒氧化或还原等，在电子陶瓷烧结工艺中已普遍应用。通常，通入 H_2 或 CO，可得强还原气氛；通入 N_2 或 Ar，可得中性气氛；通入 O_2，可得强氧化气氛；N_2 和 H_2 或 O_2 搭配，可得不同程度的还原或氧化气氛。

（2）控制挥发气氛烧结

在电子陶瓷中有许多化合物具有较高的蒸气分压，在较低的温度下就大量挥发，如 PbO、SnO_2、CdO 等。对于含有这类化合物的瓷料，如果在空气中煅烧，由于挥发则不能保证瓷料的组分配比。因此，对含有易挥发物质的陶瓷进行烧结时，为使组分配比不发生大的偏离，除应在配方中适当加重易挥发成分外，还要注意烧结时的气氛保护，如密封烧结、加气氛片烧结或埋粉烧结（图 2.32）。对于密封烧结，制品被置于氧化铝坩埚中，组分少量蒸发产生的气体分压足以阻止材料的进一步分解和挥发；对于埋粉烧结，常将烧结性差的粉末与制品粉末或组成相近的粉末混合在一起，将待烧制品埋入该混合粉末中进行烧结以抑制被烧制品成分的挥发。

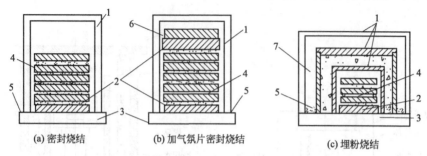

(a) 密封烧结　　(b) 加气氛片密封烧结　　(c) 埋粉烧结

图 2.32　含 PbO 瓷料（PZT）烧结的常用方法

1—Al_2O_3 坩埚；2—PZT 烧结垫片；3—Al_2O_3 底板；

4—试样；5—ZrO_2 粉；6—$PbZrO_3$ 气氛片；7—$PbZrO_3$＋PbO 埋粉

2.7.4.4　反应烧结

反应烧结是通过化学反应以完成规定成分的合成，同时实现致密化烧结的一种电子陶瓷烧结工艺。该方法可以使用低成本原材料，并可合适地引入第二相，在相对较低的温度下实现烧结；陶瓷材料烧结后收缩小，实现近尺寸烧结，可通过坯体的原始形状获得构件的最终设计，大大降低了成本。目前反应烧结仅局限于少量几个体系，如氮化硅、碳化硅、氮化铝、氧化铝等，下面分别进行介绍。

（1）反应烧结氮化硅和碳化硅

反应烧结氮化硅（reaction-bonded silicon nitride，RBSN）和碳化硅（reaction-bonded silicon carbide，RBSC）是反应烧结技术的成功实例。

反应烧结氮化硅是将硅粉末的预成型体在氮气中加热，通过下列反应得到氮化硅的烧结体：

$$3Si + 2N_2 \longrightarrow Si_3N_4$$

若在预成型体中引入其他相，即可获得各种复合材料，如在 Si 预成型体中加入 C 或 SiC，氮化后可获得 Si_3N_4/SiC 复合材料。

反应烧结碳化硅是将含 C 和 SiC 粉末的预成型体与气相或液相 Si 在高温下反应得到 SiC 的烧结体。原料中的 C 与外部的 Si 反应生成 SiC，反应后烧结体中的气孔由 Si 进一步填充，所以可以得到致密且收缩极小的烧结体。

（2）反应烧结氧化铝

反应烧结技术最早只限于制备非氧化物陶瓷，直到 20 世纪 80 年代末，才通过 Al 的氧化反应成功制备了反应烧结氧化铝陶瓷（reaction-bonded aluminium oxide，RBAO）。该方法是将 Al 和 Al_2O_3 的混合物经高能球磨后制成预成型体，然后在空气中于 $300 \sim 1000℃$ 下进行氧化反应，形成极小的 Al_2O_3 晶体，再升温到 $1400 \sim 1550℃$ 进行烧结。由于 Al 在氧化过程中会发生体积膨胀，从而补偿了部分烧结收缩。若要进一步减小收缩乃至将收缩降到零，可在原料中加入其他的氧化时能产生较大体积膨胀的金属或陶瓷粉末，如 Zr、Cr、Ti、Si

和 SiC 等，从而制得近尺寸、高强度、高性能的氧化铝陶瓷及其复合材料。

（3）反应烧结氮化铝

氮化铝因性能独特应用于各个领域，但存在制备成本过高、大尺寸异型构件难以制备的问题。借鉴反应烧结制备氧化铝陶瓷的经验，将 Al 和 AlN 粉体充分混合，冷等静压成型后，在氮气气氛下反应可以得到反应烧结氮化铝陶瓷（reaction-bonded aluminium nitride，RBAN）。Al 粉经氮化后生成新的 AlN 纳米颗粒，在烧结时将预成型体中的 AlN 颗粒结合起来。因此，Al 粉的含量、颗粒尺寸直接影响到坯体的氮化行为和烧结过程，通常 Al 粉的体积分数不宜过高。

2.7.4.5 放电等离子烧结

常规烧结方法的加热升温是依靠发热体对样品的对流、辐射，升温速率较慢，一般小于 50℃/min。研究表明，快速升温对样品显微结构的发展更有利，同时可以抑制挥发元素的挥发，但这是传统电加热无法实现的。由于等离子体可在瞬间达到高温，其升温速率可达 1000℃/min 以上，从而实现了对陶瓷材料的无压快速高温烧结。

等离子烧结具有以下特点：

① 烧结温度高（可达 2000℃以上），升温速率快（如 100℃/s）；

② 烧结速度快，可在极短时间内（如 0.5min）完成对样品的烧结；

③ 快速烧结有助于抑制晶粒的生长，得到晶粒尺寸细小的陶瓷；

④ 快速升温有可能造成样品内外温度梯度及显微结构的不均匀，还可能使一些热膨胀系数较大、收缩量较大的物件在升温收缩过程中开裂；

⑤ 可以抑制挥发元素的挥发和易变价元素的变价。

采用等离子体烧结的试样，多为棒状或管状。试样必须保持干燥，且应具有较高的密度和强度，以减少烧成时的收缩量和开裂的可能性。试样尺寸则受到等离子体等温区大小的限制和热冲击的制约。当样品推入等离子体时，样品被等离子体包裹的部分有极高的升温速率，不被包裹的部分温度则基本没有变化，这就使得样品各部分温差很大、热冲击大。所以，密度低的素坯受热冲击而遭到破坏的可能性也大。因此，如要烧制尺寸较大的样品，不仅要求有大的等离子区、样品推进速度快，样品还必须具备较高的密度和强度，尤其是对热膨胀系数大的材料。

2.7.4.6 微波烧结

微波烧结技术的研究始于 20 世纪 70 年代，受微波装置的限制，在 20 世纪 80 年代以前，微波烧结研究都只限于一些容易吸收微波、烧结温度低的陶瓷材料，如 $BaTiO_3$ 等。随着实验条件的改进和研究的逐步深入，微波烧结开始应用于一些当代陶瓷材料的烧结，如氧化铝、氧化钇、稳定氧化锆、莫来石等。

微波烧结也是快速烧结方法的一种，其本质是利用微波与物质粒子间的直接相互作用、材料的介电损耗使样品直接吸收微波能量而被加热烧结。在高频交变电场下，材料内部的极性分子、偶极子、离子等随电场剧烈运动，粒子间产生碰撞、摩擦等内耗作用，从而使得微波能转变为热能。

由于材料的介电损耗与温度有关，因此不同温度下的升温速率是不同的。一般温度越高，介电损耗越大，且这种变化几乎是呈指数上升的，如氧化铝、氮化硼、氧化硅等材料。材料的介电损耗随温度的变化规律对微波烧结过程的影响很大，由于升温速率会随温度发生变化，因此在一定温度后必须及时调整输入功率，以防升温过快。另外，如材料中一开始就存在温度分布不均，则温度低的部分对微波吸收能力差，温度高的部分对微波吸收能力强，导致温度分布越来越不均匀，产生"热失控"现象。

微波烧结具有以下特点：

① 烧结温度低、时间短、能量利用率高。因为微波可以对物体进行即时加热，大大降低了烧结温度和烧结时间；微波可以直接被物体吸收，几乎没有能量损失，比常规烧结方法节能 80% 左右。

② 可以抑制晶粒长大，得到细晶或纳米晶粒的材料。微波烧结的加热方式是体加热，升温速率快，在晶粒没有长大之前就已完成烧结，因而可以用于制备具有纳米或超细晶粒的材料。

③ 可以进行空间选择性烧结。不同材料、不同物相对微波电磁场的耦合能力有很大的差异，产生的热效应也不同。利用这一特点可以对材料进行设计，实现试样的选择性烧结。

微波烧结作为一种新型烧结技术，能快速达到常规烧结难以达到的高温，在节能、降低成本方面具有巨大潜力。但由于微波烧结过程本身的复杂性，还有很多技术上的问题有待解决，因此离实现工业化还有一定距离。

2.7.5　新型烧结方法

2.7.5.1　振荡压力烧结

现有的各种压力辅助烧结技术采用的都是静态的恒定压力，静态压力的引入虽然有助于气孔排除和陶瓷致密度提升，但难以实现残余孔隙的完全排除，对于制备超高强度、高韧性、高硬度和高可靠性的陶瓷材料仍具有局限性。

振荡压力烧结技术则提出在烧结过程中引入一个频率和振幅均可调的动态振荡压力来替代原有的恒定静态压力，即在一个比较大的恒定压力作用下，叠加一个频率和振幅均可调的振荡压力，具体见图 2.33。这一耦合的连续振荡压力可以打破烧结过程中颗粒的自锁和团聚现象，促进颗粒发生重排，如图 2.34 所示；在烧结中后期，振荡压力为粉体烧结提供了更大的烧结驱动力，有利于加速黏性流动和扩散蠕变，激发烧结体内的晶粒旋转、晶界滑移和塑性形变而加快坯体的致密化。另外，通过调节振荡压力的频率和大小增强塑性形变，还可以促进烧结后期晶界处闭气孔的合并和排出，近乎完全消除材料内部的残余气孔，使材料的密度接近理论密度。因此，振荡压力烧结过程中材料的致密化可归结为两方面的原因：

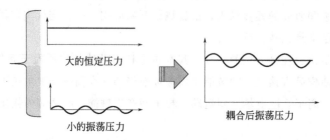

图 2.33　动态振荡压力烧结设备的恒定压力和振荡压力及耦合示意图

一是表面能作用下的晶界扩散、晶格扩散和蒸发-凝聚等传统机制；二是振荡压力赋予的新机制，包括颗粒重排、晶界滑移、塑性形变以及形变引起的晶粒移动、气孔排出等。

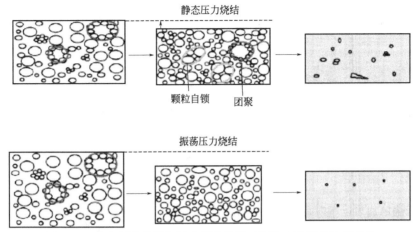

图 2.34　静态压力烧结与振荡压力烧结对烧结中缺陷的作用对比

采用振荡压力烧结技术可充分加速粉体致密化、降低烧结温度、缩短保温时间、抑制晶粒生长等，从而制备出具有超高强度和高可靠性的硬质合金材料及陶瓷材料，以满足极端应用环境对材料性能的更高需求。

2.7.5.2　闪烧

闪烧是近年来发展出的一种新型电场/电流辅助烧结技术，由于样品能在极短的时间内（几秒到几十秒）实现烧结致密化，因此被称为闪烧。图 2.35 是一种典型的闪烧装置。将待烧结陶瓷素坯制成"骨头状"，两端通过铂丝悬挂在经过改造的炉体内，向材料施加一定的直流或交流电场。炉体内有热电偶用于测温，底部的 CCD 相机可实时记录样品尺寸。

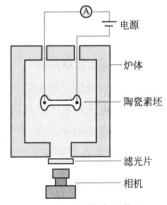

图 2.35　闪烧实验装置

闪烧技术主要涉及 3 个工艺参数，即炉温（T_f）、场强（E）与电流（J）。对材料施加稳定的电场，炉温则以恒定速率升高。当炉温较低时材料电阻率较高，流经材料的电流很小；随着炉温的升高，样品电阻率降低，电流逐渐增大。根据升温过程中电压、电流的变化，闪烧过程可分为 3 个阶段，如图 2.36 所示。

① 恒压阶段：这一阶段也被称为孕育阶段，系统为电压控制，样品在恒压下被加热。

② 闪烧阶段：当样品所处环境的温度（也即炉温）升高至临界温度时，样品的电导率急剧增大，电流和电功率随之急剧增大，闪烧发生；为了抑制电流持续增大引起的电流过载，此时系统由电压控制迅速转变为电流控制。

③ 恒流阶段：当材料的电导率不再升高时，场强再次稳定，此后样品的电流和电功率损耗基本处于恒定状态，样品的密度不变或者有很小的增加，烧结进入稳定阶段。在②和③阶段，样品还发生强烈的发光现象。

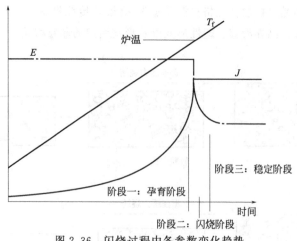

图 2.36 闪烧过程中各参数变化趋势

由于闪烧的加热速率很高,很难精确测量峰值功耗期间的样品温度,温度测量的不确定性使得人们对于闪烧的烧结机理尚未达成共识。基于实验证据或假设机制,目前主流的理论主要有以下三种:

(1) 热失控及焦耳热效应

热失控及焦耳热效应理论认为是材料内部的热失控导致闪烧发生。在闪烧过程中,电流通过样品时会产生焦耳热。焦耳热不但能增加样品的电导率,还能促进物质扩散,并有可能通过热辐射使样品发光。焦耳热使样品温度高于炉温,引起电导率的逐渐增大直到非线性增大(发生闪烧)。当闪烧发生后,样品温度达到甚至高于传统烧结温度,导致样品发生烧结致密化。

(2) 弗伦克尔缺陷对

弗伦克尔缺陷对理论认为闪烧过程中施加的电场能够诱导材料形成弗伦克尔点缺陷,提高了间隙离子和离子空位的浓度;间隙离子和离子空位进一步反应释放出电子及空穴,形成电中性的间隙原子和原子空位。电子-空穴对使得材料的电导率显著提高,导致电导率"非线性"增加;间隙原子和原子空位浓度的提高加速了物质迁移过程,提高了致密化速率。

(3) 电化学还原

在闪烧过程中,材料内部的传导离子可能会发生改变,而从离子导电模式到电子导电模式的转变可以看作是由电化学还原引起的。

以 8YSZ 陶瓷的闪烧过程为例,晶格中的氧原子在正极发生电化学反应,形成带正电荷的氧空位和氧气分子:

$$O_O^x \longrightarrow V_O^{\cdot\cdot} + 2e' + \frac{1}{2}O_2$$

带正电的氧离子空位在负极处和电子发生电化学反应,形成不带电的氧空位:

$$V_O^{\cdot\cdot} + 2e' \longrightarrow V_O^x$$

上述电化学反应的持续进行,导致不带电荷的氧空位在阴极处累积,使得氧化锆中的锆离子被部分还原为金属态。这种电化学还原反应的持续进行使得样品中锆的含量逐渐增大,8YSZ 的导电机制从离子导电转变为以电子导电为主的混合导电机制,电导率大大提高,从而引发了闪烧。

与传统烧结相比，闪烧可以在缩短烧结时间的同时降低烧结温度，从而抑制晶粒生长，省时而高效。其适用材料体系从最初的3YSZ离子导体扩展到绝缘体、半导体和电子导体等众多陶瓷种类，应用前景十分广阔，是陶瓷产业迈向绿色、节能领域的新代表。

2.7.5.3　冷烧

为使陶瓷材料的致密度达到理论密度的95％以上，陶瓷材料的烧结温度大多在1000℃以上。高温烧结不仅消耗能源较多，还使得陶瓷材料在材料合成、物相稳定性等方面受到了限制。为了降低陶瓷粉体的烧结致密化温度，液相烧结、场辅助烧结、闪烧等新型烧结技术近年来被发明和应用，但是由于固相扩散以及液相形成仍需较高温度加热陶瓷粉体，上述技术并没有真正将烧结温度降低到"低温范畴"。

陶瓷冷烧工艺通过向粉体中添加溶剂，使得粉体表面物质部分溶解，从而在颗粒-颗粒界面间产生液相；再将润湿好的粉体放入模具中，对模具进行加热（120～300℃），同时施加较大的压力（350～500MPa），保温保压一段时间后即可制备出致密的陶瓷材料。冷烧工艺的内在过程归纳为两步：第一阶段，机械压力促使粉体颗粒间的液相发生流动，引发颗粒重排；第二阶段，压力和温度促使粉体表面物质在液相中溶解析出，发生物质的扩散传输。

第一阶段，致密化过程的驱动力主要由机械压力提供，液相的作用是促进颗粒滑移重排，并且颗粒尖端会在液相中溶解，使颗粒球形化，从而提高压制过程中颗粒的堆积密度；第二阶段，机械压力和温度会使系统中的溶液瞬时蒸发，使溶液的过饱和程度随烧结时间的延长而增大，物质在液相中扩散，并在远离压力区域的颗粒表面析出，填充于晶界或气孔处，使陶瓷发生致密化，在此阶段非晶态析出物会钉扎在晶界处，抑制晶粒的生长。

2.7.5.4　超快高温烧结

传统的陶瓷烧结工艺由于加工时间长，挥发性元素损失严重，造成材料的成分控制较差，限制了材料的质量。为了改善这一现象，在传统烧结工艺上发展出了微波辅助烧结、放电等离子烧结和闪烧等快速烧结技术。微波辅助烧结技术往往与材料的微波吸收性能有关；放电等离子烧结技术在烧结时需要使用模具，使得烧结具有复杂三维结构的样品存在困难，而且一次只能生产少量样品，烧结效率低；最近发展的闪烧技术虽然具有高的加热速率，但通常需要昂贵的Pt电极，且对材料有一定的要求，限制了该方法的一般适用性。

为了克服这些限制，研究者开发了一种超快高温烧结（UHS）工艺，如图2.37所示。在惰性气氛下，将陶瓷生坯夹在两个加热碳层之间，碳层通过辐射和传导迅速加热，在30s以内即可从室温上升到烧结温度，碳层与坯体的紧密接触为快速烧结提供了均匀的高温环境。当到达烧结温度后，只需10s即可完成烧结。

UHS具有温度分布均匀、加热速度快（10^3～10^4℃/min）、冷却速度快（10^4℃/min）、烧结温度高（3000℃）的特点。超高的加热速率使得烧结时间可以缩短到10s左右，远远超过常规烧结速度；同时快速升温越过了传统烧结过程中的低温阶段，从而避免了晶粒的粗化。利用UHS技术得到的$Li_{6.5}La_3Zr_{1.5}Ta_{0.5}O_{12}$石榴石型导电陶瓷晶粒尺寸在6～8mm，而常规烧结方法得到的晶粒尺寸则在8～18mm。

由于UHS的烧结温度极高，可以很容易地扩展到各种非氧化物高温材料，包括金属、碳化物、硼化物、氮化物和硅化物等。超快的烧结速度也使得人们能够通过计算对新材料的预测进行快速的实验验证，从而促进跨越广泛成分的材料发现。

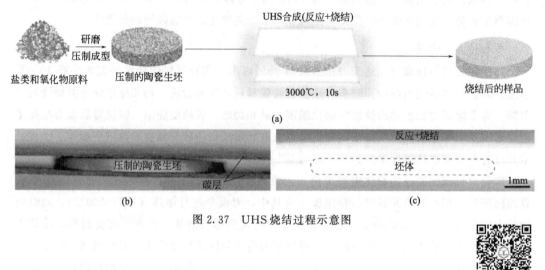

图 2.37　UHS 烧结过程示意图

2.8　表面金属化

在制造电子陶瓷元器件时，不能用钎料将烧结好的陶瓷与金属引线直接钎焊，必须先在陶瓷表面形成一层金属过渡层。这种在陶瓷表面形成金属薄层的工艺就称为陶瓷表面的金属化。

金属化的好坏直接关系到电子陶瓷器件的使用寿命、稳定性和性能。例如，金属层与陶瓷表面的结合力低，易造成虚焊或电极早期脱落；钎料对金属层浸蚀过大，易导致金属层与陶瓷的脱附，还会影响陶瓷器件性能的下降。所以，电子陶瓷的金属层应具有以下性能：

① 热稳定性好，能够承受高温和热冲击的作用，具有合适的热胀系数；

② 可靠性高，包括足够的气密性、防潮性和抗风化作用等；

③ 电气特性优良，包括耐高压、抗飞弧，具有足够的绝缘、介电能力；

④ 化学稳定性高，耐酸碱清洗，不分解、不腐蚀；

⑤ 不与材料发生反应或渗透进入材料。

目前国内金属化采用的主要方法有烧渗法、化学镀法和真空蒸镀法，工业中使用最多的还是烧渗法。

2.8.1　烧渗法

烧渗法是在陶瓷表面烧渗一层导电性能好的金属（银、金、铂等）浆料作为电容器、滤波器的金属电极或集成电路基片的导电网络。通常，选择银浆是因为银的导电能力强、抗氧化性能好、价格适中；烧渗的银层与陶瓷表面结合牢固，二者热膨胀系数接近，热稳定性好；在银表面可直接焊接金属；烧银的温度较低，对气氛的要求也不严格，工艺简单易行。因此，烧银法在电子陶瓷器件的生产中应用广泛。

烧渗法制备银电极的主要工序如下：

（1）配制银浆

不同的电子陶瓷元件由于用途不同，对电极浆料的性能要求也不同。常用的银浆有碳酸银浆、氧化银浆和粉银浆，以粉银浆中银的含量为最高。银及其化合物是银浆的主要成分，应有足够的细度和化学活性，通常通过化学反应制得。将制得的银及其化合物粉末与胶黏剂、助熔剂混合，球磨48～96h，即得到银电极浆料。

银浆中胶黏剂的作用是使银浆中的各种固体粉末分散均匀，保持悬浮状态；使银浆具有一定的黏度和胶合作用，涂覆时不易流散变形，烘干后成为具有一定强度的胶膜，附于瓷体上而不脱落。胶黏剂由高分子有机物和有机溶剂两部分组成，其中高分子有机物提供悬浮力和黏结性，有机溶剂则影响浆料的黏度和干燥能力。胶黏剂的常见成分有松香和松节油、乙基纤维素和松油醇、硝化纤维和乙二醇乙醚。助熔剂则主要起降低银浆烧渗温度、增强银层在瓷体表面附着力的作用。常用助熔剂有氧化铋和硼酸铅。

（2）陶瓷表面前处理

对于过于粗糙的表面，在涂覆银浆前须进行抛光和清洁处理。具体处理时先用砂纸或砂盘将瓷体表面打磨平整，再用清水对瓷体进行超声或冲洗，然后烘干备用。表面处理的目的是增加表面金属层和瓷体之间的结合力。

（3）电极涂覆

被银的方法主要有涂布法、丝网印刷和喷银法三种，其中喷银法由于浪费严重很少采用。涂布法是借助毛笔或其他工具使银浆浸润陶瓷表面的涂覆方法。这种方法对陶瓷件的尺寸和平整度要求不高、适应性强、被银质量差、产品合格率低。丝网印刷所用的设备为丝网印刷机，印刷质量好、合格率高，且电极的形状可控，在工业中应用广泛，但对瓷体形状、尺寸要求严格。

（4）烧渗银电极

被好银的下一步就是将瓷件送入烧结炉中"烧银"。烧银的目的是在高温处理下，在瓷件表面形成连续、致密、附着牢固、导电性良好的银层。被银法虽然工艺简单，但也存在缺点，如金属层上的银浆往往不均，甚至可能存在单独的银粒，造成电极的缺陷，使电性能不稳定。此外，在高温、高湿和直流（或低频）电场作用下，银离子容易向介质中扩散，造成介质电性能的剧烈恶化。因此，在上述条件下使用的陶瓷元件不宜采用被银法进行表面金属化。

2.8.2 化学镀法

由于传统镀银工艺成本高，且银层的可焊性较差，因此人们提出了化学镀贱金属镍的工艺。化学镀镍是利用镍盐溶液在强还原剂（次磷酸盐）的作用下，在具有催化性质的瓷件表面上，使镍离子还原成金属、次磷酸盐分解出磷，获得沉积在瓷件表面的镍磷合金层，适用于瓷介电容器、热敏电阻及各种装置零件。

次磷酸盐氧化和镍还原的反应式为：

$$Ni^{2+} + H_2PO_2^- + H_2O \longrightarrow Ni\downarrow + HPO_3^{2-} + 3H^+$$

次磷酸根氧化和磷析出的反应式为：

$$3H_2PO_2^- + H^+ \longrightarrow HPO_3^{2-} + 3H_2O + 2P\downarrow$$

由于镍磷合金具有催化活性,能构成自催化镀,使得镀镍反应得以不断进行。上述反应必须在与催化剂接触时才能发生,当瓷件表面均匀地吸附一层催化剂时,则反应只能在瓷件表面发生。因此,必须人为地使瓷件表面均匀地吸附一层催化剂,这是表面沉镍工艺成败的关键。为此,先让瓷件表面吸附一层敏化剂,常用 $SnCl_2$,这种材料易于氧化;再把它放在 $PbCl_2$ 溶液中,使贵金属还原并附着在瓷件表面上,成为诱发瓷件表面发生沉积反应的催化膜。

2.8.3 真空蒸镀

随着薄膜技术的发展,真空蒸镀在电子陶瓷表面形成导电层的方法越来越多地得到应用,如镀铝、金等。此法配合光刻技术可以形成复杂的电极图案,如叉指电极等,结合溅射方法,如阴极溅射、高频溅射等,还可形成合金和难熔金属的导电层以及各种氧化物、钛酸钡等化合物薄膜。

课后习题

1. 请列出固相法制备电子陶瓷材料的基本流程,并对每一步骤的目的作简要说明。

2. 已知以铌酸钾钠为主晶相的无铅压电陶瓷的化学式为 $0.95(K_{0.5}Na_{0.5})NbO_3 + 0.05(Bi_{0.5}Na_{0.5})ZrO_3$,所用原料纯度为 K_2CO_3 98%、Na_2CO_3 98%、Nb_2O_5 99.5%、Bi_2O_3 98%、ZrO_2 99%。请分别计算配置 1mol 瓷料和 500g 瓷料时所需各种原料的重量。

3. 如何实现纳米级陶瓷粉体制备?请结合文献阐述纳米陶瓷制备方法有哪些?试举例说明。

4. 陶瓷在烧结过程中会经历哪几个阶段?在每一阶段中晶粒会发生怎样的变化?

5. 如何实现陶瓷在高温下烧结的同时保持细小的晶粒尺寸?

6. 实现陶瓷坯体致密化的方法有哪些?请任意列举三种。

7. 请对"改进陶瓷制备工艺可以提高材料性能"举出一个实例进行阐述。

8. 材料科学与工程四个基本要素之间的关系如何?请谈谈理解。

参考文献

[1] 吴玉胜,李明春. 功能陶瓷材料及制备工艺 [M]. 北京:化学工业出版社,2013.

[2] 上海科技大学新型无机材料教研组. 电子陶瓷工艺基础 [M]. 上海:上海人民出版社,1977.

[3] 王昕,田进涛. 先进陶瓷制备工艺 [M]. 北京:化学工业出版社,2009.

[4] 苏兴华,吴亚娟,安盖,等. 陶瓷材料闪烧机理研究进展 [J]. 硅酸盐学报,2020,48:1872-1879.

[5] 李健，关丽丽，王松宪，等. 陶瓷材料闪烧制备技术研究进展 [J]. 中国陶瓷工业，2018，25：20-16.

[6] 谢志鹏，许靖堃，安迪. 先进陶瓷材料烧结新技术研究进展 [J]. 中国材料进展，2019，38：821-886.

[7] 韩耀. 高性能结构陶瓷的振荡压力烧结与机理研究 [D]. 北京：清华大学，2018.

[8] Wang C，Ping W，Bai Q，et al. A general method to synthesize and sinter bulk ceramics in seconds [J]. Science，2020，368：521-526.

[9] 韩胜强，范鹏元，南博，等. 先进陶瓷成形技术现状及发展趋势 [J]. 精密成形工程，2020，12：66-80.

[10] 喻小鹏，吴成铁. 3D打印生物陶瓷功能改进的研究进展 [J]. 硅酸盐学报，2021，49（5）：1.

电子陶瓷的显微结构

3.1 概述

  电子陶瓷的显微结构是指用显微镜可观察到的陶瓷内部的组织结构，包括物相种类、组成及数量，晶粒的形貌、大小、分布和取向，晶界特征，玻璃相的存在和分布，气孔尺寸、形状和分布，各种杂质（包括添加物）、缺陷、微裂纹的存在形式和分布等。陶瓷显微结构的形成不仅和化学组成有关，而且也和原材料性质、工艺过程等紧密相关。不同电子陶瓷的显微结构千差万别，导致其电学、光学、磁学、机械、热等性能不同，即显微结构决定着电子陶瓷材料的各方面性能。相比于金属材料和高分子材料，电子陶瓷材料的显微结构更加多变且复杂，因此所得到的材料性能更为独特奇妙。可以毫不夸张地说，电子陶瓷的显微结构决定其性能和最终用途。随着当代科技对先进电子陶瓷材料的需求和要求越来越高，研究陶瓷材料的显微结构成为研究开发相关材料的重中之重，是材料科学和工程发展的基石与关键。

  电子陶瓷属于多晶体，它的显微结构主要由晶相、气孔和玻璃相组成。对电子陶瓷显微结构的认识，可以从以下几点入手：每一个相的尺寸大小、形状和取向，每一个相的相对含量和分布情况，晶界特性，缺陷及裂纹等。对大批量的工业生产而言，希望产品的性能优良且稳定、可靠，显微结构均匀且致密，生产具有可重复性。由于制备工艺的变化对电子陶瓷材料晶粒大小、形状、分布、取向和气孔含量等的影响很大，导致同一种陶瓷材料在不同制备条件下的性能呈现差异。因此通过研究陶瓷的显微结构，不仅可以帮助判断电子陶瓷材料质量的优劣，而且可以从制备工艺过程等诸多的因素中，通过总结和对比，找出影响显微结构的形成和变化规律，对制备工艺进行精细化调节，以达到指导生产的目的。同时，通过研究电子陶瓷的显微结构与其性能的关联，可以为新材料的设计和材料改性提供重要依据。

  早期人们观察电子陶瓷的显微结构通常使用光学显微镜，但是其分辨率有限，单一的光学显微成像系统已经远远不能满足对电子陶瓷微观结构认识的要求。随着科技的发展，当前对电子陶瓷显微结构表征的测试仪器种类繁多，主要包括显微镜、透射电子显微镜（TEM）、扫描电子显微镜（SEM）、扫描电声显微镜（SEAM）、扫描非线性介电显微镜（SNDM）、原子力/压电力显微镜（AFM/PFM）、红外或激光显微技术等，分辨率已从微米级发展到原子级。特别是随着时代发展，对于苛刻服役条件下电子陶瓷材料显微结构的原位观察需求越来越迫切，各种原位显微镜测试仪器应运而生，这样更能清楚了解和掌握电子陶瓷材料在服役过程中的微观结构变化，从而解决应用过程中存在的关键问题。

3.2 电子陶瓷显微结构的相组成

3.2.1 晶粒

3.2.1.1 晶粒的性质与分类

晶粒（grain）又称作晶相，作为电子陶瓷材料显微结构的基体，决定着陶瓷的基本性能。晶粒是指微小的或微米尺度的晶体，如图3.1(a)所示。陶瓷由许多不同大小和取向的晶粒组成，根据不同生长或加工过程，陶瓷中的晶粒取向可能随机分布形成随机结构，也可以多数晶粒都朝某一特定取向，从而形成特定的择优取向。通常除了主晶相外，电子陶瓷可能还存在第二晶相，如图3.1(b)中圈起来的部分。第二晶相对于电子陶瓷的性能调控也起到重要的作用，当其体积分数达到某种临界值后，将会导致特定性能的变化。陶瓷中第二晶相的出现不仅与原料的化学组分有关，还与制备工艺息息有关。

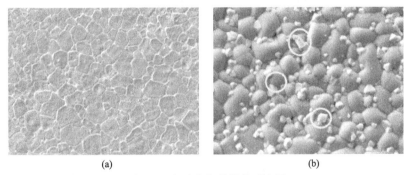

(a)   (b)

图 3.1   电子陶瓷的晶粒示意图

电子陶瓷晶粒的形态是由生长环境、结晶习性与结晶后的熔蚀和变形等因素决定的。晶体的外形轮廓主要由陶瓷晶面的完整性来反映，可以大致划分为自形晶、半自形晶和它形晶三种。自形晶是在适宜的烧结环境下生长，能反映本征晶体结构特征外形的晶粒；当在特殊的烧结环境下或生长受抑制时，晶粒边界较为模糊，只能反映部分晶体结构特征，这种晶粒为半自形晶；除此之外，常见的是不具有晶体结构外形（大小不均一）、不规则的它形晶。

3.2.1.2 晶粒尺寸调控方法

晶粒是由紧实的粉体在烧结驱动力下（粉体颗粒的表面能趋向降低），通过扩散、气孔排除、晶界迁移等过程而最终形成的。电子陶瓷的晶粒尺寸、发育完整程度、自形化程度和相互嵌套情况等，都会影响其功能特性。因此，如何调控晶粒尺寸变得至关重要。例如，在 $Pb(Zr, Ti)O_3$（PZT）和 $Pb(Mg, Nb)O_3$-$PbTiO_3$（PMN-PT）等压电陶瓷中，异常的晶粒生长（如细晶粒陶瓷中出现粗晶，如图3.2所示）可能会影响压电陶瓷的性能：一方面由于不同方向的晶粒在晶轴方向的热膨胀或收缩和基底细晶粒的尺寸变化相差较大并存在异向性，因此这类粗晶粒的晶界常常为应力集中处，也是电场和应力场的薄弱点，微裂纹常从此处萌发，使得陶瓷的抗击穿场强偏低，在转移过程中容易碎裂等；另一方面，随着粗大颗粒加入量的增加，样品的气孔率也增大，对陶瓷韧性的负面影响增大。所以在生产过程中，为了得到性能表现均一的产品，希望电子陶瓷的晶粒尺寸是均匀的。

 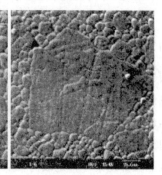

(a) 穿插双晶　　　　(b) 小晶粒被异常晶粒捕获　　　(c) 两个异常长大晶粒相接

图 3.2　三种典型的异常晶粒长大

调控电子陶瓷晶粒尺寸的手段多种多样，如调节烧结粉体粒径、使用不同烧结方法及改变烧结条件等。粉体在烧结前粒径越小，比表面积越大，烧结驱动力就越大，烧结特性增强，易于制备致密度高、晶粒尺寸适中且均匀分布的电子陶瓷样品。不同合成工艺可以实现电子陶瓷粉体晶粒尺寸的可控调节。例如，通过固相反应合成可以制备微米级的电子陶瓷粉体；通过液相法可以制备平均粒径在 100nm 以下的电子陶瓷粉体，其中水热法可以合成几十纳米的高纯度电子陶瓷粉体；醇盐法可以制备粒径在几纳米到几十纳米范围内连续可调的电子陶瓷粉体；微乳液法甚至可以制备粒径在 10nm 以下的电子陶瓷粉体。随着粉体制备工艺技术的不断发展，制备晶粒更细且均匀粉体的方法相继被报道。例如，Bansal 等和 Nuraje 等分别利用生物法和模板法制备出了 4nm 和 6nm 粒径的钛酸钡陶瓷粉体。

电子陶瓷粉体需要经过烧结才能获得致密的样品。不同的烧结方法和烧结条件会影响电子陶瓷晶粒生长过程，从而显著改变其晶粒尺寸。一般来说，传统固相烧结法难以制备晶粒尺寸在 $0.5\mu m$ 以下的陶瓷样品。如利用两步烧结工艺［图 3.3(a)］可显著降低晶粒尺寸。如图 3.3(b) 所示，通过两步烧结法得到的纯钛酸钡陶瓷，平均晶粒尺寸大约为 8nm。晶粒降低的主要原因是在两步法烧结工艺的后期，较低烧结温度抑制了晶界的快速迁移，电子陶瓷依靠晶界扩散的传质过程实现致密化。近年来，通过施加外场（压力场、电场、微波等）的热压烧结（HP）、热等静压烧结（HIP）、放电等离子烧结（SPS）及闪速烧结（FS）等新型烧结方法在小晶粒电子陶瓷制备方面显示出独特的优势，甚至可以制备出晶粒处于纳米尺度的电子陶瓷。例如，热压烧结法是指将干燥粉料充填入模型内，再从单轴方向边加压边加热，使成型和烧结同时完成的一种烧结方法。在热压烧结过程中，由于加热加压同时进行，粉料处于热塑性状态，有助于颗粒的接触扩散、流动传质过程的进行，因而成型压力仅为冷压的 1/10。此外，热压烧结还能降低烧结温度，缩短烧结时间，抑制晶粒长大，得到晶粒细小，致密度高，机械性能、电学性能良好的产品［图 3.3(c)］，且无需添加烧结助剂或成型助剂就可生产超高纯度的陶瓷产品。热压烧结的缺点是过程及设备复杂［图 3.3 (d)］、生产控制要求严、模具材料要求高、能源消耗大、生产效率低、生产成本高。此外，在传统烧结过程中通过改变烧结时间和烧结温度等条件，也能明显影响陶瓷的晶粒尺寸大小。随着烧结温度的升高和时间的延长，陶瓷的晶粒尺寸会逐渐增大。例如，Tan 等通过改变传统烧结法的烧结温度，在 $1230\sim1350$℃下烧结 2h，制备出晶粒尺寸在 $1.3\sim32\mu m$ 之间的钛酸钡压电陶瓷；Zheng 等通过保持 1450℃的烧结温度，将保温时间从 2h 延长至 20h，最终得到的 BT 陶瓷的晶粒尺寸从 $74\mu m$ 增至 $115\mu m$。除此之外，添加烧结助剂、改变烧结气氛也可以有效地控制陶瓷晶粒尺寸。

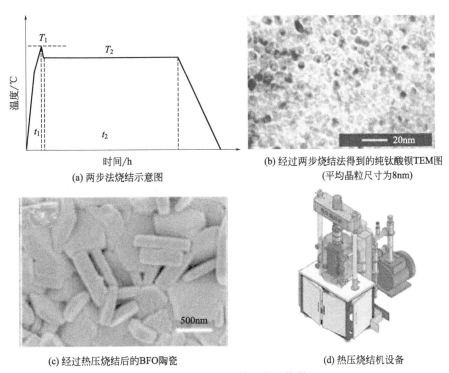

(a) 两步法烧结示意图

(b) 经过两步烧结法得到的纯钛酸钡TEM图
(平均晶粒尺寸为8nm)

(c) 经过热压烧结后的BFO陶瓷

(d) 热压烧结机设备

图 3.3　两步法烧结及热压烧结

3.2.1.3　晶粒尺寸效应

晶粒尺寸效应在铁电材料中起到至关重要的作用。在本小节，以钛酸钡电子陶瓷为例，阐述晶粒尺寸效应对其电学性能的影响。研究发现，当钛酸钡多晶陶瓷的晶粒尺寸在 $1\sim10\mu m$ 范围内时，其相对介电常数 ε_r 和压电常数 d_{33} 都会在晶粒尺寸为 $1\mu m$ 时达到极值，如图 3.4(a) 和 (b) 所示。通过对晶粒尺寸的进一步调控，钛酸钡陶瓷的压电常数 d_{33} 可从 190pC/N 提升至 400pC/N 以上。因此，晶粒尺寸调控被认为是提升钛酸钡陶瓷压电性能的有效方法之一。

研究者先后提出了不同的物理模型去解释钛酸钡陶瓷的晶粒尺寸效应，目前主要包括两种理论模型：内应力模型和90°电畴模型。内应力模型认为随着晶粒尺寸的减小，陶瓷内部的应力不能通过非180°畴完全消除。因此，在精细陶瓷内部存在较强的内应力，而这种内应力导致了介电常数的增加。但此模型无法很好地解释在晶粒尺寸小于 $1\mu m$ 时介电常数降

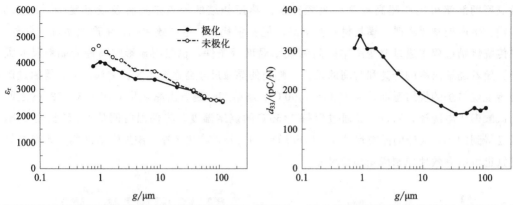

(a) 未极化和极化后的钛酸钡陶瓷在室温下相对介电常数与晶粒尺寸的关系　　(b) 极化后的钛酸钡陶瓷在室温下d_{33}和晶粒尺寸的关系

图3.4　钛酸钡陶瓷的相对介电常数和d_{33}与晶粒尺寸的关系

低的现象。电畴模型认为随着晶粒尺寸的减小，铁电畴宽度减小，畴壁密度增加，单位体积内畴壁面积增加，因此在外电场作用下畴壁对介电常数的贡献增加从而导致其介电常数增加。Ghosh等利用原位电场高能X射线衍射研究了在大电场和小电场激励下，具有不同晶粒尺寸的钛酸钡陶瓷的相结构和畴翻转。如图3.5(a)和（b）所示，电场作用下的畴壁运动对晶粒尺寸有很强的依赖关系。在晶粒尺寸适中的样品中（1～2μm）畴壁的响应最为强烈，宏观压电响应也达到最大。由此说明电场下的畴壁运动是影响钛酸钡陶瓷介电与压电性能的关键因素。该结果不仅为先前提出的90°电畴模型提供了直接的实验证据，还指出畴壁运动是钛酸钡陶瓷压电晶粒尺寸效应的物理基础。

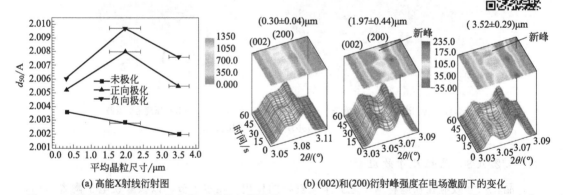

(a) 高能X射线衍射图　　　　　　　(b) (002)和(200)衍射峰强度在电场激励下的变化

图3.5　钛酸钡压电陶瓷中的高能X射线衍射图及（002）和（200）衍射峰强度在电场激励下的变化

除了对钛酸钡陶瓷铁电性质的变化进行预测之外，目前大多数的学者都认为当该陶瓷的晶粒尺寸小到某个值时，其铁电性将会消失，该尺寸可以被称为临界晶粒尺寸。钟维烈等曾依据朗道理论计算出临界尺寸为44nm，Zhao计算出临界尺寸为10～30nm。目前Deng等已经在实验室中制备出了平均晶粒尺寸在8nm的钛酸钡陶瓷，并且证实其仍旧具有铁电性，因此这个所谓的"临界尺寸"值应当会更小。对于钛酸钡电子陶瓷而言，临界晶粒尺寸究竟是多少，还需要进一步地实验证明。

3.2.1.4　晶粒的核-壳结构

多晶电子陶瓷的晶粒本来应是一个均匀的单相结构。近年来研究表明，有时在近晶界部分发现了与内核有着不同组成成分和性质的外壳，将这种特殊结构称作核-壳结构（core-shell structure）。早在 20 世纪 60 年代就有人提出在铁电陶瓷中晶粒核-壳结构的设想，在 80 年代初由 Rawal 等首先在透射电镜（TEM）上观察到了掺 Bi 的正温度系数热敏型钛酸钡陶瓷的晶粒核-壳结构现象。铁电陶瓷晶粒的核-壳结构是一种新型的铁电复合材料，它不仅为材料科学提供了新工艺，为研制更优性能的铁电陶瓷材料提供了一条途径，而且还为材料工艺-结构-性能的研究提出了一个新的内容。例如，Liu 等采用水相化学包覆法对钛酸钡颗粒进行了改性，采用 Al_2O_3 和 SiO_2 共包覆法，制备了晶粒平均尺寸在 200nm 以下，晶粒生长正常的钛酸钡陶瓷；并研究了包覆粒子对陶瓷相组成、微观结构及介电性能的影响。图 3.6（a）～（c）展示了包覆后的钛酸钡粉末（标号 A3S1）预烧后的 HR-TEM（高分辨率 TEM）图像。可以看到预烧后的包覆层不像预烧前那样均匀和连续，相反，许多孤立的"小岛屿"附着在 $BaTiO_3$ 颗粒上，即存在明显的核-壳结构。图 3.6（d）是包覆后的 A3S1 钛酸钡粉末经烧结后的 SEM 图。可以看到晶粒尺寸均匀且无明显孔洞，平均晶粒尺寸为 168nm，表明包覆层很好地分布在晶粒周围并抑制了晶粒生长。此外，Al_2O_3 和 SiO_2 对钛酸钡陶瓷的包覆能明显改善其介电常数的温度稳定性。如图 3.6（e）所示，A3S1 样品的电容温度系数（temperature coefficient of capacitance，TCC）明显降低，TCC 在测试温度范围内在 ±25％之间。

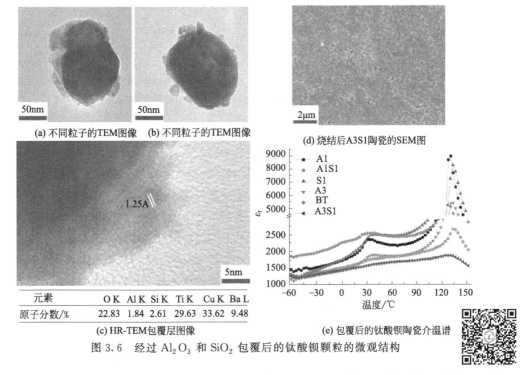

元素	O K	Al K	Si K	Ti K	Cu K	Ba L
原子分数/%	22.83	1.84	2.61	29.63	33.62	9.48

(a) 不同粒子的TEM图像　　(b) 不同粒子的TEM图像　　(d) 烧结后A3S1陶瓷的SEM图

(c) HR-TEM包覆层图像　　　(e) 包覆后的钛酸钡陶瓷介温谱

图 3.6　经过 Al_2O_3 和 SiO_2 包覆后的钛酸钡颗粒的微观结构

利用包覆法制备具有"核-壳"特殊结构的粉体不仅可以改善电子陶瓷介电常数的温度稳定性，还可以有效提高陶瓷的耐压强度，从而引起了科研者们广泛的关注。利用具有较高电阻率的玻璃相包覆陶瓷粉体，使得电场强度集中分布于晶界或晶粒外围的玻璃相处，可以大幅度提高陶瓷的抗击穿电场强度。例如，Wang 等从仿生工程的视角出发，在 $BaTiO_3$-$Bi(Mg_{0.5}Zr_{0.5})O_3$（BT-BMZ）基体中设计出了一种具有类树莓形态的多级核-壳结构储能陶瓷材料（图 3.7），突破了传统核-壳结构复相陶瓷以牺牲部分极化强度为代价的击穿场强增强策略，成功实现了极化强度与击穿场强的协同优化，从而使储能密度极大提升；在 BT-BMZ 基全无机树莓结构纳米复合材料中获得了 3.41J/cm³ 的储能密度与 85.1% 的储能效率，并实现了储能性能在 30～150℃温度范围内的超高稳定性。

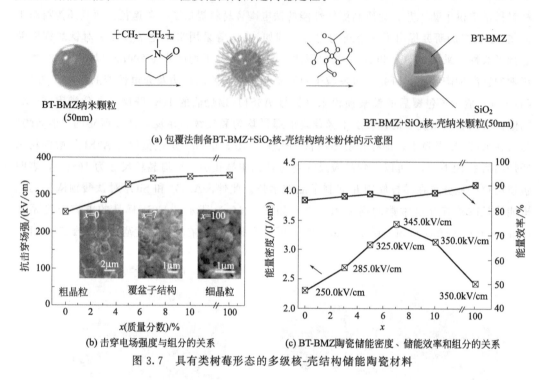

(a) 包覆法制备BT-BMZ+SiO₂核-壳结构纳米粉体的示意图

(b) 击穿电场强度与组分的关系

(c) BT-BMZ陶瓷储能密度、储能效率和组分的关系

图 3.7　具有类树莓形态的多级核-壳结构储能陶瓷材料

3.2.2　晶界

　　晶界（grain boundary）是结构相同而取向不同的晶粒之间的界面。在晶界面上，原子排列从一个取向过渡到另一个取向，故晶界处原子排列处于过渡状态。电子陶瓷材料是由微细粉料烧结而成的，在烧结时微细颗粒形成大量的结晶中心，当它们发育成晶粒并逐渐长大并相遇时就形成了晶界。由于晶界作为不同排列方向晶粒的过渡区域，因此晶界内为原子无序区，具有更高的能量，晶粒间位向差别越大，在晶界处的原子排列就越不规则。晶界作为烧结过程中的主要扩散通道，常被看作显微结构中最活跃的部分，是提供致密化和晶粒生长的推动力，也是材料中产生与能量有关过程的发源地。

　　晶界区内有位错，造成原子的疏区和密区。密区会吸引半径小的杂质原子以减少应力畸变，而疏区则吸引半径大的杂质离子。材料的原始原子和杂质原子的半径差距越大，则晶界的吸杂作用越大。晶界上既然存在缺陷，必然使晶界带电，阳离子过剩则使晶界电荷为正，反之亦然。因而晶界区域会有局部电场生成，晶界上的电荷会被晶界附近相反符号的空间电荷补偿，从晶界开始扩展延伸到一定距离的区域内（几十到 100nm），诱导产生与晶界电荷符号相反的空间电荷层。

　　由于晶粒内部杂质离子的弹性应变场较强，而晶界区为开放结构及弹性应变场较弱，在适当高温下，杂质将从晶粒向晶界扩散以降低弹性能；陶瓷在烧结降温的过程中，由于溶解度随着温度的下降而减小，因此有些元素会在晶界区域沉降或析出；晶界电荷随温度的下降而增加，为了降低静电势能，会导致部分元素在晶界析出。以上过程都会导致偏析现象的出现。晶界区域元素的偏析量（或含量）可能比晶粒内大 $100\sim1000$ 倍，调节元素偏析特性可改进材料性能，甚至可以开发出新材料。例如铁氧体的晶界区域如果偏析出 Ga 和 Si 元素，将形成 $0.1\mu m$ 左右的高阻层，使材料的损耗降低至 1/10 左右；正温度系数（PTC）热敏电阻材料在烧结冷却过程中，在晶界形成高势垒电阻层，但在低于居里温度 T_C 时，由于出现自发极化或应力诱导极化，抵消了晶界势垒，因此材料电阻突降，造成 T_C 前后电阻变化高达 $10^3\sim10^8\,\Omega$，从而形成重要的过流保护和自控温发热体 PTC 热敏电阻材料。

一类以半导体晶粒相和绝缘性晶粒边界相为其构成特征，并借晶粒边界层作为电介质的陶瓷材料制成的电容器，称为边界层电容器。边界层电容器是电子陶瓷中利用晶界工程控制结构和性质十分成功的例子，它的显微结构特点是晶粒半导而晶界为高阻绝缘层。作为一种新型半导体电容器，为陶瓷电容器向体积小、容量大的方向发展提供了良好前景。边界层陶瓷电容器的基本原理是利用介电常数高的陶瓷材料作为基体材料，晶界相进行高绝缘化处理，使每相邻的 2 个晶粒之间构成一个微电容结构；这些微电容相互串联和并联组成一个宏观的边界层陶瓷电容器。由于半径晶粒和绝缘晶界层间的空间电荷极化，使得边界层电容器有着极大的表观介电常数（高达几十万），这种电容器可大量应用于电视机、录像机以及无线电方面。

3.2.3 气孔相

经过成型后的电子陶瓷生坯，气孔率可达到 $25\%\sim35\%$，称为初生态气孔。在烧结过程中，由于晶粒长大和晶界迁移逐步减少气孔体积，随着坯体致密度提高，连通的开口气孔逐步减少成为孤立的闭口气孔，最后气孔扩散到晶界，部分气孔消失，部分气孔由于晶界迁移过快被滞留在晶粒内。一般烧成的电子陶瓷气孔量大约为 5%。如图 3.8 所示，气孔可分为晶粒内的气孔和晶粒间的气孔。陶瓷中的气孔是应力集中的场所，导致机械强度降低。气孔的存在经常使电子陶瓷的强度和功能特性下降。例如，气孔可使材料的磁感强度、弹性模量、抗折强度、压电系数或抗击穿场强等均有下降；在热冲击实验中，气孔常常是开裂的源头；气孔可对铁电陶瓷的铁电畴翻转和移动产生钉扎作用，降低其铁电性。对于透明陶瓷而言，气孔的存在对透光性影响巨大，某些尺度范围内的气孔又是光的散射中心，当光通过陶瓷体时，受到气孔散射作用的影响，将使透过的光量大大地减少。在这种情况下，透明陶瓷的透明度将大大地下降，甚至变成不透明。另外，对隔热陶瓷则要求绝缘性能好、密度小，因此希望气相有较大的体积分数以及气孔孔径和分布的均一性。对于净水用的陶瓷和湿敏、气敏陶瓷，按照它们的功能要求，也需要有不同体积分数的气相存在。因此，电子陶瓷中的气孔调控，应该根据实际的功能作用进行。

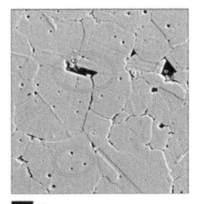

10μm

图 3.8　$Ba_{0.9}Ca_{0.1}Ti_{0.9}Zr_{0.1}O_3$ 陶瓷经过抛光和化学腐蚀后的表面 SEM 图

3.2.4 玻璃相

玻璃相（glass phase），又称过冷液相（supercooling liquid phase），是指材料在高温烧结时各组成物质和杂质产生一系列物理、化学反应后形成的一种非晶态物质。玻璃相是电子陶瓷显微结构中非晶态固体构成的部分，它存在于晶粒与晶粒之间，起着胶黏作用，将分散的晶相黏合在一起，抑制晶粒长大及消除气孔使陶瓷变得更加致密等。陶瓷坯体中的一部分组成在高温下会形成熔体（液态），冷却过程中原子、离子或分子被"冻结"成非晶态固体的玻璃相。玻璃相在陶瓷显微结构形成时的主要功用可归纳如下：瓷坯中对结晶相的黏结作用；降低烧结温度；抑制晶粒长大，阻止多晶转变；填充气孔空隙，促进坯体致密化；有利于杂质、添加物的重新分布，或促进某些反应过程的进行等。通常玻璃相的强度低于晶相，其热稳定性差，在较低温度下会软化。通过适当的热处理工艺制备而得的一种陶瓷相与玻璃相共存的微晶玻璃，兼具玻璃和陶瓷的诸多优异特性，如其韧性强于玻璃、透明度高于普通陶瓷等。对某些特定组成的基础玻璃进行严格的热处理，使玻璃基体内受控析出大量高极化率的微晶相，可制备获得一种新型玻璃材料——高介电常数透明微晶玻璃。这类材料因具有能透可见光、介电常数稳定、机械强度高、耐磨、耐腐蚀等优异特性，在光电传感、光学通信、指纹识别、电容传感等领域具有广阔的应用前景。

3.2.5 畴结构

铁电材料是指具有铁电效应的一类材料，它是热释电材料的一个分支。许多压电陶瓷都属于铁电材料，如 $BaTiO_3$ 陶瓷及其固溶体、PZT 系列陶瓷等。铁电畴的存在是铁电材料最基本的微观结构特征，电畴的结构、组态、动性等对铁电材料的宏观性能有着重要影响。除此之外，随着集成工艺和器件小型化的发展，人们对电畴的微观调控和应用的关注度与需求也在不断上升（铁电材料中的电畴：形成、结构、动性及相关性能）。图 3.9 为压电陶瓷内部晶粒示意图，这些晶粒存在着大量且复杂的铁电畴结构。因此，畴结构作为一座重要的桥梁，连接着微观晶格和宏观颗粒（或陶瓷）。一般来说，根据铁电畴尺寸的大小，可将其分

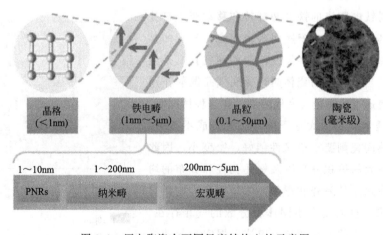

图 3.9 压电陶瓷在不同尺度结构上的示意图

为三类：宏观畴、纳米畴和纳米极性微区（PNRs）。其中纳米畴和PNRs由于极快的响应速度，对压电陶瓷材料的压电特性提高起着重要作用。

当铁电陶瓷从高温顺电相冷却，经历居里温度时会发生结构相变。为了释放由于高低温相结构不同而引起的内应力以及避免巨大的退极化电场，铁电体内形成了一些称为铁电畴的小区域结构。在同一电畴内，所有电偶极矩的排列方向是一致的，而不同区域的电极化矢量方向则可能各不相同。在特定的表面、不均匀性和机械约束下，形成相对稳定的畴构型。同时这些畴构型又可能随着外部的应力、电场、温度等条件而发生变化。

以钛酸钡铁电陶瓷为例，如图3.10(a)所示，钛酸钡从高温到低温时，会经历三个相转变：当温度高于120℃时，钛酸钡为中心对称的立方相。当温度低于120℃时，立方相晶格会沿着某一条边拉伸［如（001）方向］，转变为四方相（tetragonal，T）结构，自发极化矢量 $\boldsymbol{P}_s$ 的方向为相互垂直的6个方向，即具有四方相的钛酸钡单晶中，相邻电畴的 $\boldsymbol{P}_s$ 方向只能相交成为90°或180°。如图3.10(b)所示，每个小方框代表一个晶胞，箭头为自发极化的方向，A_1-A_2-A_3-A_4 或者 A_1-A_2-B_1-B_2 围成的区域称为铁电畴，畴与畴的分界面如 A_3-A_4 或者 A_1-A_2 称为畴壁。其中 A_3-A_4 为90°畴壁，B_1-B_2 为180°畴壁。继续降温到约0℃时，钛酸钡将发生T相到正交相（orthorhombic，O）的相转变，正交相晶格将沿面对角线方向［如（110）方向］拉伸，有12个等效拉伸方向，即自发极化矢量的可能方向有12个。此时除了90°和180°畴壁之外，还多了60°和120°畴壁。当温度降低到−90℃附近时，钛酸钡的相结构将转变为三方相（rhombohedral，R）。此时晶格将沿体对角线拉伸［如（111）方向］，有8个可能的自发极化矢量方向，畴壁类型为180°、71°和109°。

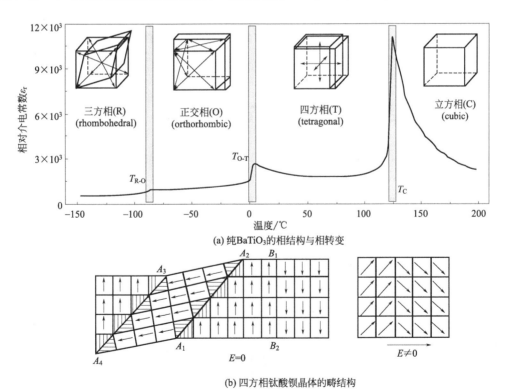

(a) 纯BaTiO₃的相结构与相转变

(b) 四方相钛酸钡晶体的畴结构

图3.10　纯 BaTiO₃ 的相结构与相转变及四方相 BaTiO₃ 晶体的畴结构

改变材料内部的电畴形貌、电畴尺寸和结构可以改善材料的压电、介电和热电等性能，有利于压电陶瓷材料的实际应用。陶瓷的铁电畴结构可以通过化学腐蚀法、偏光显微镜、扫描透射电子显微镜（STEM）以及压电力显微镜（PFM）等方法进行观测。图 3.11 介绍了几种实验上观测的陶瓷铁电畴和畴壁结构。图 3.11(a) 为高压电性 KNN 基陶瓷沿着［110］方向的原子分辨对比度反转的 STEM 明场像图，图右上角为 $\delta_{Nb\text{-}O}$ 位移矢量图，另外还标记了 T、O 和 R 区域。结果显示该陶瓷存在纳米尺度的多相共存，且铁电畴呈现类似冰沙状的结构（slush polar state）。在 PMN-32PT 陶瓷中，可以同时观测到 T 相和 R 相的畴结构，如图 3.11(b) 所示。这两种畴结构由于晶格常数的不同导致晶格失配，界面处会产生应力和失配应变。图 3.11(c) 为 PZT58/42 陶瓷的 R 相电畴，两种 R 相电畴之间会形成 71°和 109°的畴壁。

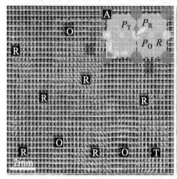 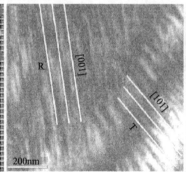 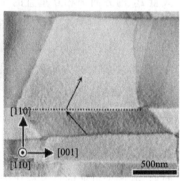

(a) 高压电性KNN基陶瓷沿着[110]方向的　(b) PMN-32PT陶瓷T相和R相共存的畴结构　(c) PZT58/42陶瓷的R相电畴结构
原子分辨对比度反转的STEM明场像图

图 3.11　几种实验上观测的陶瓷铁电畴和畴壁结构

3.3　显微结构的表征方法

3.3.1　光学显微镜

利用光学显微镜可以研究电子陶瓷原料中的矿物种类、结晶习性与形态、矿物晶粒大小以及粉磨后原料颗粒的大小、形态及均匀程度等。光学显微镜以可见光作为光源，但是由于阿贝衍射极限的存在，$0.2\mu m$ 是光学显微镜能够达到的最高分辨率。而有些电子陶瓷的显微结构需要纳米级别的分辨率，比如纳米陶瓷，光学显微镜就无法满足需要。因此，光学显微镜只能表征微米尺寸的显微结构。但是光学显微镜具有样品制作和观察过程简便等特点，是分析电子陶瓷材料组织结构的常用手段。图 3.12 为钛酸钡陶瓷经过极化处理后的光学显微镜照片，图（b）能清楚地观察到条形铁电畴。

偏光显微镜是一种特殊的显微镜，它是在原有显微镜的光路上，加载了两个可调节光偏振方向的偏振片。例如，利用偏光显微镜对透明铁电晶体进行观测，铁电体样品被放置在偏振方向垂直的两片偏振片之间，显微镜处于透射模式，由于铁电体材料光学的各向异性，使

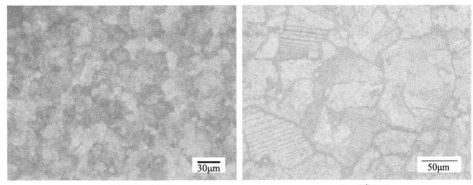

| (a) 等离子放电烧结 | (b) 正常烧结 |

图 3.12　等离子放电烧结和正常烧结钛酸钡陶瓷极化后的光学显微镜照片

得不同取向的铁电畴在偏光显微镜下显示出不同的衬度，从而该方法可以用来表征铁电体的铁电畴结构。

3.3.2　扫描电子显微镜

3.3.2.1　用于扫描电镜分析的陶瓷样品制备

扫描电镜对于样品的基本要求是不含水分和油类等挥发性或污染性物质，并要求样品具有良好的导电表面，在电镜观察时不能有积累电荷的现象。不同的分析领域中使用扫描电镜时，在样品制备上有着许多不同的特点。但无论是什么样品，制样目的都是使得被分析样品更适合扫描电镜的基本要求，使样品观察起来没有形变、假象的存在和更多地暴露出要分析部位的细节。作为非导体的陶瓷样品在用于扫描电镜分析时，主要使陶瓷样品的被观察表面具有导电性。但是，只简单地做到这一点并不一定能使陶瓷样品的细节显露得完好。对于不同类型、不同要求的电子陶瓷样品，要想达到理想的观察效果，往往需要做些更细致的样品处理工作，才能使样品制备得更完美，更易于扫描电镜的观察。

陶瓷样品可以采用切、磨、抛光或解理等方法将特定剖面呈现出来，从而转化为可以观察的表面。这样的表面如果直接观察，看到的只有表面加工损伤，一般要利用不同的化学溶液进行择优腐蚀，才能产生有利于观察的衬度。不过腐蚀会使样品失去原结构的部分真实情况，同时引入部分人为的干扰，对样品中厚度极小的薄层来说，造成的误差更大。因此，腐蚀溶液的浓度和时间选择至关重要。可以选取不同浓度的酸溶液，按不同的时间梯度制备几组样品，选择其中处理较好的样品作为分析用样。酸溶液处理完成之后要用清水（蒸馏水为好）分次对酸蚀后的样品做清洗，然后再用超声波清洗机对样品做超声处理，以彻底清洁样品表面，最后将样品放入干燥箱进行干燥处理，之后就可以做样品表面导电层处理了。经过化学腐蚀、覆电极后的陶瓷表面，可以在扫描电子显微镜下观察其晶粒形貌与微观畴结构。

3.3.2.2　扫描电子显微镜观察电子陶瓷显微结构的实际应用

在电子陶瓷的制备过程中，原始材料及其制品的显微形貌、孔隙大小和团聚程度等将决定其最后的性能。扫描电子显微镜可以清楚地反映和记录这些微观特征。扫描电子显微镜样品无需复杂制备，放入样品室内即可放大观察，在电子陶瓷工业生产中起到越来越重要的作用。

（1）电子陶瓷普通表面形貌观测

扫描电镜的常规应用是观察陶瓷表面或断面显微结构中的相组成（晶粒、第二相、玻璃相与气孔）、晶粒尺寸与晶粒形态和晶界等。

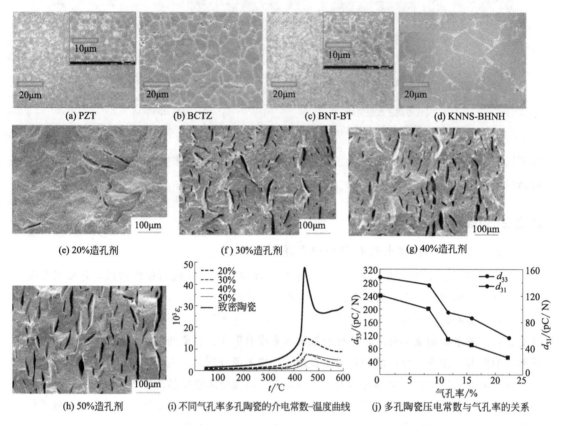

(a) PZT　　(b) BCTZ　　(c) BNT-BT　　(d) KNNS-BHNH

(e) 20%造孔剂　　(f) 30%造孔剂　　(g) 40%造孔剂

(h) 50%造孔剂　　(i) 不同气孔率多孔陶瓷的介电常数-温度曲线　　(j) 多孔陶瓷压电常数与气孔率的关系

图 3.13　不同体系的压电陶瓷 SEM 照片和不同造孔剂含量的
多孔陶瓷断面显微结构及气孔率对压电、介电常数等的影响

如图 3.13（a）～（d）所示，可以通过扫描电镜照片清楚地观测到不同压电陶瓷体系的表面形貌，这对分析样品的显微结构与性能之间的关联有着重要的意义。此外，利用扫描电子显微镜观察电子陶瓷样品，可以清晰地观察到气孔的结构、大小、分布情况以及陶瓷晶粒的生长、晶界等。例如，Zhang 等采用炭黑作为造孔剂制备出多孔 $BiScO_3$-$PbTiO_3$ 高温压电陶瓷，并利用扫描电镜研究了造孔剂含量对多孔陶瓷多孔结构（气孔率、孔径、孔形状和连接方式）的影响以及气孔率对压电、介电和水声性能等方面的影响，如图 3.13（e）～（j）所示；显示出材料在低频声呐方面的应用前景，扩展了多孔陶瓷应用的范围。

（2）微区元素分析

要想了解物质微区的化学组成情况，微区分析已经成为了不可缺少的技术手段。微区分析技术是检测从样品出射的特征 X 射线的波长或能量。20 世纪 70 年代初，随着 Si(Li) 探测器的问世，出现了能谱仪（energy dispersive spectrometer，EDS）。自此以后，能谱仪无论是在硬件还是在分析技术方面都发展很快。由于能谱仪结构简单、使用方便，已经大量配置在扫描电镜、透射电镜和扫描透射电镜上进行微区成分分析。特别是功能强大的计算机，使能谱仪如虎添翼，其主要特点如下：对能谱处理可以使用比较复杂但更有效的方法，使定量分析更快和更准确；能谱与电镜联网，可对来自电镜或能谱的各类图像进行处理和分析；能谱仪和电子背散射衍射系统（electron backscattered diffraction，EBSD）实现集成化，由一台系统计算机控制，甚至控制电镜，可同时提供样品的形貌、成分和晶体学特征，实现综合分析，极大地丰富了电子显微分析的内容。

  X射线能谱仪主要由探测器、放大器、脉冲处理器、显示系统和计算机构成。从样品出射的 X 射线进入探测器，转变成电脉冲，经过前置和主放大器放大，由脉冲处理器分类和累积计数，通过显示器展现 X 射线能谱图，利用计算机配备的专用软件对能谱进行定性和定量分析。元素定性分析可以确定样品中各元素的组成和元素在样品中的分布状态；定量分析能依据能谱中各元素特征 X 射线的强度值，确定样品中各元素的含量或浓度，这些强度值与元素的含量有关，谱峰高意味着含量高。当前，EDS 对于低于 Na 以下的轻元素均不能准确检测，而对于中等原子序数的元素，在最佳工作条件时，最低检测浓度为 1‰。

  近年来，巨介电 TiO_2 陶瓷材料由于其巨介电效应引起了广泛的关注。Zhao 等制备了 Dy 和 Nb 共掺的 TiO_2 陶瓷 $[(Dy_{0.5}Nb_{0.5})_x Ti_{1-x}O_2]$，利用 SEM 和 EDS 相结合对陶瓷表面形貌和元素进行了分析。研究发现第二相的出现对其介电常数的提升有促进作用。在利用 SEM 对陶瓷表面进行观测时，发现了与本体晶粒形态和大小都不相同的第二相 [图 3.14(a)]。利用 EDS 对第二相及其附近的区域进行元素分析（element mapping）及线扫描（line scan）分析，如图 3.14(a) 和（b）所示。结果显示在第二相是富 Dy 且贫 Ti 和 Nb 的区域。根据缺陷

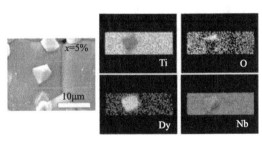

(a) $(Dy_{0.5}Nb_{0.5})_x Ti_{1-x}O_2$陶瓷的SEM照片与相应元素面扫描图

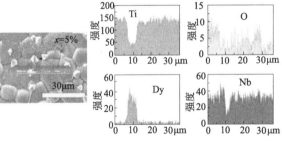

(b) $(Dy_{0.5}Nb_{0.5})_x Ti_{1-x}O_2$陶瓷的SEM照片与相应元素线扫描图

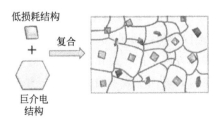

(c) 高介电基体和低损耗第二相模型

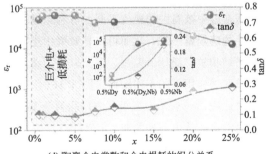

(d) 陶瓷介电常数和介电损耗的组分关系

图 3.14 $(Dy_{0.5}Nb_{0.5})_x Ti_{1-x}O_2 (x=5\%)$ 陶瓷的 SEM 照片与相应元素面扫描图和线扫描图及高介电基体和低损耗第二相模型以及陶瓷介电常数和介电损耗的组分关系

偶极子理论，TiO_2 的巨介电效应来自于 Nb^{5+}，而 Dy^{3+} 对降低介电损耗有很大的贡献。Dy 的富集导致了第二相的生成，且作为低损耗单元分散到巨介电的陶瓷基体中，如图 3.14(c) 所示；最终在掺杂含量为 0.5%~5% 的区域内得到了相对介电常数为 (5.0~6.5)×10^4 和介电损耗小于 8% 的优异性能，如图 3.14(d) 所示。因此，元素面扫描对于探讨微观结构与性能之间的关联非常重要。

SEM 除了可以配备 EDS 之外，还可以搭载 EBSD 对材料进行微区分析。电子束入射样品时产生大量背散射电子，如果是无定形样品，背散射电子像的衬度与入射电子束方向关系不大，但在晶体样品中，存在一种与晶体取向相关的衬度像，这就是背散射电子衍射现象。这种衬度与所测晶体的晶体结构有关，反映样品的晶体学信息，将其与形貌、化学成分综合研究可以对材料的微观特征进行比较全面的分析。当前 EBSD 技术集中用于冶金工业，例如对金属和合金的冶炼、加工的研究；确定热处理和成型加工过程对材料晶体结构的影响，为生产工艺的优化提供必要的科学依据。另外，EBSD 技术织构化压电陶瓷的研究工作也有不少报道。制备织构化的压电陶瓷，可以提升压电陶瓷的电学性能。Liu 等利用模板籽晶生长法制备了沿疲劳优势方向（<001>方向）高度取向的织构 $(Ba_{0.95}Ca_{0.05})(Ti_{0.94}Zr_{0.06})O_3$（BCTZ）陶瓷，并测试了样品的 EBSD 图，来分析样品微区的晶体结构及取向信息。EBSD 测试在 SEM 设备上加载 EBSD 采集硬件及分析系统，电子束轰击倾斜样品表面后，采集激发出的电子衍射信号形成衍射菊池花样，利用软件分析样品的晶体结构和取向信息，采集的数据点取向不同，定义的颜色不同，最终生成显示微观取向分布的 EBSD 图，如图 3.15(c) 所示。从图中可以看出无取向 BCTZ 陶瓷晶粒的晶面取向大部分在 $[110]_c$ 和 $[011]_c$ 方向附近，而织构 BCTZ 陶瓷晶粒几乎都是沿 $[001]_c$ 方向取向。根据 EBSD 取向数据的立体投影可以得到 (001) 极图 [图 3.15(d)]，图中无取向陶瓷富集点较为分散，而织构 BCTZ 陶瓷只在 (001) 处富集，并且计算了织构 BCTZ 陶瓷样品的半峰宽约为 7.4°，说明织构陶瓷样品沿 $[001]_c$ 方向的取向分布较窄，陶瓷晶粒的晶面大部分都是 (001) 晶面，偏离 $[001]_c$ 方向的角度比较小。根据以上研究可以得出，区别于无取向陶瓷，织构 BCTZ 陶瓷具有两个独有的特征：一个是晶粒沿 $[001]_c$ 方向高度取向；另一个是晶粒内部存在 BT 模板，形成复合物结构。

（3）畴结构分析

近年来，利用扫描电镜对铁电陶瓷畴结构进行表征的研究日益增多。由于不同极性的铁电畴在酸中被腐蚀的速度不同，可利用腐蚀剂（盐酸、氢氟酸等）腐蚀铁电体表面，使不同极性的畴暴露出来，从而可在显微镜中进行观察。钛酸钡陶瓷作为较早发现的铁电体，它的电畴结构被广泛地研究过。下面以典型钛酸钡陶瓷的畴结构为例，说明 180°畴的形成机制与在酸腐蚀作用下的不同结构。图 3.16(a) 为由于自发极化方向不同，在化学腐蚀下的畴结构对比图，c^+ 表示自发极化方向垂直于腐蚀面而从外向内的畴，c^- 表示自发极化方向垂直于腐蚀面而从内向外的畴，a 表示自发极化方向平行于表面的畴。由于陶瓷表面畴中的自发极化方向不同，畴表面对酸离子的吸引能力不同，导致腐蚀速度不同，偶极矩正端被酸腐蚀很快，负端侵蚀速度很慢。图 3.16(b) 为典型的 180°c^+-c^- 畴的形成机制。假定 c^+ 与 c^- 相间排列，抛光后两类畴在同一平面上，当开始腐蚀后，因为 c^+ 畴对酸离子的吸引力更大，所以腐蚀得快；c^+ 畴对酸离子的吸引力小，所以腐蚀得慢，两类畴的高度差使得最终形成明暗

相间的 $180°c^+$-c^- 畴。这类畴结构的特点是两个畴的边界比较细且明显，如图 3.16(c) 所示。

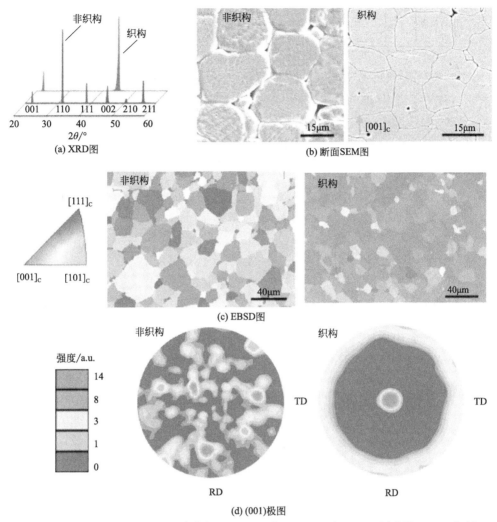

(a) XRD图

(b) 断面SEM图

(c) EBSD图

(d) (001)极图

图 3.15　无取向和织构 BCTZ 陶瓷的 XRD 图、断面 SEM 图、EBSD 图以及（001）极图

采用化学腐蚀法对 KNN 基高压电性能陶瓷（KNNS-CZ-BNH）进行酸腐蚀，并利用 SEM 观测其畴结构来判断新型相界中不同相比例对畴结构和电学性能的影响。图 3.17(a) 和（b）是 $CaZrO_3$ 预合成温度为 900℃ 的 KNNS-CZ-BNH 陶瓷的畴结构，可以发现陶瓷中存在大量的短畴结构，如箭头 1 所示。该类畴结构也在其他具有 O-T 或 R-T 共存的 KNN 基陶瓷中有发现。短畴结构的出现主要归结于多相共存和 180°畴壁的存在。与此同时，图 3.17(a) 和（b）中也发现了大量平行条纹畴结构，如箭头 2 所示。条纹畴结构的形成机制在上一段中已经讨论论。该类条纹畴在 T 相含量高的铅基陶瓷中被大量发现，并且认为是 T 相中较大的 c/a 造成的。此外，在图 3.17(a) 和（b）中还发现了一定量的 180°水波纹畴，如虚线所示。但是当改变 $CaZrO_3$ 的预合成温度为 1200℃ 时，KNNS-CZ-BNH 陶瓷中仅观察到一些少量的短畴结构，如图 3.17(c) 和（d）所示。不同的畴结构是由不同的 T 相含量造成的，通过 SEM 观察畴结构，可以说明 R-T 共存相中 T 相含量的变化。

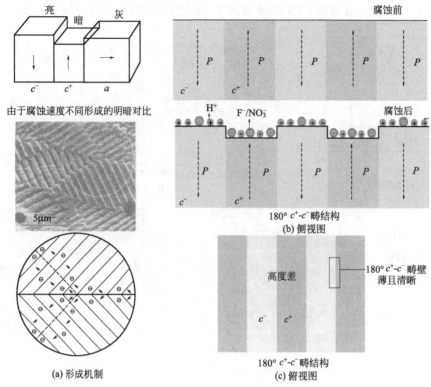

由于腐蚀速度不同形成的明暗对比

(a) 形成机制

180° c^+-c^- 畴结构

(b) 侧视图

180° c^+-c^- 畴结构

(c) 俯视图

图 3.16　典型 BT 陶瓷中 180° c^+-c^- 畴的形成机制及侧视图和俯视图

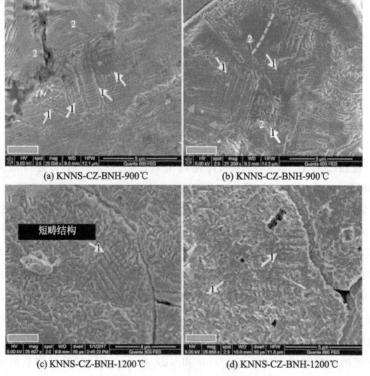

(a) KNNS-CZ-BNH-900℃

(b) KNNS-CZ-BNH-900℃

(c) KNNS-CZ-BNH-1200℃

(d) KNNS-CZ-BNH-1200℃

图 3.17　用 SEM 观测畴结构

3.3.3 透射电子显微镜

3.3.3.1 透射电子显微镜样品的制备方法

由于 TEM 得到的显微图像的质量强烈依赖样品的厚度，因此样品观测部位要非常得薄，例如存储器器件的 TEM 样品一般只能有 10～100nm 的厚度，这给 TEM 制样带来了很大的难度。一个问题是初学者在制样过程中用手工或者机械控制磨制的成品率不高，一旦过度削磨则使该样品报废。TEM 制样的另一个问题是观测点的定位，一般的制样只能获得 10mm 量级的薄的观测范围，而在需要精确定位分析时，目标往往落在观测范围之外。目前比较理想的解决方法是通过聚焦离子束刻蚀（FIB）来进行精细加工，但是成本较高。

聚焦离子束系统具有许多独特且非常重要的功能，它通过把离子束聚焦在样品表面，在不同束流及不同气体的辅助作用下，可分别实现图形刻蚀、薄膜材料沉积、纳米尺度结构制作和扫描离子成像等功能，能够进行材料的微纳米尺度加工，可快速、高精度地为 TEM、SEM 等分析手段进行制样。

3.3.3.2 透射电镜观察电子陶瓷显微结构的实际应用

透射电镜操作相当复杂，而且本身 TEM 的操作系统、冷却系统、预热过程、保养维护都非常复杂，仪器本身也相当精密且贵重。但是透射电镜的分辨率高，能更加清晰地观测到电子陶瓷的原子尺度，对于机理研究尤为重要。这里将主要介绍透射电镜在实验室中对先进电子陶瓷研究的最新进展。

利用 TEM 表征直接观察到在具有高压电性能的 $(1-x)Ba(Ti_{1-y}Sn_y)O_3$-$x(Ba_{1-z}Ca_z)TiO_3$ 体系中，纳米级 R、O、T 三种铁电相共存于纳米畴中。图 3.18（a）是 $BTS_{0.11}$-0.18BCT 陶瓷铁电畴的 TEM 测试结果，图中给不同区域或取向的铁电畴赋予了不同的颜色。从图中可以观察到多级分层的畴结构，这与其他报道的具有 R-T 相界的高性能 $BaTiO_3$ 基、铅基和 KNN 基陶瓷相似。但是在该陶瓷体系中，观察到的铁电畴大小和密度比上述体系小得多，这与 $BTS_{0.11}$-0.18BCT 陶瓷中特殊的相结构有关。与传统的 R-T 或 O-T 相界相比，在此体系中 R、O、T 三种铁电相几乎收敛于一点，导致不同相之间的晶格差异较小和畴壁能垒极低，因此畴尺寸极小和畴密度很大。图 3.18（b）为沿 [001]、[110] 和 [111] 三个晶带轴方向的电子衍射图样。三个电子衍射花样整体上均呈现均匀的单相，分别对应 R、O、T 三种铁电相，说明 R、O、T 三相共存的状态。

此外，利用 TEM 也能清晰地观察到晶粒的"壳-核"结构。例如，Wang 等在对 $(0.7-x)BiFeO_3$-0.3BaTiO_3$-$xBi(Zn_{2/3}Nb_{1/3})O_3$（BF-BT-BZN）高性能储能电介质陶瓷的研究中，利用 TEM 观察到了陶瓷局部的"壳-核"结构。图 3.18（c）展示了一个晶粒沿 $[211]_{PC}$ 晶轴带的明场 TEM 图像，发现了中间区域为较暗的黑色团聚，且核心的衍射斑点具有 $\{1/2\ 1/2\ 1/2\}$ 超晶格结构，为富 $BiFeO_3$ 相，但是超晶格的衍射斑点在壳区并未发现，证明了"壳-核"结构的存在。

3.3.4 压电力显微镜

原子力显微镜（atonic force microscope，AFM）是近代发展起来的扫描探针显微镜（scanning

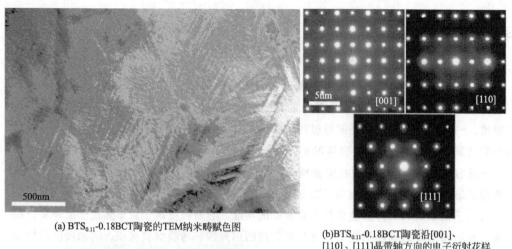

(a) BTS$_{0.11}$-0.18BCT陶瓷的TEM纳米畴赋色图

(b)BTS$_{0.11}$-0.18BCT陶瓷沿[001]、
[110]、[111]晶带轴方向的电子衍射花样

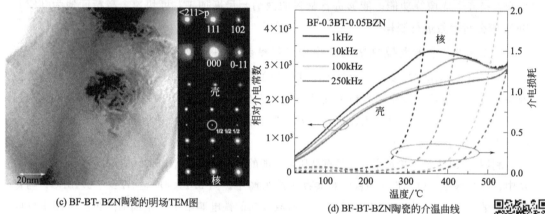

(c) BF-BT- BZN陶瓷的明场TEM图

(d) BF-BT-BZN陶瓷的介温曲线

图 3.18　BTS$_{0.11}$-0.18BCT 陶瓷的 TEM 纳米畴赋色图沿［001］、［110］和
［111］晶带轴方向的电子衍射花样及 BF-BT-BZN 陶瓷的明场 TEM 图和介温曲线

probe microscope，SPM）家族中应用最为广泛的一员。近年来，为了开展铁电材料纳米尺度铁电畴的研究，在 AFM 上建立了压电响应模式——压电力显微镜（piezoresponse force microscopy，PFM）。在研究铁电畴时，PFM 具有一些无可比拟的优点：制样简单（试样无需预处理）、操作环境简易（在大气环境下即可进行）、成像迅速（扫描及成像同步进行）、铁电畴分辨率高（纳米级分辨率）、畴结构无损伤性。PFM 最突出的优点是它可实时观察并研究纳米尺度畴的动态行为，这对于从理论上阐明纳米尺度铁电畴极化反转状态，掌握纳米尺度铁电畴成核-生长规律，理解铁电性的物理本质以及指导铁电材料性能的改善、铁电器件应用都具有极大的参考价值。

3.3.4.1　压电力显微镜的工作原理

PFM 的成像方法是基于样品的逆压电效应，探测铁电体在外加交流电压作用下所引起的局域压电振动。在商用原子力显微镜的基础上所建立的压电响应显微成像方法如图 3.19 所示。PFM 探针以接触模式对试样进行扫描，信号发生器产生的交流电压施加在 PFM 探针与试样底电极之间，PFM 微悬臂背面反射的激光束强度变化由相位灵敏探测器（PSD）探测，所探测的信号反映了压电振动信息，该信号送入锁相放大器，锁相内部的参考信号与试样底电极相连接。在 PFM 中，电压通过探针施加在样品表面，探针实际上起到一个可动上电极的作用；外加电压的频率必须远低于微悬臂共振频率，以避免悬臂梁机械共振对成像的干扰。频率为 ω 的外加电压将由于逆压电效应使样品产生相同的频率振动，并且因电致伸缩效应产生频率为 2ω 的振动信号。铁电畴结构可通过控制一级谐振信号（压电响应信号）来观察。由于压电响应位移是个空间矢量，因此 PFM 像可以细分为垂直（VPFM）和水平（LPFM）的幅度像和相位像。

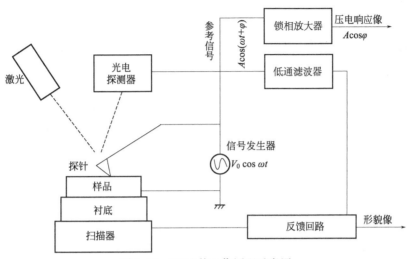

图 3.19　PFM 的工作原理示意图

3.3.4.2　铁电畴的 PFM 成像

PFM 已经广泛应用于铁电材料的畴结构研究，下面简要介绍一些针对铁电陶瓷的畴结构研究结果。

（1）铁电陶瓷的畴结构像表征

图 3.20 为部分无铅铁电陶瓷的压电响应像，包括振幅（amplitude）图和相位（phase）图。可以看到不同的铁电陶瓷体系，畴结构呈现差异。PFM 的畴结构像为衬度对比明显的亮、暗图像。纯 KNN 陶瓷的畴结构包含短节段的条纹畴和人字形畴，而纯 BNT 的畴结构为不规则迷宫畴图样，纯钛酸钡由长程有序的条形畴构成。根据 PFM 图像，可判断畴尺寸的大小。对铁电材料原始畴的观察是 PFM 最基本的操作。

（2）纳米尺度铁电畴的动态行为研究

铁电畴在外场（电场、温度场等）作用下的动态行为与铁电材料的物理性能密切相关。铁电畴成核及其极化反转行为是铁电畴对外场的重要响应行为，典型的极化反转过程可分为以下几个阶段：电场作用下劈形新畴（反向极化）的成核→畴核的纵向生长（伴随少量的横向生长）形成 180°畴结构→反向畴通过 180°畴壁的横向运动形成畴的横向扩张→反向畴融合，从而完成极化反转。Hershkovitz 等利用 PFM 对铁电钛酸钡单晶正交-四方相变过程中的畴动力学做了精细的研究，在缓慢加热下（0.97℃的温度间隔），可以看到钛酸钡的新畴正渐渐以 Z 字形覆盖原本 O 相的畴，如图 3.21 中的白色线条标记所示，像水波被推动着往前进；锯齿波中两个锯齿之间的夹角约为 11°，而正交畴与四方畴之间的夹角约为 45°。经历

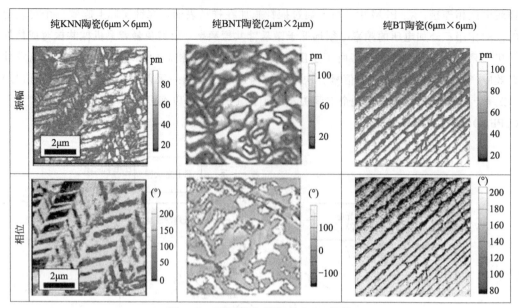

| 纯KNN陶瓷(6μm×6μm) | 纯BNT陶瓷(2μm×2μm) | 纯BT陶瓷(6μm×6μm) |

图 3.20　不同铁电陶瓷的 PFM 图像

了 2884s 后，体系完成 O-T 相转变，畴结构由条纹畴和部分的 Z 字形畴组成。最后，合成的四方畴结构通过恒速聚合来达到平衡。对畴动力学的观察和定量的分析有助于了解材料微观特性和宏观表现，从而探究铁电性的起源。

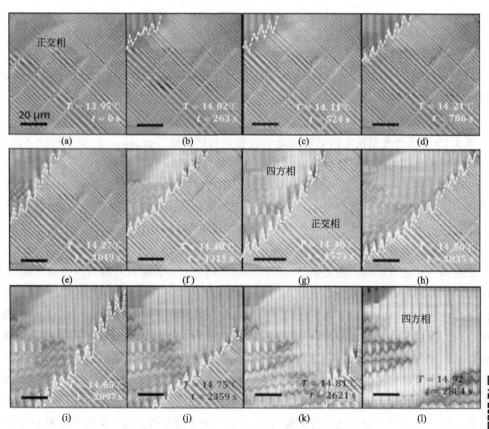

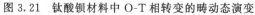
图 3.21　钛酸钡材料中 O-T 相转变的畴动态演变

对 PFM 针尖施加一点的偏压可以观测纳米尺度铁电畴在电场作用下的翻转行为。利用 PFM 揭示了不同相结构（纯 O 相、非弛豫的 R-T 相界、弛豫 R-T 相界）的 KNN 压电陶瓷在局部外电场下的响应情况，如图 3.22(a) 所示，在一个选定区域（$3\mu m \times 3\mu m$）先施加一个 20V 的负向电压使畴完全沿电场方向取向，再在不同小区域施加 1～9V 的正向电压探究铁电畴在反向电场下的翻转行为。对于具有弛豫 R-T 相界的 KNN 陶瓷，很低的电压（1V）就可以引起畴翻转，而非弛豫 R-T 相界陶瓷畴翻转最低的电压为 2V，纯 O 相为 3V。相对应的，对于不同相界的 KNN 陶瓷而言，畴完全翻转所需要的电压也不同：弛豫 R-T 相界为 3V，非弛豫 R-T 相界为 5V，纯 O 相为 7V。这说明弛豫 R-T 相界中的铁电畴对外场响应更加灵敏，这对压电性能的提高有贡献作用。根据之前的报道，在弛豫多相共存的 KNN 陶瓷中存在纳米极性微区，促进了极化旋转。

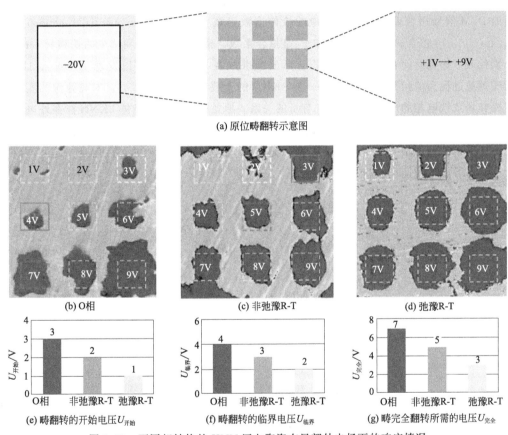

图 3.22　不同相结构的 KNN 压电陶瓷在局部外电场下的响应情况

（3）纳米尺度铁电畴的极化弛豫行为

在弛豫体和铁电体中，宏观极化和应变与畴结构和它们在外加电场的动态响应有关。为了识别上述材料中高应变的来源，需要在纳米尺度上对畴动态演变过程进行观测。对于弛豫体，迄今为止利用 PFM 对纳米尺度极化保持时间的演变行为（即极化弛豫动力学行为）研究结果获得了许多有价值的信息。从铁电薄膜出发，衍生出许多机制（即极化弛豫动力学行为）的研究结果获得了许多有价值的信息。Gruverman 等对 PZT/LSCO/TiN/Si 薄膜的研究表明，纳米尺度铁电畴剩余极化反转遵循随机行走模型机制（random walk type mechanism），该机制也被 Hong 等对 $PbZr_{0.53}Ti_{0.47}O_3/Pt/Si$ 薄膜剩余极化随时间的演变行为研究证明。Guo 等对 $(Pb_{0.76}Ca_{0.24})TiO_3$ 铁电薄膜的研究发现，其铁电弛豫源于退极化效应导致的对数衰减规律（$t<t_c$）及指数衰减规律（$t>t_c$）。通常极化弛豫与铁电体组成有关。Dittmer 等利用 PFM 探究了一系列高电致应变 $(1-x)(0.94Bi_{1/2}Na_{1/2}TiO_3\text{-}0.06BaTiO_3)\text{-}xK_{0.5}Na_{0.5}NbO_3$（$0\leqslant x\leqslant18\%$，简称 xKNN）陶瓷的原始畴，局部畴极化的翻转特性和畴极化弛豫动力学行为，为无铅压电陶瓷的宏观特性与介观纳米畴的相互作用提供了一个新的视角。如图 3.23 所示，用 $-20V$ 的电压对局部区域进行了极化，并记录了 PFM 面外信号随时间的演变关系，给出了扫描区域内压电信号相对强度随时间的变化。对 0KNN 而言，66min 后的极化区域的 PFM 图像（压电响应）与之前相比没有很大的消退，然而 1KNN 的翻转的畴响应在 66min 后明显减小了，3KNN 的极化响应在大约 33min 后就完全消失。翻转畴的 PFM 信号用普遍适用于畴弛豫的拉伸指数函数（stretched exponential function）$\gamma_0+\gamma_1\exp(-t/\tau)\beta$ 拟合。在这里，γ_0 和 γ_1 是拟合系数，描述信号增加和减少的偏移量，τ 和 β 分别代表了松弛时间和拉伸指数。拟合后的结果如表 3.1 所示，可以发现 0KNN 和 1KNN 的畴弛豫过程为单指数衰减（$\beta=1$），而 3KNN 的指数 β 为 0.73 ± 0.03。对畴弛豫的实验可以探究场致铁电相的可逆性与 KNN 含量的关系。原始非遍历态弛豫体 0KNN 能在外电场条件下转变为长程有序的铁电相，且被翻转的畴随时间流逝非常稳定，甚至略微向外扩张。这是由于体系局部电场随着时间的推移有可能增加（或减少）PFM 的强度信号，此外，内部应力状态可能随时间和/或扫描而改变。

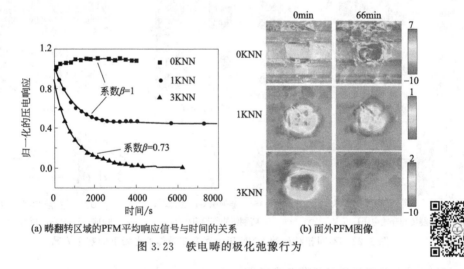

(a) 畴翻转区域的PFM平均响应信号与时间的关系　　(b) 面外PFM图像

图 3.23　铁电畴的极化弛豫行为

表 3.1　0KNN、1KNN 和 3KNN 样品压电响应时间弛豫特性的拟合参数

组分	γ_0	γ_1	β	$\Delta\beta$	τ	$\Delta\tau$
0KNN	1.1	-0.1	1	0.45	491	153
1KNN	0.46	0.55	1	0.1	872	63
3KNN	0	1	0.73	0.03	741	31

在扫描力显微术基础上建立起来的压电响应力显微镜具有原位、无损、高分辨率等独特

优点而成为开展铁电功能材料纳米尺度畴结构成像、畴结构动态行为、纳米尺度物理性能定量表征的强有力手段。可以预期，随着当前纳米科学和纳米技术的迅猛发展，作为纳米尺度畴结构成像和性能表征的压电响应力显微术必将为铁电材料和铁电器件的发展提供丰富的学术内涵和重要的技术基础。

课后习题

1.电子陶瓷的显微结构主要由什么组成？

2.什么是自形晶？自形晶与它形晶的区别是什么？

3.请简述晶界对电子陶瓷性质的影响。

4.在烧结过程中，为什么会出现液相以及晶粒异常生长？

5.如果想要制备晶粒尺寸较小的电子陶瓷，可以从哪几个方面入手？

6.什么是晶界偏析？影响晶界偏析的主要因素是什么？

7.扫描电子显微镜和透射电子显微镜的主要区别是什么？

8.请简述压电力显微镜的成像特点。

参考文献

[1] 殷庆瑞，祝炳和.功能陶瓷的显微结构、性能与制备技术 [M].北京：冶金工业出版社，2005.

[2] 陈克丕，张孝文，段文晖，等.PMN-PNN-PT 陶瓷晶粒异常长大研究 [J].稀有金属材料与工程，2005，34：937-939.

[3] Bansal V，Poddar P，Ahmad A，et al. Room-temperature biosynthesis of ferroelectric barium titanate nanoparticles [J]. J Am Chem Soc，2006，128：11958-11963.

[4] Nuraje N，Su K，Haboosheh A，et al. Room temperature synthesis of ferroelectric barium titanate nanoparticles using peptide nanorings as templates [J]. Adv Mater，2006，18：807-811.

[5] Wang X，Deng X，Wen H，et al. Phase transition and high dielectric constant of bulk dense nanograin barium titanate ceramics [J]. Appl Phys Lett，2006，89.

[6] Gao X，Li Y，Chen J，et al. High energy storage performances of $Bi_{1-x}Sm_xFe_{0.95}Sc_{0.05}O_3$ lead-free ceramics synthesized by rapid hot press sintering [J]. J Eur Ceram Soc，2019，39：2331-2338.

[7] Tan Y，Zhang J，Wu Y，et al. Unfolding grain size effects in barium titanate ferroelectric ceramics [J]. Sci Rep，2015，5：1-9.

[8] Zheng P，Zhang J，Tan Y，et al. Grain-size effects on dielectric and piezoelectric properties of poled $BaTiO_3$ ceramics [J]. Acta Mater，2012，60：5022-5030.

[9] Buessem W, Cross L, Goswami A. Phenomenological theory of high permittivity in fine-grained barium titanate [J]. J Am Ceram Soc, 1966, 49: 33-36.

[10] Arlt G, Hennings D, With G D. Dielectric properties of fine-grained barium titanate ceramics [J]. J Appl Phys, 1985, 58: 1619-1625.

[11] Ghosh D, Sakata A, Carter J, et al. Domain wall displacement is the origin of superior permittivity and piezoelectricity in $BaTiO_3$ at intermediate grain sizes [J]. Adv Funct Mater, 2014, 24: 885-896.

[12] 钟维烈. 铁电体物理学 [M]. 北京: 科学出版社, 1996.

[13] Zhao Z, Buscaglia V, Viviani M, et al. Grain-size effects on the ferroelectric behavior of dense nanocrystalline $BaTiO_3$ ceramics [J]. Phys Rev B, 2004, 70: 024107.

[14] Liu B, Wang X, Zhao Q, et al. Improved energy storage properties of fine-crystalline $BaTiO_3$ ceramics by coating powders with Al_2O_3 and SiO_2 [J]. J Am Ceram Soc, 2015, 98: 2641-2646.

[15] Yuan Q, Yao F Z, Cheng S D, et al. Bioinspired hierarchically structured all-inorganic nanocomposites with significantly improved capacitive performance [J]. Adv Funct Mater, 2020, 30: 2000191.

[16] Reyes-Montero A, Rubio-Marcos F, Pardo L, et al. Electric field effect on the microstructure and properties of $Ba_{0.9}Ca_{0.1}Ti_{0.9}Zr_{0.1}O_3$ (BCTZ) lead-free ceramics [J]. J Mater Chem A, 2018, 6: 5419-5429.

[17] Wang D W, Fan Z M, Li W B, et al. High Energy Storage Density and Large Strain in $Bi(Zn_{2/3}Nb_{1/3})O_3$-Doped $BiFeO_3$-$BaTiO_3$ Ceramics [J]. ACS Appl Energy Mater, 2018, 1: 4403-4412.

[18] Lv X, Zhang X X, Wu J. Nano-domains in lead-free piezoceramics: a review [J]. J Mater Chem A, 2020, 8: 10026-10073.

[19] Tao H, Wu H, Liu Y, et al. Ultrahigh Performance in lead-free piezoceramics utilizing a relaxor slush polar state with multiphase coexistence [J]. J Am Chem Soc, 2019, 141: 13987-13994.

[20] Zhang Y, Xue D, Wu H, et al. Adaptive ferroelectric state at morphotropic phase boundary: Coexisting tetragonal and rhombohedral phases [J]. Acta Mater, 2014, 71: 176-184.

[21] Asada T, Koyama Y. Ferroelectric domain structures around the morphotropic phase boundary of the piezoelectric material $PbZr_{1-x}Ti_xO_3$ [J]. Phys Rev B, 2007, 75: 214111.

[22] Shen Z Y, Li J F. Enhancement of piezoelectric constant d_{33} in $BaTiO_3$ ceramics due to nano-domain structure [J]. J Ceram Soc Jpn, 2010, 118: 940-943.

[23] 张大同. 扫描电镜与能谱仪分析技术 [M]. 广州: 华南理工大学出版社, 2009.

[24] 郭素枝. 扫描电镜技术及其应用 [M]. 厦门: 厦门大学出版社, 2006.

[25] Tao H, Wu J. New poling method for piezoelectric ceramics [J]. J Mater Chem C,

2017, 5: 1601-1606.

[26] 张松林，徐卓，李振荣，等. 造孔剂含量对多孔 BiScO$_3$-PbTiO$_3$ 高温压电陶瓷性能的影响 [J]. 材料科学与工艺，2016，24：9-13.

[27] Zhao C, Li Z, Wu J. Role of trivalent acceptors and pentavalent donors in colossal permittivity of titanium dioxide ceramics [J]. J Mater Chem C, 2019, 7: 4235-4243.

[28] Liu Y, Chang Y, Sun E, et al. Significantly enhanced energy-harvesting performance and superior fatigue-resistant behavior in [001]$_c$-textured BaTiO$_3$-based lead-free piezoceramics [J]. ACS Appl Mater Interfaces, 2018, 10: 31488-31497.

[29] Hu Y H, Chan H M, Wen Z X, et al. Scanning electron microscopy and transmission electron microscopy study of ferroelectric domains in doped BaTiO$_3$ [J]. J Am Ceram Soc, 1986, 69: 594-602.

[30] Lv X, Wu J, Zhu J, et al. A new method to improve the electrical properties of KNN-based ceramics: Tailoring phase fraction [J]. J Eur Ceram Soc, 2018, 38: 85-94.

[31] 进藤大辅，平贺贤二. 材料评价的高分辨电子显微方法 [M]. 刘安生，译. 北京：冶金工业出版社，1998.

[32] Zhao C, Wu H, Li F, et al. Practical high piezoelectricity in barium titanate ceramics utilizing multiphase convergence with broad structural flexibility [J]. J Am Chem Soc, 2018, 140: 15252-15260.

[33] Groscurth P, Ziegler U. Atomic Force Microscopy [M]. New York: Oxford University Press, 2010.

[34] Ding Y, Zheng T, Zhao C, et al. Structure and domain wall dynamics in lead-free KNN-based ceramics [J]. J Appl Phys, 2019, 126: 124101.

[35] Yin J, Liu G, Zhao C, et al. Perovskite Na$_{0.5}$Bi$_{0.5}$TiO$_3$: a potential family of peculiar lead-free electrostrictors [J]. J Mater Chem A, 2019, 7: 13658-13670.

[36] Hershkovitz A, Johann F, Barzilay M, et al. Mesoscopic origin of ferroelectric-ferroelectric transition in BaTiO$_3$: Orthorhombic-to-tetragonal domain evolution [J]. Acta Mater, 2020, 187: 186-190.

[37] Tao H, Yin J, Zhao C, et al. Relaxor behavior of potassium sodium niobate ceramics by domain evolution [J]. J Eur Ceram Soc, 2021, 41: 335-343.

[38] Dittmer R, Jo W, Rödel J, et al. Nanoscale insight into lead-free BNT-BT-xKNN [J]. Adv Funct Mater, 2012, 22: 4208-4215.

第 4 章
铁电压电陶瓷及器件

4.1 铁电压电陶瓷的定义及发展现状

电介质是指在电场作用下，能建立极化的物质，包括气态、液态和固态等范围广泛的物质，也包括真空，通常是指电阻率大于 $10^{10}\,\Omega\cdot cm$ 的一类在电场中以感应而并非传导的方式呈现其电学性能的物质。电介质材料根据晶体结构特点及性能特性可具体分为压电材料、热释电材料、铁电材料、压电铁电陶瓷材料，如图 4.1（a）所示。根据晶体结构的点群特性，21 种点群没有对称中心，其中 20 种点群具有压电效应，因而将具有压电效应的这一类材料称为压电材料。热释电材料则是指 10 种极性晶体具有自发极化，且晶体可以因温度变化而引起晶体表面电荷，这一现象称为热释电效应。铁电材料则是指极性晶体具有自发极化且自发极化方向能随外场改变，最显著的特征即是具有电滞回线。

铁电压电陶瓷是同时具有压电效应、热释电效应及铁电特性的多晶固溶体功能材料。该类材料以电学、力学、热学、光学、磁学及其之间的耦合效应在压电、热释电、电卡、储能、电光、磁电等领域获得了广泛的研究与应用，如图 4.1（b）所示。欧盟、美国、日本、中国等国家和地区致力于开发高性能新功能铁电压电陶瓷材料用于制造电容器、换能器、传感器、驱动器、谐振器、红外探测器、固态制冷器等电子器件，极大促进了电子信息、人工智能、航空航天等领域的发展。例如，美国将功能陶瓷列为精细陶瓷工业发展重点之一，已在高频或超高频 MLCC、高压 MLCC、LTCC 膜带等功能陶瓷及器件研制与生产中占主导地位，基本垄断了国防军工市场。日本在高质量压电制动器、超声马达等电子器件领域占据了绝大部分消费电子市场份额，比如村田、东京电气化学工业株式会社 TDK、松下等公司生产了大部分压电铁电相关产品。欧洲企业在日本经济衰退和美国战争期间，其技术赶上了美国和日本，西门子 EPCOS 的多层压电制动器，德国的 PI 公司、法国的 Cedrat 公司生产的精密平台等十分有影响力。特别是欧洲各国在无铅压电陶瓷、LTCC 技术等方面不断加大投资力度，使电子陶瓷及器件总体向高频化、片式化、微型化、低功耗、快速响应、高精度、多功能、智能化、绿色化等方向发展。我国对铁电压电陶瓷及其器件的发展也高度关注，2012 年发布的《新材料产业"十二五"发展规划》明确要求"积极发展高频多功能压电陶瓷及超声换能用压电陶瓷，大力发展无铅绿色陶瓷材料"。《新材料产业"十二五"重点产品目录》规划了国家将重点发展的 400 种关键新材料产品，其中先进陶瓷的第一种产品即为铌酸盐无铅压电陶瓷。在《中共中央关于制定国民经济和社会发展第十四个五年规划和 2035 年远景目标的建议》中专门提到"创新驱动发展""绿色发展""推进重点行业和重要领域绿色化改造"，实现"绿色中国""美丽中国""绿色制造"的发展目标，充分说明了我国高度重视开展无铅压电材料研究及推动其产业化进程的迫切性。在"973"计划、"863"计划、国家自然科学基金、工信部等项目的支持下，国内的高校和科研机构长期从事高性能压电铁电陶瓷材料及器件的研发，在材料性能优化、器件制造和产业化方面均取得了显著成效。根据美国 BCC 市场分析报告显示，2018 年全球压电器件市场为 260 多亿美元，并且预测到 2027 年增长到 420 多亿美元。我国是压电材料及器件的生产、使用和出口大国，仅我国生产的电声器件、雾化器和谐振器三类产品的产量就分别占世界同期产量的 85%、80% 和 50%。因而，铁电压电陶瓷材料的研制、开发、生产和应用无疑在国内外经济和高新技术的发展中起到关键作用。

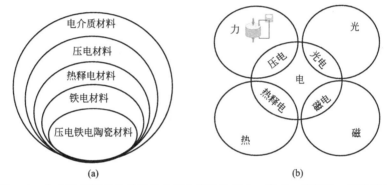

图 4.1　电介质材料的分类及铁电压电陶瓷的压电、光电、热释电、磁电效应

4.2　铁电压电陶瓷的电学性能参数及其测试方法

铁电压电陶瓷作为一类多功能电介质材料，其基本性质即指这些陶瓷所具有的电学、光学、热学、声学、磁学、力学等。本节则主要从铁电压电陶瓷的机电耦合特性出发，介绍介电、弹性、压电、铁电等性能参数及其测试方法。

4.2.1　介电性能

（1）介电常数的定义

介电常数（dielectric constant）是衡量电介质材料储存电荷能力的特征参数，其值可由公式(4.1)得到，通常用符号 ε 表示。

$$\varepsilon = C \frac{h}{\varepsilon_0 S} \tag{4.1}$$

式中，C 为样品的电容量；h 为样品厚度或两电极之间的距离；S 为电极的面积；ε_0 为真空介电常数，其大小等于 $\frac{1}{4}\pi \times 9 \times 10^{11} F/cm$。根据公式(4.1)，通过测量介质的电容、面积、厚度可计算出相对介电常数。测量电容的方法有谐振法、差拍法、比较法、替代法、分压法、Q表法、电桥法等。

（2）介电常数与极化强度的关系

极化强度（polarization）是反映电介质在外电场作用下产生极化或者极化状态发生变化的一个物理量，通常用符号 P 表示，定义为单位体积内的电偶极矩矢量和，如公式(4.2)所示。

$$P = \frac{\sum p}{\Delta V} \tag{4.2}$$

式中，ΔV 表示电介质材料内的体积元；$\sum p$ 表示电偶极矩矢量和。在无外电场的情况下，电介质不产生极化，单位体积内电偶极矩矢量和为零；在电场作用下，电介质产生极化，单位体积内电偶极矩矢量和不等于零，该数值被定义为极化强度，单位为 C/m^2。介电常数的大小则反映了材料的极化强度对外电场响应的大小。也就是说，介电常数越大，同样大小电场所引发的极化强度就越大。

对于各向同性电介质，低电场下极化强度 P 与电场 E 成正比且方向相同，如公式(4.3)所示。其中，χ 为电介质的极化率。此外，电位移 D、电场 E、极化强度 P、介电常数 ε、介电极化率 χ 也具有线性效应，其关系如公式(4.3)～式(4.6)所示。

$$P = \chi E \tag{4.3}$$

$$D = \varepsilon_0 E + P \tag{4.4}$$

$$D = \varepsilon E \tag{4.5}$$

$$\varepsilon = \varepsilon_0 + \chi \quad 或 \quad \chi = \varepsilon - \varepsilon_0 \tag{4.6}$$

对于各向异性电介质，P、D、E 的方向并不完全相同，ε 和 χ 与 P、D、E 的分量方向有关，但仍然满足公式(4.4)。此时，P 与 E 的关系可写为式(4.7)或式(4.8)的矩阵形式。

$$P_m = \chi_{mn} E_n \qquad m,n = 1、2、3 \tag{4.7}$$

$$\begin{bmatrix} P_1 \\ P_2 \\ P_3 \end{bmatrix} = \begin{pmatrix} \chi_{11} & \chi_{12} & \chi_{13} \\ \chi_{21} & \chi_{22} & \chi_{23} \\ \chi_{31} & \chi_{32} & \chi_{33} \end{pmatrix} \begin{bmatrix} E_1 \\ E_2 \\ E_3 \end{bmatrix} \tag{4.8}$$

D 与 E 的关系则可写为式(4.9)或式(4.10)的矩阵形式。

$$D_m = \varepsilon_{mn} E_n \qquad m,n = 1、2、3 \tag{4.9}$$

$$\begin{bmatrix} D_1 \\ D_2 \\ D_3 \end{bmatrix} = \begin{pmatrix} \varepsilon_{11} & \varepsilon_{12} & \varepsilon_{13} \\ \varepsilon_{21} & \varepsilon_{22} & \varepsilon_{23} \\ \varepsilon_{31} & \varepsilon_{32} & \varepsilon_{33} \end{pmatrix} \begin{bmatrix} E_1 \\ E_2 \\ E_3 \end{bmatrix} \tag{4.10}$$

式中，介电常数 $\varepsilon_{11} = (\partial D_1 / \partial E_1)_{E_2,E_3}$，为当 E_2、E_3 保持不变时，E_1 改变一个单位引起 D_1 的变化；介电常数 $\varepsilon_{23} = (\partial D_2 / \partial E_3)_{E_1,E_2}$，为当 E_1、E_2 保持不变时，E_3 改变一个单位引起 D_2 的变化。

（3）不同晶系的独立介电常数

根据上述讨论可知，各向异性材料沿 x 方向的电位移分量 D_1 不仅与 x 方向的电场 E_1 有关，还与 y、z 方向的电场分量 E_2、E_3 有关。介电常数 ε_{mn} 与极化率 χ_{mn} 之间的关系可通过公式(4.4)、式(4.8)、式(4.10)得到，写成矩阵形式为：

$$\begin{pmatrix} \varepsilon_{11} & \varepsilon_{12} & \varepsilon_{13} \\ \varepsilon_{21} & \varepsilon_{22} & \varepsilon_{23} \\ \varepsilon_{31} & \varepsilon_{32} & \varepsilon_{33} \end{pmatrix} = \begin{pmatrix} \varepsilon_0 + \chi_{11} & \chi_{12} & \chi_{13} \\ \chi_{12} & \varepsilon_0 + \chi_{22} & \chi_{23} \\ \chi_{13} & \chi_{23} & \varepsilon_0 + \chi_{33} \end{pmatrix} \tag{4.11}$$

从上式可以看出，描写各向异性电介质的介电性质需要 6 个独立的介电常数，为二级对称张量。独立的介电常数数目与材料的对称性息息相关。完全各向异性体的独立介电常数有 6 个，完全各向同性体的独立介电常数有 1 个。表 4.1 给出了具有压电效应晶系的各种独立介电常数数目及其矩阵形式。由于具有压电效应晶系的对称性介于完全各向异性体和完全各向同性体之间，因此它们的独立介电常数数目为 1~6 个。从表中可以看到，三斜晶系对称性最低，是完全各向异性体，独立介电常数数目最多；立方晶系对称性最高，是完全各向同性体，独立介电常数数目最少。

表 4.1 七大晶系的独立介电常数数目及矩阵形式

晶系	点群	独立介电常数数目	矩阵
三斜	1	6	$\varepsilon = \begin{pmatrix} \varepsilon_{11} & \varepsilon_{12} & \varepsilon_{13} \\ \varepsilon_{21} & \varepsilon_{22} & \varepsilon_{23} \\ \varepsilon_{31} & \varepsilon_{32} & \varepsilon_{33} \end{pmatrix}$
单斜	m 2	4	$\varepsilon = \begin{pmatrix} \varepsilon_{11} & 0 & \varepsilon_{13} \\ 0 & \varepsilon_{22} & 0 \\ \varepsilon_{13} & 0 & \varepsilon_{33} \end{pmatrix}$
正交	mm2 222	3	$\varepsilon = \begin{pmatrix} \varepsilon_{11} & 0 & 0 \\ 0 & \varepsilon_{22} & 0 \\ 0 & 0 & \varepsilon_{33} \end{pmatrix}$
四方	4 $\bar{4}$ 4mm 4m2 422	2	
三角	3 3m 32	2	$\varepsilon = \begin{pmatrix} \varepsilon_{11} & 0 & 0 \\ 0 & \varepsilon_{11} & 0 \\ 0 & 0 & \varepsilon_{33} \end{pmatrix}$
六角	6 $\bar{6}$ 6mm $\bar{6}$m2 622	2	
立方	23 $\bar{4}$3m	1	$\varepsilon = \begin{pmatrix} \varepsilon_{11} & 0 & 0 \\ 0 & \varepsilon_{11} & 0 \\ 0 & 0 & \varepsilon_{11} \end{pmatrix}$

（4）介电极化机制

不同类型的电介质陶瓷介电常数差异巨大，其数值可从 2 至几十万。这主要是因为材料内部存在不同的极化机制。理论分析和实验研究证实，陶瓷中参加极化的质子只有电子和离子，这两种质点主要以三种形式参与极化过程，即电子位移极化、离子位移极化、取向极化，如图 4.2(a) 所示。

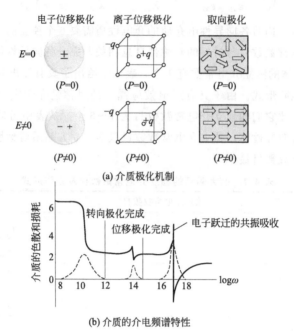

(a) 介质极化机制

(b) 介质的介电频谱特性

图 4.2　介质极化机制及介质的介电频谱特性（实线为介电常数实部，虚线为介电常数虚部）

电子位移极化：组成介质的原子或离子，在没有外电场作用的时候，原子或离子壳层电子的负电中心与原子核的正电中心重合，不存在偶极矩。在电场作用下，电子沿电场反向移动，原子核沿电场方向移动，原子或离子的正负电荷中心不重合；另外，壳层电子与原子核的相互吸引又会使得正负电中心重合；电场力和弹性力的共同作用导致原子处于一个新的平衡态，在这个平衡态中原子存在一个感应偶极矩，用 P_e 表示，其与电场的关系可表示为 $P_e=\alpha_e E$。其中，α_e 为电子位移极化率。对于电子位移极化率，原子中价电子受原子核束缚较小，外电场作用下产生的位移更大，因而相比于内层电子价电子对电子位移极化率的贡献更大；此外，由于负离子得到了电子，因此负离子的电子位移极化率一般大于原子及正离子的电子位移极化率。

离子位移极化：组成介质的正负离子，在电场作用下，产生有限的相对位移。由于正负离子距离的改变而产生的感应偶极矩，称为离子位移极化，用 P_i 表示，其与电场的关系可表示为 $P_i=\alpha_i E$。其中，α_i 为离子位移极化率。与电子位移极化类似，离子位移极化也是在电场力与弹性力共同作用下出现的与电场方向平行的感应偶极矩。

取向极化：组成介质的分子为极性分子（即分子具有固有偶极矩），没有外电场作用时，这些固有偶极矩由于热运动无规则取向，整个介质的偶极矩矢量和等于零，介质不存在宏观极化强度。在电场作用下，这些固有偶极矩发生转向并沿电场方向排列，所有偶极矩矢量和不等于零，介质产生宏观极化强度。由于固有偶极矩转向而在介质中产生的极化，称为取向极化。对于取向极化，电场与热运动是矛盾的两个方面。电场使固有偶极矩有序化，热运动使固有偶极矩无序化。因而，电场越高或温度越低，有序化程度越高；电场越低或温度越高，有序化程度就越低。相关计算结果表明取向极化率是一个与温度有关的参数，其值可表达为 $\alpha_{orien} = P_O/(3k_BT)$。其中 P_O 为分子的固有偶极矩，k_B 为玻尔兹曼常数，T 为绝对温度。

三种介电极化机制，电子位移极化建立和消除的时间极短，为瞬时极化，又称光频极化；偶极子取向极化对外场响应较慢，其极化的建立和消除有一个响应过程，为缓慢极化。因而，电介质的介电常数在不同频率下可表现出明显的介电频谱特性。图 4.2(b) 给出了电介质的色散和损耗。当频率为零或很低时（$f<1kHz$），三种极化机制都有所贡献；随着频率增加，偶极子取向极化逐渐落后于外场的变化，此时介电常数实部随频率的增加而下降；在高频下，实部趋于恒定，介电损耗即介电常数虚部变为零，表明分子固有偶极矩转向极化已经完成不再做出响应；当频率进入红外区时，正负离子电矩的振动频率与外场发生共振，实部虚部先增加后降低，峰值过后离子位移极化不再起作用；当频率进入可见光区时，只有电子云的畸变即电子位移极化起贡献，介频曲线可出现由于电子跃迁的共振吸收而导致的正常色散、反常色散现象。

（5）介电损耗

电介质中含有能导电的载流子，在交变电场下可产生导电电流，因而陶瓷介质在电导和极化过程中存在能量消耗，一部分电能转变为热能，将单位时间内消耗的电能称为介电损耗。直流下，介电损耗仅由电导引起；交流下，电导和极化共同引起介电损耗。介电损耗通常利用介质构成的电容器等效电路进行研究，以损耗角的正切 tanδ 来衡量其大小，是一个无量纲的物理量，可用介电损耗仪、电桥等测量。介电损耗与材料的化学组成、显微结构、环境温度和湿度、测量频率等许多因素相关。对于铁电压电陶瓷来说，希望介电损耗越低越好。特别是工作在高频高功率下的陶瓷材料，要求其具有非常小的介电损耗。图 4.3 给出了利用宽频介电阻抗谱仪测试不同频率下铌酸钾钠基无铅压电陶瓷介电常数的实部、虚部和 tanδ 随温度的变化。利用宽频介电温谱可获得诸如介电性能、相变、弛豫等丰富的信息，是压电铁电材料领域研究结构及性能的重要手段。

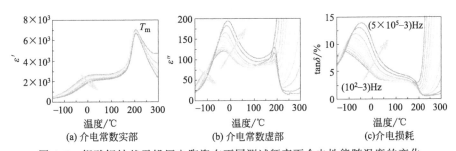

图 4.3　铌酸钾钠基无铅压电陶瓷在不同测试频率下介电性能随温度的变化

4.2.2　弹性性能

（1）物体的弹性

众所周知，物体在外力作用下会发生形变，当外力撤销后物体不能恢复原状，这种性质称为物体的塑性；当外力撤销后物体可以恢复原状，这种性质称为物体的弹性。铁电压电陶瓷不仅具有介电性质，还具有弹性性质。

（2）应力应变

对于各向异性的铁电压电陶瓷来说，其应力、应变也是与方向有关的张量。应力可分为正应力和切应力，应变可分为伸缩应变（纵向应变）和切应变（横向应变），都是一个二级对称张量，具有 6 个独立元素。一般用 σ_{ik} 和 $e_{ik}(i, k=\text{x、y、z})$ 分别代表应力张量元和应变张量元，其矩阵形式如公式(4.12)所示。其下角标的物理含义为：应力张量元前一个下角标代表应力的方向，后一个下角标代表应力所作用面的法线方向。

$$\sigma = \begin{pmatrix} \sigma_{xx} & \sigma_{xy} & \sigma_{xz} \\ \sigma_{yx} & \sigma_{yy} & \sigma_{yz} \\ \sigma_{zx} & \sigma_{zy} & \sigma_{zz} \end{pmatrix} \quad e = \begin{pmatrix} e_{xx} & e_{xy} & e_{xz} \\ e_{yx} & e_{yy} & e_{yz} \\ e_{zx} & e_{zy} & e_{zz} \end{pmatrix} \tag{4.12}$$

如果用 X_λ 代表应力张量元，x_λ 代表应变张量元，用一个新的下角标 $\lambda=1、2、3\cdots6$ 代替原来的下角标，则应力应变的对应关系如表 4.2 所示。

表 4.2　铁电压电陶瓷的应力应变张量元对应关系

项目	正应力/纵向应变			切应力/横向应变		
应力	X_1	X_2	X_3	X_4	X_5	X_6
	σ_{xx}	σ_{yy}	σ_{zz}	σ_{yz}	σ_{zx}	σ_{xy}
应变	x_1	x_2	x_3	x_4	x_5	x_6
	e_{xx}	e_{yy}	e_{zz}	$2e_{yz}$	$2e_{zx}$	$2e_{xy}$

（3）胡克定律

对于足够小的形变，应力与应变成正比。因此，应变分量是应力分量的线性函数，这一规律称为胡克定律，写成矩阵或求和形式为：

$$\begin{bmatrix} x_1 \\ x_2 \\ x_3 \\ x_4 \\ x_5 \\ x_6 \end{bmatrix} = \begin{bmatrix} s_{11} & s_{12} & s_{13} & s_{14} & s_{15} & s_{16} \\ s_{12} & s_{22} & s_{23} & s_{24} & s_{25} & s_{26} \\ s_{13} & s_{23} & s_{33} & s_{34} & s_{35} & s_{36} \\ s_{14} & s_{24} & s_{34} & s_{44} & s_{45} & s_{46} \\ s_{15} & s_{25} & s_{35} & s_{45} & s_{55} & s_{56} \\ s_{16} & s_{26} & s_{36} & s_{46} & s_{56} & s_{66} \end{bmatrix} \begin{bmatrix} X_1 \\ X_2 \\ X_3 \\ X_4 \\ X_5 \\ X_6 \end{bmatrix} \quad \text{或} \quad x_i = \sum_{j=1}^{j=6} s_{ij} X_j \quad i=1、2、3、4、5、6 \tag{4.13}$$

如果变量为应变，胡克定律也可表达为：

$$\begin{bmatrix} X_1 \\ X_2 \\ X_3 \\ X_4 \\ X_5 \\ X_6 \end{bmatrix} = \begin{bmatrix} c_{11} & c_{12} & c_{13} & c_{14} & c_{15} & c_{16} \\ c_{12} & c_{22} & c_{23} & c_{24} & c_{25} & c_{26} \\ c_{13} & c_{23} & c_{33} & c_{34} & c_{35} & c_{36} \\ c_{14} & c_{24} & c_{34} & c_{44} & c_{45} & c_{46} \\ c_{15} & c_{25} & c_{35} & c_{45} & c_{55} & c_{56} \\ c_{16} & c_{26} & c_{36} & c_{46} & c_{56} & c_{66} \end{bmatrix} \begin{bmatrix} x_1 \\ x_2 \\ x_3 \\ x_4 \\ x_5 \\ x_6 \end{bmatrix} \quad \text{或} \quad X_i = \sum_{j=1}^{j=6} c_{ij} x_j \quad i=1、2、3、4、5、6 \tag{4.14}$$

式中，s_{ij} 称为弹性顺服常量；c_{ij} 称为弹性劲度常量。它们各自有 36 个，其中独立的弹性顺服常量或弹性劲度常量共 21 个。虽然上述表达式中弹性顺服常量或弹性劲度常量只有两个下角标，但它是一个四级张量，两个下角标是缩写形式。关于 s_{ij} 的物理意义举例说明如下：

$s_{11}=(\delta x_1/\delta X_1)X_k$，当其他应力分量 X_k（$k\neq1$）为常数（或 X_k 为 0）时，沿 x 方向的伸缩应力 X_1 的改变引起 x 方向伸缩应变 x_1 的改变，与伸缩应力 X_1 的改变之比。因而只与 x 方向的伸缩应力 X_1 和伸缩应变 x_1 有关。

$s_{14}=(\partial x_1/\partial X_4)X_k$，当其他应力分量 X_k（$k\neq4$）为常数（或 X_k 为 0）时，x 面上切应力 X_4 的改变引起 x 方向伸缩应变 x_1 的改变，与切应力 X_4 的改变之比；或 $s_{14}=(\partial x_4/\partial X_1)X_k$，当其他应力分量 X_k（$k\neq1$）为常数（或 X_k 为 0）时，x 面上的伸缩应力 X_1 的改变引起 x 面上伸缩应变 x_4 的改变，与伸缩应力 X_1 的改变之比。因此，与 x 面上的切应力 X_4 和 x 方向的伸缩应变 x_1 有关或与 x 方向的伸缩应力 X_1 和 x 面上的伸缩应变 x_4 有关。

对于各向同性的多晶体，胡克定律可用以下矩阵形式表示：

$$\begin{bmatrix} x_1 \\ x_2 \\ x_3 \\ x_4 \\ x_5 \\ x_6 \end{bmatrix} = \begin{bmatrix} s_{11} & s_{12} & s_{12} & 0 & 0 & 0 \\ s_{12} & s_{11} & s_{12} & 0 & 0 & 0 \\ s_{12} & s_{12} & s_{11} & 0 & 0 & 0 \\ 0 & 0 & 0 & s_{44} & 0 & 0 \\ 0 & 0 & 0 & 0 & s_{44} & 0 \\ 0 & 0 & 0 & 0 & 0 & s_{44} \end{bmatrix} \begin{bmatrix} X_1 \\ X_2 \\ X_3 \\ X_4 \\ X_5 \\ X_6 \end{bmatrix} \tag{4.15}$$

式中，$s_{44}=2(s_{11}-s_{12})$，因而各向同性的多晶体只有两个独立的弹性常数。实验上还常采用杨氏模量 E、泊松比 σ 和切变模量 G 来代替弹性顺服常量 s_{11}、s_{12}、s_{44}，它们之间的关系为：

$$E=\frac{1}{s_{11}} \qquad \sigma=-\frac{s_{12}}{s_{11}} \qquad G=\frac{1}{s_{44}}=\frac{1}{2(s_{11}-s_{12})}=\frac{E}{2(1+\sigma)} \tag{4.16}$$

值得注意的是，胡克定律仅仅描述了晶体的线性效应，但许多晶体材料应变与应力的大小并不成正比例，而是呈现一定程度的非线性滞后。材料的这种性质称为铁弹性，相应的晶体被称为铁弹体。通常来说，铁电压电陶瓷材料既是铁电体又是铁弹体，既可表现出铁电体的电滞回线和铁电畴（自发极化取向一致的小区域），又可表现出铁弹体的弹滞回线和铁弹畴（自发应变取向一致的小区域）。特别的是，属于铁电压电陶瓷的铁酸铋（$BiFeO_3$）是一类典型的同时具有铁电、铁弹、铁磁的多铁性单质材料，其丰富的物理性能吸引了广大科研工作者的关注与探索。

4.2.3 压电性能

（1）压电效应

1880 年，法国物理学者皮埃尔·居里和雅克·居里兄弟在 α 石英上发现了施以压力而产生电的现象。1881 年，实验证实了对晶体施加电场而引起机械变形的现象。这两种现象分别称为正压电效应和逆压电效应，统称为压电效应，如图 4.4 所示。值得注意的是，不管是正压电效应还是逆压电效应都是一种线性效应。具体来说，正压电效应是指压电晶体受到外力产生形变时，在它的某些表面上出现与外力成比例的电荷积累，可用公式(4.17)进行表示；逆压电效应是指压电晶体受到外电场 E 的作用时，晶体产生与电场强度呈线性关系的形变，可用公式(4.18) 进行表示。

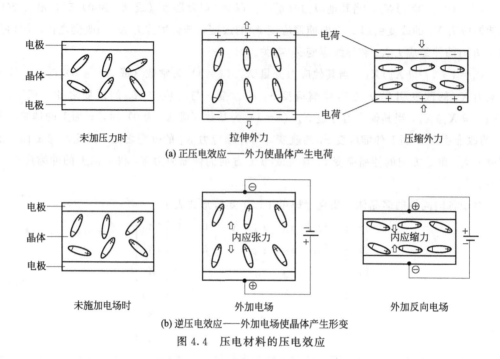

(a) 正压电效应——外力使晶体产生电荷

(b) 逆压电效应——外加电场使晶体产生形变

图 4.4　压电材料的压电效应

$$\begin{pmatrix} D_1 \\ D_2 \\ D_3 \end{pmatrix}_E = \begin{pmatrix} d_{11} & d_{12} & d_{13} & d_{14} & d_{15} & d_{16} \\ d_{21} & d_{22} & d_{23} & d_{24} & d_{25} & d_{26} \\ d_{31} & d_{32} & d_{33} & d_{34} & d_{35} & d_{36} \end{pmatrix} \begin{pmatrix} X_1 \\ X_2 \\ X_3 \\ X_4 \\ X_5 \\ X_6 \end{pmatrix} \quad \text{或} \quad D_m = \sum_{j=1}^{j=6} d_{mj} X_j \quad m = 1、2、3 \quad (4.17)$$

$$\begin{pmatrix} x_1 \\ x_2 \\ x_3 \\ x_4 \\ x_5 \\ x_6 \end{pmatrix} = \begin{pmatrix} d_{11} & d_{21} & d_{31} \\ d_{12} & d_{22} & d_{32} \\ d_{13} & d_{23} & d_{33} \\ d_{14} & d_{24} & d_{34} \\ d_{15} & d_{25} & d_{35} \\ d_{16} & d_{26} & d_{36} \end{pmatrix} \begin{pmatrix} E_1 \\ E_2 \\ E_3 \end{pmatrix} \quad \text{或} \quad x_i = \sum_{m=1}^{m=3} d_{mi} E_m \quad i = 1、2、3、4、5、6 \quad (4.18)$$

式中，d_{mj}、d_{mi} 为压电常数，是反映压电晶体介电性质与弹性性质耦合效应的物理量。由于压电效应为机电耦合效应的线性部分，因此正压电系数与逆压电系数相同，且一一对应。

压电效应与晶体的对称性密切相关。根据物体的晶体学基础，所有晶体按照对称性可分为 7 大晶系、14 种布拉维格子、32 种晶体学点群、230 种空间群。在 32 种晶体学点群中，其中有对称中心的 11 个晶类不具有压电效应，而无对称中心的 21 个晶类中 20 个呈现压电效应。压电效应与晶体对称性的关系如图 4.5 所示。

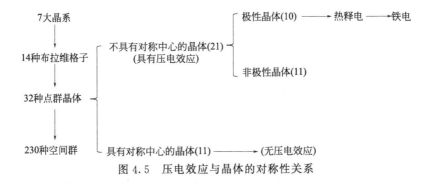

图 4.5　压电效应与晶体的对称性关系

（2）压电常数

压电常数是反映弹性参数（应力 X、应变 x）和电学参数（电位移 D、电场 E）间相互耦合的线性响应系数。选取不同的边界条件（机械夹持、机械自由、电学短路、电学开路）和不同的自变量（应力、应变、电位移、电场），可得到四类压电方程组。例如，当边界条件为机械夹持和电学短路时，选取应力 X 和电场强度 E 为自变量，应变 x 和电位移 D 为因变量，得到第一类压电方程组。关于压电方程组的详细介绍可参考钟维烈编著的《铁电体物理学》。下面主要介绍基于压电方程组得到的四个压电常数，即压电应变常数 d、压电应力常数 e、压电电压常数 g、压电劲度常数 h。四类压电常数可用以下公式表达：

压电应变常数
$$d_{i\mu} = \left(\frac{\partial D_i}{\partial X_\mu}\right)_E = \left(\frac{\partial x_\mu}{\partial E_i}\right)_X \tag{4.19}$$

压电应力常数
$$e_{i\mu} = \left(\frac{\partial D_i}{\partial x_\mu}\right)_E = -\left(\frac{\partial X_\mu}{\partial E_i}\right)_x \tag{4.20}$$

压电电压常数
$$g_{i\mu} = -\left(\frac{\partial E_i}{\partial X_\mu}\right)_D = \left(\frac{\partial x_\mu}{\partial D_i}\right)_X \tag{4.21}$$

压电劲度常数
$$h_{i\mu} = -\left(\frac{\partial E_i}{\partial x_\mu}\right)_D = -\left(\frac{\partial X_\mu}{\partial D_i}\right)_x \tag{4.22}$$

在以上四个公式中，第一个偏微分代表了正压电效应；第二个偏微分代表了逆压电效应。现以公式（4.19）举例并结合如今的研究现状说明其物理意义。第一个偏微分得到的压电应变常数 d 研究得最多，是电子器件特别是传感器类器件的关键性能参数，经常被简称为压电常数。该参数反映了本征压电效应并可通过准静态 d_{33} 仪（d_{33}-meter）直接测量，如图 4.6(a) 所示。由于在样品上施加的应力非常小，压电应变常数在部分文献里面也被叫作小信号压电常数，单位为 pC/N。代表性的压电应变常数有纵向压电常数 d_{33}、剪切压电常数 d_{15}、横向压电常数 d_{31} 和 d_{24} 等。第二个偏微分反映了逆压电效应，即电场诱导应变，诱导出的应变大小是驱动器类电子器件的关键性能参数。本质上，正压电系数与逆压电系数应该完全相等。但在实际应用过程中，施加的外部电场通常较大，此时弹性性质与介电性质不再遵循线性关系而表现出非线性现象，因而将此时得到的压电常数叫作大信号压电常数，通常用 d^* 表示，单位为 pm/V。该值可通过单轴应变曲线进行计算得到（$d^* = S_{max}/E_{max}$），如图 4.6(b) 所示。其中，S_{max} 和 E_{max} 分别代表最大单轴应变和最大电场。不同于小信号压电常数可反映材料的本征压电效应，大信号压电常数仅仅是针对电场诱导应变的一个量化，可反映材料在外电场下的外部贡献。这也解释了为什么在许多文献中可看到小信号 d_{33} 与大

信号 d_{33}^{*} 数值不相等。

(a) 准静态 d_{33} 仪

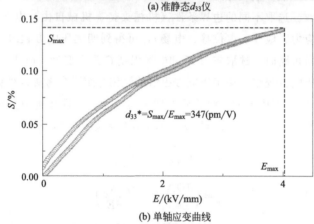

(b) 单轴应变曲线

图 4.6 利用 d_{33} 仪测试铌酸钾钠基无铅压电陶瓷的 d_{33} 及
利用单轴应变曲线计算铌酸钾钠基无铅压电陶瓷的 d_{33}^{*}

（3）机电耦合系数

机电耦合系数可反映压电陶瓷机械能与电能之间的耦合效应，即反映了压电材料进行机-电能量转换的能力，是另一个衡量材料压电性能好坏的重要参数。机电耦合系数的定义为：

$$k^2 = \frac{\text{电能转变为机械能}}{\text{输入的电能}} \quad \text{或} \quad k^2 = \frac{\text{机械能转变为电能}}{\text{输入的机械能}} \tag{4.23}$$

值得注意的是，由于机械能与电能之间的能量转换总是不完全的，因此机电耦合系数是一个小于 1 的无量纲的数。但也不能简单地把 k^2 看成是能量转换效率，该值仅仅表示能量转换的有效程度。压电陶瓷中未被转化的那一部分能量是以电能或弹性能的形式可逆地存储在压电体内。此外，压电陶瓷振子（具有一定形状、大小的压电陶瓷）的机电转化与其形状和振动模式密切相关，不同的振动模式有其对应的机电耦合系数。例如，k_p 是文献中最为常见的参数，被称为平面机电耦合系数，对应薄圆片的径向伸缩模式；k_{31} 为横向机电耦合系数，对应薄形长片的长度伸缩模式；k_{33} 为纵向耦合系数，对应圆柱体的轴向伸缩模式；k_t 为厚度机电耦合系数，对应薄板的厚度伸缩振动模式。由此可见，要测试压电陶瓷的各类机电耦合系数，需要先将压电陶瓷制作成一定的形状和大小，涂敷工作电极并确定极化方向与施加电压方向，然后在不同的振动模式下根据谐振-反谐振法计算机电耦合系数。接下来，根据压电陶瓷振动模式（横效应振子、纵效应振子、切变振子见图 4.7）对几类典型的机电耦合系数做进一步的介绍。

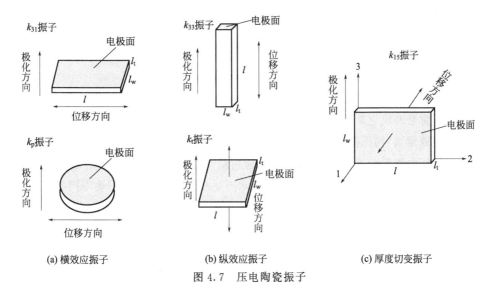

(a) 横效应振子　　　　　　　　　(b) 纵效应振子　　　　　　　　　(c) 厚度切变振子

图 4.7　压电陶瓷振子

① 横效应振子　横效应振子的特点是电场方向与弹性波传播方向垂直，串联谐振频率 f_s 等于压电陶瓷的机械共振频率，且沿弹性波传播方向电场为常数，即：

$$E_1 = E_2 = 0; \frac{\partial E_3}{\partial x} = \frac{\partial E_3}{\partial y} = 0 \tag{4.24}$$

横效应振子包括薄长条片的 k_{31} 和薄圆片的 k_p 振子，如图 4.7(a) 所示。对于薄长条片来说，其尺寸需满足长度 $l \gg$ 宽度 l_w 和厚度 l_t；电极面与极化方向垂直。在电场 E_3 的作用下，薄长条片沿着长度方向振动，k_{31} 的值可利用谐振-反谐振法根据公式(4.25) 计算得到。其中，f_r 和 f_a 分别是谐振频率和反谐振频率。对于薄圆片来说，其尺寸要求是直径 $\phi \gg$ 厚度 l_t；极化沿着厚度方向，与电极面垂直。在电场 E_3 的作用下，薄圆片沿径向伸缩振动，k_p 与 k_{31} 的关系如公式(4.26) 所示。其中，σ 为泊松比。

$$k_{31}^2 = \frac{\pi^2}{4} \times \frac{f_a - f_r}{f_r} \tag{4.25}$$

$$k_p = \sqrt{\frac{2}{1-\sigma}} k_{31} \tag{4.26}$$

② 纵效应振子　纵效应振子的特点是电场方向与弹性波传播方向平行，并联谐振频率 f_p 等于压电陶瓷的机械共振频率，沿弹性波传播方向电场 D 为常数，即：

$$D_1 = D_2 = 0; \frac{\partial D_3}{\partial x} = \frac{\partial D_3}{\partial y} = 0 \tag{4.27}$$

纵效应振子包括长棒的 k_{33} 和薄板的 k_t 振子，如图 4.7(b) 所示。对于细长棒来说，其长度方向为极化方向，与电极面垂直，k_{33} 可通过公式(4.28) 计算得到。对于薄板来说，其厚度为极化方向，与电极面垂直，k_t 可通过公式(4.29) 计算得到。

$$k_{33}^2 = \left(\frac{\pi}{2} \times \frac{f_s}{f_p}\right) \cot\left(\frac{\pi}{2} \times \frac{f_s}{f_p}\right) \tag{4.28}$$

$$k_t^2 = \left(\frac{\pi}{2} \times \frac{f_s}{f_p}\right) \cot\left(\frac{\pi}{2} \times \frac{f_s}{f_p}\right) \tag{4.29}$$

③ 厚度切变振子　厚度切变振子的特点是极化方向沿 3 方向，电极面与 1 方向垂直，要求 l、$l_w \gg l_t$，如图 4.7(c) 所示。满足以下关系式：

$$k_{15}^2 = \left(\frac{\pi}{2} \times \frac{f_s}{f_p}\right) \tan\left(\frac{\pi}{2} \times \frac{\Delta f}{f_p}\right) \tag{4.30}$$

（4）材料的优质因子及全数据测试

除了压电常数和机电耦合系数之外，机械品质因数 Q_m（表征压电体在谐振时因克服内摩擦而消耗的能量）、杨氏模量 E、频率常数 N 等都是表征压电陶瓷电学、力学等性质的特征参数。由于压电陶瓷振子以其正/逆压电效应可应用在传感器、谐振器、驱动器、换能器等领域，而不同电子器件对压电陶瓷的性能要求不尽相同，因此需要明确不同器件对应的材料优质因子（figure of merit，FOM）。例如，压电应变常数（d）、逆压电应变常数（d^*）、压电电压常数（g）、机电耦合系数（k）、机械品质因数（Q_m）等。接下来，根据器件在不同的工作模式（谐振或非谐振）下对材料的优质因子做简单介绍。

对于非谐振模式，材料的压电系数（d、g、dg、d^*）通常被认为是器件的优质因子。例如，压电应变常数 d 作为最普遍使用的参数，对传感器类器件十分关键，这是因为其值的大小反映了器件的输出信号强弱。此外，压电电压系数 g 则能反映器件的灵敏度。d 和 g 的乘积则是非谐振换能器/传感器的关键参数，可反映器件的能量密度。逆压电应变常数 d^* 是驱动器的关键参数。

对于谐振模式，谐振频率即器件的工作频率，机电耦合系数 k、机械品质因数 Q_m 或者 k^2 与 Q_m 的乘积通常被认为是谐振应用的优质因子。机电耦合系数 k 可反映电能与机械能的转换效率，其值越大器件的性能越好。由于机械品质因数 Q_m 是机械损耗（$\tan\delta_m$）的倒数，因此 Q_m 值越大越有利于谐振工作模式下的器件。例如，大功率器件需要材料具有大的 Q_m 值，从而减少器件在工作过程中的机械损耗。但需要注意的是，另一个品质因数——电学品质因数 Q_e 是介电损耗（$\tan\delta_e$）的倒数，对非谐振工作模式十分关键。

鉴于不同器件对材料性能有不同的需要，因而对材料进行综合性能表征显得尤为关键。表 4.3 给出了 KNNS-BNZH 陶瓷和 PZT-5A 陶瓷极化后测试及推导出的性能参数，包括弹性性质、压电性质、介电性质等电学性能的全数据测试。开展压电陶瓷的全数据测试反映其综合性能，可为面向不用应用方向提供指导，将成为未来压电陶瓷的研究重点。

表 4.3　KNNS-BNZH 陶瓷和 PZT-5A 陶瓷极化后测试及推导出的性能参数

材料	弹性柔顺系数 s_{ij}						$10^{-11}(\mathrm{m^2/N})$					
	$s_{11}^E{}_*$	s_{12}^E	s_{13}^E	$s_{33}^E{}_*$	s_{44}^E	s_{66}^E	s_{11}^D	s_{12}^D	s_{13}^D	$s_{33}^D{}_*$	s_{44}^D	s_{66}^D
KNNS-BNZH	1.37	−0.63	−0.50	1.68	4.39	4.00	1.27	−0.73	−0.20	1.07	1.96	4.00
PZT-5A	1.64	−0.58	−0.73	1.88	4.75	4.43	1.44	−0.77	−0.30	0.95	2.52	4.43

材料	弹性刚度系数 c_{ij}						$10^{10}(\text{N/m}^2)$					
	c_{11}^E	c_{12}^E	c_{13}^E	c_{33}^{E*}	c_{44}^{E*}	c_{66}^E	c_{11}^D	c_{12}^D	c_{13}^D	c_{33}^{D*}	c_{44}^{D*}	c_{66}^D
KNNS-BNZH	13.62	8.62	6.59	9.85	2.28	2.50	15.08	10.08	4.52	12.78	5.11	2.50
PZT-5A	12.10	7.70	7.70	11.10	2.10	2.30	12.60	8.10	6.50	14.70	4.00	2.30

材料	压电系数 $d/10^{-12}(\text{C/N})$			压电系数 $e/(\text{C/m}^2)$			压电系数 $g/10^{-2}(\text{m}^2/\text{C})$			压电系数 $h/(\text{N/C})$		
	d_{31*}	d_{33*}	d_{15*}	e_{31}	e_{33}	e_{15}	g_{31}	g_{33}	g_{15}	h_{31}	h_{33}	h_{15}
KNNS-BNZH	-140	380	690	-11.2	15.9	15.6	-0.77	2.14	3.55	-13.0	18.4	16.1
PZT-5A	-171	374	584	-5.4	15.8	12.3	-1.14	2.49	3.80	-7.3	21.4	15.0

材料	介电常数 ε				介电常数 $\beta/10^{-4}$				机电耦合系数 $k/\%$			
	ε_{11}^{T*}	ε_{33}^{T*}	ε_{11}^{S*}	ε_{33}^{S*}	β_{11}^T	β_{33}^T	β_{11}^S	β_{33}^S	k_t^*	k_{31}^*	k_{33}^*	k_{15}^*
KNNS-BNZH	2190	2000	1100	975	4.58	4.99	9.12	10.25	48	27	70	74
PZT-5A	1730	1700	916	830	5.80	5.90	10.90	12.00	49	34	70	68

4.2.4 铁电性能

（1）铁电畴

1922 年，Valasek 等在罗息盐中首次发现了铁电性。铁电性是指晶体在某个温度范围内不仅具有自发极化，且自发极化的方向可随外电场的作用而重新取向。晶体具有铁电性的典型特征是具有电滞回线以及铁电畴。电滞回线即极化强度与外电场表现出滞后回线关系。铁电畴指铁电体中自发极化取向一致的小区域，电畴与电畴之间的边界称为畴壁。铁电压电陶瓷通常为多电畴体，不同电畴中自发极化强度的取向根据晶体对称性存在简单的关系。例如四方相中相邻电畴自发极化强度取向之间的夹角只有 90°和 180°；三方相中有 71°、109°、180°三种；正交相中有 60°、120°、180°三种。由于这些多电畴的存在，未经过极化处理的铁电压电陶瓷不具有压电效应。但是在足够的电场作用下，这些多畴体可随外电场转向形成单畴体。这个过程伴随着新畴的成核、长大、畴壁的移动、翻转等，该动力学过程也叫作铁电畴的反转过程，具有一定程度的滞后特征，宏观表现为铁电体具有电滞回线。

目前，检测铁电压电陶瓷铁电畴的手段主要有扫描电子显微镜、压电力显微镜、透射电镜等。图 4.8 显示了利用三种成像技术研究铌酸钾钠基压电陶瓷的铁电畴结构。样品经化学腐蚀后利用扫描电子显微镜观测铁电畴形貌可实现大尺寸大面积成像，该方法样品制备简便、成本低，但只能观测静态铁电畴，无法实现对铁电畴的动态操控。压电力显微镜可实现微米区域的铁电畴成像，除了可检测静态铁电畴外，其独特的优势是可实现铁电畴在电场、力场、温场下的动态检测与操控以及畴壁电学性能的测试，因而成为近年来研究压电铁电材料铁电畴动力学及畴壁导电等的首选方案。高分辨透射电镜以纳米级的高分辨率成像特点及其衍射技术成为了研究畴结构-相结构的有力手段，特别是原位的透射电镜，为近现代材料的发展发挥了巨大作用。

（2）铁电测试系统

目前，测试材料电滞回线的主要有美国制造的 Radiant 和德国制造的 aixACCT TF 铁电综合测试系统。不管是哪种测试系统，为了保证测试的精度都需要合理选择测试参数的信号

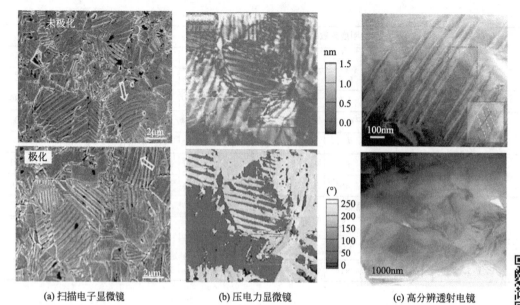

| (a) 扫描电子显微镜 | (b) 压电力显微镜 | (c) 高分辨透射电镜 |

图 4.8　三种成像技术研究铌酸钾钠基压电陶瓷的铁电畴结构

幅度范围。这些参数包括电荷 Q、电流 I、电压 V、频率 f、信噪比等。材料总的极化电荷 P 由电容器的几何形状、材料和施加的电压决定。电流 I 的大小由电荷 Q 和电压的转换率 $\mathrm{d}V/\mathrm{d}t$ 给出。例如，不同频率的电压脉冲或三角电压脉冲是记录电滞回线的典型信号。铁电电容器中极化反转时电流大小可用公式（4.31）计算得到，其中 A 是电容器的面积。由于在矫顽电压 V_c 附近的极化反转过程中，$\mathrm{d}P/\mathrm{d}V$ 不是恒定值，因此峰值反转电流将增加一到两个数量级。除了电流的大小，还需要知道电流的带宽以便决定如何记录电流。电流的频谱将确定记录放大器的带宽要求，这对选择放大器十分重要。

$$Q=DA\approx PA \Rightarrow I=\frac{\mathrm{d}Q}{\mathrm{d}t}=A\frac{\mathrm{d}P}{\mathrm{d}V}\times\frac{\mathrm{d}V}{\mathrm{d}t} \tag{4.31}$$

　　接下来简要介绍基于 Radiant 和 TF2000 铁电测试系统的测试原理。图 4.9（a）显示了 Radiant 系统利用 Sawyer-Tower 电路进行电滞回线测试的原理图。该电路是基于一种电荷测量方法，依赖于与铁电电容串联的参考电容器。参考电容器的电压降与极化电荷成正比，$V=Q/C$。但是如果参考电容器上的电压增加，样品上的电压由于背电压效应会降低，所以参考电容必须比被测电容大得多。图 4.9（b）显示了 TF2000 系统利用虚拟接地电路进行电滞回线测试的原理图。与 Radiant 不同的是，该电路是基于一种电流测量方法。虚拟接地法使用了电流-电压转换器，该转换器基于电流测量，使用带反馈电阻的运算放大器，能够实现最高精度的电法测量。

　　（3）电滞回线

　　图 4.9（c）为典型铁电体的电滞回线。从图中可看出极化强度与外电场呈现非线性关系，且极化强度随外电场的反向而反向。①当外电场为零时，晶体中电畴随机取向，晶体总的偶极矩为零。②当外电场逐渐增加（O-A 段）时，此时极化强度与外电场呈现线性关系，晶体的本征压电效应起主要贡献，此过程包含电场诱导的晶格应变、电畴的可逆振动等。③当外电场进一步增加（A-B 段）时，晶体中自发极化方向与电场方向相反的电畴体积由

于电畴的反转逐渐减小，与电场方向相同或相近的电畴体积逐渐扩大，因而呈现出极化强度随外电场的增加而非线性增加的现象。④进一步增加电场（B-C 段），极化强度与外加电场又变为线性关系，此时由于铁电畴已经完全取向而被夹持，晶体只发生电场诱导的晶格应变，C 点对应的极化强度被称为最大极化强度 P_{max}。将线性部分外推到电场为零时，在纵轴上所得的截距被称为饱和极化强度 P_S，也就是每个电畴原来所具有的自发极化强度。⑤当撤销电场后（C-D 段），极化强度逐渐下降，电场降至零时对应的纵坐标截距值为剩余极化强度 P_r。⑥电场改变方向并逐渐增大到某一特定值时（D-E 段），极化强度降为 0，因而该特定值被定义为矫顽场 E_c。⑦反向电场强度继续增加，极化强度沿反向增加并达到反方向的饱和值 $-P_{max}$。⑧撤销反向电场后（F-G 段），反向极化强度逐渐下降，电场降至零时对应的纵坐标截距值为反向剩余极化强度 $-P_r$。⑨电场再次改变方向并逐渐增大，正方向的电畴又开始形核并长大，直到晶体再一次变成具有正方向的单畴晶体，在该过程中极化强度沿着 FGH 曲线回到 C 点。因而，在一个足够大的交变电场作用下，电场变化一个周期，上述过程就重复一次显示出电滞回线。回线包围的面积是极化强度反转两次需要消耗的能量。

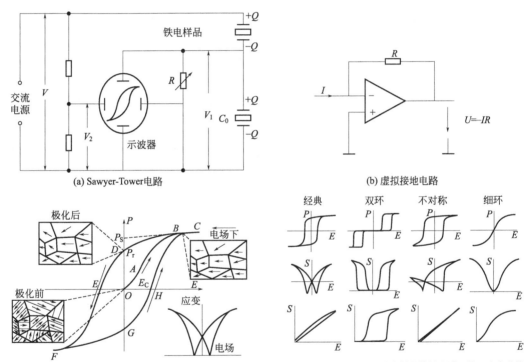

(a) Sawyer-Tower电路   (b) 虚拟接地电路

(c) 铁电体典型的电滞回线、畴翻转(极化反转)、应变-电场曲线   (d) 铁电体、反铁电体、弛豫铁电体的电滞回线和应变曲线

图 4.9 电滞回线

值得注意的是，图 4.9(c) 代表的仅仅是典型铁电体的电滞回线。而铁电/压电陶瓷由于其晶体对称性的差异又可分为铁电体、反铁电体以及弛豫铁电体。图 4.9(d) 给出了四类典型的电滞回线 P-E 和电致应变曲线 S-E。①典型的电滞回线及蝴蝶状应变曲线：典型铁电体具有饱和的 P-E 曲线以及蝴蝶状 S-E 曲线，电场的作用下伴随着铁电畴的成核、生长、翻转等过程。②双电滞回线及芽状应变曲线：反铁电体指的是一定温度范围内相邻偶极子呈反平行排列，宏观上自发极化强度为零，但在足够高的外电场作用下可发生反铁电体到铁电

体的相转变，由于该诱导的铁电相是亚稳态，电场撤去之后又会发生铁电到反铁电的可逆相变，从而体现出双电滞回线及芽状应变曲线的特征。从热动力学角度出发，实验上发现的双电滞回线仅仅出现在反铁电体的自由能稍低于铁电体的自由能条件下。以上介绍的反铁电伴随的双电滞回线反映了电场诱导的反铁电-铁电之间的可逆相变。在反铁电材料里，也存在另一类反铁电材料，即初始状态下的反铁电就是一种亚稳态，一旦施加了足够高的电场就可诱导出稳定的铁电相，从而表现出典型的饱和电滞回线。③不对称的电滞回线及应变曲线：在压电铁电材料研究中，还会经常碰到另一类曲线，即不对称的电滞回线和应变曲线。该类型曲线的特征是正 E_c 或负 E_c 由于内偏场的作用会相对于坐标轴发生一定的偏移，内偏场的大小可表示为 $E_{\text{int}} = (E_c{}^+ - E_c{}^-)/2$。出现不对称电滞回线的通常解释是"硬性"铁电体中缺陷偶极子对畴壁的钉扎效应，导致极化和退极化过程比没有畴壁钉扎效应的铁电体更困难。另外需要说明的是，虽然软性铁电体中也会出现不对称曲线，特别是对于极化后的材料，但随着电场强度的逐渐增加，这种不对称的形状会逐渐转变为对称的形状。④苗条的电滞回线：通常认为铁电畴的移动是造成滞后的主要原因。对于一些具有平均尺度赝立方结构、微畴或极性纳米微区（PNRs）的弛豫铁电体来说，其细化的畴尺寸可快速响应外电场从而形成苗条的电滞回线。该类曲线的典型特征是没有明显的滞后但仍然是非线性。由于滞后的消除，该类材料在高精度微位移驱动器的应用方面极具潜力。

4.3 铁电压电陶瓷的分类及发展现状

铁电压电陶瓷按其结构主要可分为钙钛矿结构、钨青铜结构以及铋层状结构。本节将简要介绍这三类压电陶瓷的发展现状。

4.3.1 钙钛矿

钙钛矿是一种典型的 ABO_3 结构，如图 4.10 所示。在众多钙钛矿结构铁电压电陶瓷中，研究较多的材料体系包括铅基体系，如锆钛酸铅（PZT）、弛豫体-钛酸铅（PMN-PT、PZN-PT）等；无铅体系，如钛酸钡（BT）、铌酸钾钠（KNN）、钛酸铋钠（BNT）、铁酸铋（BFO）等。在介绍铅基和无铅铁电压电陶瓷之前，有必要先对铁电压电材料的发展历史做一个简单回顾。在1880年，居里兄弟首次在石英晶体中发现了压电效应。1941~1946年，科研人员发现钛酸钡陶瓷具有压电铁电性能，且利用其高介电制造的声呐设备在第二次世界大战中起到了重要作用。1954年，Jaffe B 等发现锆钛酸铅 PZT 陶瓷具有比钛酸钡更高的压电性能，并首次发现了三方-四方（R-T）相界且提出准同型相界（morphotropic phase boundary，MPB）的概念。随着电子工业的发展，对压电材料及器件的要求越来越高，于是研究并开发了性能更加优越的三元、四元甚至五元体系。因此，PZT 系列陶瓷以其较强且稳定的压电性能成为迄今为止应用最广的压电材料。1960年，Smolenskii 等制备了钛酸铋钠压电陶瓷，并发现其具有较高的铁电性能。1970年，Haertling G H 用球磨和热压烧结工艺制备了透明的光电陶瓷 PLZT，其光学特性可被电场或者通过拉伸或压缩改变，用于各种光电存储器和显示设备中。1997年和2000年，*Science* 和 *Nature* 杂志分别报道了一类新型弛豫铁电体，即铌镁酸铅-钛酸铅 PMN-PT，该类弛豫铁电体以其优异的电学性能及丰富的物理特性获得了大量研究。21 世纪以后，考虑到环境保护及人类健康，开发环境友好的无铅压电陶瓷则成为一项紧迫的任务，这也促使了高性能无铅压电陶瓷材料的蓬勃发展。

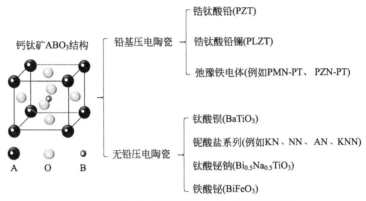

图 4.10　钙钛矿结构铁电压电材料及其分类

4.3.1.1　铅基压电陶瓷

(1) 锆钛酸铅压电陶瓷

锆钛酸铅 $[Pb(Zr,Ti)O_3，PZT]$ 是由钛酸铅 $PbTiO_3$ 和锆酸铅 $PbZrO_3$ 形成的固溶体。表 4.4 给出了 $PbTiO_3$、$PbZrO_3$、$Pb(Zr,Ti)O_3$ 的基本结构和性能参数。从表中可知，$PbTiO_3$ 为四方铁电体，居里温度较高，因而工作温区宽且热稳定性好；但由于其四方结构特性以及较大的 c/a 值，导致该陶瓷难极化且工艺性差（容易粉化）。$PbZrO_3$ 为三方反铁电体，居里温度只有 230℃。虽然 $PbZrO_3$ 为反铁电体，但由于 Zr^{4+} 和 Ti^{4+} 的离子半径相似，因此 $PbTiO_3$ 和 $PbZrO_3$ 可形成无限固溶体。PZT 固溶体的相图如图 4.11（a）所示。当 $PbTiO_3$ 的含量大于 10% 时，两者形成的固溶体即呈现铁电体特性。当 $PbTiO_3$ 的含量达到 45% 时，$Pb(Zr_{0.55}Ti_{0.45})O_3$ 形成三方-四方准同型相界，具有最大的压电性能以及优异的温度稳定性。

表 4.4　$PbTiO_3$、$PbZrO_3$、$Pb(Zr,Ti)O_3$ 的基本结构和性能参数

项目	$PbTiO_3$	$PbZrO_3$	$Pb(Zr_{0.55}Ti_{0.45})O_3$
晶体结构	四方	三方	准同型相界
类别	铁电体	反铁电体	铁电体
空间群	P4mm	R3m	P4mm＋R3m
居里温度	490℃	230℃	350℃
$c/a(<T_C)$	1.063	0.981	—
$d_{33}/(pC/N)$	56	0	130

长期以来，对于 PZT 陶瓷而言，其 MPB 中的相组成一直存在争议。自 PZT 在 1954 年报道以来，三方-四方相共存诱导增强机电性能的观点被普遍接受。直到 1999 年，B. Noheda 等利用高能同步辐射 X 射线衍射技术首次提出 $Pb(Zr_{0.52}Ti_{0.48})O_3$ 固溶体的三方-四方相界中还存在单斜铁电相，该单斜相起到了连接三方和四方铁电相的桥梁作用，相图如 4.11（b）

所示。该实验结果也被第一性原理计算得到进一步验证。此后的几十年，针对 PZT 固溶体相结构、电学性能的进一步优化、性能增强的起源等得到了大量的研究。表 4.5 列出了几类典型 PZT 陶瓷的主要性能参数。P-4 和 P-8 系列陶瓷属于硬性压电陶瓷，具有高的机械品质因数，但其压电系数较低；而 P-5 系列则属于软性压电陶瓷，具有十分高的压电系数，但其机械品质因数却较低。因而，对于压电陶瓷来说，一些性能往往是相互克制的。例如，机械品质因数和机电耦合系数/压电常数、压电常数和居里温度、介电常数和介电损耗等。1965年以来，对 PZT 的掺杂改性、构建多组元等措施实现了不同系列 PZT 压电陶瓷的制备，其性能覆盖范围广，可满足不同类型电子器件的使用要求，至今仍是科研界、工业界的明星材料。特别是锆钛酸铅镧（PLZT）陶瓷属于镧掺杂的 PZT 透明铁电陶瓷，不仅具有一般铁电陶瓷的压电、铁电特性，同时具有一般铁电陶瓷不具有的高光学透过率和多种电控光学效应，且不同组分的 PLZT 材料还具有电致伸缩效应、光致伏特效应、光致伸缩效应等。因而利用 PLZT 的光电效应在光开关、光调制器、光隔离器、光衰减器等方面获得了广泛的应用。例如，PLZT 透明铁电陶瓷制作的光电型光开关具有工作电压低、开关速度高、消光比大、电可调效应多、温度稳定性好、成本低、尺寸大、加工性能好等优点。

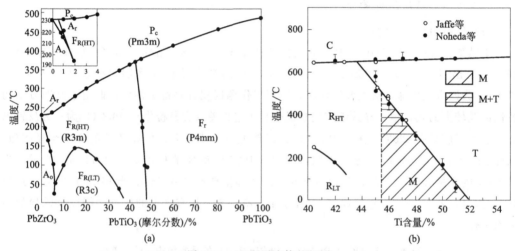

图 4.11　PZT 固溶体的相图

表 4.5　几类典型 PZT 陶瓷的主要技术参数

参数		PT	P-41	P-42	P-43	P-51	P-52	P-81	P-82	P-61
相对介电常数 $\varepsilon_{r3}^{T}(\pm10\%)$		180	1050	1275	1450	2100	3500	1025	1150	1050
介电损耗 $\tan\delta/\%$		≤0.8	≤0.5	≤0.5	≤0.5	≤2.0	≤2.0	≤0.4	≤0.4	≤0.5
机电耦合系数	$k_p(\pm6\%)$	10	0.56	0.58	0.6	0.65	0.65	0.53	0.45	0.55
	$k_{31}(\pm6\%)$	6	0.33	0.34	0.36	0.38	0.38	0.31	0.27	0.32
	$k_{33}(\pm6\%)$	—	0.66	0.67	0.69	0.74	0.75	0.62	0.56	0.66
	$k_{15}(\pm6\%)$	—	0.66	0.67	0.69	0.72	0.73	0.65	—	0.66
	$k_t(\pm6\%)$	0.43	0.48	0.48	0.47	0.50	0.50	0.45	0.41	0.47

参数		PT	P-41	P-42	P-43	P-51	P-52	P-81	P-82	P-61
压电应变常数	$d_{31}(\pm12.5\%)$ $/10^{-12}(C/N)$	—	−110	−130	−150	−200	−270	−100	−90	−110
	$d_{33}(\pm12.5\%)$ $/10^{-12}(C/N)$	60	250	290	320	480	600	225	220	250
频率常数	$N_{d}(\pm5\%)$ (HZm)	2300	2250	2200	2100	2000	1950	2300	2250	2300
	$N_{1}(\pm5\%)$ (HZm)	1850	1650	1700	1550	1450	1400	1700	1770	1700
	$N_{t}(\pm5\%)$ (HZm)	2250	2270	2280	2300	2250	2200	2280	2300	2280
弹性柔顺系数	$S_{11}^{E}(\pm10\%)$ $/10^{-12}(m^{2}/N)$	7.8	12.0	11.5	13.5	15.0	16.5	11.0	10.7	11.0
	$S_{33}^{D}(\pm10\%)$ $/10^{-12}(m^{2}/N)$	—	8.5	8.0	8.7	9.0	9.5	8.5	9.2	8.5
泊松比 σ		—	0.30	0.31	0.31	0.32	0.33	0.30	0.30	—
机械品质因素 Q_{m}		≥1200	≥500	≥500	≥500	≥70	≥70	≥1000	≥1000	≥500
居里温度 $T_{C}/℃$		≥460	≥310	≥300	≥260	≥260	≥260	≥300	≥300	≥330

（2）铅基弛豫铁电体

以复合钙钛矿结构 $A(B'B'')O_3$ 或 $(A'A'')BO_3$ 为代表的弛豫铁电体是功能材料领域的重要分支。与普通铁电体相比，弛豫铁电体的基本特征是具有弥散相变和频率色散，如图 4.12(a) 所示。具体表现为：①相变不是发生在一个温度点而是发生在一个温度范围，因而电容随温度特性不显示尖锐的峰，而呈现相当宽的平缓的峰；②电容量呈现极大值的温度随测量频率的升高而升高；③电容量虚部呈现峰值的温度低于实部呈现峰值的温度，且测量频率越高，峰位差别越大；④电容量与温度的关系不符合居里-外斯定律；⑤即使顺电相具有对称中心，在 T_m（介电常数最大值对应的温度）以上相当高的温度仍可观测到压电性和二次谐波发生等效应。针对弥散型铁电相变人们提出了多种理论模型。早在 20 世纪 70 年代，Smolenskii 等就研究了 $Pb(Mg_{1/3}Nb_{2/3})O_3$（PMN）的弥散相变起源并提出了著名的成分不均匀理论，指出弥散相变是由于复合离子在 B 位的无序分布引起微区化学成分不同，从而导致不同微区的居里温度也不同。但是该理论不能解释 PMN 在远低于 T_m 的温度仍无宏观极化及各向异性特征。后来，G. Burns 等在成分不均匀理论的基础上提出了玻璃态极化理论，认为由于原子无序分布造成的局部对称性强烈破缺使得在高于 T_m 好几百摄氏度时就开始出现局部的、随机取向的、不可逆的极化。到 1987 年，L. E. Cross 借鉴铁磁系统中的超顺磁理论，指出弛豫铁电体中也有类似超顺磁极性簇的极性微区，这些极性微区由于热扰动而在等价极化方向进行热起伏。Viehland 等借用自旋玻璃态中关于磁弛豫现象所用的 Vogel-Fulcher 公式对 PMN 的实验结果进行拟合，得到了合理的激活能及指数前项值，从而进一步指出与自旋玻璃态类似，弛豫铁电体中的极性微区之间也存在着交互作用。玻璃态极化行为有两个主要特征：一是在系统中存在纳米尺度的极性微区；二是极性微区的相互作用会使极化方向跃迁的弛豫时间随温度降低而增长，到达某个静态冻结温度 T_f 时，弛豫时间超过实测时间，因而在弱场下极性微区显示被冻结的特征。姚熹等在研究 PLZT 时发现，在直流偏压下，其电容率与温度的关系表现出奇异的特性。当 $T_d < T < T_m$ 时，电容率随频率升高而显著降低；当 $T > T_m$ 或 $T < T_d$ 时，电容率与频率基本无关。他们据此提出来了关于弥散性相变铁电体的微畴-宏畴转变模型。根据这一模型，$T_d < T < T_m$ 时材料中出现了许多极性微区，电容率随频率的变化起因于极性微区的热涨落以及极性微区的极化在外电场中的取向运动。由于极性微区小于 X 射线衍射的相干长度及可见光波长，因此对 X 射线衍射和可见光而言，材料呈非极性的立方结构。随着温度降低，极性微区长大，并形成微畴。如果在直流偏压下冷却到 T_d，相邻的微畴将融合成体积较大的宏畴。宏畴一旦形成，就能在低于 T_d 的温度下保持稳定，材料就显示正常铁电体的性能。

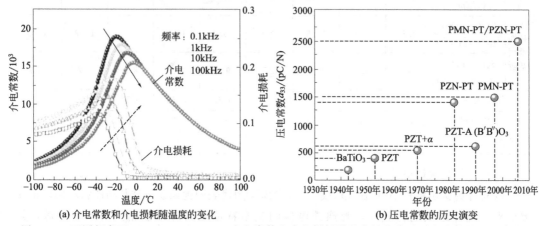

(a) 介电常数和介电损耗随温度的变化　　　　(b) 压电常数的历史演变

图 4.12　不同频率下 $Pb(Mg_{1/3}Nb_{2/3})O_3$ 介电常数和介电损耗随温度的变化及压电常数的历史演变

PMN 是一类典型的弛豫体，具有很好的电致伸缩性能，当与简单的钙钛矿 $PbTiO_3$ 形成固溶体时，可在 490℃ 形成正常的铁电相变，且当 PT 的含量在 0.3～0.4 范围内时可形成三方-四方准同型相界。PMN-PT 或 PZN-PT 作为铅基弛豫铁电体的典型代表，自发现以来以其丰富的物理特性和优异的机电性能吸引了极大的关注。图 4.12(b) 显示了铅基材料压电系数 d_{33} 的历史演变，可以发现相比于传统的铁电体 PZT 系列，弛豫铁电体具有异常高的压电性能（$d_{33} = 1500 \sim 2500 pC/N$）。特别是，2016 年以来西安交通大学李飞等在弛豫铁电体的压电性能调控及结构解析方面获得了极大进步（图 4.13）。该团队利用 Sm 掺杂 PMN-PT 诱导局域结构不均匀，成功将"增强的局域结构无序性""准同型相界"和"工程畴结构"三种高压电效应的起因有机结合，大幅度提高了弛豫铁电单晶的压电和介电性能，压电系数最高达 4000pC/N 以上，介电常数达 12000 以上，较之非掺铋的同组分的铌镁酸铅-钛酸铅压电单晶的性能提高约一倍，为高频医疗超声探头和高精度与大位移压电驱动器奠定了压电单晶材料基础；相场模拟、球差透射电子显微镜、第一性原理计算等手段进一步确定这一压电性能的提升来源于由钐离子掺杂引发的加强型局部结构无序性。特别是，研究团队通过交流极化的方法制备出了同时具有高压电和电光效应以及接近理论极限透光性的弛豫铁电单晶。这类晶体的机电耦合系数 k_{33} 为 94%，压电系数 d_{33} 大于 2100pC/N，并且具有优异的电光性能（γ_{33} 约 220pm/V）。此外，在 $Pb(Mg_{1/3}Nb_{2/3})O_3$-$PbTiO_3$（PMN-PT）

晶体中，交流极化可减小畴壁密度（或增大电畴尺寸），使晶体压电和介电性能大幅提升，挑战了人们长期以来由于钛酸钡晶体研究工作而形成的高畴壁密度产生高压电效应的传统认识。

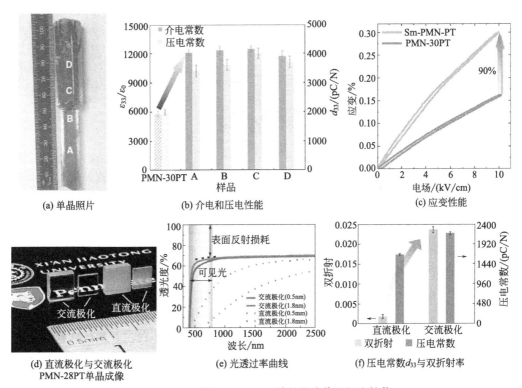

(a) 单晶照片   (b) 介电和压电性能   (c) 应变性能

(d) 直流极化与交流极化   (e) 光透过率曲线   (f) 压电常数d_{33}与双折射率
　　PMN-28PT单晶成像

图 4.13　Sm 掺杂 PMN-PT 单晶的成像和机电性能

4.3.1.2　无铅压电陶瓷

21 世纪以来，基于可持续发展及人类环保意识的增强，欧盟立法委员会于 2003 年将"铅 Pb"等包括在了需要被安全材料取代的有毒物质范围内，即著名的 *Restriction of the use of certain Hazardous Substances in Electrical and Electronic Equipment*，简称 RoHS 指令（即 RoHS 1）。随后，我国工业和信息化部也于 2006 年颁布了《电子信息产品污染控制管理办法》，严格规定有毒元素（如铅、汞、镉等）在电子信息产品中的使用。于是，无铅压电材料终于有机会登上应用舞台。2004 年，日本科学家采用反应模板晶粒生长法在铌酸钾钠基无铅陶瓷的压电性能上实现了突破，其压电常数（$d_{33}=416\text{pC/N}$）首次达到商用软性 PZT-4 陶瓷的水平。已故铁电领军人物 E. Cross 先生甚至评述认为其是铺向"无铅时代"的道路。自此，无铅压电陶瓷的基础研究得到迅猛发展，如图 4.14 所示。

（1）钛酸钡

钛酸钡（$BaTiO_3$，BT）陶瓷发现于第二次世界大战期间，是最早被发现的钙钛矿型铁电压电陶瓷。当时，很多国家为了军事上的需要积极寻找新的高介电材料。美国、英国、苏联、日本等国家分别独立发现氧化钡（BaO）和二氧化钛（TiO_2）混合并在高温烧结后，可以得到一种具有高介电常数的新型陶瓷材料——钛酸钡。之后，科学家发现了 BT 的铁电

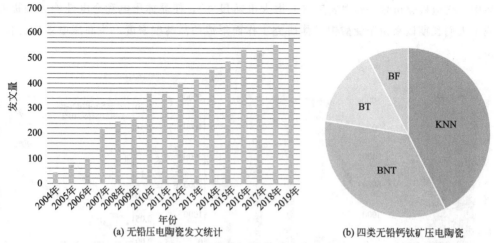

(a) 无铅压电陶瓷发文统计　　　　　　(b) 四类无铅钙钛矿压电陶瓷

图 4.14　2004 年以来无铅压电陶瓷的发文量及四类无铅压电材料在压电性能研究方面的占比情况

性，并发现通过极化处理其表现出高的压电性能（纵向压电常数 d_{33} 约为 190 pC/N）。这一发现掀起了关于位移型钙钛矿铁电压电材料的研究热潮。此后，人们对 BT 的晶体结构、相变、畴结构及其翻转、缺陷及相应的物理机理等进行了广泛的研究，并逐步弄清楚了铁电压电效应的微观机制和唯象解释。BT 是典型的 ABO_3 钙钛矿结构，其中二价的 Ba 占 A 位，四价的 Ti 占 B 位。当温度从高温降下或从低温升至高温时，BT 会发生三次相结构的转变（分别发生在 $-90℃$、$0℃$ 和 $120℃$），即具有 4 种相结构。从低温到高温，这 4 种结构分别为三方（R）相、正交（O）相、四方（T）相和立方（C）相，其中前三者都是具有自发极化的铁电相，C 相为无铁电性的顺电相。发生相转变时，BT 的介电性能会发生显著的变化，通过测量变温过程中介电性能的变化可以得知 BT 相结构的温度分布区间。自 20 世纪 50 年代以来，由于其优异的介电性能（室温的相对介电常数约为 2000），BT 陶瓷及其改性物被广泛应用于制作各种介电器件，尤其是 BT 基的多层陶瓷电容器（MLCC）更是成为现今使用量最大的片式电子元器件。另外，由于 BT 具有正的温度系数，其在热敏电阻器领域也得到了大量使用。虽然纯的 BT 陶瓷具有较高的压电常数，但这一值还是比同是钙钛矿结构的 PZT 陶瓷的压电性能低很多。此外，BT 的居里温度只有 $120℃$，其压电性只能稳定地存在于低温环境中。因此 BT 在压电器件方面几乎没有应用，关于其压电性能的研究也逐步减少。

进入 21 世纪之后，由于压电陶瓷无铅化的呼声越来越强烈，作为最传统的 BT 压电陶瓷又引起了各国研究人员的注意，使得高性能 BT 基压电陶瓷得到了快速发展，特别是利用化学改性、相界设计和优化制备工艺等新思路，大幅提高了压电性能。图 4.15 是钛酸钡基压电陶瓷的 A/B 位化学掺杂改性对相变温度的影响规律。Ca 取代 A 位的 Ba 离子可同时降低 T_C、T_{O-T} 和 T_{R-O}，而 Zr/Hf/Sn 取代 B 位的 Ti 离子在降低 T_C 的同时，会提升 T_{O-T} 和 T_{R-O}。因而，2009 年任晓兵等通过 Ca 和 Zr 掺杂调控 BT 的铁电相转变到室温附近，结合传统固相法制备出了 $(1-x)Ba(Zr_{0.2}Ti_{0.8})O_3-x(Ba_{0.7}Ca_{0.3})TiO_3$（BZT-$x$BCT）陶瓷体系，成功在 BT 陶瓷中构建出三方-四方（R-T）相界，获得了可媲美 PZT-5H 的高压电性能（$d_{33}=620pC/N$）。以此为节点，各国科学家纷纷加入到 BT 陶瓷的研究当中，在材料体系设

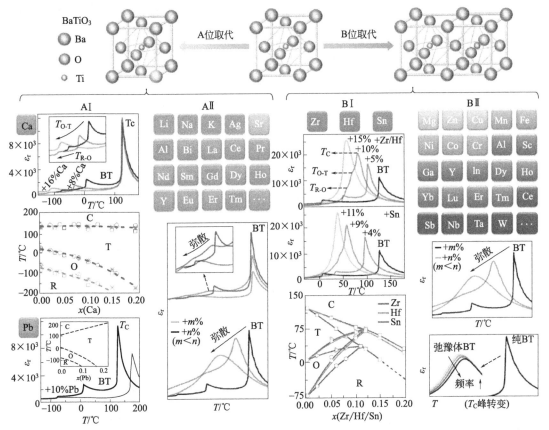

图 4.15　钛酸钡的 A、B 位离子取代晶胞示意图及 AⅠ和 AⅡ掺杂、BⅠ和 BⅡ掺杂对相变的影响

计、性能调控和机理解释上取得了长足进步。例如，2018 年通过 Ca 和 Sn 掺杂调控 BT，使陶瓷的 R-O 和 O-T 相转变从"准四相点"处延伸出来并共存于宽的组分和温度内，实现了高压电响应（$d_{33}>600\text{pC/N}$）以及较好的温度稳定性 （图 4.16）。首先利用 DFT 计算、朗道自由能模拟和相场模拟对不同相之间的极化偏转状态进行了理论模拟。DFT 计算表明同时引入 Sn 和 Ca 时，R、O 和 T 三相之间的能量差几乎为零，从而允许三者共存于纳米畴中。朗道自由能模拟表明从"准四相点"延伸出来的 R-O-T 相界具有很低的极化各向异性能。通过透射电镜观察到高性能组分 BTS0.11-0.18BCT 的 R、O、T 三相共存于纳米畴中。其次结合扫描透射电镜表征和理论计算，观察和模拟了其局域极化结构。结果表明，该高性能陶瓷局域结构中的极化状态是不均匀分布的，且 R、O 和 T 三相之间的极化偏转是渐变过渡的，类似于一种"静态极化偏转"。相场模拟表明 R、O、T 三相之间的极化偏转存在于纳米尺度且广泛分布。最终，理论和实验都证实了陶瓷在该新型相界处具有极低的极化偏转能垒，因此自发极化很容易在外场作用下被取向一致，从而导致高的压电响应。

除了压电性能外，关于 BT 其他功能性的研究和优化也得到了发展。例如，当 BT 的铁电-顺电相变温度被调控至室温附近时，其室温下的电卡性能可大幅度提高；通过调控 BT 的相转变为弛豫状态，可优化其电致伸缩性能和介电储能性能；通过叠加具有巨介电常数的 BT 陶瓷组分，可以获得温度稳定的巨介电常数（$>10^4$）等。这些发展为 BT 基陶瓷的应用提供了更多的机会。同时，BT 压电单晶和薄膜的制备与研究也取得了快速发展。例如，任晓兵等制备出了应变值高达 0.70% 的 BT 压电单晶；Choi KJ 等制备出了居里温度高达 500℃ 的 BT 压电薄膜，且将其铁电性提高了 250%。此外，近几年 BT 无铅铁电压电材料在功能复合材料与器件领域中也得到了大量的使用，比如 BT 以纳米颗粒、纳米线等形式与铁电聚合物 PVDF 等复合制作柔性的压电、介电、储能、电卡、能量收集器件等。

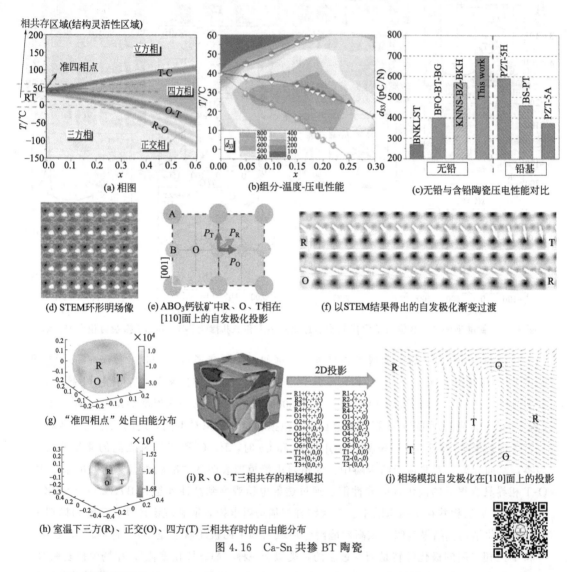

图 4.16　Ca-Sn 共掺 BT 陶瓷

（2）铌酸盐系列

铌酸盐系列无铅压电陶瓷主要包括铌酸钾（KNbO₃，KN）、铌酸钠（NaNbO₃，NN）、铌酸银（AgNbO₃，AN）以及 KN 和 NN 的固溶体铌酸钾钠（KNbO₃-NaNbO₃，KNN）。

KN 诞生于 1877 年，但是当时并未引起人们的关注。直到 1949 年，贝尔实验室的 Matthisa 发现了 KN 的铁电性。研究表明，KN 的相变过程与 BaTiO₃ 具有高度相似性，但是在相变温度上呈现一定的差异。在室温下，KN 表现为正交相结构。随着温度升高，KN 陶瓷表现出三种相转变：三方相 $\xrightarrow{-10℃}$ 正交相 $\xrightarrow{225℃}$ 四方相 $\xrightarrow{425℃}$ 立方相，如图 4.17（a）

所示。在早期的研究中，KN 表现出较差的电学性能，直到 1999 年，在 KN 中发现了高纵向压电以及厚度耦合系数，才带来了 KN 在单元件厚度模式高频传感器上的研究兴趣。例如，当 X-cut 沿着 Y 轴转动 49.5°时，KN 单晶的机电耦合因子（k_t）达到 0.69。

虽然 KN 有一定的发展，但是仍然存在一些迫切需要解决的问题。例如，由于烧结过程中 K 元素易于挥发，难以得到致密 KN 陶瓷。甚至对于 KN 陶瓷而言，在离开烧结环境之后，暴露在空气中极短的时间内就会碎裂。此外，KN 亦表现出强烈的吸水性，不利于获得高质量的材料以及性能观测。为了解决这些问题，研究者们主要在制备方法上做出了一系列努力来提升 KN 的致密性以及电学性能，如气氛烧结、两步合成、缩小粒度等。2013 年，Grinberg 等通过固相反应法在 KBNNO 单相固态氧化物溶液中获得了 1.39eV 的直接带隙宽度以及高于 PLZT 约 50 倍的光电流密度，吸收的太阳能是同期其他铁电材料的 3～5 倍。氧化锌改性的 KN 陶瓷克服了吸潮等缺点，获得了 d_{33} 约为 120pC/N 且性能稳定的复合陶瓷 [图 4.17(b)]。

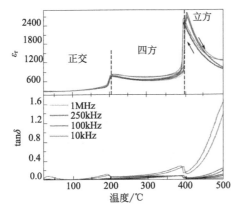

(a) 铌酸钾陶瓷的介电常数、介电损耗随温度的变化

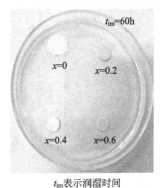

t_{im}表示润湿时间

(b) 氧化锌改性铌酸钾陶瓷的实物

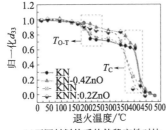

(c)不同材料体系的热稳定性对比

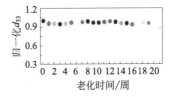

(d) 氧化锌改性铌酸钾陶瓷的老化性能

图 4.17　铌酸钾陶瓷的研究

NN 反铁电体最早是 1949 年作为铁电陶瓷被 Matthias 发现的。随后，1954 年 Vousden 认为 NN 为反铁电相，同时，Corss 也表示没有确切的证据表明 NN 具有铁电性。一般来说，NN 的相结构大致划分为：U（顺电，$Pm3m\,O_h^1$）→913K→T2（PE，$F4/mmb\,D_{4h}^5$）→848K→T1（PE，$Ccmm\,D_{2h}^{17}$）→793K→S（PE，$Pnmm\ D_{2h}^{13}$）→753K→R（AFE，$Pnmm\ D_{2h}^{13}$）→633K→P（AFE，$Pbma\,D_{2h}^{11}$）→173K→N（FE，$F3c\ C_{3v}^6$）。虽然以往的观点通常是将 NN 室温下的结构判断为反铁电正交相（P 相，空间群 Pbma），但近年来随着透射技术的发展，对 NN 晶格对称性的解析逐渐明朗。图 4.18 为纯 NN 和 $CaHfO_3$ 改性的 NN 固溶体的畴结构及选取电子

衍射。纯的 NN 陶瓷具有微米尺度的畴结构，其室温下除了占主导的反铁电 P 相 [1/4（010）超晶格衍射] 外，还存在少量亚稳态的铁电 Q 相（P2₁ma）。值得注意的是，图 4.18(a) 所示的电子衍射图谱呈现条纹样，而不是铁电 Q 相完美的 1/2(010) 超晶格衍射斑点，表明纯 NN 陶瓷中的铁电 Q 相具有弥散特性。当 $CaHfO_3$ 改性 NN 后，电子衍射条件下只观测到了 1/4（010）衍射斑点，表明 $CaHfO_3$ 进入 NN 晶格可稳定反铁电相。

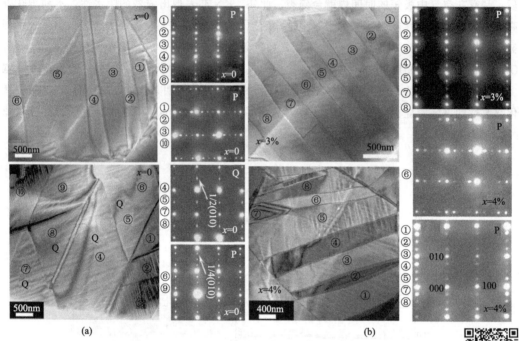

图 4.18　纯 NN 和 $CaHfO_3$ 改性的 NN 固溶体的畴结构及选取电子衍射

铌酸钾钠 KNN 是铁电体 KN 和反铁电体 NN 的固溶体。图 4.19 给出了 KNN 的历史进展。1954 年，Shirane 等报道了 KNN 的首个相图，发现了其相对稳定的立方-四方以及四方-正交相的相转变温度。1958 年，L. E. Cross 合成了 KNN 晶体，并测试出具有双电滞回线特征的铁电曲线。1959 年，Egerton 和 Dillon 首次研究了 KNN 体系的压电性能。1965 年，Dungan 和 Golding 等在 KNN 陶瓷中发现当钾钠比为 0.5∶0.5 时（$K_{0.5}Na_{0.5}NbO_3$）可获得最强的机电耦合效应。21 世纪以前，KNN 由于其压电性能较低、高温下钾钠易挥发、工艺敏感、难以致密化等并未获得太多关注。然而，KNN 固溶体丰富的相变特性［从高温到低温，纯的 KNN 固溶体会经历三个连续的相变：顺电立方到铁电四方（T_C 约 416℃）；铁电四方到铁电正交（T_{O-T} 约 200℃）；铁电正交到铁电三方（T_{R-O} 约 -123℃）］为化学改性调控相变温度提供了一种可能。根据晶体化学原则，通常选择相似的离子半径以及相近价态的离子对 KNN 的 A、B 位进行取代。例如，一价离子（Li^+、Ag^+）通常取代 K/Na 位置，五价（Sb^{5+}、Ta^{5+}）离子通常取代 Nb 位置。到 2004 年，日本科学家 Y. Saito 采用模板晶粒生长法（RTGG）制备了 Li、Ta、Sb 共同改性的 KNN 基织构陶瓷（LF4T）。得益于 RTGG 技术以及室温附近形成的正交-四方相界，最终在该陶瓷体系中获得了 d_{33} 为 416pC/N 的高压电性能，从此开始了国内外研究 KNN 基压电陶瓷的热潮。此后的几十年间迎来了 KNN 基无铅压电陶瓷性能、结构、机理、器件等方面的蓬勃发展。

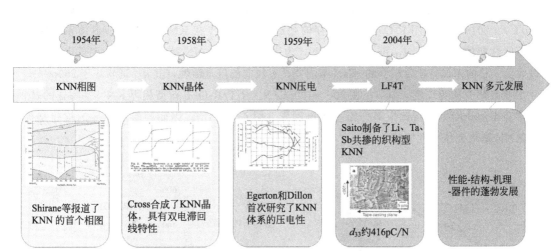

图 4.19　铌酸钾钠基压电材料的历史进展

图 4.20(a) 显示了 21 世纪以来，KNN 在无铅压电陶瓷领域的发文情况及研究占比。可以发现，KNN 基无铅压电陶瓷相界类型与压电性能的关联获得了广泛研究，相界构建也成为了优化压电性能的关键技术手段。理论上，在 KNN 基体里引入三方添加物可在室温下构建出 R-O 相界。虽然添加第二组元 $BiScO_3$、$BiFeO_3$、Sb^{5+}、$BaZrO_3$ 能将 T_{R-O} 向室温方向提升，但最终的压电响应很弱，其压电常数 d_{33} 通常低于 250pC/N。因而，具有三方-正交（R-O）相界的 KNN 基压电陶瓷由于较差的电学性能以及相界难以构建等原因并没有获得较多的关注。相较于 R-O 相界，正交-四方是研究最早、最广泛的一类相界。鉴于纯 KNN 的 O-T 相变温度在 200℃ 附近，离子掺杂如 Li、Ta 等或者添加第二组元如 $LiNbO_3$ 等能较容易地将 T_{O-T} 转移到室温附近，这一类掺杂物称为四方添加物。2004 年以后，离子掺杂（Li、Ta、Sb）或者添加第二组元（$LiNbO_3$、$LiTaO_3$、$LiSbO_3$、$BaZrO_3$、$SrTiO_3$、$BiScO_3$ 等）被主要用来构建 O-T 相界。例如，Guo 等利用 $LiTaO_3$、$LiNbO_3$ 改性 KNN 构建出了 O-T 相界，但压电常数只在 200～235pC/N 范围内，远低于 KNN 织构陶瓷的性能。直到 2011 年，山东大学的张家良等才在 Li、Ta、Sb 共同改性的 KNN 陶瓷中获得与织构陶瓷相媲美的压电性能（$d_{33}=413$pC/N）。然而，即使付出了十多年的努力，O-T 相界的构建仍然没能带来压电性能的突破。由于 O-T 相界难以进一步提高 KNN 陶瓷的压电性能，构建新型相界成为了一项紧迫的研究任务。受锆钛酸铅 PZT 固溶体中三方-四方准同型相界的启发，可利用三方添加物和四方添加物将 T_{R-O} 和 T_{O-T} 同时移动到室温附近，构建出类似 PZT 陶瓷中的 R-T 相界 [图 4.20(b)]。基于这一思路，成功制备了一系列高压电性能的 KNN 基陶瓷 [图 4.20(c)]。例如，在 2013 年，利用 Li、Sb、$BaZrO_3$ 共同改性 KNN 陶瓷，由于成功构建出了 R-T 相界，陶瓷的压电性能首次达到了 425pC/N，T_C 约 197℃，k_p 约 0.5。2014 年，组分改性设计出的 KNNS-BNKZ 陶瓷压电性能达到了 490pC/N，T_C 约 227℃，k_p 约 0.48。到 2016 年，KNNS-BKH-BZ 陶瓷体系获得了更为优异的压电性能，其 d_{33} 为 570pC/N，T_C 为 190℃，k_p 为 0.5。在组分改性调控相变温度的过程中，如果正交 O 相没有被完全压缩，则会出现另外一类三相共存（R-O-T）。2015 年，利用 $BiFeO_3$ 和 $Bi_{0.5}Na_{0.5}ZrO_3$ 共同改性 KNN，获得了 d_{33} 为 428pC/N，k_p 为 0.52，且 T_C 为 318℃ 的陶瓷材料。2016 年，Sb、$BiScO_3$、

$Bi_{0.5}Na_{0.5}ZrO_3$ 共同改性 KNN 获得了更高的压电性能（d_{33} 为 480pC/N，k_p 为 0.46，T_C 为 240℃）。2019 年，利用 R-O-T 三相共存的弛豫特性进一步在 KNNS-BNKZ-AS 体系中实现了压电性能的新突破，d_{33} 可达 650pC/N，为当前非织构 KNN 基无铅压电陶瓷压电性能的最大值。总的来说，R-O 相界的 KNN 基陶瓷具有较弱的压电活性，其 d_{33} 通常小于 250pC/N。O-T 相界研究最为广泛，其 d_{33} 在 200～400pC/N。R-T/R-O-T 新型相界 KNN 基陶瓷的 d_{33} 通常高于 400pC/N，可比拟部分铅基压电陶瓷 [图 4.20(d)]。因而，新型相界的构建是提升 KNN 基陶瓷压电性能的关键。

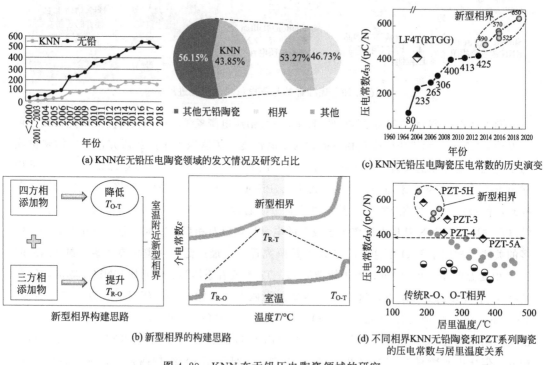

(a) KNN在无铅压电陶瓷领域的发文情况及研究占比

(c) KNN无铅压电陶瓷压电常数的历史演变

(b) 新型相界的构建思路

(d) 不同相界KNN无铅陶瓷和PZT系列陶瓷的压电常数与居里温度关系

图 4.20　KNN 在无铅压电陶瓷领域的研究

（3）钛酸铋钠

1991 年，Takenata 等合成了二元固溶体 $(1-x)Bi_{0.5}Na_{0.5}TiO_3$-$xBaTiO_3$（BNT-BT），并发现在 $0.06 \leqslant x \leqslant 0.08$ 时，该体系具有三方-四方两相共存的相结构 [图 4.21(a)]，存在类似于 PZT 陶瓷的 MPB 相界，当 $x=0.06$ 时其 d_{33} 达到 129pC/N。1999 年，Sasaki 等合成了 $(1-x)Bi_{0.5}Na_{0.5}TiO_3$-$xBi_{0.5}K_{0.5}TiO_3$（BNT-BKT）二元固溶体，同样地，该体系在 $0.16 \leqslant x \leqslant 0.20$ 区间内也存在类似 MPB 的相界，在相界附近 d_{33} 可达到 151pC/N。此后大量实验开始围绕 BNT-BT 和 BNT-BKT 进行研究，使得 BNT 基陶瓷的结构本质得到进一步明晰、压电性能得到进一步提升。例如，Tan X L 等利用 TEM 和 SAED 详细研究了未极化 BNT-BT 陶瓷体系的畴结构和相结构并总结了该体系的相图 [图 4.21(b)]。与 Takenata 在 1991 年报道的相图不同，TEM 和 SAED 的结果表明随着 BT 含量的增加，BNT 的相结构会发生铁电三方 R3c 到弛豫四方 P4bm 再到铁电四方 P4mm 的相转变。

虽然有关 BNT 的众多二元甚至三元体系被不断探索和优化，但这些研究也同时表明，

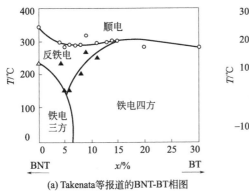
(a) Takenata等报道的BNT-BT相图

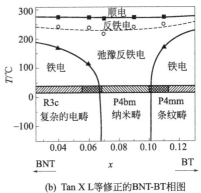
(b) Tan X L等修正的BNT-BT相图

图 4.21 BNT-BT 相图

想要再进一步突破目前的压电瓶颈将十分困难。2007 年，张善涛等在 $Bi_{0.5}Na_{0.5}TiO_3$-$BaTiO_3$-$K_{0.5}Na_{0.5}NbO_3$（BNT-BT-KNN）三元固溶体中发现了高的应变响应，其应变值在 8kV/mm 的外电场下为 0.45%，并认为该高应变来源于电场诱导反铁电到铁电的相转变。该发现也为 BNT 基陶瓷的研究注入了新的活力，使得各国科研工作者的注意力再次聚焦 BNT 基无铅陶瓷体系。2016 年，Tan X L 等利用 Sr 和 Nb 共同改性 BNKT 陶瓷在较低的外电场（$E=5$kV/mm）下获得了更高的应变值（$S=0.7\%$），并利用 TEM 技术验证了 Jo Wook 提出的 BNT 基陶瓷高应变的起源为电场诱导非极性到极性的相转变（图 4.22）。

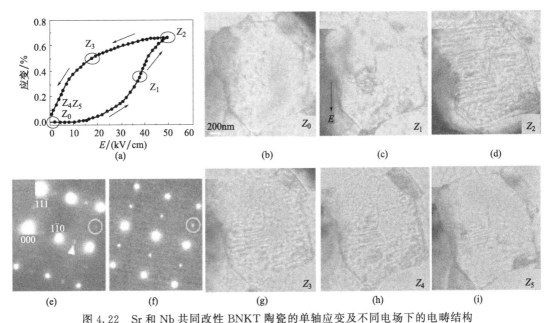

图 4.22 Sr 和 Nb 共同改性 BNKT 陶瓷的单轴应变及不同电场下的电畴结构

（4）铁酸铋

铁酸铋（$BiFeO_3$）陶瓷是一类具有高居里温度（$T_C=825$℃）的钙钛矿单相多铁材料，室温下是三方 R3C 结构，铁电自发极化沿 [111] 方向，理论极化强度可达 $90\sim100\mu C/cm^2$。然而，单相铁酸铋陶瓷却存在诸多缺点，例如制备过程中产生的杂相、Bi 挥发、Fe 变价导致的漏电流大，电阻率低、矫顽场高导致的难以极化等问题。针对存在的问题，研究者们尝试了各种方法制备绝缘性良好的铁酸铋基压电陶瓷。例如快速液相烧结、淬火烧结、等离子体烧结等新颖的制备技术，离子掺杂、添加第二组元等成分改性技术。其中，$Bi_{1-x}Sm_xFeO_3$ 和（$1-x$）$BiFeO_3$-$xBaTiO_3$ 是目前最为经典的材料体系。$BiFeO_3$ 与 $BaTiO_3$ 形成固溶体不仅可抑制杂相的生成，而且可提高电学性能和绝缘性能。2015 年韩国研究人员利用三方-四方相共存＋淬火处理，在 BF-BT 基陶瓷中实现了高压电性能（$d_{33}=402pC/N$）和高的居里温度（$T_C=454℃$）。

然而，BF-BT 陶瓷的晶体结构却一直存在争议。除了三方-四方共存相以外，Kumar 等研究了（$1-x$）$BiFeO_3$-$xBaTiO_3$ 陶瓷的晶体结构与铁酸铋含量的关系 [图 4.23(a)]。当铁酸铋的含量高于 70% 时，该体系陶瓷是三方相结构；当铁酸铋的含量在 4%～70% 之间时，陶瓷晶体结构为立方结构；而当铁酸铋的含量低于 4% 时，陶瓷晶体结构变为四方相结构。Chandarak 等则认为当 $BaTiO_3$ 的含量为 0.25 时存在三方相和立方相两相共存的准同型相界。Zhou 等认为当 $BaTiO_3$ 的含量低于 0.25 时陶瓷结构为三方相；等于 0.275 和 0.30 时，陶瓷结构为一种混合相；大于 0.325 时，陶瓷晶体结构为赝立方相。此外他们根据该体系陶瓷的成分与压电性能关系，得到了相图 [图 4.23(b)]。图中带斜纹长方形区域为准同型相界成分点，在该区域内，陶瓷的压电性能最好。然而不得不说，BF-BT 陶瓷体系相结构的判断，特别是多相共存区域相结构的表征和准确鉴别仍然是无铅压电陶瓷研究领域的难点。

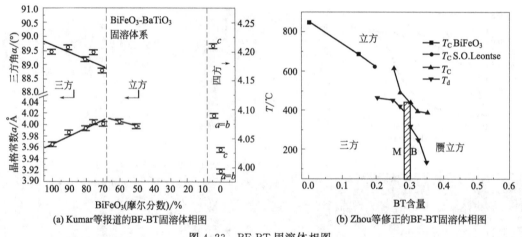

(a) Kumar等报道的BF-BT固溶体相图　　　　(b) Zhou等修正的BF-BT固溶体相图

图 4.23　BF-BT 固溶体相图

虽然目前关于铁酸铋基陶瓷相结构的判定仍然存在很大争议，但可以确定的是，通过设计晶体结构的不稳定性（多相共存、弛豫特性调控）可实现电学性能的提升。然而由于对铁酸铋陶瓷相结构本征特性、相变机制缺乏清楚的认识和对相界构建缺乏理论指导，导致目前对电致应变性能的研究、应变机制的探讨稍显不足，特别是针对结构与电致应变的关联、电致应变的物理内涵、应变性能的温度稳定性、性能增强的物理机理等方面还鲜有报道。图 4.24 显示了（$0.99-x$）BFS-xBT-0.01BZH 材料体系在组分、电场、温度诱导下相结构、畴结构的演变，以此来揭示结构与性能之间的关联。对于纯 BFO 陶瓷，其（110）和（111）都呈现两个分裂的衍射峰，PFM 结果显示了宏畴的存在，表明其典型的长程铁电三方相结构。随着 BT 的引入，两个衍射峰逐渐靠近并最终在 0.35 时合并成一个单峰，PFM 图也正好对应于畴尺寸的逐渐降低，从宏畴微畴的共存过渡到短程的纳米铁电畴并伴随着居里温度/退极化温度的降低和介电弛豫特性的增强。因而，BF-BT 陶瓷中三方相到宏观赝立方的转变应该归因于 BT 的引入导致的随机场增加，电畴尺寸的减小，而不是相对称性的变化。其压电和应变性能的增强也只是不同类型铁电畴的能量差异导致，这也是室温下普通烧结制备的 BF-BT 体系难以获得类似 KNN、BT 基陶瓷高压电性能的原因之一。虽然该陶瓷的室温性能难以匹配 KNN、BNT 等材料体系，但其压电和应变性能都呈现出明显的正温度系数，使其在高温应用方面展现出独特的优势。

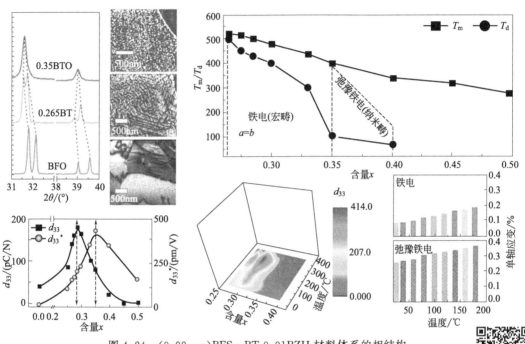

图 4.24　$(0.99-x)$BFS-xBT-0.01BZH 材料体系的相结构、
畴结构、相图及其压电和应变性能在不同温度下的演变

近年来，利用弛豫铁电体制备的电致伸缩材料因其具有高精度位移等优点而备受关注。研究表明，通过离子工程设计极性纳米结构在铁酸铋基陶瓷中可实现介电弛豫行为及电致伸缩性能的操控（图 4.25）。通过多层次多尺度的结构表征发现，伴随着随机场的增强和氧八面体的退化，具有强压电响应的极性团簇晶粒和弱压电响应极性实体晶粒共存的晶粒不均匀性贡献了铁酸铋基陶瓷的介电弛豫行为。这种晶粒依赖的极性纳米结构不均匀导致的介电弛豫与以往在铅基体系中（PMN、PMN-PT）提出的介电弛豫结构模型完全不同。特别是，这种弛豫行为使得铁酸铋基陶瓷具有较大的电致伸缩应变（$S=0.18\%\sim0.27\%$，$T=20\sim100\text{℃}$），且电致伸缩系数 Q_{33} 基本不随组分、电场、温度的变化而变化。该工作通过对铁酸铋基陶瓷微观结构的观察和介观结构的操控，还有望于应用于诸如压电、应变、储能等宏观性能的优化。

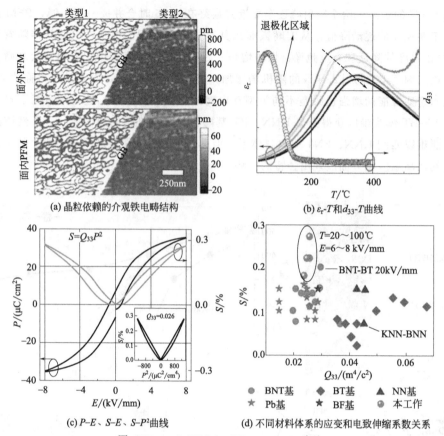

(a) 晶粒依赖的介观铁电畴结构

(b) ε_r-T和d_{33}-T曲线

(c) P–E、S–E、S–P^2曲线

(d) 不同材料体系的应变和电致伸缩系数关系

图 4.25　0.59BFS-0.4BT-0.01BZH 陶瓷

4.3.2　钨青铜

　　钨青铜结构是公认的仅次于钙钛矿结构的第二大类介电材料。由于其高介电常数、低介电损耗、良好的介温稳定性，在片式电容器、微波通信等领域有着广泛应用。除了优异的介电性能，该类材料在铁电、压电、热释电和非线性光学等方面也表现出了独特的性能特征，因而钨青铜结构材料获得了越来越多的关注。钨青铜来源于最早制备的 K_xWO_3（$0<x<1$）钨酸盐，其结构由 WO_6 氧八面体共顶点构成。根据氧八面体共顶点时形成的四棱柱、五棱柱、六棱柱之间间隙的不同，钨青铜结构也可分为三大类型：①非化学计量钨青铜；②共生钨青铜；③四方钨青铜。非化学计量钨青铜的结构通式为 M_xWO_3（$0<x<1$）。通常 M 可以是碱金属、碱土金属、稀土金属。该类钨青铜是一种低温超导体，具有很高的电导率。共生钨青铜是一类符合化学计量的化合物，研究相对较少，也没有普遍接受的结构通式。

　　目前研究最为广泛的是四方钨青铜结构，其晶体结构类似于钙钛矿结构，由氧八面体作为基本结构单元，化学式可写为$(A_1)_2(A_2)_4C_2(B_1)_2(B_2)_2O_{30}$。图 4.26 为四方钨青铜结构在(001) 平面上的投影。可以看到该结构晶胞是由 10 个氧八面体共顶点连接而成的网络结构，且单个晶胞高度等于一个氧八面体的高度。根据其化学式，A 位通常被较大的阳离子（如 Ba^{2+}、Sr^{2+}）全充满或部分充满，八面体中的 B 位通常由离子半径较小的高价阳离子（如 Nb^{5+}、Ta^{5+}）占据，C 位可空或者被离子半径较小的低价阳离子（如 Li^+）占据。根据填充的间隙位置不同，四方钨青铜结构又可分为以下三类：完全充满型、未充满型、充满型。其中完全充满型是所有间隙位置 A_1、A_2、C 都被不同离子完全占据，其典型代表是具有优异光学性质的 $K_3Li_2Nb_5O_{15}$ 陶瓷。未充满型结构是指 C 位完全空缺，A_1 位被部分占据，A_2 位被完全占据。该类结构的典型代表是具有优异热释电和光学性质的 $Sr(1-x)Ba\text{-}xNb_2O_6$（SBN）陶瓷，已被广泛应用于光调制器、滤波器、红外探测器等领域。充满型结构是指 C 位完全空缺，A 和 B 位被完全占据，结构通式为 $A_6B_{10}O_{30}$。充满型结构陶瓷具有高介电常数、低介电损耗，有望在高介电常数温度补偿型电容器中实现应用。

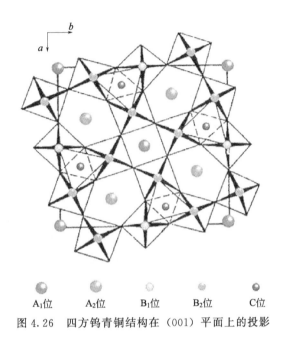

| A₁位 | A₂位 | B₁位 | B₂位 | C位 |

图 4.26　四方钨青铜结构在（001）平面上的投影

4.3.3　铋层状

早在 1949 年，Aurivillus 等就制备了一系列 $(Bi_2O_2)^{2+}$ 和钙钛矿 $(A_{m-1}B_mO_{3m+1})^{2-}$ 层交互排列的铁电体，其结构通式为 $(Bi_2O_2)^{2+}(A_{m-1}B_mO_{3m+1})^{2-}$，统称为铋层状结构铁电体。其中，钙钛矿层中的 A 为 12 配位数的离子或者复合离子，B 为八面体配位的离子或者复合离子，m 为八面体层数，取值范围为 1～5 的整数。图 4.27 显示了不同 m 值下的铋层状晶体结构。由于其特殊的晶体结构，铋层状结构压电陶瓷具有很多独特的优势，例如高居里温度、高电阻、高介电击穿强度、优异的老化特性和疲劳特性。然而，这类材料也存在很明显的缺点。例如，高的矫顽场导致难以获得饱和极化，压电响应低等。因而，铋层状压电陶瓷主要应用于高温压电领域以及高频领域。近年来，关于铋层状结构压电陶瓷的研究主要集中在制备工艺优化和离子掺杂改性电学性能方面。根据 A、B 位离子掺杂改性以及 m 的不同取值，铋层状主要可分为四大类：①$Bi_4Ti_3O_{12}$；②Bi_3TiNO_9（N＝Nb、Ta）；③$MBi_4Ti_4O_{15}$（M＝Ca、Sr、Ba、$K_{0.5}Bi_{0.5}$、$Na_{0.5}Bi_{0.5}$）；④$MBi_2N_2O_9$（N＝Nb、Ta）。

第一类 $Bi_4Ti_3O_{12}$（BIT）是最早研究的铋层状陶瓷体系。纯的 $Bi_4Ti_3O_{12}$ 陶瓷居里温度为 675℃。通常用稀土元素（La、Sm、Nd、Dy、Ce、Sr）取代 A 位，高价元素（Nb、Ta、

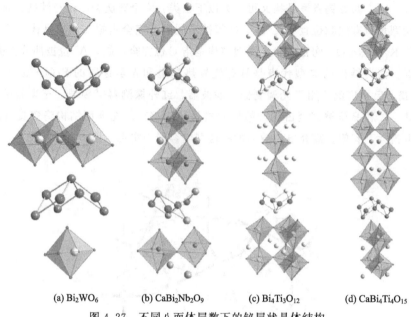

(a) Bi_2WO_6 (b) $CaBi_2Nb_2O_9$ (c) $Bi_4Ti_3O_{12}$ (d) $CaBi_4Ti_4O_{15}$

图 4.27　不同八面体层数下的铋层状晶体结构

W、V）取代 B 位，从而实现电学性能的提升。例如，$Bi_4Ti_{2.95}(Mg_{1/3}Nb_{2/3})0.05O_{12}$ 陶瓷的压电常数 d_{33} 能达到 30pC/N，剩余极化强度 P_r 为 $15.5\mu C/cm^2$，且居里温度为 685℃。此外，烧结工艺的优化也可提升压电性能。例如，热煅制备的具有高度取向的 $Bi_{3.7}Sr_{0.3}Ti_{2.7}Ta_{0.3}O_{12}$ 铋层状陶瓷 d_{33} 可提升到 49.5pC/N，远远优于普通烧结法获得的同组分陶瓷的压电性能（$d_{33}=$ 14.6pC/N）。

第二类 Bi_3TiNO_9（N＝Nb、Ta）铋层状陶瓷材料具有较高的居里温度、低的压电活性。例如，Bi_3TiNbO_9 和 Bi_3TiTaO_9 的居里温度分别为 914℃ 和 890℃。与传统固相法制备的 Bi_3TiNbO_9 陶瓷电学性能相比（$d_{33}=7pC/N$，$P_r=0.7\mu C/cm^2$），制备工艺的优化，例如热压烧结，可以部分提升电学性能（$d_{33}=15pC/N$，$P_r=5.3\mu C/cm^2$）。此外，离子掺杂改性虽然可部分提升压电性能，但该类陶瓷的压电系数仍然很低，通常低于 20pC/N。

第三类 $MBi_4Ti_4O_{15}$（M＝Ca、Sr、Ba、$K_{0.5}Bi_{0.5}$、$Na_{0.5}Bi_{0.5}$）是目前研究最为广泛的一类铋层状陶瓷。为了描述方便，根据 M 的不同可缩写为 CBT、SBT、BBT、KBT、NBT。图 4.28(a) 总结了这五种材料体系的压电常数和居里温度。对于纯的 CBT 陶瓷，压电常数和居里温度分别为 7 pC/N 和 789℃。离子掺杂改性可部分提升 CBT 的压电常数。特别的是，NBT 陶瓷系列同时具有较高的居里温度以及增强的压电性能。与 CBT 和 BNT 系列相比，SBT、BBT、KBT 陶瓷材料则没有明显的优势。

对于第四类 $MBi_2N_2O_9$（M＝Ca、Sr、$Na_{0.5}Bi_{0.5}$，N＝Nb、Ta）铋层状陶瓷，研究最多的包括 $SrBi_2Nb_2O_9$（SBN）、$CaBi_2Nb_2O_9$（CBN）、$Na_{0.5}Bi_{2.5}Nb_2O_9$（NBN）、$SrBi_2Ta_2O_9$（SBT）。图 4.28(b) 比较了这四种陶瓷材料的压电常数和居里温度。CBN 和 NBN 体系具有更高的居里温度和压电常数。例如，纯 CBN 陶瓷具有超高的居里温度（$T_c=943℃$）。通过工艺的优化或者组分改性，其压电和铁电性能也能得到部分提升。表明 CBN 和 NBN 将是铋层状压电陶瓷在高温应用领域最具潜力的体系。

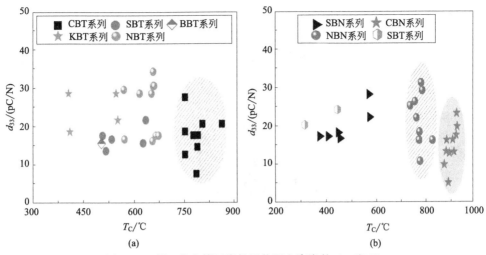

图 4.28　第三类和第四类铋层状压电陶瓷的 d_{33} 和 T_C

4.4 铁电压电陶瓷的器件设计与应用

压电陶瓷主要应用领域如表 4.6 所示。本节主要介绍三类压电电子器件的研究进展，包括压电传感器、压电驱动器、压电换能器。相关电子器件如图 4.29 所示。

表 4.6　压电陶瓷主要应用领域

应用领域		举例
1.电源	压电变压器	雷达、电视显像管等
2.信号源	标准信号源	谐振器、压电音叉等
3.信号转换	电声换能器	拾声器、送话器、扬声器等
	超声换能器	超声切割、焊接、清洗、搅拌等
4.发射与接收	超声换能器	疾病诊断、无损探伤等
	水声换能器	导航定位、声呐、鱼群探测等
5.信号处理	滤波器	分立或复合滤波器、带通滤波器等
	放大器	声表面波放大器、振荡器等
	表面波导	声表面波传输线
6.传感与计测	加速度计、压力计	加速度计、振动计、流速计等
	角速度计	压电陀螺
	位移发生器	激光稳频补偿元件、显微加工设备
	红外探测器	非接触式测温、热成像、热点探测等
7.存储显示	调制	电光、声光调制器
	存储	光信息存储器、光记忆器
	显示	铁电显示器、声光显示器

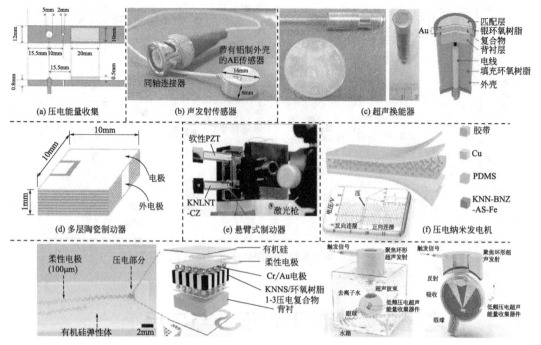

（a）压电能量收集　　（b）声发射传感器　　（c）超声换能器

（d）多层陶瓷制动器　　（e）悬臂式制动器　　（f）压电纳米发电机

（g）超声能量收集

图 4.29　利用 KNN 基无铅压电材料制备的原型电子器件

4.4.1　压电传感器

压电传感器是利用正压电效应制备的一类电子器件，包括压电能量收集器、纳米发电机、声能采集器等。2017 年，候育东课题组利用 MnO_2 改性 KNN 陶瓷作为驱动元件，获得了输出电压为 7V、输出功率为 $16\mu W$ 的能量收集器。除了能量收集器，目前更热门的研究是利用压电与聚合物形成的复合物来制备纳米发电机。2014 年，Lee 等将传统固相法制备的KNNL 颗粒和铜纳米棒分散在 PDMS 聚合物基体中，采用 simple spin-coating 法制备的柔性纳米发电机输出电压和输出电流分别为 12V 和 $1.2\mu A$。同时他们采用 Bar-coating 法制备了大面积（$30cm \times 30cm$）的柔性纳米发电机，其输出电压和输出电流分别达到了 140V 和 $8\mu A$。此外，声能采集器也获得了一定的关注。例如，利用 $K_{0.475}Na_{0.475}Li_{0.05}(Nb_{0.92}Ta_{0.05}Sb_{0.03})O_3$ 陶瓷制备的共振器在 1dB 的声压下最大输出电压和输出功率分别为 16.3V 和 0.033mW。

4.4.2　压电驱动器

对于非谐振条件下的压电驱动器，例如多层陶瓷驱动器，其品质因数为逆压电常数 d_{33}^*。而对于谐振条件下的压电驱动器，例如超声马达，通常用应变 χ（$\chi = \frac{8}{\pi^2}Q_m dE$）来作为其品质因数。利用多层技术实现低电压产生高电场来提高器件的响应已经成为一项较为成熟的技术。对于多层陶瓷驱动器，应变、应变温度稳定性、位移、阻尼力、电极是必须重点考虑的几个因素。来自日本的科学家通过改进装配技术，利用 KNNT 陶瓷定制了多层陶瓷驱动器，同时获得了 $7\mu m$ 的位移和 0.2N 的阻尼力。超声马达是一类可用于移动电子设备的谐振驱动器。旋转速度（Ω_0）、扭矩（T_0）、效率（η）被用来作为超声马达性能的评估指标。利用剪切模式 CZ5 陶瓷制备的环状超声马达被认为可用于数码相机里的自动对焦模块。总的来说，利用无铅 KNN 基压电陶瓷制备驱动器仍然存在较大的困难，其原型器件的性能与铅基器件相比还存在较大的差距。因而，无铅驱动器的实用化还有很长的路要走。

4.4.3 压电换能器

与传感器不一样，换能器利用的是压电材料的逆压电效应。目前热门的研究是利用压电材料制备谐振条件下的超声换能器，将电信号转变为超声信号，应用于超声诊断技术。对于超声换能器，带宽（BW）和插入损耗（IL）是评价器件性能的关键指标。通常来说，带宽越大插入损耗越低，器件的分辨率就越高。利用 KNNLT 和环氧聚合物形成的复合物作为驱动元件制备的超声换能器在中心频率为 29MHz 时，获得了近于 90％的−6dB 带宽，其值远远优于 PMN-PT 弛豫单晶超声换能器。特别的是，Zhu B P 等利用具有高压电常数的 KNNS-BNKZ 陶瓷材料也成功制备了高频超声换能器。其带宽和插入损耗分别为 56.8％和 16％，显示了 KNN 基压电陶瓷用于超声换能器的潜力。

课后习题

1. 简述压电铁电陶瓷的主要性能参数，并举例说明物理含义。
2. 试推导四类压电方程组。
3. 简述弛豫铁电体的结构特点及可能的物理模型。
4. 分析几类无铅压电陶瓷的性能优缺点及其研究进展。
5. 试分析压电铁电陶瓷结构与性能之间的构效关系。
6. 利用压电陶瓷可制备传感器、换能器、驱动器等，选择一类电子器件说明其工作原理。
7. 举例说明压电陶瓷在我们日常生活中的应用。
8. 分析国内外一家著名电子陶瓷公司的发展战略。

参考文献

[1] Lv X，Wu J，Zhang X. A new concept to enhance piezoelectricity and temperature stability in KNN Ceramics [J]. Chem Eng J，2020，402：126215.

[2] 钟维烈. 铁电体物理学 [M]. 北京：科学出版社，1996.

[3] Qiao L，Li G，Tao H，et al. Full characterization for material constants of a promising KNN-based lead-free piezoelectric ceramic [J]. Ceram Int，2019，46：5641-5644.

[4] Qin Y，Zhang J，Tan Y，et al. Domain configuration and piezoelectric properties of $(K_{0.50}Na_{0.50})_{1-x}Li_x(Nb_{0.80}Ta_{0.20})O_3$ ceramics [J]. J Eur Ceram Soc，2014，34：4177-4184.

[5] Zheng T，Wu H，Yuan Y，et al. The structural origin of enhanced piezoelectric performance

and stability in lead free ceramics [J]. Energy Environ Sci, 2017, 10: 528.

[6] Tao H, Wu H, Liu Y, et al. Ultrahigh performance in lead-free piezoceramics utilizing a relaxor slush polar state with multiphase coexistence [J]. J Am Chem Soc, 2019, 141: 13987-13994.

[7] Jin L, Li F, Zhang S. Decoding the fingerprint of ferroelectric loops: comprehension of the material properties and structures [J]. J Am Ceram Soc, 2014, 97: 1-27.

[8] Zheng T, Wu J, Xiao D, et al. Recent development in lead-free perovskite piezoelectric bulk materials [J]. Prog Mater Sci, 2018, 98: 552-624.

[9] Jaffe B, Cook W R, Jaffe H. Piezoelectric ceramics [M]. New York: Academic New York, 1971.

[10] Cox D, Noheda B, Shirane G. Universal phase diagram for high-piezoelectric perovskite systems [J]. Appl Phys Lett, 2001, 79 (3): 400-402.

[11] Lee S G, Monteiro R G, Feigelson R S, et al. Growth and electrostrictive properties of $Pb(Mg_{1/3}Nb_{2/3})O_3$ crystals [J]. Appl Phys Lett, 1997, 74 (7): 1030-1032.

[12] Yamashita Y, Hosono Y, Harada K, et al. Piezoelectric materials in devices [M]. Switzerland: Ceramics Laboratory, 2002.

[13] Li F, Cabral M, Xu B, et al. Giant piezoelectricity of Sm-doped $Pb(Mg_{1/3}Nb_{2/3})O_3$-$PbTiO_3$ single crystals [J]. Science, 2019, 364: 264-268.

[14] Qiu C, Wang B, Zhang N, et al. Transparent ferroelectric crystals with ultrahigh piezoelectricity [J]. Nature, 2020, 577: 350-354.

[15] Saito Y, Takao H, Tani T, et al. Lead-free piezoceramics [J]. Nature, 2004, 432: 84-87.

[16] E Cross. Lead free at last [J]. Nature, 2004, 432: 24-25.

[17] Zhao C, Huang Y, Wu J, Multifunctional barium titanate ceramics via chemical modification tuning phase structure [J]. InfoMat, 2020, 2 (12): 1-28.

[18] Liu W, Ren X. Large piezoelectric effect in Pb-free ceramics [J]. Phys Rev Lett, 2009, 103: 257602.

[19] Zhao C, Wu H, Li F, et al. Practical high piezoelectricity in barium titanate ceramics utilizing multiphase convergence with broad structural flexibility [J]. J Am Chem Soc, 2018, 140: 15252-15260.

[20] Gonzalez C, Schileo G, Khesro A, et al. Band gap evolution and a piezoelectric-toelectrostrictive crossover in $(1-x)KNbO_3$-$x(Ba_{0.5}Bi_{0.5})(Nb_{0.5}Zn_{0.5})O_3$ ceramics [J]. J Mater Chem C, 2017, 5: 1990.

[21] Lv X, Li Z, Wu J, et al. Lead-free $KNbO_3$: xZnO composite ceramics [J]. ACS Appl Mater Interfaces, 2016, 8: 30304-30311.

[22] Gao L, Guo H, Zhang S, et al. A perovskite lead-free antiferroelectric xCaHfO$_3$-$(1-x)$NaNbO$_3$ with induced double hysteresis loops at room temperature [J]. J Appl Phys, 2016, 120: 204102.

[23] Lv X, Zhu J, Xiao D, et al. Emerging new phase boundary in potassium sodium-niobate

based ceramics [J]. Chem Soc Rev, 2020, 49: 671.

[24] Takenaka T, Maruyama K, Sakata K. ($Bi_{1/2}Na_{1/2}$) TiO_3-$BaTiO_3$ system for lead-free piezoelectric ceramics [J]. Jpn J Appl Phys, 1991, 30 (9B): 2236-2239.

[25] Ma C, Tan X. Phase diagram of unpoled lead-free $(1-x)(Bi_{1/2}Na_{1/2})TiO_3$-$xBaTiO_3$ ceramics [J]. Solid State Commun, 2010, 150: 1497-1500.

[26] Zhang S, Kounga A, Aulbach E, et al. Giant strain in lead-free piezoceramics $Bi_{0.5}Na_{0.5}TiO_3$-$BaTiO_3$-$K_{0.5}Na_{0.5}NbO_3$ system [J]. Appl Phys Lett, 2007, 91: 112906.

[27] Liu X, Tan X. Giant strains in non-textured ($Bi_{1/2}Na_{1/2}$)TiO_3-based lead-free ceramics [J]. Adv Mater, 2016, 28: 574-578.

[28] Lee M, Kim D, Park J, et al. High-performance lead-free piezoceramics with high curie temperatures [J]. Adv Mater, 2015, 27: 6976-6982.

[29] Kumar M, Srinivas A, Suryanarayana S. Structure property relations in $BiFeO_3$/$BaTiO_3$ solid solutions [J]. J Appl Phys, 2000, 87: 855.

[30] Yang H, Zhou C, Liu X. Structural, microstructural and electrical properties of $BiFeO_3$-$BaTiO_3$ ceramics with high thermal stability [J]. Mater Res Bull, 2012, 47 (12): 4233-4239.

[31] Zheng T, Wu J. Perovskite $BiFeO_3$-$BaTiO_3$ ferroelectrics: engineering properties by domain evolution and tthermal depolarization modification [J]. Adv Electron Mater, 2020, 6 (5): 2000079.

[32] Zheng T, Wu J. Mesoscale origin of dielectric relaxation with superior electrostrictive strain in bismuth ferrite-based ceramics [J]. Mater Horiz, 2020, 7: 3011.

[33] Ko J, Kojima S, Lushnikov S, et al. Low-temperature transverse dielectric and pyroelectric anomalies of uniaxial tungsten bronze crystals [J]. J Appl Phys, 2002, 92: 1536-1543.

[34] Wu J. Bismuth layer structured ferroelectrics [M] // Advances in lead-free piezoelectric materials. Berlin: Springer, 2018.

[35] Wu J. Application of lead-free piezoelectric materials [M] // Advances in lead-free piezoelectric materials. Berlin: Springer, 2018.

第 5 章

铁电储能陶瓷及器件

5.1 概述

随着能源消耗的日益增加，近些年在全球范围内发展环境友好型、成本低廉的可再生能源需求变得越发迫切。获取绿色环保、精准智能的能源系统关键因素之一，便在于其底层的核心材料，即高性能的储能材料。

目前，主流的储能器件有电池、介电电容器、电化学电容器、燃料电池等，如图 5.1(a) 所示。介电电容器，由于其超高的充-放电速率（纳秒级别）和极高的功率密度（高达 $10^8\,W/kg$），已成为脉冲功率设备中最重要的元件之一。研究人员已经开发了许多类型的介电电容器储能材料，如聚合物、陶瓷聚合物复合材料、玻璃、玻璃陶瓷和陶瓷等。介电储能电容器具有众多优点，如果能大幅度提高介电储能电容器的储能密度，则可减小储能装置的体积，使其在小型化、集成化电路系统中的应用更加广泛，甚至有可能超过化学储能装置和电化学超级电容器在储能装置中的应用水平。介电陶瓷由于制备工艺简单及成本低廉，被认为是储能应用的首选材料。截至目前，以介电陶瓷为基础制备的储能电容器已在航空航天、石油钻探、电磁脉冲武器和各种应用中得到了初步应用。储能陶瓷正是介电储能电容器所使用的重要材料，其具有较大的介电常数、较低的介电损耗、适中的击穿电场、较好的温度稳定性、良好的抗疲劳性能等优点，在耐高温介电脉冲功率系统上有良好的应用前景。

此外，根据极化随电场的变化，储能介质材料可分为线性介质和非线性介质两种不同类型。对于线性电介质，其介电常数与电场无关，极化强度与电场强度线性相关。对于非线性介质材料，其极化在充电时增大到最大极化 P_{max}（电场增大到击穿电场 E_b），放电后减小到非零剩余极化 P_r（电场减小到零）。线性介质材料通常具有较高的抗击穿强度和能量效率，但其最大极化值（P_{max}）较小，阻碍其作为高能量存储器件的发展。与此相反，由于偶极子的重排、铁电畴的开关、畴壁的运动等，非线性介质的介电常数和极化强度随外加电场的变化而变化。因而，通过调控非线性电介质随电场的响应行为（如最大极化强度、抗击穿场强等），更有望在该类材料中获取高的介电储能密度。

由于铅基陶瓷如铌镁酸铅-钛酸铅（PMN-PT）、锆钛酸铅镧（PLZT）和锆锡酸钛酸铅镧（PLZST）具有优异且可恢复的储能能量密度和高的储能效率，因而其占据了近几十年来的介电储能陶瓷材料市场。近年来，欧盟修订的《关于限制在电子电气设备中使用某些有害成分的指令》中有关铅的豁免条例已经正式实施。其中，该条例明确指出了电子电气器件的玻璃或陶瓷（电容中介电陶瓷除外）中的铅以及玻璃或陶瓷复合材料中的铅的豁免最长至2024年。因此用无铅储能陶瓷材料去替代含铅材料是未来需要发展的一个重点方向。图 5.1(b) 展示了 2010~2019 年这十年间，关于无铅储能陶瓷的发文数量。近些年无铅储能陶瓷迅猛上升的发文数量表明，无铅储能陶瓷相关的研究已成为当下的热点。2020 年，由中国科学院科技战略咨询研究院、中国科学院文献情报中心和科睿唯安联合发布了《2020 研究前沿》。该报告中指出，无铅储能陶瓷在化学与材料科学领域前十热点前沿中已经位列第一。

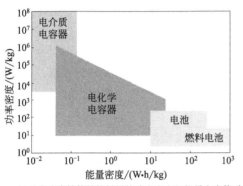
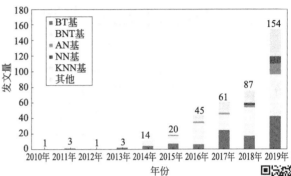

(a)几类代表性的储能材料的功率密度与能量密度的对比图　　(b) 无铅储能陶瓷在近10年来的文章发表情况

图 5.1　电介质电容器的储能概览

目前，通过多种途径，块体陶瓷的储能密度已经大幅提升至超过 $10J/cm^3$ 的水准，如图 5.2 所示。然而目前的教科书对块体陶瓷在储能这一块的发展却少有更新。因此，基于笔

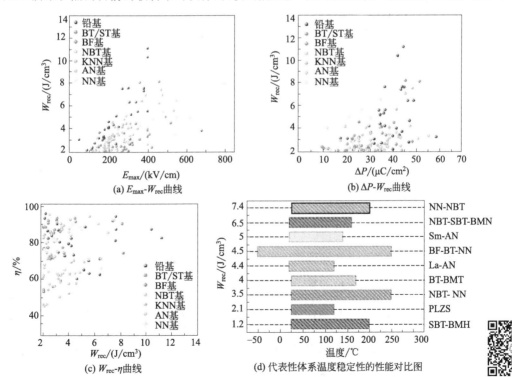

图 5.2　块体铁电陶瓷的储能性能对比

者本人研究以及该领域发展动态，本章将重点概述几类代表性陶瓷在储能领域的研究和发展现状，包括各种具有发展前景的铁电陶瓷材料体系、陶瓷基复合材料和多层陶瓷电容器。

本章首先介绍介电电容器的储能原理，接着介绍不同体系的代表性铁电陶瓷的储能特性，然后概述复合陶瓷的几种常用策略及其机理。在此基础上，进一步讨论目前已有的基于高性能铁电储能陶瓷材料制备的多层电容器。最后，对铁电储能陶瓷的研究现状及其关键的脉冲功率应用的情况进行了介绍与展望，并指出了其存在的挑战和进一步研究的机遇。

5.2 储能陶瓷的基本原理

为更好地理解陶瓷储能的基本原理，本节从介电电容器的工作原理出发进行介绍。一个介电电容器通常由两个导体板填充某些介质材料组成，通常构成平行板的形式，如图 5.3(a) 所示。

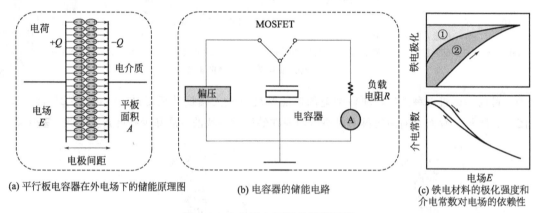

(a) 平行板电容器在外电场下的储能原理图　　　(b) 电容器的储能电路　　　(c) 铁电材料的极化强度和
　　　　　　　　　　　　　　　　　　　　　　　　　　　　　　　　　　　　　　　介电常数对电场的依赖性

图 5.3　电介质电容器的储能原理

电能的存储是电容器在电子器件中应用功能的基础。电容器的储能能力就是所谓的电容，它仅由电极的物理尺寸（几何形状）和介质的介电常数决定，与电极之间的电位差和电极上的总电荷无关。例如，由两平行板填充一定介质构成的平行板电容器，其电容近似为：

$$C = \frac{\mathrm{d}q}{\mathrm{d}v} \tag{5.1}$$

在充电过程中，电荷通过外加偏压的作用在电极板之间移动，说明必须做功，电能也因此存储在介质中。因此，储存的能量 W 可由下式求得。

$$W = \int_0^Q V \mathrm{d}q = \int_0^Q \frac{q}{C} \mathrm{d}q = \frac{1}{2} \times \frac{Q^2}{C} = \frac{1}{2} CV^2 = \frac{1}{2} VQ \tag{5.2}$$

为了便于比较，研究中通常采用单位体积的介质所储存的能量 J，记为储能密度。一般来说，J 值可以通过静态法和动态法两种方法得到。

图 5.3(b) 给出了静态测量电介质储能密度的电路示意图。在这种情况下，样品电容器首先被外部偏置电压充电，因此电能被储存在电介质中。然后，将电容器连接到负载电阻 R 上，通过 MOSFET 开关完成电路的整体运行。因此，部分储存的能量被释放，同时在闭合电路中形成瞬态电流。根据 $I(t)$-t 曲线，释放的能量可以通过下式得到。

$$W = \int I^2(t) R \, dt \tag{5.3}$$

式中，R 为电阻；t 为放电时间。最后，利用 W 与电容器体积的比值计算能量密度 J。需要注意的是，通过这种方式得到的 J 值是可恢复的储能密度，因为在充放电过程中已经损失了一部分储能。

对于动态方法，储能密度可由式(5.2)导出。从物理的角度出发，它可以得出电容器导体板上的电荷密度电容等于电介质中的电位移 D。因此，结合式(5.2)，储能密度 J 可表示为：

$$J = \frac{W}{Ad} = \frac{\int_0^Q V \, dq}{Ad} = \int_0^{E_{max}} D \, dE \tag{5.4}$$

式中，E 为外加电场（$E = V/d$）；其他字母定义同上。对于高介电常数的介质，其电位移 D 非常接近其电极化 P。因此，式(5.4)可改写为：

$$J = \int_0^{E_{max}} P \, dE \tag{5.5}$$

显然，根据式(5.5)，通过对极化面积与电场-极化滞回曲线的数值积分，可以很容易地求得介质的 J 值。如图 5.3(c) 上方所示，当电场从 0 增大到最大 E_{max} 时，极化也增大到最大 P_{max}，电能储存在电容器中为 J_{store}，如图中①、②所示；在 E_{max} 到零的放电过程中，释放可恢复的电能密度 J_{reco}，如图中①所示。这意味着在撤去电场的退极化过程中，由于损耗的存在，部分存储的能量（回线包围的②区域）被耗尽。根据这些结果，储能效率可定义为：

$$\eta = \frac{J_{reco}}{J_{store}} \times 100\% \tag{5.6}$$

由于定义介电常数为 $dP = dE$，如图 5.3(c) 下方所示，式(5.5)可表示为：

$$J = \int_0^{E_{max}} \varepsilon_0 \varepsilon_r E \, dE \tag{5.7}$$

对于介电常数与外加电场无关的线性电介质材料，式(5.4)可简单表示为：

$$J = \int_0^{E_{max}} P \, dE = \frac{1}{2} \varepsilon_0 \varepsilon_r E^2 \tag{5.8}$$

该结果表明，线性介质材料的储能密度与介质的相对介电常数成正比，与工作电场的平方成正比。

5.3 代表性储能陶瓷材料

根据上述分析，设计一种适合实际应用的可恢复储能密度高、效率高（能量损失小）的电介质材料，至少需要同时满足三个要求，即高的抗电击穿场强、大的饱和极化和小的剩余极化。

图 5.4(a)～(d) 显示了典型的 P-E 循环的电滞回线和四种典型电介质的储能示意图。图 (a) 为线性电介质，如玻璃、玻璃陶瓷、氧化铝等；图 (b) 为有自发极化的铁电体，如钛酸钡、钛酸铅等；图 (c) 为有纳米畴的弛豫铁电体，如铌镁酸铅-钛酸铅、锆钛酸铅镧等；图 (d) 为几乎零剩余极化的反铁电体，如铌酸银、锆酸铅等。

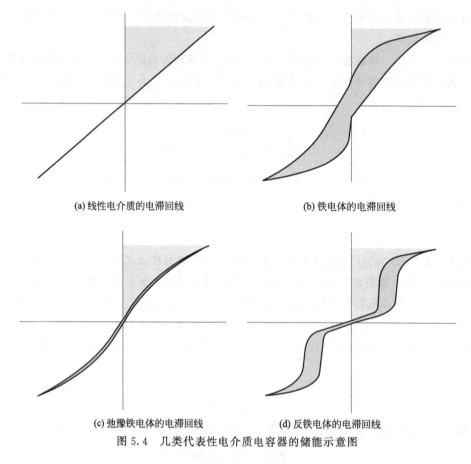

(a) 线性电介质的电滞回线 (b) 铁电体的电滞回线

(c) 弛豫铁电体的电滞回线 (d) 反铁电体的电滞回线

图 5.4 几类代表性电介质电容器的储能示意图

虽然线性电介质通常具有较高的抗击穿场强和较低的能量损耗，但由于其极化强度（介电常数）较小，因此并不适合用于高能量的存储应用领域。铁电体通常具有较大的饱和极化和适中的抗电场击穿能力，但其较大的剩余极化导致了较小的储能密度和较低的效率。相对而言，如图 5.4(c)、(d) 所示，弛豫铁电体和反铁电体在高场下由于具有较大的最大极化强度、零电场下较小的剩余极化和适中的抗击穿场强，因此这两类材料更有可能用于高能量存储。与此同时，随着新材料制造工艺的发展，如微晶玻璃技术和复合技术，另外发展出的两种材料（微晶玻璃和聚合物基铁电体）也被发现在这一领域有潜在的应用。因此，总的来说，上述的四种介质（线性电介质、反铁电体、弛豫铁电体、介电微晶玻璃和聚合物基铁电体），是目前研究较多的储能应用材料。本节主要内容集中在储能陶瓷上，所以主要围绕线性电介质和非线性电介质展开；线性电介质围绕玻璃陶瓷展开，而非线性电介质围绕铁电材料、反铁电材料和弛豫铁电材料展开。代表性的几类非线性铁电陶瓷材料中，由于其储能原理具有相似性，因此选取代表性的无铅类材料加以说明。

5.3.1 线性储能陶瓷

代表性的线性电介质储能陶瓷材料有玻璃-陶瓷材料。广义上，玻璃陶瓷可以被定义为非晶相和一个或多个晶相的复合，如图 5.5(a) 所示。这种材料通常具有玻璃和陶瓷的共同特性，有时也叫微晶玻璃陶瓷，其充放电机理如图 5.5(b) 所示。

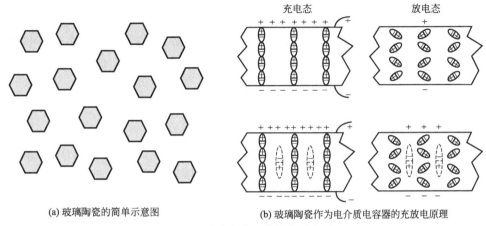

(a) 玻璃陶瓷的简单示意图　　　　　　　(b) 玻璃陶瓷作为电介质电容器的充放电原理

图 5.5　玻璃陶瓷及其储能示意图

通常，玻璃陶瓷可以用两种不同的方法合成，即复合法和体晶化法。在前者中，首先分别制备所需的玻璃粉和陶瓷粉，然后按一定比例混合，压成一定的形状；最后，该组合物在一定温度下烧结形成产品。用这种方法合成的微晶玻璃通常具有理想的成分，但往往会导致一些气孔产生。在后者中，首先通过典型的玻璃制造工艺合成出具有所需化学元素的非晶相；冷却定型后在一定温度下对非晶进行部分结晶，得到最终的微晶玻璃。在这种情况下，微晶玻璃很容易获得无孔微结构，但其成分难以选择。因此，通过适当控制非晶相和晶相的化学组成，可以在玻璃陶瓷体系中同时实现高的击穿电场和较大的介电常数，表明这些材料可以获得较高的储能密度。但需要注意的是，非晶态与晶态之间通常存在多界面，这将对能量放电产生不利影响。

复合法制备微晶玻璃的储能研究主要集中在 $BaTiO_3$ 基微晶玻璃上，如 $(Ba，Sr)TiO_3$ 和 $(Ba，Zr)TiO_3$-$(Ba，Ca)TiO_3$ 等。Zhang 等制备了添加 5%～20%（体积分数）BaO-SiO_2-B_2O_3 玻璃的 $Ba_{0.4}Sr_{0.6}TiO_3$ 陶瓷。结果表明，随着玻璃含量的增加，微晶玻璃的晶粒尺寸、介电常数和极化值逐渐降低，并得到线性的 P-E 回路。但由于孔隙率和孔径减小，其击穿电场增强。最大击穿场强（240kV/cm）出现在体积分数为 20% 的玻璃陶瓷中，而添加 5%（体积分数）玻璃的陶瓷样品可恢复储能密度最高，为 $0.89J/cm^3$，是纯 $Ba_{0.4}Sr_{0.6}TiO_3$ 陶瓷（$0.37J/cm^3$）的 2.4 倍。

从上述报道中可以发现，玻璃添加剂虽然提高了击穿强度，但也导致了最大极化率的下降。因此，为了获得最大的储能密度，应适当控制玻璃含量。相比较而言，体晶法是一种应用较为广泛的高能微晶玻璃合成方法。目前，（Ba，Sr）TiO₃ 和 NaNbO₃ 基玻璃材料是被广泛研究的体系。Gorzkowski 等研究了 BaO-SrO-TiO₂-Al₂O₃-SiO₂ 微晶玻璃的（Ba，Sr）TiO₃ 的储能性能，相对介电常数为 1000，击穿电场为 800kV/cm；然而，由于迟滞损失较大，从 $P\text{-}E$ 结果得到的可恢复储能密度仅为 $0.30\sim0.9\mathrm{J/cm^3}$。因此，尽管总电荷能量密度较高，但仅获得较低的放电能量密度和能源效率。Du 等在 NaNbO₃ 基微晶玻璃中进一步证实了这些结果，发现 Na₂O-PbO-Nb₂O₅-SiO₂ 微晶玻璃（NaNbO₃ 和 Pb₂Nb₂O₇ 相）中储存了高达 $17\mathrm{J/cm^3}$ 的巨大能量，然而只有少数能量可以释放出来。他们还指出，通过成分的控制和电极结构的设计，可以有效定制微晶玻璃储能性能。例如，通过在 Na₂O-BaO-Nb₂O₅-SiO₂ 体系中加入 La₂O₃，玻璃陶瓷（NaNbO₃ 和 Ba₂NaNb₅O₁₅ 相）的介电常数、击穿场强和极化值均有显著提高。添加 2%（摩尔分数）La₂O₃ 的玻璃陶瓷在 280kV/cm 的条件下，可恢复储能密度达到 $1.2\mathrm{J/cm^3}$。ANb₂O₆-NaNbO₃-SiO₂ $[A=(1-x)Pb、xSr]$ 微晶玻璃的可恢复储能密度则高达 $2.27\mathrm{J/cm^3}$。

5.3.2 非线性储能陶瓷

非线性介质可分为四类代表性的材料，即铁电体、弛豫铁电体、反铁电体和弛豫-反铁电体。铁电体具有较大的最大极化和中等的击穿强度，但其较高的剩余极化导致其可回收储能密度和效率较低。弛豫铁电体和反铁电体具有较大的饱和极化和较小的剩余极化，这是目前最有利于高储能应用的两类非线性材料。弛豫反铁电体是在反铁电体中引入弛豫体，使得材料不仅具有束腰电滞回线而且具有较大的饱和极化。这种材料设计的新策略首先应用于含铅材料，最近在无铅系统中也被证明是有效的。

5.3.2.1 铁电储能陶瓷

以钛酸钡（BaTiO₃，BT）为代表的具有钙钛矿结构的铁电材料，自 1921 年罗歇盐发现以来，便吸引了研究人员的密切关注。低于临界居里温度（T_C），铁电体的自发极化可以在没有外部电场的条件下存在，当施加与自发极化方向相反的电场时，自发极化可以切换其方向。铁电材料的这一特性，导致其具有高的介电常数、大的介电损耗以及高的剩余极化。此外，大多数铁电材料的击穿强度相当低（小于 100kV/cm）。因此，尽管铁电材料具有良好的压电和热释电特性，但一般来说并不适合储能应用。

然而，BT 材料相对较低的居里温度（$T_C=120℃$），使其在组分改性降低 T_C 后，在铁电储能方面表现出了可观的前景。在居里温度以上，BT 开始由铁电四方相向立方相转变，从而限制了其工作温度。然而，通过一些新策略如用化学改性、合成加工和表面修饰的方式，却可以从储能装置的角度来改善它的性能。例如，在 BT 体系中加入 Ca²⁺、Sr²⁺ 或 Zr⁴⁺ 等掺杂剂，通常可以有效降低其 P_r，提高能量密度和效率。例如，Puli 等制备了 Ca²⁺ 和 Zr⁴⁺ 取代（Ba₀.₇₀Ca₀.₃₀）TiO₃（BCT）和 Ba（Zr₀.₂Ti₀.₈）O₃（BZT）固溶体，可回收能量密度分别为 $1.41\mathrm{J/cm^3}$ 和 $0.71\mathrm{J/cm^3}$。对于 BCT 体系，虽然在 Ba²⁺ 处 Ca²⁺ 的替代导致其居里温度的变化不大，但四方相向正交相的转变温度却大幅降低。在 BZT 固溶体中，B 位的取代会导致 TiO₆ 八面体中 Ti⁴⁺ 从中心移开，破坏相关的铁电畴，使居里峰变宽，而掺杂 Zr⁴⁺ 比 Ti⁴⁺ 具有更稳定的化学稳定性，因此可获得更低的居里温度。所以，尽管在较宽的温度范围内 BZT 陶瓷的介电和储能性能有所改善，居里温度的降低仍然会缩短其工作温度。

合成过程是优化储能性能的另一重要途径。例如，Jin 等采用不同的烧结气氛（N_2、O_2 和空气）制备了 $Ba_{0.4}Sr_{0.6}TiO_3$（BST）陶瓷，发现氧气气氛可以有效地将陶瓷晶粒尺寸减小到 0.44mm，从而获得了较高的储能密度（$1.08J/cm^3$）和储能效率（73.78％）。Ma 等通过冷烧结制备了纯 BT 陶瓷，结果表明，所得陶瓷的储能密度提高了 $1.45J/cm^3$，储能效率提高了 85.6％，击穿场强高达 90kV/cm。此外，表面改性可以提高材料的抗击穿电场强度。例如，使用高绝缘 Al_2O_3 作为 BT 陶瓷的表面涂层，可以延缓电子积聚和雪崩效应引起的热击穿。因此，与 $BaTiO_3$ 陶瓷相比，$BaTiO_3 + Al_2O_3$ 复合材料的击穿强度提高了 69％。用于储能电容器的各种 BT 基铁电材料的详细情况见表 5.1。

表 5.1　BT 基铁电陶瓷的铁电储能性能

组分	$W_{rec}/(J/cm^3)$	$E_b/(kV/cm)$	$\eta/\%$	参考文献
$BaTiO_3$（冷烧结工艺）	1.24	90	85.6	1
$BaTiO_3/Al_2O_3\text{-}SiO_2\text{-}ZnO$	0.83	150	70	2
$BaTiO_3/SrTiO_3$	0.198	47	90	3
$BaTiO_3/La_2O_3/SiO_2$	0.54	136	85.7	4
$Ba_{0.7}Ca_{0.3}TiO_3$	1.41	150	61	5
$0.85(BaZr_{0.2}Ti_{0.8})O_3\text{-}0.15(Ba_{0.7}Ca_{0.3})TiO_3$	0.68	170	72	6

5.3.2.2　弛豫铁电储能陶瓷

与传统铁电材料不同，弛豫铁电材料（relaxor ferroelectrics，RF）在微观尺度上具有极性纳米区域（polar nano-sized regions，PNRs）。随着外加电场的去除，弛豫铁电体的偶极子将恢复到初始状态，导致更为"细条状"的电滞回线。弛豫铁电材料由于其独特的宏/微观结构和扩散相变，在较宽的温度范围内往往具有较高的介电性能。因此，弛豫铁电体具有较大的接近铁电的最大极化、极低的剩余极化、拉长的电滞回线以及良好的温度稳定性。所有这些特性对于储能电容器来说都是极其重要的。在众多研究中可以发现，弛豫铁电体可以通过化学修饰破坏其铁电畴来实现。基于 $BaTiO_3$ 和 $Bi_{0.5}Na_{0.5}TiO_3$ 的材料是目前正在深入研究的两种主要弛豫铁电体系，接下来围绕这两类代表性的材料展开相应的介绍。

（1）$BaTiO_3$ 基弛豫铁电陶瓷

以 $BaTiO_3$ 为基础的固溶体是目前最常用的无铅弛豫铁电体之一，在几十年的时间里已经得到了广泛的研究。$BaTiO_3$-$BiMeO_3$ 组分（Me 代表三价或等效阳离子）是典型的 BT 基固溶体之一。随着 $BiMeO_3$ 组分的增加，$BaTiO_3$ 固溶体表现出从典型铁电特征向弛豫铁电特征的转变。通常，由于"弱耦合弛豫"（weak coupling relaxor，WCR），它表现出异常高的弛豫活化能。这一 WCR 特征是因为其孤立的极性微区（PNRs）随机分布在基体中，导致 PNRs 之间的相互作用较弱。WCR 除具有良好的温度稳定性外，还具有良好的电场稳定性和较高的传导活化能。

弱耦合铁电弛豫剂通常比线性弛豫剂具有更高的介电常数，因此它们可以在较低的工作电压下提供相当的能量密度。Wei 等研究了不同 Me^{3+} 半径（Me＝Al、In、Y、Sm、Nd 和 La）的影响。随着离子半径的增大，金属离子的位置从 B 位取代转移到 A 位取代。当

Me^{3+} 半径在 $80\sim100pm$ 之间时，陶瓷形成立方相，达到最高的储能密度。上述研究均表现出相似的趋势，即在各向异性相边界附近能量密度最高，P_{max} 较大，P_r 较小。在 B 位带两个正离子的固溶体（$BaTiO_3\text{-}BiMe_1Me_2O_3$）也引起了关注。Si 等设计了一种新型无铅弛豫铁电陶瓷，即 $(1-x)BaTiO_3\text{-}xBi(Ni_{0.5}Sn_{0.5})O_3[(1-x)BT\text{-}xBNS，x=0\sim0.20]$。随着 BNS 浓度的增加，$(1-x)BT\text{-}xBNS$ 固溶体的相由四方对称向赝立方对称转变。伴随而来的是强烈的扩散和频率依赖性弛豫铁电行为。$x=0.10$ 时，击穿强度达到 $240kV/cm$，W_{rec} 为 $2.526J/cm^3$，储能效率极高，为 93.89%。Yuan 等通过固相反应法制备了 $(1-x)BaTiO_3\text{-}xBi(Mg_{0.5}Zr_{0.5})O_3[(1-x)BT\text{-}xBMZ]$ 陶瓷，该陶瓷也表现出增强的弛豫特性。增强的致密度和减小的电畴尺寸，共同决定了该材料体系高的铁电储能密度（$2.9J/cm^3$）和高的储能效率（86.8%）。

（2）$Bi_{0.5}Na_{0.5}TiO_3$ 基弛豫铁电陶瓷

$Bi_{0.5}Na_{0.5}TiO_3$（BNT）是另一种传统的钙钛矿陶瓷体系，自 20 世纪 60 年代发现以来一直受到广泛的研究。BNT 具有较高的居里温度（320℃），在室温下是一种具有菱方对称性的铁电材料。它具有较大的剩余极化（$P_r=32\mu C/cm^2$）和矫顽场（$E_c=73kV/cm$）。当温度升高到 200℃左右时，BNT 开始出现类似"反铁电"的行为。然而，过高的 T_d 仍然制约其作为室温储能器件的应用。在储能应用方面，大部分研究集中在 BNT 的二元体系上，如 $(1-x)Na_{0.5}Bi_{0.5}TiO_3\text{-}xBaTiO_3$（NBT-BT）、$(1-x)Na_{0.5}Bi_{0.5}TiO_3\text{-}xBi_{0.5}K_{0.5}TiO_3$（NBT-BKT）和 $(1-x)Na_{0.5}Bi_{0.5}TiO_3\text{-}xSrTiO_3$（NBT-ST）等。根据 BNT 体系的不同，有两种典型的相界。第一种被命名为 MPB(I)，在 NBT-BT 和 NBT-BKT 中分别出现在菱面体和四方铁电相边界上。通常，MPB(I)组成的 NBT-BT 和 NBT-BKT 陶瓷可以获得更高的介电常数和压电系数。但在电场作用下，向铁电相转变是不可逆的，影响了储能器件的应用。对于 NBT-ST 体系和 $(1-x)Na_{0.5}Bi_{0.5}TiO_3\text{-}xK_{0.5}Na_{0.5}NbO_3$（NBT-KNN）体系，MPB(II)发生在菱方相和赝立方相之间。在一定温度或成分范围内，发生铁电相向弛豫铁电相（FE-RF）的相变。Xu 等通过两步烧结法制备了 NBT-ST 陶瓷。随着 ST 含量的增加，陶瓷由菱形铁电相转变为四方反铁电相（或赝立方相）。当 ST 的含量超过 25%（摩尔分数）时，从弛豫剂的角度来看，电滞回线的滞后得到了显著改善。例如，NBT-30ST 具有低剩余极化（$3.21\mu C/cm^2$）、大最大极化（$31.05\mu C/cm^2$）和高能量密度（$0.95J/cm^3$）。

Ma 等掺杂反铁电 $AgNbO_3$（AN），部分取代了 NBT-24ST。这种处理方法成功地提高了 NBT-ST-5AN 体系的抗击穿电场强度，降低了剩余极化，从而在 $120kV/cm$ 的低电场下获得了较大的可回收能量存储密度（$2.03J/cm^3$）。Chen 等研究了在 0.5NBT-0.5ST 中过量添加 Bi_2O_3 可以有效减小晶粒尺寸，提高储能密度。Qiao 等通过标准固态路径将 $Sr_{0.7}Bi_{0.2}TiO_3$（SBT）引入 BNT 中，在 0.6NBT-0.4SBT 体系中，击穿强度从 $120kV/cm$ 提高到 $160kV/cm$。该固溶体还表现出较大的可回收储能密度（$W_{rec}=2.20J/cm^3$），表明其具有较大的潜在储能容量。对于 NBT-BT 基陶瓷，通常添加其他钙钛矿体系作为端基，以提高其储能性能。如代表性的材料体系有 NBT-BT-KNN 和 NBT-BT-ST、NBT-BT-NN。

综上所述，现有 BNT 基陶瓷储能性能的主要制约因素是其击穿强度低（即低于 $200kV/cm$）。除 BNT 和 BT 外，$K_{0.5}Na_{0.5}NbO_3$（KNN）基陶瓷作为储能材料正日益受到人们的重视。特别是 KNN 陶瓷中的亚微米晶粒，更有利于实现高的击穿强度。例如 Yang 等采用无压固相烧结法制备的 0.85KNN-ST 陶瓷具有可恢复的储能密度。Wu 等认为，即使 E_b 值很低，弛豫体系的 KNN 基陶瓷也能获得很好的 W_{rec} 值。他们采用传统固相法合成了 $(K_{0.48}Na_{0.52})_{0.88}Bi_{0.04}NbO_3$ 陶瓷，获得了约 $1.04J/cm^3$ 高的 W_{rec} 值，低介电击穿强度为 189kV/cm。值得提及的是钾的挥发可以通过调整 KNN 陶瓷的烧结工艺如热压烧结和低温烧结等来控制，从而获得致密的样品。

5.3.2.3 反铁电储能陶瓷

反铁电材料具有反平行的偶极子，不表现出宏观极化，但在低电场下仍有较小的剩余极化和较低的介电损耗。然而，在足够强的外加电场作用下，这些原本反平行的偶极子可以转变为平行的方向。因为电场诱导的铁电相（FE）和无电场情况下的反铁电相（AFE）之间的自由能差异很小，反铁电相可以转化为铁电相并在高电场下表现出高的极化强度。但随着电场的去除，它们将会改变回原来的反铁电相。AFE-FE 和 FE-AFE 转变的临界电场分别称为 E_F 和 E_A。此外，反铁电材料还具有低介电损耗的优点。这些特性使反铁电材料成为最佳的储能材料之一。

值得注意的是，并非所有的反铁电材料都表现出理想的双电滞回线。一个主要原因是材料的 E_F-F_A 相变电场高于材料的击穿电场，使材料在相变之前被击穿。另一种可能的原因是场致铁电相非常稳定，在电场去除后仍存在，从而使反铁电相与铁电相共存于材料体系中。这种情况的典型特征是非零的剩余极化值。

然而，双电滞回线也不是反铁电材料的特征。一个典型的例子是 BT 陶瓷在略高于居里温度的情况下也能表现出类似的迟滞回线。因此，通过结合 I-E 曲线和双电滞回线来识别反铁电相（如 E_F 和 E_A）的特征是非常重要的。此外，反铁电体也可以通过其介电可调性来识别。也就是说，反铁电体的介电常数一般随电场的增大而增大。铁电材料则相反，介电常数随着电场的增大而减小。

Goldschmidt 容差因子（t）是钙钛矿结构相稳定性的一个重要指标。对于钙钛矿中的 AFE 相，可以通过减小容差因子来稳定。t 的表达式如下：

$$t = \frac{R_A + R_O}{\sqrt{2}(R_B + R_O)}$$

式中，R_A、R_B、R_O 分别为氧离子的 A 位、B 位和氧离子的离子半径。因此，可以通过用较小直径的离子部分替代 A 位离子或用较大直径的离子替代 B 位离子来降低容差因子，从而稳定反铁电相，提高反铁电性。例如，在铌酸钠陶瓷中，$BaZrO_3$ 和 $CaZrO_3$ 共掺杂后，观察到双电滞回线，透射电子显微镜（TEM）观察证实了反铁电性的增强。铌酸银基和铌酸钠基陶瓷是两种最常见的用于储能的无铅反铁电体系，为了优化其储能性能，研究人员进行了深入的研究。

（1）铌酸银（$AgNbO_3$）基陶瓷

铌酸银陶瓷作为一种常用的微波陶瓷和光催化材料，近年来作为无铅反铁电储能材料得到了广泛的研究。铌酸银陶瓷存在一系列的温度相变［图 5.6(b)］。

$$M_1 \xrightarrow{67℃} M_2 \xrightarrow{267℃} M_3 \xrightarrow{353℃} O_1 \xrightarrow{361℃} O_2 \xrightarrow{387℃} T \xrightarrow{579℃} C$$

其中，M_1、M_2 和 M_3 分别表示三种不同的斜方晶相，O_1 和 O_2 分别表示平行方晶相，T 和 C 分别表示四方相和立方相。M_1、M_2 和 M_3 的晶体结构非常接近，属于同一氧八面体倾斜体系。M_1 为不能完全补偿的铁电相，M_2 和 M_3 为无序反铁电相。O、T 和 C 都是副电相。认为 M 相之间的相变与阳离子的位移有关，而 M-O、O-T 和 T-C 之间的相变与氧八面体的倾斜有关。

在早期的研究中，由于观察到的热释电效应和非零的小剩余极化，认为 $AgNbO_3$ 在室温下表现出弱铁电性。然而，这种弱铁电性与所观察到的倾向于反铁电性而非铁电性的 pbcm 中心对称空间群结构相矛盾。2007 年，Fu 等成功制备了高质量的 $AgNbO_3$ 陶瓷。他们观察到的电滞回线最高电场为 220kV/cm，诱导 AFE-FE 过渡电场为 150kV/cm，最大极化达到 $52\mu C/cm^2$。这似乎支持 $AgNbO_3$ 的 pbcm 晶体结构，但其非零剩余偏振仍无法解释。2011 年，一项详细的调查表明，室温下铌酸银具有铁电有序性。尽管阳离子位移像反铁电晶体一样是反平行的，但相应的偶极子不能完全相互抵消，这就解释了剩余极化非零的原因。此外，该研究更新了 $AgNbO_3$ 的 M_1 相空间群为 pmc21。在 2016 年，纯 $AgNbO_3$ 和 Mn 掺杂的 $AgNbO_3$ 陶瓷体系其能量储存密度分别达到 $2.1J/cm^3$ 和 $2.5J/cm^3$，进一步证明了 $AgNbO_3$ 是一种很有前途的无铅反铁电储能材料。

目前，发展 $AgNbO_3$ 储能性能的主要策略是通过掺杂特定金属氧化物来增强反铁电性。选择掺杂元素的主要标准是降低掺杂材料的容限因数，从而提高反铁电性。例如，采用较小的离子取代 A 位并产生适当数量的 A 位空位，或采用较大的离子取代 B 位。在减小 A 位离子尺寸的基础上，高价位的 A 位取代可以增加饱和极化。结合唯象理论，可以解释掺杂 $AgNbO_3$ 体系超高储能密度的原因。Zhao 等报道了 Ta^{5+} 替换 B 位可以显著提高反铁电性能，指出替换 B 位可以提高相变电场和击穿电场，如图 5.6 所示。X 射线光电子能谱（XPS）和拉曼光谱（Raman）证实了 Sm^{3+} 掺杂可以产生氧空位和原子无序态。

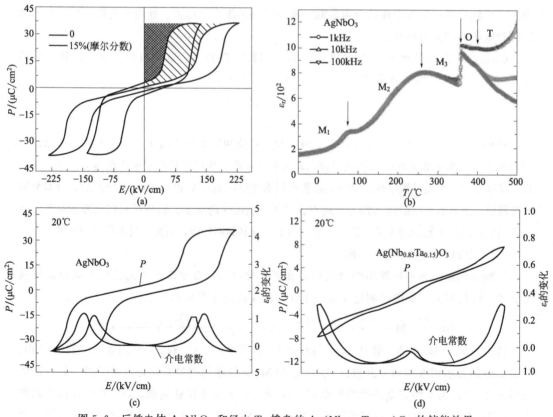

图 5.6 反铁电体 $AgNbO_3$ 和经由 Ta 掺杂的 $Ag(Nb_{0.85}Ta_{0.15})O_3$ 的储能效果

因此，掺杂样品需要更高的电场才能触发 AFE-FE 相变。值得注意的是，Ta^{5+} 的加入不会降低容差因子，而增强的反铁电性被认为是由于低极化率。在后续的实验中，Zhao 等将 W^{6+} 引入了 $AgNbO_3$ 陶瓷中。W^{6+} 具有较大的离子尺寸，增大了容差因子，降低了 $AgNbO_3$ 陶瓷的极化率。他们最终证明了极化率的降低主导着反铁电性的增强。此外，还有一些关于共掺杂来取代 A 离子和 B 离子的研究。Han 等介绍了 Sm^{3+}、Ta^{5+} 取代 $AgNbO_3$ 陶瓷中 B 位位置，实现了高能量储存密度（$4.87J/cm^3$），这一结果证明了反铁电的稳定性来源于减少反平行的位移 A 位和 B 位离子。

（2）铌酸钠（$NaNbO_3$）基陶瓷

$NaNbO_3$ 是另一个典型的反铁电体。与 $AgNbO_3$ 相似，$NaNbO_3$ 也具有如下复杂的相变：

$$N \xrightarrow{-100℃} P \xrightarrow{360℃} R \xrightarrow{480℃} S \xrightarrow{520℃} T_1 \xrightarrow{575℃} T_2 \xrightarrow{640℃} C$$

其中，N 为 R3c 空间群的菱面体对称；P、R、S 和 T_1 均为正交对称，但分别具有 pbcm（P）、Pmnm（R）、Pnmm（S）和 Cmcm（T_1）；T_2 和 C 分别为 P4/mbm 和 Pm3m 空间群的正方对称和立方对称。N 相是铁电，P 和 R 相是反铁电，S、T_1、T_2 和 C 相是顺电。$NaNbO_3$ 的相变受温度、压力、晶粒尺寸和电场等多种因素的影响。虽然 $NaNbO_3$ 显示出至少 7 个多态相，但介电异常仅在 $-183℃$（N/P）、7℃（存在争议）和 377℃（P/R）处能观察到。事实上，尽管 $NaNbO_3$ 中存在室温反铁电相，但通常只能在垂直于正交 c 轴的电场作用下，在高质量单晶材料中才能观察到双 P-E 电滞回线。极化后常观察到典型的 FE 样（P_{max} 和 P_r）的 P-E 曲线。这是因为在临界电场发生反铁电-铁电相变后，铁电相与反铁电相竞争，铁电相占优势。因此，在外电场去除后，铁电相仍然存在。一个新的铁电 Q 相（空间群 P21ma）被认为是由电场诱导相变产生的，该相变可以在室温下发生。详细研究表明，P-Q 的相变温度为 $100 \sim 257℃$，相变可产生的最大体积膨胀约为 0.2%。该值低于铅基反铁电体的值。

研究表明，在保持一定的平均电负性前提下，降低容差因子可以稳定 $NaNbO_3$ 中的反铁电相。NN-CZ 的最大可回收储能密度为 $0.55J/cm^3$。储能密度低的部分原因可能是 AFE-FE 驱动电场前材料击穿密度远低于 AFE-FE 驱动电场前。平均电负性 X 表示为：

$$X = \frac{X_{AO} + X_{BO}}{2}$$

式中，X_{AO}（X_{BO}）为 A 位（B 位）阳离子与氧阴离子的电负性差。在 $SrZrO_3$ 改性和 $BiScO_3$ 改性的 $NaNbO_3$ 陶瓷中，其相变场 E_F 随容差因子的减小而线性增大。这证实了 AFE 相的稳定性可以通过降低容差因子来提高。Qi 等成功制备了室温下具有反铁电相稳定性的 $(0.94-x)NaNbO_3$-$0.06BaZrO_3$-$xCrO_3$ 陶瓷，他们还首次报道了基于反铁电相稳定性的 NN 基陶瓷的双滞后回路和储能性能。$0.9NaNbO_3$-$0.06BaZrO_3$-$0.04CaZrO_3$ 的可回收储能密度和储能效率分别为 $1.59J/cm^3$ 和 30%。Du 等用 $(Bi_{0.5}Na_{0.5})HfO_3$ 改性的方式，成功将 $NaNbO_3$ 的储能密度提升到了 $3.51J/cm^3$，如图 5.7 所示。

此外，金属氧化物或 $BiMe_1Me_2O_3$ 弛豫剂的化学改性也能有效提高 $NaNbO_3$ 的储能性能。Zhou 等制备了掺杂 Bi_2O_3 的铌酸钠陶瓷，指出 Bi_2O_3 不仅可以作为烧结助溶剂减少其晶粒尺寸，而且氧 2p 和铋 6p 轨道之间的杂交可以促进 P_{max}，并产生一个 A 位的空缺减少剩余极化，$Na_{0.7}Bi_{0.1}NbO_3$ 的储能密度、效率分别达到 $4.2J/cm^3$ 和 85.4%。

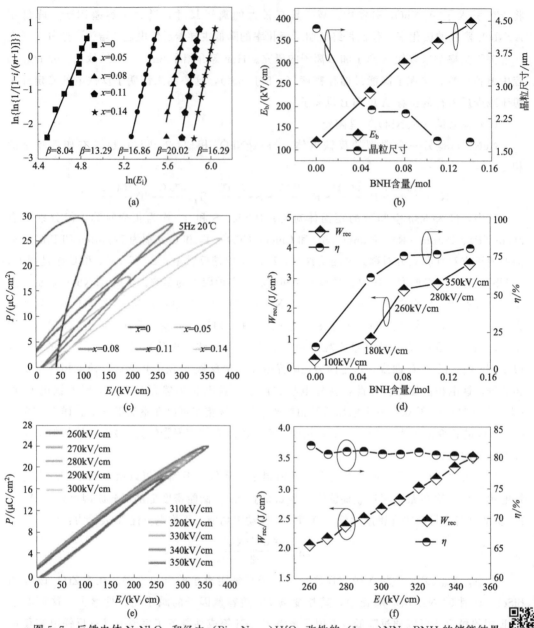

图 5.7　反铁电体 $NaNbO_3$ 和经由 $(Bi_{0.5}Na_{0.5})HfO_3$ 改性的 $(1-x)NN-xBNH$ 的储能结果

5.3.2.4　弛豫-反铁电储能陶瓷

将弛豫铁电体与反铁电体结合形成弛豫-反铁电体的策略最开始是用在含铅的反铁电体中。研究表明，在场致 AFE-FE 相变过程中，正向和反向转换过程都能得到显著的改善。通过减小电滞回线的积分面积，可以产生一个相对较高的 η 值，同时保持一个较高的 W 值。但因为反铁电体的存在，材料体系在电场作用下仍存在反铁电-铁电相变，因此也牺牲了部分能量储存的效率。然而，当相变驱动电场足够高（即接近击穿电场）时，线性响应在充放电过程中占主导地位。

由于反平行自发极化偶极子的存在，这种情况下的最大极化比线性电介质的最大极化要大得多。此外，弛豫反铁电陶瓷往往比普通反铁电陶瓷具有更高的击穿电场，这是因为加载过程中涉及的极高的相转变的电流可能会导致样品的电击穿。Qi 等采用固相合成法制备了 $(1-x)\mathrm{Bi_{0.5}Na_{0.5}TiO_3}$-$x\mathrm{NaNbO_3}$（BNT-NN）固溶体。他们指出，在弛豫铁电相中引入大的局部随机电场，可以显著减小反铁电畴的尺寸，增强反铁电-铁电相变电场［图 5.8(a)～(c)］。TEM 结果表明，BNT-NN 陶瓷的畴尺寸约为 $30\sim50\mathrm{nm}$，表明 $x=0.22$ 陶瓷在室温下呈现 AFE 状态，在高达 $36\mathrm{kV/mm}$ 的电场下，BNT-NN 几乎具有线性极化响应。在 $36\mathrm{kV/mm}$ 以上的电场作用下，表现出反铁电-铁电相变和低滞后畴取向。在 $x=0.22$ 时，获得了良好的储能效率（85%）和极高的可回收储能密度（$7.02\mathrm{J/cm^3}$）。

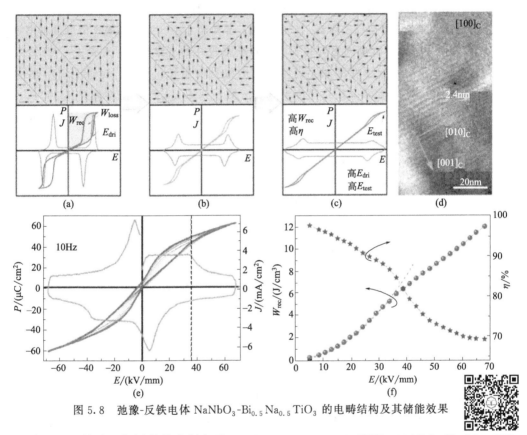

图 5.8　弛豫-反铁电体 $\mathrm{NaNbO_3}$-$\mathrm{Bi_{0.5}Na_{0.5}TiO_3}$ 的电畴结构及其储能效果

随后，Qi 等采用相同的策略制备了 $\mathrm{NaNbO_3}$-$\mathrm{Bi_{0.5}Na_{0.5}TiO_3}$ 陶瓷。$\mathrm{NaNbO_3}$-$\mathrm{Bi_{0.5}Na_{0.5}TiO_3}$ 具有正交结构的 Pnma 对称性和纳米电畴形貌［图 5.8(d)］，其放电储能密度值约为 $12.2\mathrm{J/cm^3}$。弛豫反铁电体作为一种新型体系，既具有较大的储能密度，又具有较高的储能效率。这些特性使它们成为未来脉冲电容器中很有前途的材料。

本节回顾了目前最有前景的储能陶瓷材料体系。在过去十年中，BT 和 BNT 陶瓷在无铅储能系统的不断探索中占据了大部分空间。但在单相陶瓷中，其储能密度几乎不超过 $3\mathrm{J/cm^3}$。相比之下，KNN 基陶瓷由于其弛豫性能和亚微米晶粒尺寸而显示出巨大的潜力。与此同时，许多反铁电的 NN 基和 AN 基陶瓷体系已经能够超过 $4\mathrm{J/cm^3}$ 的储能密度，对其储能特性的研究还存在很大的空白。此外，采用反铁电与弛豫铁电相结合的策略，克服了块体陶瓷储能密度不超过 $10J/cm^3$ 的障碍，值得进一步关注。

5.4 多层电容器储能陶瓷

在通过化学改性或复合策略获得理想的储能材料后，下一步就是实现其器件应用功能。多层储能陶瓷电容器（MLESCCs）便是最常用的介质陶瓷储能器件之一。与大块陶瓷相比，由相同介电成分制成的 MLESCCs 具有更高的击穿强度，因而具有更好的储能性能。MLESCCs 通常采用带式铸造技术制造，其中包括七个典型的步骤，如浆料制备、流延、内电极制备、叠片、脱模和共烧、被覆外电极以及封装和测试。

采用流延法制备的陶瓷层密度高、气孔率低、晶粒尺寸小（流延法的详情可见本书第 2 章 2.6 节），而这些特性都被认为有利于电容器获得较高的击穿电场。理论上，MLESCCs 的击穿强度随单片陶瓷层厚度的减小而呈现指数级别的增长。例如，对于 Al_2O_3 改性的 $BaTiO_3$ 介质层电容器，当单介质层厚度从 60mm 减小到 19mm 时，击穿场强从 300kV/cm 显著增加到 651kV/cm，储能密度也从 $1.7J/cm^3$ 提高到 $4J/cm^3$。此外，陶瓷材料的体系选择也是决定最终储能性能的关键因素之一。

随着电介质材料和相变工程的发展，电介质储能应用已经实现了较高的储能密度和储能效率。例如，基于 $0.85BaTiO_3$-$0.15Bi(Zn_{0.5}Ti_{0.5})O_3$ 体系的钛酸钡基 MLESCCs，其在 33MV/m 的条件下获得了 $2.8J/cm^3$ 的储能密度。而利用材料的优化组合，减少每一层的厚度约 5mm，加上使用两步烧结（two-step sintering，TSS）的方法来避免晶粒生长过大，Wang 等成功制备了 $0.87BaTiO_3$-$0.13Bi[Zn_{2/3}(Nb_{0.85}Ta_{0.15})_{1/3}]O_3$（BT-BZNT）基 MLESCCs，在 104.7MV/cm 的电场下实现了高的储能密度（$10.5J/cm^3$）。此外，基于 BT-BZNT 体系制备的 MLESCC 也表现出良好的热稳定性，在 400kV/cm、$-75\sim150℃$ 的温度范围内，仅能观察到其储能性能相对较小的变化（即 $<\pm5\%$）。

虽然 BT-BZNT 体系在超高电场下获得了相当大的储能密度，但其储能能力仍略弱于 BNT 基多层电容器。这表明了高极化强度的铋基电介质陶瓷材料在超高储能密度电容器中更为优异的应用前景。其中，$Bi_{0.5}Na_{0.5}TiO_3$-$Sr_{0.7}Bi_{0.2}TiO_3$（BNT-SBT）二元体系是一种理想的储能介质。BNT 同时具有弛豫和反铁电特性，弛豫铁电 SBT 的加入可以增强 BNT-SBT 的弛豫特性。结果表明，P-E 回线不仅具有反铁电体的近零的剩余极化，而且还具有弛豫铁电体的低滞后。Li 等以 0.55BNT-0.45SBT 作为介电层（单层厚度为 20mm），Pt 作为内电极制备了 MLESCCs。它的击穿场强与 200mm 厚的块状陶瓷（200kV/cm）相比，显著增加到了 720kV/cm。在 720kV/cm 的电场下，可测得其 MLESCCs 的储能密度和效率分别为 $9.5J/cm^3$ 和 92%。

在 MLESCCs 中，铁电陶瓷的电击穿往往是在电场作用下由应变诱发的机械击穿引起的。研究发现，这种应变效应与 MLESCCs 中介质陶瓷的晶粒取向密切相关。例如，Li 等通过有限元模拟对 <100>、<110> 和 <111> 织构的单层 0.65BNT-0.35 SBT 电容器进行了分析，发现 <111> 取向陶瓷电极端局部应变和应力集中最小，其弹性能密度也远低于

（100）和（110）织构的试样。结果表明，<111>型织构 0.65BNT-0.35SBT 制备的 MLESCC 击穿场强可高达 1030kV/cm，且具有 21.5J/cm³ 的超大储能密度。这是迄今为止所报道的无铅 MLESCCs 中最高的值。与未织构 MLESCCs（击穿强度为 64kV/cm）相比，<111>织构试样的击穿强度提高了 16 倍（1030kV/cm）。这主要是由于织构试样的应变降低了，而织构试样比非织构陶瓷具有更多的孔隙。这些孔可以降低微裂纹的产生和裂纹引起的介质击穿的可能性。因此，孔隙周围的局部电场减小，局部放电树的生长速度也减慢。此外，无织构 MLESCC 与<111>织构 MLESCCs 的最大极化差值较小，有利于提高储能密度。

核-壳结构也被证明可有效地提高 MLESCCs 的性能。Wang 等通过添加 $Nd(Zn_{0.5}Zr_{0.5})O_3$ 来改性 BF-BT 晶粒的核-壳结构，以获得电均匀的微观结构，而不是化学结构。他们成功地制备了具有弛豫特性的核部和壳部 $BiFeO_3$-$0.3BaTiO_3$-$0.08Nd(Zn_{0.5}Zr_{0.5})O_3$（0.62BF-0.3BT-0.08NZZ）陶瓷。这种化学上的不均匀结构可以显著提高陶瓷的电阻率，从而提高击穿性能。然后，在 Pt 内电极上制备了 0.62BF-0.3BT-0.08NZZ 的 MLESCCs。该电容器由 7 层活性陶瓷层组成，每层的厚度和活性面积分别为 16mm 和 33mm²，制备的 MLESCCs 具有高的击穿强度（4700kV/cm）、高的 P_{max}（35μC/cm²）和低的剩余极化（1μC/cm²）。结果表明，该 MLESCCss 的储能密度为 10.5J/cm³，储能效率为 87%。Chang 等通过控制晶粒取向显著提升介电击穿场强，在 $Bi_{0.5}Na_{0.5}TiO_3$ 基多层弛豫铁电陶瓷中获得了高达 21.5J/cm³ 的可恢复储能密度。

5.5 储能陶瓷的应用

5.5.1 储能陶瓷与脉冲功率系统简介

在 5.1 节中已经提及，常用的电能储存器件有电池、超级电容器和电介质电容器等。电池虽然具有高的储能密度（10～300W·h/kg），但是功率密度低（<500W/kg），而且电池对环境的危害也比较大。超级电容器具有适中的储能密度（<30W·h/kg）和功率密度（10～10⁶W/kg），但是其存在结构复杂、操作电压低、漏电流大和循环周期短等缺点。相对而言，电介质电容器不仅具有高的功率密度（约 10⁸W/kg），而且具有使用温度范围宽、快速充放电和使用周期长等优点，因而多被用于脉冲功率设备。然而，目前困扰电介质类材料的一个大问题便是，其储能密度偏低（<30W·h/kg）。

目前商业电介质电容器的储能密度为 $10^{-2}\sim10^{-1}$W·h/kg。如果电介质电容器的储能密度能够提高到超级电容器或电池的水平，其应用势必能得到进一步扩展，特别是对于电气电子器件的小型化、轻量化和集成化有重要促进作用。因此，如何进一步提高电介质电容器的储能密度是电介质电容器研究的主要问题。这也是我国自 2015 年起，国家在重点基础研究发展计划和重大科学研究计划中给出重要支持的方向。

脉冲功率系统是可在最短时间内对负载释放出所有储存的能量，这种特性在各个领域都有着广泛的应用。其工作原理是，较长时间地充电，到需要的时候瞬间对负载释放出所储存的全部电能。图 5.9 为脉冲功率系统的工作原理。可以看出在高压脉冲功率系统中，脉冲功率储能模块是最核心的元件，其性能的好坏直接影响着脉冲功率系统的输出特性。

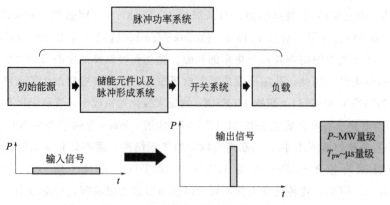

图 5.9 脉冲功率系统的工作示意图

脉冲功率系统的应用非常广泛，几乎渗透到各个领域。目前，各军事大国都企图抢占现代化高新战略武器的制高点——新概念武器。脉冲功率系统是新概念武器特别是定向能武器和动能武器中所必须的组成部分，包括激光武器、高功率微波武器、粒子束武器、电磁发射器、动能拦截器等。20 世纪 60 年代，由于体积小、储能密度大、价廉等，电感储能技术比电容器储能更有优势，但是需要低温环境来保持，限制了其发展。到了 70 年代，脉冲功率技术进入了微秒时代，国际上很多大型装置都采用脉冲功率电容器作为储能单元。除了静电加速器，其他加速器还有大型激光装置基本都是用脉冲功率电容器作为储能元件，尤其是机载和车载激光武器。80 年代中期，美国劳伦斯·利弗莫尔国家实验室建造了一个称为诺瓦（NOVA）的装置。诺瓦用钕玻璃固体激光的 3 倍频作点火光源，波长 351nm，脉冲能量 45kJ，脉宽 2.5ns（因而峰值功率为 1.8×10^{13} W）。美国桑迪亚国家实验室研制了三个强大的粒子加速器：产生伽马射线的 HermesⅢ、产生 X 射线的 Saturn 以及产生离子束的 PBFA Ⅱ大型轻离子加速器（100 TW 级）。从 90 年代开始，美国开始大力发展大型激光装置，先后有海军研究实验室（NRL）建造的奈克设施、利弗莫尔国家实验室建造的 Titan 拍瓦级激光器、罗彻斯特大学激光能量实验室建造的欧米伽升级装置（LLE）、海军研究实验室建造的奈克设施。其他发达国家也不甘落后，1981 年，英国的卢瑟福·阿普尔顿实验室 RAL（Rutherford Appleton Laboratory）建造了中心激光装置（central laser facility，CLF）Vulcan。Vulcan 玻璃激光器是一个强大的、多用途的钕玻璃激光系统，能够以毫微秒形式发送高达 2.6kJ 的激光能量和在 1054nm 波长以亚微秒的形式发送 100TW 的功率，频率转换到第二个谐波在波长 527nm 时则可以给出 1kJ 的能量。1983 年日本大阪大学激光工程研究所（Institute of Laser Engineering，ILE）建造了能释放 10kJ/ns 的脉冲装置 GEKKO-Ⅻ（相当于 10-20 terawatts），在 1996～1997 年 GEKKO 系统升级到 0.5 PW 量级。最近其研制的新型激光器 LFEX（laser for fast ignition experiment），是快速点火项目 FIREX-1 的一部分，目的是为了达到在 10ps 内释放 10kJ 的脉冲能量。

进入 21 世纪之后，激光器的发展达到了一个新的高度。2008 年，德克萨斯大学奥斯丁分校建立了 Texas 拍瓦级激光器。2009 年，美国利弗莫尔国家实验室建造了世界上最大的激光器——国家点火设施（national ignition facility project，NIF），已于同年 6 月投入使用。特别需要指出的是，由于脉冲功率电容器具有超高脉冲功率的优势，被用作储能元件。2011年，罗彻斯特大学也建立了 OMEG-EP 激光器。2013 年英国原子武器（atomic weapons）研究机构建立了 Orion 巨型钕玻璃激光系统研究项目。法国的激光核聚变反应实验室也建成了兆焦激光器（LMJ）和 Petal 激光器。俄罗斯的实验物理研究院（RFNC-VNIIEF）在 2012 年耗资 15 亿美元建成了新型超级激光器，在 2017 年建成了热核聚变激光装置 UFL-2M。欧盟也在 2015 年批复了十亿英镑的 ELI（Extreme Light Infrastructure）计划，还有欧洲和美洲九国联合的 HiPER 超级激光器项目，设立在法国。其有两台激光器，分别输出 200kJ 和 70kJ 的激光，规模要超过神光三号，仅次于 LMJ 和 NIF。我国起步较晚，但发展迅速。例如 2011 年的神光三号，2013 年的聚龙一号，2014 年的神龙二号，还有 5PW（1PW=1×10^{15}W）超强超短激光放大系统，均达到国际领先水平，而且大型装置都是采用脉冲功率系统作为储能单元。因此，脉冲功率系统性能的提升是我国该领域在短时间内迅速超越其他国家的原始驱动力，使我国在国际上有更多的话语权，更是国防等应用领域的重要基石。脉冲功率系统在民品应用中也起着非常重要的作用，如同发动机一样，驱动着资源勘探、地震勘探、生物电子、惯性约束核聚变、粒子加速器以及体外冲击波破碎肾结石、肿瘤治疗、无损检测及其他医学应用。

5.5.2 脉冲功率系统的分类

脉冲功率中的储能模块根据储能原理可以分为电感储能、惯性储能、化学储能和电容储能。

① 电感储能：是一个以磁场的方式进行储能的储能元件。其储能密度只与自身磁场强度有关，如公式(5.9) 所示。

$$E = \frac{1}{2} \times \frac{B^2}{\mu} \tag{5.9}$$

式中，E 为储能密度；B 为磁感应强度；μ 为磁导率。取合理数值计算，电感储能密度比电容大两到三个数量级。然而电感储能对负载的最大输出功率不超过 25%，效率太低，虽然多级电感能提高输出效率，但是大幅增加了电路和设备的复杂程度、造价及维护成本。此外，在完成大功率充放电过程中对开关的要求非常高，必须满足速度快、可靠性高和寿命长的条件，才能保证安全、可靠的工作。此外，目前超导特性必须在液氮甚至液氢下才能实现，产业化、小型化还有很大挑战。

② 惯性储能（飞轮储能）：电动机带动飞轮高速旋转，在需要的时候再用飞轮带动发电机发电的储能方式。其储能密度与力矩和转速的平方成正比，如公式(5.10) 所示。

$$E = \frac{1}{2} I_M \omega^2 \tag{5.10}$$

式中，E 为储能密度；I_M 为力矩；ω 为转速。其优势是储能密度高、结构紧凑、体积小、成本低、可移动。而在实际工作中，飞轮的转速可达 40000~50000r/min，一般金属制成的飞轮无法承受高转速，容易解体，故采用碳纤维材料制成飞轮。目前用于制造飞轮的碳纤维材料成本比较高，一旦充上电就会不停地转动，且工作前需要较长的准备期以及电磁屏蔽措施和控制各种原因产生的热量，这些都是制约该系统发展的瓶颈。

③ 化学储能：在脉冲功率中的应用是通过化学能（爆炸）产生的膨胀力驱动导电的固态良导体或活塞或射弹来压缩磁通。这种储能方式的优势在于储能密度高、放电电流大且脉冲持续时间长，但却只能一次性使用，成本高，不具有应用前景。且使用过程中必须做好其他部件和人的防护措施，以免遭到炸药爆炸的破坏。

④ 电容储能：是一个利用电场的作用导致电介质极化的方式进行储能的储能元件。其储能密度与介电常数和介电强度的平方成正比，如公式(5.11)所示。

$$E = \frac{1}{2}\varepsilon E_b^2 \tag{5.11}$$

式中，E 为储能密度；ε 为相对介电常数；E_b 为电容器的耐压电场强度。电容器储能具有超高功率密度、充放电速度快、适用温度和频率范围宽等优势，从某种意义上来说介质电容器是最实用、成本低、最容易实现产业化的储能方式。其唯一限制瓶颈是较低的储能密度（1J/cm³），而储能密度低主要归因于材料问题和器件制备的工艺问题。

5.5.3 脉冲功率电容器的储能研究意义

对比上述四类常用的脉冲功率储能元件可知，脉冲功率电容器在脉冲功率系统领域里发挥着不可替代的作用。特别是新概念武器对能量密度和功率密度的需求越来越高，同时要求储能模块的体积越来越小，这就使得提升脉冲功率电容器储能密度的意义越来越重大。具体研究意义如下：

（1）脉冲功率电容器是超高功率脉冲系统的最佳选择

由于脉冲功率电容器储能具有超高的功率密度、超宽的温度和频率适用范围，在国际上几种典型的大型装置中其组装成的脉冲功率电源的综合能力受到青睐。表 5.2 列出了国际上几种以电容器作为储能单元的大型装置。例如，于 2009 年投入使用的 NIF。由于其储能密度低（＜0.5J/cm³），整个装置的占地面积相当于三个足球场。如果将储能密度提到 5J/cm³，在效能不变的前提下，体积缩小到 1/10，其意义可想而知。

表 5.2　国际上几种以电容器作为储能单元的大型装置

设备名称	国家	所属单位	建设时间
诺瓦激光系统(NOVA)	美国	劳伦斯·利弗莫尔国家实验室	1984～1999 年
美国国家点火装置(NIF)	美国	加州	2009 年
神光三号	中国	中物院	2011 年
聚龙一号	中国	中物院	2013 年

（2）脉冲功率电容器是惯性约束聚变等新概念武器的唯一选择

传统金属化膜电容器能达到 10MW/kg 的功率密度，能量密度小于 0.1W·h/kg；电化学电容器能达到 10W·h/kg 的能量密度，而功率密度小于 0.1MW/kg，目前均无法完全同时满足高储能密度和高功率密度的"双高"要求，使得提高脉冲功率电容器的储能密度，成为实现惯性约束聚变、激光武器、高功率微波等新概念武器的唯一途径。

（3）脉冲功率电容器是舰载、车载、机载及星载机动脉冲功率系统的关键

近两年，万瓦级"低空卫士"的成功亮相，引起了国际社会对激光武器的广泛关注。然

而也只能作为战术激光器，防御低空、慢速、小型航空器，同时也需要进一步小型化以实现机动灵活布置。要想实现数秒内摧毁如导弹、卫星、飞机等移动速度快、飞行速度高、距离远的目标，则必须要求功率达兆瓦量级且能量存储达到几十兆焦。如果以现有水平 $1J/cm^3$ 的脉冲功率电容器作为储能元件，则需要几十立方米体积（上百吨的重量）。这就使得脉冲功率电容器的储能密度成为直接制约机动脉冲功率系统发展的瓶颈。

5.5.4 脉冲功率电容器的国内外研究现状

支撑脉冲功率系统的储能元件是脉冲功率电容器，而决定脉冲功率电容器输出特性的就是电介质材料的特性。功率密度是脉冲功率电容器一个非常重要的指标，它反映了单位体积或单位重量的材料在单位时间内释放出的能量。介质储能的原理是静电极化产生的，故时间常数较小（$<1\mu s$），功率密度处于较高水平（$>0.1MW/kg$）。储能密度是脉冲功率电容器另一个非常重要的指标，它反映了单位体积或单位重量储存能量的多少。虽然功率密度大，但是储能密度相对较低是脉冲功率电容器的短板。为了提升脉冲功率电容器的储能密度，国内外学者针对电介质材料做了多年的大量的研究，并且也已经取得了相应的成果，我们在 5.3 和 5.4 节中已经做了较为详细的介绍。目前我国也在探索利用铁电储能材料来制备脉冲功率系统中点火器的相关元件，而如何进一步提升电介质材料的储能密度，仍是未来该研究领域的重点与难点。

5.6 储能陶瓷的小结与展望

利用电介质的储能原理制备的脉冲功率电容器，在脉冲功率系统领域里发挥着不可替代的作用，获得高储能值的脉冲功率电容器意味着我们能占据现代化高新战略武器的制高点。在过去的十年中，储能电介质材料的发展及其应用取得了许多令人振奋的进展。如今，大块陶瓷的储能密度已经超过了 $10J/cm^3$。在材料体系调控时，晶粒和电畴的尺寸工程研究对理解增强的储能性能起到了重要的作用。具有纳米尺度电畴的弛豫铁电体已经占据了储能领域的绝大部分，此外，陶瓷晶粒越细，击穿强度越高，这使得亚微米晶粒的 KNN 基陶瓷可能成为未来的研究热点。近年来，在反铁电体中引入弛豫铁电体以减小电畴尺寸、提高储能性能的策略也被证明是一种有效的方法。这意味着，在提高反铁电体的储能性能方面，电畴的尺寸工程将具有巨大的潜力，这将给反铁电陶瓷储能领域打开新的篇章。

MLESCCs 具有更高的容量和更小的体积，是实际设备应用的理想选择。大多数 MLESCCs 的储能密度已经超过 $10J/cm^3$，未来的重点应放在降低生产成本和提高 300℃ 以上的温度稳定性方面。目前，大多数 MLESCCs 的烧结温度均高于 1100℃，其中 Ni、Cu 等基极容易被氧化。因此，大多数 MLESCCs 仍然需要昂贵的 Ag、Pt 等电极，这在很大程度上提高了 MLESCCs 的生产成本。解决这一问题的主要策略之一是降低烧结温度，从而降低生产成本。最后，内部电极的结构设计也不容忽视。

课后习题

1. 对铁电材料而言，如何有效调控其可恢复的储能密度，提升其储能效率？
2. 对反铁电材料而言，如何有效调控其可恢复的储能密度，提升其储能效率？
3. 铁电体和反铁电体在电介质储能方面的优、缺点各是什么？
4. 在采用静态法和动态法测量铁电储能密度时，两者获得的结果是否会有差异？哪一个更高一些？原因是什么？
5. 进一步提升铁电材料可恢复储能密度的意义是什么？
6. 已知某铁电材料体系的可恢复储能密度 $W_{rec} = 2.461 J/cm^3$，其损耗的储能密度 $W_{loss} = 9.432 J/cm^3$，则其储能效率 η 值为多少？

参考文献

[1] Zhang H, Wei T, Zhang Q, et al. A review on the development of lead-free ferroelectric energy-storage ceramics and multilayer capacitors [J]. J Mater Chem C, 2020, 8: 16648.

[2] Wang G, Lu Z, Li Y, et al. Electroceramics for High-Energy Density Capacitors: Current Status and Future Perspectives [J]. Chem Rev, 2021, 121 (10): 6124-6172.

[3] Hao X. A review on the dielectric materials for high energy-storage application [J]. J Adv Dielect, 2013, 3: 1330001.

[4] Koohi-Fayegh S, Rosen M. A review of energy storage types, applications and recent developments [J]. J Energy Storage, 2020, 27: 101047.

[5] Zhang Q, Wang L, Luo J, et al. Improved energy storage density in barium strontium titanate by addition of $BaO\text{-}SiO_2\text{-}B_2O_3$ glass [J]. J Am Ceram Soc, 2009, 92: 1871.

[6] Puli V, Pradhan D, Kumar A, et al. Structure and dielectric properties of $BaO\text{-}B_2O_3\text{-}ZnO\text{-}[(BaZr_{0.2}Ti_{0.80})O_3]_{0.85}\text{-}[(Ba_{0.70}Ca_{0.30})TiO_3]_{0.15}$ glass-ceramics for energy storage [J]. J Mater Sci-Mater El, 2012, 23: 2005.

[7] Gorzkowski E, Pan M J, Bender B, et al. Glass-ceramics of barium strontium titanate for high energy density capacitors [J]. J Electroceram, 2007, 18: 269.

[8] Luo J, Du J, Tang Q, et al. Lead sodium niobate glass-ceramic dielectrics and internal electrode structure for high energy storage density capacitors [J]. IEEE Trans Electron Devices, 2008, 55: 3549.

[9] Zhou Y, Zhang Q, Luo J, et al. Structural Optimization and Improved Discharged Energy Density for Niobate Glass-Ceramics by La_2O_3 Addition [J]. J Am Ceram Soc, 2013, 96: 372.

[10]   Xu C, Liu Z, Chen X, et al. High charge-discharge performance of $Pb_{0.98}La_{0.02}$ $(Zr_{0.35}Sn_{0.55}Ti_{0.10})_{0.995}O_3$ antiferroelectric ceramics [J]. J Appl Phys, 2016, 120: 074107.

[11]   Lummen T, Leung J, Kumar A, et al. Emergent Low-Symmetry Phases and Large Property Enhancements in Ferroelectric $KNbO_3$ Bulk Crystals [J]. Adv Mater, 2017, 29: 1700530.

[12]   钟维烈. 铁电体物理学 [M]. 北京: 科学出版社, 1996.

[13]   Ahmed F, Taïbi K, Bidault O, et al. Normal and relaxor ferroelectric behavior in the $Ba_{1-x}Pb_x(Ti_{1-y}Zr_y)O_3$ solid solutions [J]. J Alloy Compd, 2017, 693: 245.

[14]   Jin Q, Pu Y P, Wang C, et al. Enhanced energy storage performance of $Ba_{0.4}Sr_{0.6}TiO_3$ ceramics: influence of sintering atmosphere [J]. Ceram Int, 2017, 43: S232-S238.

[15]   Ma J P, Chen X M, Ouyang W Q, et al. Microstructure, dielectric, and energy storage properties of $BaTiO_3$ ceramics prepared via cold sintering [J]. Ceram Int, 2018, 44: 4436.

[16]   Liu B, Wang X, Zhang R, et al. Grain size effect and microstructure influence on the energy storage properties of fine-grained $BaTiO_3$-based ceramics [J]. J Am Ceram Soc, 2017, 100: 3599.

[17]   Wu L, Wang X, Gong H, et al. Core-satellite $BaTiO_3$ @ $SrTiO_3$ assemblies for a local compositionally graded relaxor ferroelectric capacitor with enhanced energy storage density and high energy efficiency [J]. J Mater Chem C, 2015, 3: 750.

[18]   Ma R, Cui B, Shangguan M, et al. A novel double-coating approach to prepare fine-grained $BaTiO_3$ @ La_2O_3 @ SiO_2 dielectric ceramics for energy storage application [J]. J Alloy Compd, 2017, 690: 438.

[19]   Wei M, Zhang J, Wu K, et al. Effect of $BiMO_3$ (M = Al, In, Y, Sm, Nd and La) doping on the dielectric properties of $BaTiO_3$ ceramics [J]. Ceram Int, 2017, 43: 9593.

[20]   Si F, Tang B, Fang Z, et al. Enhanced energy storage and fast charge-discharge properties of $(1-x)BaTiO_3$-$xBi(Ni_{1/2}Sn_{1/2})O_3$ relaxor ferroelectric ceramics [J]. Ceram Int, 2019, 45: 17580.

[21]   Yuan Q, Li G, Yao F Z, et al. Simultaneously achieved temperature-insensitive high energy density and efficiency in domain engineered $BaTiO_3$-$Bi(Mg_{0.5}Zr_{0.5})O_3$ lead-free relaxor ferroelectrics [J]. Nano Energy, 2018, 52: 203.

[22]   Xu N, Liu Y, Yu Z, et al. Enhanced energy storage properties of lead-free $(1-x)$ $Bi_{0.5}Na_{0.5}TiO_3$-$xSrTiO_3$ antiferroelectric ceramics by two-step sintering method [J]. J Mater Sci-Mater Electron, 2016, 27: 12479.

[23]   Ma W, Fan P, Salamon D, et al. Fine-grained BNT-based lead-free composite ceramics with high energy-storage density [J]. Ceram Int, 2019, 45: 19895.

[24]   Chen P, Yang C, Cai J, et al. Synthesis and properties of microwave and crack responsive fibers encapsulating rejuvenator for bitumen self-healing [J]. Mater Res Express, 2019, 6: 12.

［25］ Qiao X，Wu D，Zhang F. Enhanced energy density and thermal stability in relaxor ferroelectric $Bi_{0.5}Na_{0.5}TiO_3$-$Sr_{0.7}Bi_{0.2}TiO_3$ ceramics ［J］. J Eur Ceram Soc，2019，39：4778.

［26］ Zhao L，Liu Q，Gao J，et al. Lead-free antiferroelectric silver niobate tantalate with high energy storage performance ［J］. Adv Mater，2017，29：1701824.

［27］ Zhao L，Gao J，Liu Q，et al. Silver niobate lead-free antiferroelectric ceramics：enhancing energy storage density by B-site doping ［J］. ACS Appl Mater Interfaces，2018，10：819.

［28］ Han K，Luo N，Mao S，et al. Ultrahigh energy-storage density in A-/B-site co-doped $AgNbO_3$ lead-free antiferroelectric ceramics：insight into the origin of antiferroelectricity ［J］. J Mater Chem A，2019，7：26293.

［29］ Qi H，Zuo R. Linear-like lead-free relaxor antiferroelectric $(Bi_{0.5}Na_{0.5})TiO_3$-$NaNbO_3$ with giant energy-storage density/efficiency and super stability against temperature and frequency ［J］. J Mater Chem A，2019，7：3971.

［30］ Qi H，Zuo R，Xie A，et al. Ultrahigh energy-storage density in $NaNbO_3$-based lead-free relaxor antiferroelectric ceramics with nanoscale domains ［J］. Adv Funct Mater，2019，29：1903877.

［31］ Xu R，Feng Y，Wei X，et al. Analysis on nonlinearity of antiferroelectric multilayer ceramic capacitor （MLCC） for energy storage ［J］. IEEE Trans Dielectr Electr Insul，2019，26：2005.

［32］ Li J L，Li F，Xu Z，et al. Multilayer lead-free ceramic capacitors with ultrahigh energy density and efficiency ［J］. Adv Mater，2018，30：7.

［33］ Wang G，Li J，Zhang X，et al. Ultrahigh energy storage density lead-free multilayers by controlled electrical homogeneity ［J］. Energy Environ Sci，2019，12：582.

［34］ Li J，Shen Z，Chen X，et al. Grain-orientation-engineered multilayer ceramic capacitors for energy storage applications ［J］. Nat Mater，2020，19：999.

［35］ 司峰. $BaTiO_3$-$BiMeO_3$ 基储能陶瓷的制备与性能研究 ［D］. 成都：电子科技大学，2020.

［36］ 魏猛. 脉冲功率电容器储能陶瓷介质材料的高压特性研究 ［D］. 成都：电子科技大学，2017.

第6章

微波介质陶瓷及器件

微波是一种波长介于超短波与红外线之间的电磁波，它的波长一般是从 1m（频率为 300MHz）到 0.1mm（频率为 3000GHz）。鉴于微波波长的特殊性，微波具有穿透性、宽频带特性、抗低频干扰性等优点。在 20 世纪后期，随着科技的发展，信息处理技术与电子信息数字化取得了巨大的发展和突破，从而将通信系统推上了一个新的高峰。为了能让任何人在任何时间任何地点与任何人联系，就要求通信系统提高载波频率，因此将移动通信推上了微波频段。为了适配微波频段范围内高性能、高可靠的工作特性，微波介质陶瓷和器件应运而生。

6.1 微波介质陶瓷的定义和特性

微波介质陶瓷是指在微波电路中作为一种介质完成特定功能的一类陶瓷，其主要应用于制造介质谐振器、微波集成电路芯片、介质波导等微波器件，其中介质谐振器又可以制造滤波器、振荡器等，均是微波集成电路的重要器件。

为了满足信息技术和微波器件高性能的需求，这类材料在介质损耗小的前提下，在 $-50 \sim 100 ℃$ 温度范围内，介电常数的温度系数应较小或者接近于零。同时，为了满足不同的特殊性能要求，有些材料在 10GHz 下，品质因数 Q 应 $> 10^4$，还要有尽可能高的介电常数，一般在 $30 \sim 200$ 范围内。

6.2 微波介质陶瓷的主要性能参数

微波介电陶瓷的主要性能参数包括：介电常数（ε_r）、品质因数（Q_m）、谐振频率温度系数（τ_f）。接下来就对这三个基本参数的特性以及影响因素进行介绍。

6.2.1 介电常数

由于微波介质陶瓷是工作在微波频率下的功能介质陶瓷，因此在微波频段下，时间常数较大的电极化形式（取向极化、空间电荷极化等）对微波介质陶瓷的介电性能影响较小，所以微波介质陶瓷的介电常数（ε_r）主要受电子位移极化和离子位移极化的影响。因此，根据晶体点阵振动的一维模型，在频率 ω 下，复介电常数 $\varepsilon(\omega)$ 可以用以下公式来表示：

$$\varepsilon(\omega) - \varepsilon(\infty) = \varepsilon'(\omega) + i\varepsilon''(\omega) = \frac{(Ze)^2}{mV\varepsilon_0(\omega_T^2 - \omega^2 - i\gamma\omega)} \tag{6.1}$$

式中，$\varepsilon(\omega)$ 为 ω 频率下离子位移极化的复介电常数；$\varepsilon(\infty)$ 为 ω 频率下电子位移极化的复介电常数，因为电子位移极化不随频率发生变化，所以其值约为1；m 为离子的有效质量，$m = \dfrac{m_1 m_2}{m_1 + m_2}$（$m_1$ 和 m_2 分别为正、负离子质量）；V 为单元晶胞的体积；γ 为衰减系数；ω_T 为点阵振动横向光学模的角频率；ε_0 为真空介电常数，其值约为 8.85×10^{-12} F/N；Z 为介质等效核电荷数；e 为元电荷，其值约为 1.6×10^{-19} C。

在离子晶体中，由于 ω_T 的值在 $10^{12} \sim 10^{13}$ Hz 的远红外区，因此对于一般微波波段 ω_T^2 远大于 ω^2，所以公式(6.1)可以简化为：

$$\varepsilon(\omega) = \varepsilon(\infty) + \frac{(Ze)^2}{mV\varepsilon_0\omega_T^2} \tag{6.2}$$

由公式(6.2)可以看出，ε 在微波频段基本不随频率发生变化。所以微波介质陶瓷的介电常数主要取决于材料的制备工艺，与使用频率基本无关。

对于微波介质陶瓷而言，在应用于微波集成电路片时，要求介电常数尽可能地小，以此来降低芯片之间信号传播的延迟时间。而在应用于介质谐振器的时候，就要求介电常数尽可能地大。这是因为微波在介质中的波长反比于介质介电常数的平方根，因此在相同频率下，介电常数越大，则波长就越小，介质谐振器的尺寸也就越小，电磁能量可以更好地集中于介质体内，减少环境的影响，这样有利于器件的小型化。

6.2.2 品质因数

电介质在电场的作用下，总会有部分电能转化成热能。在单位时间内因为发热而损耗的能量被称为电介质的损耗功率，简称为介电损耗，用 $\tan\delta$ 来表示。介质损耗是衡量电介质品质的重要指标之一，这是因为介质损耗不仅仅消耗了电能，它产生的热量还可能会干扰器件的正常工作，影响其使用寿命。因此，为了提升器件的质量，就需要尽可能地降低材料的介电损耗。

介电损耗 $\tan\delta$ 的倒数称为品质因数 Q，它表示在每个电场变化周期内，谐振器储存能量与损失能量之比的 2π 倍。在微波频段范围内，Q 值与微波频率 f 的关系为：

$$Q = \frac{1}{\tan\delta} = \frac{\varepsilon'(\omega)}{\varepsilon''(\omega)} \approx \frac{\omega_T^2}{\gamma\omega} = \frac{\omega_T^2}{2\pi f\gamma} \tag{6.3}$$

式中，$\varepsilon'(\omega)$ 为有功介电常数；$\varepsilon''(\omega)$ 为无功介电常数；ω_T 为点阵振动横向光学模的角频率；γ 为衰减系数；ω 为微波频率为 f 时的角频率。

微波介质陶瓷的介电损耗包括两部分：本征损耗和非本征损耗。本征损耗是指在完美晶体中交变电场在与晶体声子系统非简谐相互作用过程中扰动了声子系统的平衡，引起的能量损耗，而非本征损耗是由于晶体的结构相变、晶体缺陷或者杂相等导致的能量损耗。在实际中，晶体不可能是完美的，所以非本征损耗会远大于本征损耗，此时品质因数 Q 主要由非本征损耗决定。所以，接下来主要探讨影响非本征损耗的因素。

（1）有序-无序相变

晶体结构中的质点相互之间呈有规则的排布，这样的状态称为有序态。相反，当质点之间的排布没有规律性的时候，这种状态称为无序态。在微波介电陶瓷中，ABO_3 型钙钛矿陶瓷是研究最广泛的 B 位有序-无序相变。人们通常认为，离子有序的驱动力来源于 B 位离子之间电荷和半径的差异，而且增加 B 位离子的有序度，可以降低材料的介电损耗。

（2）晶体缺陷

晶体缺陷是指在实际晶体中偏离了理想晶体完整周期性排列结构，包括点缺陷、线缺陷、面缺陷和体缺陷。关于点缺陷的研究主要集中于掺杂。当低价态离子取代高价态离子受主掺杂的时候，Q 值一般会升高，同时介电损耗也会降低。当高价态离子取代低价态离子施主掺杂的时候，Q 值则一般会降低。当然，ABO_3 类型的钙钛矿陶瓷还需要进一步地结合具体离子关系进行分析。

除此以外，晶界对微波介电陶瓷的影响也不可忽略，通常认为晶界的存在会增加介电损耗。所以，烧结时控制晶粒大小就显得尤为重要。晶粒大，相对而言，晶界就会减少，介电损耗也会减少。但并不是晶粒越大越好，因为大晶粒往往伴随着位错、堆垛层错和体缺陷等，会造成介电损耗的增加。所以在制备过程中需要控制晶粒大小在一定范围内，使得性能达到最佳。

（3）杂相

一般而言，当微波介质陶瓷中出现第二相的时候，往往会导致其介电损耗增加。因此，制备原料和合成工艺就显得尤为重要。这是因为原料中的杂质和污染物都会造成第二相，最终增加介电损耗；在制备过程中，设备的污染也会引入第二相，从而影响其性能。

以微波介质陶瓷为主的微波器件的一个重要指标就是介电损耗，所以目前的主要研究都集中在以不损失性能为前提，尽可能降低介电损耗。

6.2.3 谐振频率温度系数

介电常数随温度变化的稳定性也是评价微波介质陶瓷的一项重要指标。如果材料的相对介电常数 ε_r 随温度变化大会影响其谐振频率，从而严重影响器件的选频特性。因此在设计微波器件的时候，材料的 ε_r 要具有良好的温度稳定性。一般 ε_r 的温度特性用温度系数 τ_ε 来表示：

$$\tau_\varepsilon = \frac{1}{\varepsilon_r} \times \frac{d\varepsilon_r}{dT} \tag{6.4}$$

实际生产中，很难实现 τ_ε 对温度的不敏感性，所以可以用微波介质陶瓷的 τ_ε 与陶瓷自身的热膨胀系数 α 相互补偿，以此来弥补 τ_ε 的变化，最终保证介质谐振器件频率 f_0 的稳定性。谐振频率温度系数 τ_f、介电常数温度系数 τ_ε 和线膨胀系数存在如下关系：

$$\tau_f = \frac{1}{f} \times \frac{df_0}{dT} = -\left(\alpha + \frac{1}{2}\tau_\varepsilon\right) \tag{6.5}$$

由于微波设备会在不同的环境温度下使用，因此如果微波介质材料的 τ_f 变化较大，载波信号就会随温度变化而发生漂移，影响设备的使用性能，所以就要求微波介质材料的 τ_f 不能波动太大。目前，已实用化的微波介质陶瓷材料的 τ_f 接近于 0，从而实现了微波元器件在使用时的高稳定性和高可靠性。

6.3 微波介质陶瓷的分类

微波介质陶瓷材料可以根据其相对介电常数 ε_r 的大小分为三类：低 ε_r 材料、中 ε_r 材料和高 ε_r 材料。

6.3.1 低 ε_r 材料

低 ε_r 材料的特点是在很高的微波频率下具有极低的介电损耗。此类微波介质陶瓷主要应用在微波基板、微波传输带、卫星通信、雷达等对通信质量要求高的设备上，常见的体系有 Al_2O_3、硅酸盐类和钡基复合钙钛矿等。

（1）Al_2O_3 体系

Al_2O_3 属于刚玉型晶体结构：铝原子位于氧八面体的中心，氧原子位于氧八面体的顶角。Al_2O_3 具有很低的介电损耗和介电常数，研究发现，虽然 Al_2O_3 的 Qf 值很高，但其存在较大的负频率温度系数。研究者们为了改善性能，将 TiO_2 引入 Al_2O_3 中形成了 Al_2O_3-TiO_2 复合陶瓷，使得 τ_f 趋近于 0。复合之后的陶瓷，会出现第二相 Al_2TiO_5，这通常会引起品质因数的下降。因此，在制备过程中，必须要抑制第二相的产生。目前，一般采用退火工艺来抑制材料中 Al_2TiO_5 的含量。比如研究发现 $0.9Al_2O_3$-$0.1TiO_2$ 具有良好的微波介电性能，同时经过 1350℃ 烧结之后的样品，在 1000℃ 退火的过程中，第二相 Al_2TiO_5 会分解为 TiO_2 和 Al_2O_3。

Al_2O_3 陶瓷的另一个缺点就是烧结温度过高。当引入 TiO_2 之后，其烧结温度大致在 1500~1600℃，因此选用一些氧化物助烧剂或低软化点的玻璃来降低其烧结温度。通过将 MCAS（MgO-CaO-SiO_2-Al_2O_3）玻璃引入 $0.88Al_2O_3$-$0.12TiO_2$ 陶瓷中并研究烧结与性能的关联，发现添加 MCAS 玻璃可以将烧结温度降低至 1300℃，但是第二相 Al_2TiO_5 在 1250℃ 时就开始出现，同时微波介电性能会严重下降。在选定适当质量分数为 2% 的 MCAS 玻璃同时将烧结温度降为 1250℃ 时，$0.88Al_2O_3$-$0.12TiO_2$ 陶瓷的微波介电性能有所提升。此时，陶瓷的体积、介电常数以及温度系数，不会因为第二相的大量产生而恶化性能。

（2）硅酸盐体系

镁橄榄石（Mg_2SiO_4）属于正交晶系，且有较大比例的共价键，所以呈现较低的介电常数。在 1450℃ 烧结之后，其微波介电性能为 $\tau_f = -67 \times 10^{-6}$ ℃$^{-1}$；鉴于其较高的温度系数，研究者们尝试着加入正温度系数来调节 τ_f。比如在 Mg_2SiO_4 加入 24% 的 TiO_2，烧结温度降低至 1200℃ 的同时其谐振频率温度系数为 $\tau_f = 0 \times 10^{-6}$ ℃$^{-1}$。然而，加入的 TiO_2 在高温下会与基体 Mg_2SiO_4 发生反应，生成第二相并最终影响 Q_f（从 270000GHz 降为 82000GHz）。

硅灰石（$CaSiO_3$）是一种具有良好性能的低介电常数陶瓷材料，其 $\varepsilon_r = 5$，$\tan\delta = (1 \sim 3) \times 10^{-4}$。然而，该类陶瓷的烧结温度范围较窄，而且烧结之后陶瓷的致密性较差，所以研究者们尝试在其中加入助烧剂来改善其烧结行为。比如研究者在 $CaSiO_3$ 中加入一些氧化物助烧，在 1000℃ 烧结时可以有效地提升性能。除此以外，在 $CaSiO_3$ 中采用 Mg^{2+} 取代 Ca^{2+} 来改善烧结特性和介电性能，并且引入 $CaTiO_3$ 来调节温度系数。当 $CaMgSiO_3$ 中

Ca：Mg＝1：1 时，在 1300℃烧结时获得最佳性能（$\tau_f = 6.1 \times 10^{-6}℃^{-1}$）。

硅锌矿（Zn_2SiO_4）是一种常见的低损耗微波介电陶瓷，它属于三方晶系。研究者们采用固相法和冷等静压法制备硅锌矿，在 1340℃烧结之后陶瓷获得了 $\varepsilon_r = 6.6$、$Q_f = 21900GHz$、$\tau_f = -61 \times 10^{-6}℃^{-1}$ 的微波介电性能。为了改良其温度系数，研究者们使用了溶胶凝胶法向硅锌矿中添加 TiO_2，调节它的温度系数为 $1 \times 10^{-6}℃^{-1}$，使其更贴近工业生产应用。

董青石（$Mg_2Al_4Si_5O_{18}$）具有较低的介电常数和低热膨胀系数，使用常规的固相法制备很难将其烧结致密。比如研究者们将稀土 Yb_2O_3 掺杂其中，在提升陶瓷致密度的同时，也提升了品质因数（$Q_f = 112500GHz$）。进一步，将配方 $Mg_2Al_4Si_5O_{18}-0.7\% Yb_2O_3$（质量分数）制成了一根 80mm 的导波棒，在 $55 \sim 65GHz$ 的频率下损耗低于 1dB，说明该材料体系在电路基板方面具有一定应用前景。

部分低介电常数微波介电陶瓷的介电性能见表 6.1。

表 6.1　部分低介电常数微波介电陶瓷的介电性能

材料组分	ε_r	Q_f/GHz	$\tau_f/10^{-6}℃^{-1}$
Al_2O_3	10	500000	−60
$0.9Al_2O_3$-$0.1TiO_2$	12.4	117000	1.5
$0.88Al_2O_3$-$0.12TiO_2$	8.63	9578	5
Mg_2SiO_4	6.8	270000	−67
$0.76Mg_2SiO_4$-$0.24TiO_2$	11	82000	0
$CaMgSiO_3$	9.42	52800	6.1
Zn_2SiO_4	6.6	21900	61
$Mg_2Al_4Si_5O_{18}$	6.2	40000	−25

（3）钡基复合钙钛矿

钡基复合钙钛矿微波介电陶瓷在 20 世纪 70 年代引起了研究者们重点关注，经过几十年的研究发展了一系列具有较高品质因数和优良温度稳定性的复合钙钛矿材料（表 6.2）。

表 6.2　钡基复合钙钛矿微波介电陶瓷的介电性能

材料组分	ε_r	Q_f/GHz	$\tau_f/10^{-6}℃^{-1}$
$Ba(Zn_{1/3}Nb_{2/3})O_3$	40	约 80000	30
$0.3Ba(Zn_{1/3}Nb_{2/3})O_3$-$0.7Sr(Zn_{1/3}Nb_{2/3})O_3$	40	30500	0
$0.3Ba(Zn_{1/3}Nb_{2/3})O_3$-$0.7Ba(Co_{1/3}Nb_{2/3})O_3$	34.5	97000	0
$Ba(Mg_{1/3}Ta_{2/3})O_3$	24	430000	5.4
$Ba(Mg_{1/3}Ta_{2/3})O_3$-$0.1\% Mn$	25	176400	2.7
$Ba(Mg_{1/3}Ta_{2/3})O_3$-$1\% B_2O_3$	24	124700	−1.3
$Ba(Mg_{1/3}Ta_{2/3})O_3$-$1\%(5ZnO$-$2B_2O_3)$	22	141800	
$Ba(Mg_{1/3}Ta_{2/3})O_3$-$0.2\%(ZnO$-B_2O_3-$SiO_2)$	25.5	152800	−1.5
$Ba(Mg_{1/3}Ta_{2/3})O_3$（Sol-Gel 法）	24.3	49508	
$Ba(Mg_{1/3}Ta_{2/3})O_3$（反相微乳液法）	25.2	65200	

材料组分	ε_r	Q_f/GHz	$\tau_f/10^{-6}°C^{-1}$
$Ba(Zn_{1/3}Ta_{2/3})O_3$	29	70000	1
$Ba(Zn_{1/3}Ta_{2/3})O_3-1\%B_2WO_4$		200000	14
$Ba(Zn_{1/3}Ta_{2/3})O_3-5\%\ Sr(Ga_{1/2}Ta_{1/2})O_3$	29	156000	0
$Ba(Zn_{1/3}Ta_{2/3})O_3-1\%Ga_2O_3$	27	161000	-2.5
$Ba(Zn_{1/3}Ta_{2/3})O_3-2\%ZrO_2$	30	164000	0
$Ba(Zn_{1/3}Ta_{2/3})O_3-1.5\%SnO_2$	28	142000	
$Ba(Zn_{1/3}Ta_{2/3})O_3-5\%B_2O_3-10\%CuO$	26	11000	0

从最先报道的 $Ba(Zn_{1/3}Nb_{2/3})O_3$(BZN)陶瓷的微波介电性能中可以看出,BZN 虽然具有较低的 ε_r 和较高的 Q_f,但是较大的温度系数影响了它进一步的实际应用,所以研究工作重点之一就是对温度系数进行调节。比如以一定比例添加 $Sr(Zn_{1/3}Nb_{2/3})O_3$ 或 $Ba(Co_{1/3}Nb_{2/3})O_3$ 使温度系数降低为 0,来达到期望的条件。

$Ba(Mg_{1/3}Ta_{2/3})O_3$(BMT)是钡基复合钙钛矿微波介电陶瓷中品质因数最好的体系,$Q_f=430000GHz$,同时因为较高的熔点,所以也是一种很好的耐温材料。面对烧结温度过高的弊端,研究者们通过添加助烧剂,如 B_2O_3、$ZnO-B_2O_3$、$ZnO-B_2O_3-SiO_2$,将烧结温度从 1600℃降低到了 1300℃,但是助烧剂的加入使得样品中出现了离子空位,造成品质因数的降低。因此研究者们也尝试了其他方法,比如溶胶-凝胶法、反相微乳液法和水热法等来降低烧结温度,但是对于抑制品质因数恶化效果不甚理想。

除此以外,$Ba(Zn_{1/3}Ta_{2/3})O_3$(BZT)也是钡基常见的一个体系。纯的 BZT 在 1500℃烧结之后微波介电性能为 $\varepsilon_r=29$,$Q_f=100000GHz$,$\tau_f=1\times10^{-6}°C^{-1}$。但是研究者们发现,适当地延长烧结时间会增加品质因数。在增加了保温时间之后,发现样品的 Q_f 高达 168000GHz,认为 Q_f 值的提高和 B 位离子有序度增加有关。为了进一步提升品质因数同时改善温度系数,研究者们尝试添加氧化物,比如 Ga_2O_3、ZrO_2、SnO_2 等。由于这些氧化物的添加,的确起到了改善品质因数和温度系数的作用。同样的,烧结温度过高仍然是一个通病。有研究者们同时添加 B_2O_3 和 CuO,虽然降低了烧结温度,但是也恶化了品质因数。因此,还需进一步的研究来平衡烧结温度和微波介电性能之间的关系。

6.3.2 中 ε_r 材料

中 ε_r 微波介质陶瓷的介电常数一般在 30~70 之间,主要应用于卫星通信或者手机移动基站,常见的体系有 $(Zn,Sn)TiO_4$ 和 $BaO-TiO_2$ 等。

(1)$(Zn,Sn)TiO_4$ 体系

纯的 $(Zn,Sn)TiO_3$ 化学式为 $(Zn_{0.8}Sn_{0.2})TiO_4$(简称为 ZST),目前已经普遍商业化,也是用途最广泛的微波介电陶瓷体系之一。同样,该类材料也面临着烧结温度过高的问题。所以研究者们向其中加入助烧剂,期望在不损害介电性能的前提下,降低烧结温度,同时促进致密化。比如在 $(Zn_{0.8}Sn_{0.2})TiO_4$ 中添加 1% 的 ZnO 和 0.25% 的 WO_3 或同时加入 $BaCuO_2$ 和 CuO 烧结助剂,在 1000℃下保温 2h。通过向 ZST 中添加硼硅酸盐,在 1050℃烧结之后,可以获得 $\varepsilon_r=30$、$Q_f=30300GHz$、$\tau_f=-4\times10^{-6}°C^{-1}$ 的微波介电性能。

（2）$BaO\text{-}TiO_2$ 体系

在 $BaO\text{-}TiO_2$ 体系中，$BaTi_4O_9$ 和 $Ba_2Ti_9O_{20}$ 是两种常见的并且广泛应用于微波器件中的中等介电常数的微波介电陶瓷。针对这一体系的微波介电陶瓷，一般采用固相法制备，但是这种制备方法很难合成纯相的陶瓷。从 $BaO\text{-}TiO_2$ 相图（图 6.1）中可以看出，$Ba_2Ti_9O_{20}$ 的单相区比较狭窄，温度或成分稍有变化都会造成相的变化。所以为了获得单相陶瓷，提高介电性能，通常会采用如下三种方法。

① 改变原料。比如说在制备 $Ba_2Ti_9O_{20}$ 时用 $BaTi_4O_9\text{-}TiO_2$ 代替 $BaCO_3\text{-}TiO_2$。由于 $BaTi_4O_9$ 的化学式配比更接近 $Ba_2Ti_9O_{20}$，因此在制备的时候可以提高 $Ba_2Ti_9O_{20}$ 的成核率。

② 添加添加剂。比如向 $Ba_2Ti_9O_{20}$ 中添加 SnO_2，用 Sn^{4+} 来取代 Ti^{4+}。由于 Sn^{4+} 的极化率和离子半径更大，会降低表面能，从而促进 $Ba_2Ti_9O_{20}$ 的成核。

③ 采用湿化学法合成粉体。比如采用 Pechini 法制备 $BaTi_4O_9$，在 1250℃烧结温度下，实现较高致密度的同时，获得良好的介电性能。通过柠檬酸溶胶凝胶工艺，在 1300℃烧结温度之后，获得了致密的单相 $BaTi_4O_9$ 和 $Ba_2Ti_9O_{20}$。由此可见，湿化学法相比于固相法更容易获得单相，同时降低烧结温度并提升致密度。

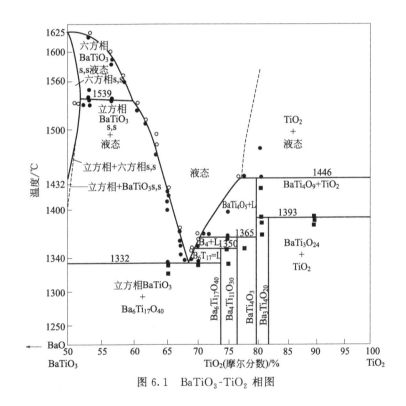

图 6.1　$BaTiO_3\text{-}TiO_2$ 相图

$BaO\text{-}TiO_2$ 体系微波介电陶瓷的介电性能见表 6.3。

表 6.3　$BaO\text{-}TiO_2$ 体系微波介电陶瓷的介电性能

材料组分	ε_r	Q_f/GHz	$\tau_f/10^{-6}℃^{-1}$
$(Zn_{0.8}Sn_{0.2})TiO_4$	38.9	51500	−4
$(Zn_{0.8}Sn_{0.2})TiO_4\text{-}1\%ZnO\text{-}0.25\%WO_3$	37.8	61000	−3.9

续表

材料组分	ε_r	Q_f/GHz	$\tau_f/10^{-6}\,^\circ\!C^{-1}$
$(Zn_{0.8}Sn_{0.2})TiO_4 + BaCuO_2 \& CuO$	38	35000	
$BaTi_4O_9$	37	22700	15
$BaTi_4O_9$（Pechini 法）	35.6	42600	12
$BaTi_4O_9$（柠檬酸溶胶凝胶法）	36	50500	16
$Ba_2Ti_9O_{20}(BaTi_4O_9 + TiO_2)$	39	42800	5
$Ba_2Ti_9O_{20} + 2.46\%Sn$	38.8	38700	1.4
$Ba_2Ti_9O_{20}$（柠檬酸溶胶凝胶法）	37	57000	−6
$BaO\text{-}4TiO_2\text{-}0.1WO_3$	35	50400	0
$BaO\text{-}4TiO_2\text{-}0.1WO_3\text{-}5\%B_2O_3$	34	70550	

6.3.3 高 ε_r 材料

高 ε_r 材料的介电常数一般大于 70，主要用于低频段的民用移动通信，它可以在保证通信质量的前提下，实现器件小型化。其代表体系有铅基钙钛矿、复合钙钛矿 $CaO\text{-}Li_2O\text{-}Ln_2O_3\text{-}TiO_2$ 和钨青铜体系 $BaO\text{-}Ln_2O_3\text{-}TiO_2$。

（1）铅基钙钛矿

铅基钙钛矿是指 A 位主要为 Pb^{2+}，B 位主要为 Zr^{4+}、Hf^{4+} 等离子的 ABO_3 型钙钛矿结构材料，通常具有铁电性或反铁电性，因此通常认为在高频下具有较高的介电损耗，不宜用作微波介电陶瓷。然而，采用 Ca^{2+} 取代 $PbZrO_3$ 中的 Pb^{2+}，发现样品在微波频率下具有较高的介电常数和品质因数，同时具有近乎于零的谐振频率温度系数，由此开辟了铅基钙钛矿微波介电陶瓷的研究。针对 $(Pb_{1-x}Ca_x)BO_3$ 体系中的 B 位离子进行取代研究又发现了 $(PbCa)(Mg_{1/3}\text{-}Nb_{2/3})O_3$、$(PbCa)(Ni_{1/3}\text{-}Nb_{2/3})O_3$、$(PbCa)(Fe_{1/2}\text{-}Nb_{1/2})O_3$ 这三种铅基钙钛矿适用于微波介电陶瓷。随着研究者们深入展开研究，改性后的铅基钙钛矿逐渐被发现。比如将 $CaTiO_3$ 掺杂在 $Pb(Mg_{1/3}\text{-}Nb_{2/3})O_3$ 中，当两者摩尔比为 1:1 时，介电常数获得提升，但是较高的谐振频率温度系数限制了其进一步发展。因此，进一步采用 La 取代 Pb 和 Ca 来调节谐振频率温度系数。研究表明当大量的 La^{3+} 掺杂进入的时候，会增加 A 位空位，而且还会引起介电常数和品质因数的下降；当 La^{3+} 的含量为 0.1 时，化学式为 $(Pb_{0.5}Ca_{0.5})_{0.95}La_{0.1}[(Mg_{1/3}\text{-}Nb_{2/3})_{0.5}Ti_{0.5}]O_3$，此时可以大大降低谐振频率温度系数，其值为 $\tau_f = 253 \times 10^{-6}\,^\circ\!C^{-1}$。

铅基钙钛矿陶瓷和其他体系一样，面临着烧结温度过高的问题。此外，在高温下 PbO 挥发严重，这不仅会造成环境的污染，还会引起性能的降低，因此需要降低烧结温度。研究者通过调控 B 位离子取代来抑制 $(Pb,Ca)(Zr,Ti)O_3$（PCZT）中 PbO 的挥发，而且进一步研究表明，Ti 取代 Zr 比 Ca 取代 Pb 能更有效地抑制 PbO 的挥发。除此以外，可通过添加氧化物来降低烧结温度。比如向 $[(Pb_{0.5}Ca_{0.5})_{0.92}La_{0.08}](Fe_{0.5}Nb_{0.5})O_3$ 中添加 1% 的 $Bi_2O_3\text{-}MnO_2$ 作为助烧剂，相比纯的 PCLFN 介电性能得到了提升，同时烧结温度从 1190℃ 降低到了 1050℃。向 $(Pb_{0.45}Ca_{0.55})[(Fe_{0.5}Nb_{0.5})_{0.9}Sn_{0.1}]_{0.9}Ti_{0.1}O_3$ 添加 4% 的 $Bi_2O_3\text{-}LiF$，烧结温度降低到 950℃，介电性能没有发生较大的变化。

电子陶瓷材料与器件

174

（2）$CaO\text{-}Li_2O\text{-}Ln_2O_3\text{-}TiO_2$ 体系

目前，该体系是常见的高介电常数微波介电陶瓷中之一。虽然是多种氧化物，但主体是 $CaTiO_3$ 或者改性的 $CaTiO_3$ 与（$Li_{1/2}Ln_{1/2}$）TiO_3（Ln＝La、Nd、Sm）组成固溶体。纯的 $CaTiO_3$ 在微波频段下虽然具有较高的介电常数但较低的品质因数和较大的谐振频率温度系数制约其实际应用，因此还需要进一步地优化性能。采用 Nd^{3+} 来取代 Ca^{2+}，在最优掺杂下的化学式为（$Ca_{0.61}Nd_{0.26}$）TiO_3，其品质因数为 $Qf＝17200GHz$，结果表明 Nd^{3+} 的引入确实可以提升品质因数。研究发现（$Li_{1/2}Ln_{1/2}$）TiO_3 中 Ln^{3+} 的半径会影响晶系的钙钛矿结构，当半径较大时是立方钙钛矿结构，半径较小时是四方钙钛矿结构，半径再小一些是正交钙钛矿结构；同时随着半径的减小，介电常数下降，品质因数上升。进一步的研究发现，因为 Nd^{3+} 和 Sm^{3+} 有相近的离子半径，所以钙钛矿结构相同，而且谐振频率温度系数符号相反，因此两者结合可以形成综合性能较为理想的微波介电陶瓷。

（3）$BaO\text{-}Ln_2O_3\text{-}TiO_2$ 体系

该体系不同于前两个体系的结构，它属于钨青铜结构。该体系的通式为 $Ba_{6-3x}Ln_{8+2x}Ti_{18}O_{54}$，这一通式最早是由 Ohsato 通过 XRD 分析晶格常数确定的，x 的变化范围为 $[0,1]$。针对这一体系，研究者们主要是掺杂改性，比如加入氧化物来改性。研究者们在 $BaO\text{-}Ln_2O_3\text{-}TiO_2$ 加入 Ta_2O_5，通过组分调节，介电常数在 $114\sim175$ 之间，品质因数大于 1000。向 $BaSm_2Ti_4O_{12}$ 中添加 1％ 的 CuO 作为助烧剂，有效地把烧结温度降低到了 1160℃。在 $Ba_{6-3x}Nd_{8+2x}Ti_{18}O_{54}$ 体系中，随着 x 的增加，介电常数和谐振频率温度系数会下降，而品质因数会有所上升；当 $x＝0.75$ 时，材料的品质因数为 $Qf＝10400GHz$。采用 Pb 取代 Ba，通过调节 Pb 的含量，可以把介电常数控制在 $80\sim100$ 内，且温度稳定性良好。研究也发现，用 Bi 取代 Nd 可以降低材料的谐振频率温度系数，同时由于 Bi^{3+} 和 Nd^{3+} 半径相近，因此可以很好地形成固溶体。

高介电常数微波介电陶瓷的介电性能见表 6.4。

表 6.4　高介电常数微波介电陶瓷的介电性能

材料组分	ϵ_r	Qf/GHz	$\tau_f/10^{-6}℃^{-1}$
$0.5\,CaTiO_3\text{-}0.5\,Pb(Mg_{1/3}\text{-}Nb_{2/3})O_3$	197.8	1550	483
$[(Pb_{0.5}Ca_{0.5})_{0.92}La_{0.08}](Fe_{0.5}Nb_{0.5})O_3$	90.8	5800	15.3
$[(Pb_{0.5}Ca_{0.5})_{0.92}La_{0.08}](Fe_{0.5}Nb_{0.5})O_3\text{-}1\%\,Bi_2O_3\text{-}MnO_2$	91.1	4870	18.5
$(Pb_{0.45}Ca_{0.55})[(Fe_{0.5}Nb_{0.5})_{0.9}Sn_{0.1}]_{0.9}Ti_{0.1}O_3$	92	1851	−6
$CaTiO_3$	175	3600	800
$(Ca_{0.61}Nd_{0.26})TiO_3$	108	17200	270
$(Li_{1/2}Sm_{1/2})TiO_3$	52	2280	−260
$(Li_{1/2}Nd_{1/2})TiO_3$	80	2100	310
$BaSm_2Ti_4O_{12}\text{-}1\%CuO$	79	10400	65

6.4　微波介质陶瓷的低温共烧技术

低温共烧陶瓷（LTCC）技术是一种新型材料制备技术，它将低温烧结陶瓷粉制成厚度精确而致密的生瓷带，作为电路基板材料。该技术除了在成本和集成封装方面具有优势外，还具备了许多其他基板技术所没有的优点。

① LTCC技术结合了共烧技术和厚膜技术的优点，减少了昂贵、重复的烧结过程，所有电路被叠层、热压并一次烧结，印刷精度高。

② 根据配料的不同，LTCC材料的介电常数可以在很大范围内调控，增加电路设计的灵活性。

③ LTCC技术可使每一层电路单独设计而不需要很高的成本，能使多种电路封装在同一多层结构中，可集成数字、模拟、射频、微波技术。

④ 可靠性高，适应大电流及耐高温特性要求，具有良好的温度特性。

⑤ 采用非连续式的生产工艺，有利于提高多层基板的成品率和质量，缩短生产周期，降低成本。

目前LTCC技术可用于制成三维电路网络的无源集成组件或电路基板，进而制成集成功能模块。同时，利用LTCC技术可以制成高技术LTCC产品。

6.4.1 LTCC技术工艺流程

LTCC技术工艺流程较为复杂，其主要工序如下：

① 浆料配制：无机陶瓷粉体和有机材料按照化学比配比形成原材料，在球磨机或类似设备中进行混合，经过浆化形成浆料。无机陶瓷粉体包括陶瓷和玻璃，有机材料包括粘接剂、增塑剂、分散剂等。不同溶剂的加入保证浆料的黏度和流动性以及分散团聚的颗粒。

② 流延成型：将配制好的浆料从刮刀形成的缝隙中挤到移动的载带上，通过控制刮刀的间隙，流延成所需厚度，在干燥区通过加热的方式去除溶剂。这就需要流延成型的生瓷片致密、厚度均匀，具有一定的强度。

③ 流延生带处理：陶瓷生带大多为卷轴的形式，因此需要用切割机或激光切割成一定尺寸，同时用钻孔或激光打孔技术形成定位孔和层间通孔。定位孔通常用于印刷导体和叠片时的自动对位。通孔则用于不同层上的电路互连。

④ 通孔填充：这一步是制造LTCC基板的关键工艺之一，是将特殊配方的高固体含量的导体浆料填充到通孔。其方法有掩膜印刷、丝网印刷和导体生片填充法。填充通孔的浆料应具有适当的黏度和流动性，若浆料选择不当，印刷时容易形成盲孔，因此在填充通孔之后需要进行晾干、盲孔检查和修补作业。

⑤ 印刷内电极：在印刷LTCC图案时，必须根据对位精度以及通孔大小来设计线宽及其他参数，这样才能保证基板的成品率。其方法主要有两种：丝网印刷和计算机直接描绘。

⑥ 叠层、热压及切片：将印刷好的导体和形成互连通孔的生瓷片按预先设计的层数和顺序依次叠放，在一定的温度和压力下粘接在一起，形成一个完整的坯体。其中，叠层中精确定位是三维网络电路连接准确的基础，若精度太差，会导致网络基板布线短路或断路。

⑦ 排胶、烧结：排胶是将有机物排出，而烧结的关键在于烧结曲线和炉温温度的均匀性，会影响烧结后的平整度和收缩率。若烧结控制不当，就会出现翘曲和分层等问题。

⑧ 外电机印刷、烧结：将烧结好的多层芯片进行球磨以及净化处理，接着采用电镀或印刷法制作外电极，最后将制作好的外电极在高温下快速烧结。

6.4.2 LTCC 技术的发展

LTCC 技术是建立在烧结温度较低的 LTCC 材料基础上的，其目的是将多层电路一体化。目前国内外的发展呈现出多样化，从材料角度来看，主要有基板材料、元器件材料等；从工艺技术角度来看，主要有膜片成型技术、烧结控制、精密布线技术和空腔基板制作技术等。

(1) 按材料分类

目前已开发的 LTCC 基板材料有很多，可分为三类：

① 微晶玻璃，该材料体系是通过玻璃析晶得到的多晶体，在烧结过程中，玻璃晶转化成低损耗相，使材料具有低介电损耗相。微晶玻璃的晶化是通过内部成核和晶体生长来完成的。微晶玻璃的总体性能在设计之初已经基本确定，通过工艺条件的控制，来控制制备得到所需的具体性能。

② 玻璃加陶瓷填充料的复合体系，这种材料体系是目前最常用的 LTCC 基板材料。其填充相主要是晶化玻璃，玻璃作为粘接剂使陶瓷颗粒粘接在一起，玻璃在陶瓷间不发生反应。这类材料体系在制备时工艺简单、成分容易控制，而且烧结时密度快速移向较高温度，有利于烧尽有机物同时降低基板的高温变形。因此它具有较低的介电常数、较小的温度系数和化学反应稳定性。

③ 非晶陶瓷系。该类材料也被称为单相陶瓷。目前商用的 LTCC 材料组分复杂，共烧时很难保证烧结特性匹配以及化学性能兼容，同时，由于多相的存在增加了与导体材料相互作用的可能性，降低了基板的可靠性，因此人们开始重视单相陶瓷的发展。目前已开发的体系有硼酸锡钡 $BaSn(BO_3)_2$ 和硼酸锆钡陶瓷 $BaZr(BO_3)_2$，它们的烧结温度范围均在 $900 \sim 1000℃$，但仍存在介电损耗较大等问题，因此需要进一步研究。

众所周知，LTCC 技术是用来满足元器件集成化、小型化和轻量化要求的解决方案，是开发低温共烧的微波介电陶瓷材料的基础。目前，低温共烧陶瓷元器件材料主要有两种，一是固有烧结温度低的微波介电陶瓷，二是外加烧结助剂的微波介质陶瓷。

第一类固有烧结温度低的微波介质陶瓷主要有如下几类：

① $BiNbO_4$ 体系。$BiNbO_4$ 有低温型 $\alpha\text{-}BiNbO_4$ 和高温型 $\beta\text{-}BiNbO_4$ 两种晶体结构。其中前者属于斜方晶系，在低于 $1020℃$ 温度下会稳定存在，当超过这个温度时，会转变成三方 $\beta\text{-}BiNbO_4$。同时，纯的 $BiNbO_4$ 很难获得致密陶瓷，通常添加氧化物作为烧结助剂。然而，该体系与金属 Ag 电极共烧时会发生反应，导致材料的介电性能恶化，限制了它的实际应用，所以还需进一步研究来实现它的商业化。

② 铅基复合钙钛矿体系。含铅的具有复合钙钛矿结构的陶瓷 $(Pb_{1-x}Ca_x)(Fe_{1/2}Nb_{1/2})O_3$ (PCFN)、$Pb(Fe_{1/3}W_{1/3})O_3$ (PFW) 及 $Pb(Fe_{1/2}Nb_{1/2})O_3$ (PFN) 材料具有较低的烧结温度和实用价值的介电性能。在 PFW-PCFN 中掺杂 3% 的 $Pb_5Ge_3O_{11}$ (PGO)，可以使烧结温度降低至 $950℃$。采用分步合成和两次煅烧工艺，选用合适的组成，可以获得单物质相组成且介电性能优良的 PFW-PCFN 材料。但是，铅基钙钛矿体系有一个不可忽视的问题，即含铅陶瓷不利于环境保护，所以从可持续发展的角度来看，应尽量避免使用。

③ 新型低介电常数低烧材料。随着研究者们的深入研究，开发了一些新的材料体系，该类材料可直接在低温下烧结，而不需另外添加烧结助剂。例如，在 $650 \sim 775℃$ 合成了三

斜相的 $Li_3AlB_2O_6$ 新材料，当烧结温度高于 770℃ 时，$Li_3AlB_2O_6$ 分解为 Li_2AlBO_4 和 α-$LiBO_2$。在其中掺杂 TiB 可调整谐振频率温度系数接近于 0。此外，在 1050℃ 合成了 $Mg_3(VO_4)_2$，该材料与 Ag 电极化学稳定性好。通过以 Co 取代 Mg，可形成完全连续固溶体 $(Mg_{3-x}Co_x)(VO_4)_2$。由于在烧结过程中有 CoO-V_2O_5 低共溶液相的生成，陶瓷的烧结温度大大降低。以上这些新型材料体系合成温度低，介电性能尤其是介电常数和品质因数指标优异，但也存在一些问题，比如谐振频率温度系数有待改善，复合焦磷酸盐的稳定性有待研究，钒酸盐的合成工艺精度和物相控制也有待进一步探讨。

第二类外加烧结助剂的微波介质陶瓷分类如下：

① 硅酸盐系微波陶瓷体系。硅酸盐系微波陶瓷体系主要包括 CaO-SiO_2、MgO-SiO_2 和 ZnO-SiO_2，典型化合物为 $CaSiO_3$、$Ca_3Si_2O_7$、Mg_2SiO_4 和 Zn_2SiO_4。在此基础上，形成了系列改性复合化合物陶瓷。MO-SiO_2 陶瓷的烧结温度一般在 1300℃。有学者系统研究了 MgO、$CaTiO_3$、TiO_2 等掺杂拓展 ZnO-SiO_2、CaO-SiO_2 微波陶瓷的烧结温区，改善其谐振频率温度系数。在掺杂的基础上，采用低熔点 Li_2CO_3-V_2O_5、Li_2CO_3-B_2O_3 复合助剂的协同降温作用，分别将 ZnO-SiO_2、CaO-SiO_2 微波陶瓷的烧结温度降至 900℃，获得了两种介电性能优良的低介电常数低温烧结微波陶瓷。

② BaO-TiO_2-Nb_2O_5 体系。Millet 等最早研究 BaO-TiO_2-Nb_2O_5 体系，报道了这个体系中多种化合物的组分、结构以及变化规律。Swbastian 首次报道了该体系中多种化合物的微波介电性能，其中 $Ba_3Ti_4Nb_4O_{21}$(BTN) 在 1270℃ 烧结时，具有优良的介电性能。如果将该材料体系烧结温度降至 900℃，则对开发中介电常数 LTCC 微波介质材料具有重要的意义。

③ CaO-Li_2O-Ln_2O_3-TiO_2 体系。$(Ca_{1-x}Ln_{2x/3})TiO_3$ 陶瓷的介电常数高达 100 以上，通过与 $(Li_{1/2}Ln_{1/2})TiO_3$ 陶瓷复合可调节频率温度系数，是一种极具应用潜力的高介电常数微波介质陶瓷，但降低烧结温度是这一体系研究的难点。添加烧结助剂使烧结温度降低，会严重破坏其介电性能，介电常数下降至 30～60，品质因数下降一个数量级。因此，选用 Sn^{4+} 来置换 $(Ca_{1-x}Ln_{2x/3})TiO_3$ 中的 B 位离子，同时添加 Li_2CO_3，可以增大介电常数和品质因数，降低谐振频率温度系数。此外，陶瓷膜片与 Ag 电极共烧界面结合紧密，元素无扩散现象，具有良好的共烧匹配性，是一种极具应用价值的高介电常数 LTCC 微波介质材料，可用于多层微波元器件。

此外，研究者们对其他陶瓷体系的低温烧结也进行了深入的研究，具体介电性能见表 6.5。

表 6.5 低温烧结微波介质陶瓷及其性能

材料组分	烧结助剂	烧结温度/℃	ε_r	Qf/GHz	τ_f/$10^{-6}℃^{-1}$
Li_2TiO_3	LiF	950	24.01	75500	36.2
Li_2TiO_3+MgO	LiF	950	23.21	131668	-0.46
$0.6Li_2ZnTi_3O_8$-$0.4Li_2TiO_3$	ZnO-B_2O_5-SiO_2	900	25.4	86400	-1
$Li_2ZnTi_3O_8$	CuO-Bi_2O_3-V_2O_5	875	25.63	53400	-5.27
Li_2MnO_3	$BaCu(B_2O_5)$	930	11.9	80600	0
$CaMoO_4$	Y_2O_3-Li_2O	775	9.5	63240	7.2

材料组分	烧结助剂	烧结温度/℃	ε_r	Qf/GHz	$\tau_f/10^{-6}℃^{-1}$
$(Zn,Sn)TiO_4$	$BaCuO_2+CuO$	1000	35～38	19600～35000	
$Li_2O-Nb_2O_5-TiO_2$	V_2O_5	900	66	3800	11
$(MgCo_2)(VO_4)_2$		900	9.5	78906	−94.5
$Ca_5Co_4(VO_4)_6$		875	10.1	95200	−63
$SrZnP_2O_7$		950	7.06	52781	−70
$CaWO_4$	$Bi_2O_3-B_2O_5$	850	8.7	70220	−15
$(Ca_{1-x}Nd_{2x/3})TiO_3$	$ZnO-B_2O_5$	900	30～60	200～550	20～60
$Ba(Mg_{1/3}Nb_{2/3})O_3$	$CuO-B_2O_5$	900	31	21500	21.3
$Ba(Zn_{1/3}Nb_{2/3})O_3$	$CuO-B_2O_5$	900	36	19000	21

低温共烧微波介质陶瓷主要通过液相烧结来实现致密化。目前选用的烧结助剂包括各种硼酸盐玻璃、氧化物以及少量化合物等。其低温烧结机理研究仅停留在简单的分析阶段，理论方面的进展有待提高。在体系的选择和性能提高等方面，主要是以大量的实验结果进行经验总结，尚缺乏有效且完善的理论指导。而且，目前由于固相在液相中的研究还不多，因此助烧剂掺杂微波介质陶瓷的液相烧结理论研究还有待进一步地完善和发展。

（2）按工艺技术分类

① 膜片成型技术。陶瓷膜片的制备是 LTCC 工艺的基础，也决定着下一步工艺的开展。目前有多种成型方法可以制备陶瓷膜片，主要有注凝成型、丝网印刷成型、电泳沉积和流延成型。不同的工艺在生产制备时的对比见表 6.6。

表 6.6　膜片成型技术工艺对比

工艺	特征	应用
注凝成型	利用有机单体进行聚合，近净尺寸成型，强度较高，可机械加工	适用于单层结构，厚度在 $100～1000\mu m$ 之间
丝网印刷成型	结构层较薄，表面比较光滑，面积比较小，粘接剂含量较高	适用于单层和多层厚膜、薄膜成型技术
电泳沉积	无须添加粘接剂，可形成某种结构层	适用于在整个平面上作涂层，厚度一般小于 $100\mu m$
流延成型	可以使用水基或油基组分，膜片表面光滑，粘接剂含量较高，浆料组成复杂	适用于单层或多层柔性薄膜，厚度在 $1～1000\mu m$ 之间

② 烧结控制。LTCC 基板在制造时有一个难点是生瓷片在共烧后尺寸变化较大，而且收缩不均匀，这就导致了各基板之间同一位置处的互连孔或电路图形很难精确地控制，使得制作高密度的精密微波传输线异常困难。因此需要对共烧工艺进行优化，使得生瓷带具有平面零收缩特性。目前 LTCC 零收缩控制技术已发展出了自约束烧结法、压力辅助烧结法、无压力辅助烧结法和复合板共同压烧法四大类主要方法。

③ 精密布线技术。要提高电子元器件组装封装密度，LTCC 基板上的线密度以及尺寸精确度至关重要，因此就需要在 LTCC 基板上制作精密细线条。除了传统的薄膜工艺以外，还可以采用精密丝网印刷法、厚膜直接描绘法和厚膜网印刻蚀法等厚膜工艺技术。

④ 空腔基板制作技术。采用 LTCC 工艺制作互连基板的一个优势在于，能较为方便地

在特定区域内制造出各种构造与尺寸的空腔，可以用于组装元器件，或用于形成既定的微波结构、微系统构建或封装外壳。其中，制作带有空腔的 LTCC 基板与制作平板 LTCC 基板的不同之处就是要先将有空腔构造的 LTCC 生瓷片在相应位置处加工出空腔窗口，再通过叠压与烧结工艺，得到既定的 LTCC 基板。

6.4.3 LTCC 技术应用

目前，LTCC 技术已广泛应用于军事、无线通信、宇航、汽车电子等产业。从应用领域来分，主要有如下四个方面：

① 高频无线通信领域。该领域是目前 LTCC 组件应用最多的一个领域。基于 LTCC 材料的优异高频性能，同时还兼具低成本、集成度高等特点，被国内外公司广泛用于制作通信滤波器、天线和多层芯片模块组件。

② 航空航天工业领域。LTCC 技术最先是在航空航天及军事电子装备中得到应用的。目前利用 LTCC 技术可以研制出航空、宇航等电子装置的 LTCC 组件或系统。现在，研究热点相控阵天线中的关键部件——移相器就是采用 LTCC 技术制备的厚膜材料，具有设计灵活、介电特性好以及可靠性高等优点。

③ 微机电系统与传感技术。微机电系统是利用薄膜或半导体工艺技术制作的微小而具有电子与机械功能的系统，近年来在通信及生物医学等方面得到了广泛的应用。利用 LTCC 基板材料与制作技术可以实现三维封装及电路系统相结合，制作精密的传感器。

④ 汽车电子。随着电子技术的发展，现在的汽车逐步迈入电子信息化时代。但庞大的电路系统无法完全安装在车内，有时需要安装在温度很高的发动机下方，因此要求电路能够在高温下工作，而这一特性正好符合 LTCC 技术材料所具备的性能。

6.4.4 LTCC 技术发展与未来

（1）国内外发展现状

LTCC 技术是近年来兴起的一种令人瞩目的多学科融合技术，其优异的性能已成为未来电子元器件集成和模组的首选方式，目前已经广泛地应用于各个微波器件领域。LTCC 技术最早由欧美国家开始发展，应用于军事产品，后来日本厂商将其应用于资讯产品。现在 LTCC 技术应用材料在发达国家已经进入产业化和系列化生产阶段。由于国外厂商研发生产已久，在产品质量和专利技术等方面占有一定优势。

相比国外厂商，我国在 LTCC 领域起步较晚，在技术和产业应用方面与国外差距较大，尤其是拥有自主知识产权的材料和器件几乎空白。因此，现阶段国内 LTCC 陶瓷材料基本以购买国外生瓷带为主。随着国内对于 LTCC 制品的需求量增大，一些 LTCC 生产商开始自主研发，除此以外，国内高校和研究所也开始加大投入，对 LTCC 元器件进行研发和成果转化。

综上所述，世界各国对于 LTCC 技术的研究差异很大，主要技术还是掌握在发达国家手中，虽然我们国家已经开始重视 LTCC 技术的发展，但是还是处于跟踪国外技术的阶段。因此我们要重视基础材料研究，加强研发工作，开拓技术研究，使其成为高度重视的战略发展领域。

（2）LTCC 技术发展趋势

虽然 LTCC 技术本身具备一系列优点，但与其他封装技术相比，仍然存在着基础材料受限、收缩率控制以及散热等问题，需要进一步改善。

① 基础材料问题。虽然目前有很多关于 LTCC 技术的基础材料报道，但是材料浆料的稳定性还有待进步，这也会影响流延出来的膜片质量。此外，基础的 LTCC 材料在设计和研制时电极匹配问题也很严峻。同时，在高频率段的元器件和模块，同时具有合适的介电常数和极低且稳定的介电损耗的材料很少，仍待开发。

② 收缩率控制问题。当 LTCC 基板应用于高性能系统时，由于金属布线间距小以及烧结会产生微小形变，严重影响系统的性能；同时，信号孔和散热孔对准也难以保证。因此烧结时需限制 LTCC 多层结构在二维方向的收缩性，降低尺寸的收缩率，进而实现零收缩。

③ 散热问题。对于导体材料而言，使用厚膜印刷工艺会带来一定的损耗，在特定频段下会严重影响组件所构成系统的电磁特性。因此要解决这个问题，除了可以通过改进工艺以外，还应特别注意在设计电路时采取合适的方案。

随着电子产品逐渐向小轻薄方向发展，促使 LTCC 技术产品向高集成度、高散热、微型化和高可靠性方向发展，具体体现在以下几个方向：

① 研发具有更好性能的 LTCC 技术基础材料，在提高品质因数的同时，减小在高频下的损耗。

② 发展和完善 LTCC 技术制造工艺。制造精度是将原型器件转换为实际 LTCC 产品的关键，特别要求电路的精确控制。此外，LTCC 多层内部线宽抑制了高频元件的发展，因此还需要更细的线宽以及线间距。这些要求传统的厚膜印刷工艺无法满足，因此需要进一步开发 LTCC 制造技术和工艺。

6.5 微波介质陶瓷的器件应用与发展趋势

以微波介质陶瓷为主要组件的微波元器件已广泛应用在蜂窝式移动通信系统、汽车电话、电视卫星接收系统、军事雷达和全球卫星定位系统等领域，由于现代通信工具趋向于小型化、集成化，因此微波元器件的作用至关重要，同时对提高微波电路的可靠性及降低成本亦将产生重大影响。

6.5.1 微波介质陶瓷器件

目前微波介质陶瓷已普遍应用于各种微波器件，如谐振器、滤波器、微带天线等，能够基本满足现代通信、卫星通信、广播电视、雷达、电子对抗等技术在微波电路集成化、微型化等方面的要求。目前，微波介质陶瓷的研究已经十分火热，成为功能陶瓷领域研究的热点之一。

（1）微波谐振器件

在低频电路中，谐振回路是一种基本元件，它是由电感和电容串联或并联而成，在振荡器中作为振荡电路，用以控制振荡器的频率；在放大器中用作谐振回路；在带通或带阻滤波器中作为选频元件等。在微波频率上，也有上述功能的器件，这就是微波谐振器件。它的结构是根据微波频率的特点由谐振回路演变而成的。微波传输谐振器是一段由两端短路或开路的微波导行系统构成的，如金属空腔谐振器、同轴线空腔谐振器和微带谐振器等。

低频电路中的 LC 回路由平行板电容 C 和电感 L 并联而成，其谐振频率为：

$$f = \frac{1}{2\pi\sqrt{LC}}$$ (6.6)

由上式可见，当要求谐振频率越来越高的时候，就需要减小电容 C 和电感 L。减小电容可以通过增大平板之间的距离，减小电感可以通过减少电感线圈匝数的同时将线圈之间以并联的方式相连。当把电感线圈和电容相连形成导体空腔时，可以通过进一步拉开电容的两极来提升频率，这就是微波空腔谐振器常用的形式。

谐振器的基本原理都是将一定频率的电磁波封闭在有限空间中，并尽可能不让电磁波能量通过发热、辐射或其他形式消耗掉。LC 型谐振器是通过电磁能在 L 和 C 之间相互转换而使电磁波封闭在 LC 回路中；微波空腔谐振器是通过微波在金属腔壁之间来回反射形成振荡而使微波封闭在空腔内。后来研究者们发现将高介电常数的陶瓷加工成一定形状和尺寸，一定功率的微波也可以借助陶瓷与自由空间的边界反射而封闭在陶瓷体内，这样就制成了微波陶瓷介质谐振器。介质谐振器同空腔谐振器相比，具有体积小、重量轻、加工制作简单、成本低、品质因数高和温度系数小等优点，因此正逐渐应用于各个领域。

介质谐振器可以有多种形式，当前在微波系统中广泛应用的形式主要有三种，见表 6.7。其中，圆柱形介质谐振器是最有代表性的微波介质谐振器；同轴型陶瓷介质谐振器在大多数情况下使用于 $\frac{\lambda}{4}$ 型谐振器；微带谐振器由于形状为平面形，因此有利于小型化和集成化。

表 6.7　介质谐振器的主要形式

名称	形状	尺寸	使用频率	用途
圆柱形介质谐振器		$D = \dfrac{c}{f\sqrt{\varepsilon_r}}$ $\dfrac{L}{D} \approx 0.4$	SHF>3GHz	卫星广播 卫星通信
同轴型介质谐振器		$L = \dfrac{c}{4f\sqrt{\varepsilon_r}}$	UFH>3GHz	移动无线通信
微带谐振器	$\frac{\lambda}{2}$型　$\frac{\lambda}{4}$型 接地电极	$L = \dfrac{c}{2f\sqrt{\varepsilon_r}}$	SHF UFH	振荡器 变换器

注：SHF—超高频无线电波；UFH—特高频无线电波。

（2）微波介质滤波器

无线电技术中设计问题的核心就是滤波器，通过不同的组合达到不同的效果。随着通信技术的不断发展，滤波器作为通信系统中一种不可缺少的器件，同样发展迅速。由于电磁波的频谱覆盖范围有限，因此在使用时要按需分配。而滤波器则是一种用来分离不同频率微波信号的器件，它的主要作用是抑制不需要的信号，只让需要的信号通过，因而既可用来限定大功率发射机在规定频带内辐射，又可以用来防止接收机受到工作频带以外的干扰。例如用滤波器来过滤信号，如图 6.2 所示，由 0.7kHz 和 1.7kHz 两个正弦波所合成的信号，经过只允许频率低于 1kHz 的信号通过的滤波器后，输出端只剩下 0.7kHz 一个正弦波。如果采用不同的滤波器，就可以取出各种不同的信号。

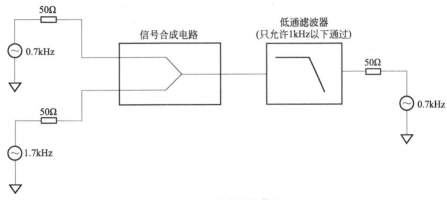

图 6.2　滤波器的作用

对于微波滤波器，按作用可分为低通、高通、带通和带阻等四种类型，它们的特性如图 6.3 所示。理想的低通滤波器能让零频到截止频率 f_c 之间的所有信号都没有任何损失地

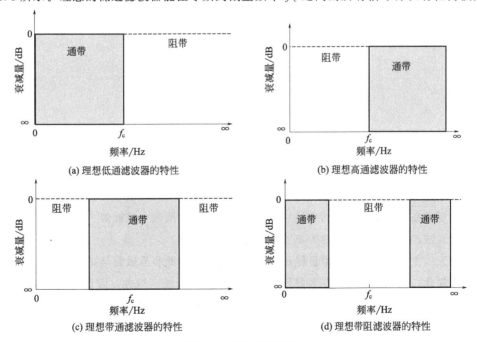

(a) 理想低通滤波器的特性

(b) 理想高通滤波器的特性

(c) 理想带通滤波器的特性

(d) 理想带阻滤波器的特性

图 6.3　滤波器的特性

通过，而阻止频率高于 f_c 的所有信号；理想高通滤波器和低通滤波器正好相反，它可以让高于 f_c 的所有信号都没有任何损失地通过，而阻止频率低于 f_c 的所有信号；理想带通滤波器是让中心频率 f_c 附近某一频率范围内的所有信号都没有任何损失地通过，而阻止频率范围以外的任何信号；理想带阻滤波器和带通滤波器正好相反，它可以阻止中心频率 f_c 附近某一频率范围内的所有信号，而让频率范围以外的任何信号通过。

通常，微波介质陶瓷滤波器可以看作由两个 1/4 谐振器构成，将未金属化的端面作为开路面，因此，此处电场强度最大。与开路面相对的另一个端面为短路面，此处磁场强度最大，这两个谐振器通过耦合孔相互耦合。当信号经金属电极后电容耦合到一个近似终端短路的同轴谐振器中时，在谐振频率点产生谐振，能量由两谐振器间的耦合孔耦合到输出端的同轴谐振器，然后再经输出端电极与陶瓷块周围的电极耦合输出。输入输出的耦合强弱，可以通过调节输入输出电容大小来控制；而极间耦合强弱则可通过调整耦合孔的直径来控制。同轴谐振器的谐振频率为：

$$f_0 = \frac{c}{4L\sqrt{\varepsilon_r}} \tag{6.7}$$

式中，c 为光速；L 为沿电磁波传播方向的长度。由此可见，谐振器的谐振频率主要依赖它沿传播方向的长度 L，与其宽度 W 和厚度 H 无关。它的等效电路图如图 6.4 所示。

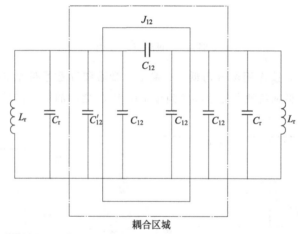

图 6.4　等效电路图

（3）微带天线

微带天线是由一块厚度远小于波长的介质板（又被称为介质基板）和印制电路板或微波集成技术覆盖在它的两个面上的金属片构成的，其中完全覆盖介质板的一片称为接地板，而尺寸可以和波长相比的另一片称为辐射元，如图 6.5 所示。

微带天线主要有体积小、重量轻和低剖面等优点，因此容易做到与高速飞行器共形，且电性能多样化，尤其是容易与有源器件、微波电路集成为统一组件，因而适合大规模生产。在现代通信中，微带天线广泛应用在 100MHz～50GHz 频率范围内。

下面以矩形微带天线为例，用传输线模分析法介绍它的原理。

设辐射元的长为 l，宽为 w，介质基片的厚度为 h。将辐射元、介质基片和接地板视为

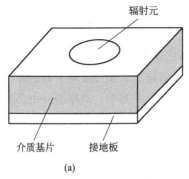
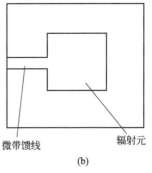

(a)   (b)

图 6.5　微带天线结构

一段长为 l 的微带传输线，在传输线的两端断开形成开路，如图 6.6 所示。

　　根据微带传输线理论，由于基片厚度 $h \ll \lambda$，场沿 h 方向均匀分布。在最简单的情况下，场沿宽度 w 方向也没有变化，而在长度方向（$l \approx \dfrac{\lambda}{2}$）有变化。场分布如图 6.7 所示。

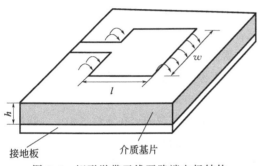

图 6.6　矩形微带天线开路端电场结构

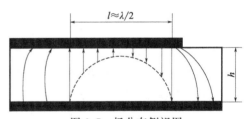

图 6.7　场分布侧视图

　　如图 6.7 所示，在两开路端电场均可以分解为相对于接地板的垂直分量和水平分量，两垂直分量方向相反，水平分量方向相同，因而垂直于接地板的方向，两水平分量电场所产生的原电场同相叠加，而两垂直分量所产生的场反相相消。因此，两开路端的水平分量可以等效为无限大平面上同相激励的两个缝隙，如图 6.8 所示。缝的电场方向与长边 w 垂直，并沿长边 w 均匀分布。缝的宽度为 $\Delta l \approx h$，长度为 w，两缝间距 $l \approx \dfrac{\lambda}{2}$，也就是说，微带天线的辐射可以等效为由两个缝隙所组成的二元阵列。

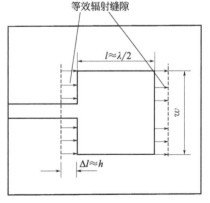

图 6.8　等效辐射缝隙

6.5.2　微波介质陶瓷应用

　　近几年由于电子产品、移动通信基站、卫星导航设备、卫星电视接收设备、无线射频识别产品等商品在市场领域需求迅速增长，作为微波通信的基础性元器件，微波介质陶瓷元器件的占比也在上升，市场需求将呈持续增长的趋势，有着广阔的应用前景。

（1）移动通信用微波介质器件

从模拟到数字，从 2G 到 5G，移动通信技术快速发展，使得我们的生产和生活方式发生了深刻的变化。在过去的几十年里，我国在移动通信技术领域实现了弯道超车，从追赶发展为引领，在世界范围内的移动通信领域有重要话语权；其中，以华为、中兴等为代表的移动通信企业，已经形成了移动通信设备的产业链，生产的产品在全球的市场份额已位居世界前列，表明我国在移动通信产业已经具有较强的国际竞争力。

在移动通信技术的发展过程中，核心元器件的作用至关重要。其中微波介质陶瓷与器件又是支撑现代技术发展必不可少的基础材料与元件，也是核心元器件的主要材料，由于具有介电常数高、微波损耗低、温度系数小等优良性能，能满足微波电路小型化、集成化等要求而备受关注。但由于我国微波介质陶瓷研发起步较晚，在较长的一段时间内只能生产较低介电常数和品质因数的微波介质陶瓷，而高品质的微波介质陶瓷材料及元器件长期以来一直依赖进口。近年来，随着我国在微波介质陶瓷领域的研发和制造技术的不断进步，在移动通信领域急需的中介电常数和高品质因数的微波介质陶瓷基本实现了国产化。目前国内微波介质陶瓷的研发和生产水平可以与国际先进水平基本持平。现在已实现系列化的微波介质陶瓷材料，其介电常数范围涵盖 6～150，其中高品质因数材料大都集中在 10～35 之间，这些性能达到国际先进水平，使得移动通信介质滤波器的成本大幅下降。除此以外，作为网络覆盖系统的核心设备，移动通信基站系统可用于无线射频信号的发射、接收和处理，主要包括基站控制器、收发信机、基站天线、射频器件以及基站电源、传输线、防雷器件等。移动通信基站的天线在移动电话间的通信是通过点对点的形式来实现的，在通信过程中，基站天线主要起信号接收和转发的作用，其中特定频率信号的过滤和删除是通过滤波器和谐振器来完成的。因此，谐振器、天线、滤波器等一系列微波介质陶瓷器件是移动通信基站的关键元件。在目前全球通信网络建设强力推动下，移动通信基站设备面临着新一轮发展机遇，同时也带动了与之配套的微波介质陶瓷器件市场的发展。

（2）卫星电视接收器高频头

在卫星接收机中，高频头振动频率源的主要核心器件是微波介质谐振器（图 6.9），它的工作频率在微波频段。之前在卫星高频头中使用的振荡器常用的稳频方法是晶振倍频法、锁相环稳频法。其中，晶振倍频法结构复杂、体积大、效率低，而锁相环稳频法电路较复杂、成本较高。因此目前这两种方法已被体积小、成本低的 DR 谐振腔稳频法替代。

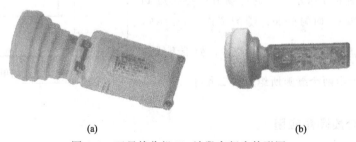

(a)   (b)

图 6.9　卫星接收机 Ku 波段高频头外形图

DR 谐振腔稳频法的优势在于不需对振荡频率进行分频或倍频处理，可以直接在工作频率上对振荡器进行稳频处理。其中，稳频效果的好坏与品质因数成正相关，品质因数越高，稳频效果越好，所以一般要求品质因数达到几千甚至上万，因此这一类微波介质谐振器采用低损耗、高相对介电常数的复合陶瓷材料制备。高介电常数会使得介质材料中的电磁波在介质和空气的交界面上产生全反射或近似全反射，这种特性使得介质振荡器内部聚集的能量产生电磁振荡，且不易穿过介质表面而迅速衰减。因此为了使介质谐振器的稳频效果更好，可以选用多种谐振模式中的高品质因数模式，以此来抑制其他模式。因为介质谐振器的介电常数很大，所以介质中的波长很短，也就决定了介质谐振器的体积很小。综上所述，介质谐振器的固有谐振频率主要取决于介质的形状和尺寸。

介质谐振器的固有谐振频率是指当介质谐振器处于自由空间时的谐振频率。实际日常生活使用中，将它放置在其他介质材料或导体上时，其谐振频率会改变；主要原因是在其外表分布了部分电磁场，当它靠近其他介质或导体时，其外部的电磁场分布规律就会发生变化。一般情况下，当它靠近金属导体时，谐振频率就会升高，而靠近介质材料时谐振频率就会下降。人们正是利用这一特性，微小调节金属导体与介质振荡器的距离，从而改变介质振荡器的振荡频率。

高品质因数的谐振腔稳频的介质振荡器品质因数较高、体积小、频率温度系数可以根据需求来选择，且成本较为低廉，采用这种介质振荡器稳频的微波振荡器，无论是在体积、复杂程度上还是在成本上，都大大优于前两种方法，而且在性能上完全满足卫星电视接收的需求。因此，目前绝大多数卫星电视接收机的高频头本振都采用这种稳频方式。

6.5.3 微波介质陶瓷发展趋势

随着移动通信向高容量、大众化和便捷化的方向发展，要求微波介质陶瓷向微型化、低损耗、高稳定及片式化、生产大规模化和低成本方向发展；相应的微波介质陶瓷的发展趋势为高品质因数、介电常数和温度系数的系列化，向这一趋势发展就需要在现有的基础上有所突破，开发新的材料体系，不断改进技术以满足实用化需求。综上所述，今后微波介质陶瓷的发展趋势主要体现在以下几个方面：

① 开发新型高性能微波介质陶瓷体系。尤其需要重视新型高介电常数和中高介电常数类陶瓷体系的探索。在众多谐振频率温度系数趋近于 0 的商业化陶瓷（如 BMT、BZT）中，相对介电常数处于 45～80 之间的材料基本为空白。因此，为满足微波通信的需求，开发这类材料是很有意义的 。

② 提升微波介质陶瓷材料的性能。针对微波介质陶瓷的性能，将 Qf 提升，以适应高频的应用要求；提升介电常数，以适应材料在不同领域内的多种用途。根据性能提升的要求，可以采用同种材料体系的离子复合取代或不同材料体系的复合，提高材料的性能。

③ 探索传统微波介质陶瓷的低温共烧，开发中低温烧结微波介质陶瓷新体系。随着电子器件小型化、轻量化的发展，低温共烧技术也越来越成熟，这就要求微波介质陶瓷材料具有较低的烧结温度，以便与电极共烧。

④ 采用新工艺和新技术，以提高 Qf 值和介电常数。目前，热压烧结法、微波快速闪烧技术、化学合成法在获得较好的微波介质材料性能上取得了一定的成果。

课后习题

1. 什么是微波介质陶瓷？衡量微波介质陶瓷的主要性能指标有哪些？
2. 简要叙述三种微波介质陶瓷的特点并任选一种简述发展历程。
3. 简要说明微波段介电性能的几种测试方法。
4. 什么是 LTCC 技术？有何优缺点？
5. 简述几种微波介质陶瓷器件及其工作原理。
6. 微波介质陶瓷有哪些应用？
7. 微波介质谐振器与金属空腔谐振器相比具有哪些优点？
8. 通过哪些途径可以实现微波介质陶瓷的低温烧结？
9. 微波介质陶瓷的制备方法有哪些？这些方法有何优缺点？

参考文献

[1] 刘学观，郭辉萍. 微波技术与天线 [M]. 西安：西安电子科技大学出版社，2001.

[2] 李言荣，恽正中. 电子材料导论 [M]. 北京：清华大学出版社，2001.

[3] Jean J H, Gupta T K. Design of low dielectric glass + ceramics for multilayer ceramic substrate [J]. Components Packaging and Manufacturing Technology, 1994, 17: 228-233.

[4] Gurevich V L, Tagantsev A K. Intrinsic dielectric loss in crystals [J]. Advances in Physics, 1991, 40 (6): 719-767.

[5] Kim I T, Kim Y H, Chung S J. Ordering and microwave dielectric properties of $Ba(Ni_{1/3}Nb_{2/3})O_3$ ceramics [J]. Jounal of Materials Research, 1997, 12 (02): 518-525.

[6] Templeton A, Wang X, Penn S J, et al. Microwav dielectrie loss of itanium oxide [J]. Journal of the American Ceramic Society, 2000, 83 (1): 95-100.

[7] Ohishi Y, Miyauchi Y, Ohsato H, et al. Controlled temperature coefficient of resonant frequeney of Al_2O_3-TiO_2 ceramics by annealing treatment [J]. Japanese Journal of Applied Physics, 2004, 43 (6A): 749-751.

[8] Tzou W C, Chang S L, Yang C F, et al. Sintering and dielectric properties of 0.88Al_2O_3-0.12TiO_2 microwave ceramics by glass addition [J]. Materials Research Bulletin, 2003, 38 (6): 981-989.

[9] Tsunooka T, Sugiyama H, Kakimoto K, et al. Zero temperature coefficient and sinterability of forsterite ceramics by rutile addition [J]. Journal of Biochemistry, 2004, 116 (2): 315-320.

[10] 孙慧萍，张启龙，杨辉，等. 烧结助剂对 CaO-B_2O_3-SiO_2，介电陶瓷结构与性能的影

响 [J]. 硅酸盐通报，2004，23（5）：116-118.

[11] Dong M，Yue Z，Zhang H，et al. Microstructure and microwave properties of TiO_2-doped Zn_2SiO_4 ceramics synthesized through the sol-gel process [J]. Journal of the American Ceramic Society，2008，91（12）：3981-3985.

[12] Okamura T，Kishino T. Dielectric properties of rare-earth-added cordierite at microwave and millimeter wave frequencies [J]. Japanese Journal of Applied Physics，1998，37（9）：5364-5366.

[13] 黄伯云，张启龙，杨辉，等. 功能陶瓷材料与器件 [M]. 北京：中国铁道出版社，2017.

[14] Onoda M，Kuwata J，Kaneta K，et al. $Ba(Zn_{1/3}Nb_{2/3})O_3$-$Sr(Zn_{1/3}Nb_{2/3})O_3$ solid solution ceramics with temperature-stable high dielectric constant and low microwave loss [J]. Japanese Journal of Applied Physics，1982，21（12）：1707-1710.

[15] Renoult O，Boilot J P，Chaput F，et al. Sol-gel processing and microwave characteristics of $Ba(Mg_{1/3}Ta_{2/3})O_3$ dielectrics [J]. Journal of the American Ceramic Society，1992，75（12）：3337-3340.

[16] Kim M H，Nahm S，Lee W S，et al. Effect of B_2O_3 and CuO on the sintering temperature and microwave dielectric properties of $Ba(Zn_{1/3}Ta_{2/3})O_3$ ceramics [J]. Japanese Journal of Applied Physics，2005，44（5A）：3091-3094.

[17] Huang C L，Weng M H. Liquid phase sintering of $(Zr，Sn)TiO_4$ microwave dielectric ceramics [J]. Materials Research Bulletin，2000，35（11）：1881-1888.

[18] Obryan H M，Thomson J. $Ba_2Ti_9O_{20}$ phase equilibria [J]. Journal of the American Ceramic Society，1983，66（1）：66-68.

[19] Liu C L，Wu T B. Effects of calcium substitution on the structural and microwave dielectric characteristics of $[(Pb_{1-x}Ca_x)_{1/2}La_{1/2}](Mg_{1/2}Nb_{1/2})O_3$ ceramics [J]. Journal of the American Ceramic Society，2001，84（6）：1291-1295.

[20] Qin C，Yue Z，Gu Z，et al. Low fired $(PbCa)(FeNb)O_3$ cermics for multilayer microwave filter applications [J]. Materials Science and Engineering：B，2003，99（1）：286-289.

[21] Wu Y J，Chen X M. Bismuth/Samarium cosubstituted $Ba_{6-3x}Nd_{8+2x}Ti_{18}O_{54}$ microwave dielectric ceramics [J]. Jounal of the American Ceramic Ssociety，2004，83（7）：1837-1839.

[22] 崔学民，周济，沈建红，等. 低温共烧陶瓷（LTCC）材料的应用及研究现状 [J]. 材料导报，2005，19（4）：1-4.

[23] Yoshihiko Imanaka. 多层低温共烧陶瓷技术 [M]. 詹欣祥，周济，译. 北京：科学出版社，2010.

[24] 周济. 低温共烧陶瓷（LTCC）介质的材料科学与设计策略 [J]. 电子元件与材料，2012，31（6）：1-5.

第 7 章

电容器陶瓷

7.1 陶瓷电容器的定义

电容器是一种能够储存电容的元件，是电子设备中广泛应用的电子元件之一，现已被广泛应用于耦合、旁路、滤波电路等方面，具有使用面广、用量大、不可取代的特点。其中，陶瓷电容器指用陶瓷介质材料制备的电容器，近年来，由于用量大同时又具有优越的电学、力学等性质，备受瞩目。

7.1.1 陶瓷电容器的基本概念及物理意义

7.1.1.1 陶瓷电容器的基本概念

电容被定义为容纳电量的一种能力。当孤立导体不受外界环境影响时，其所带电量 q 与电位 U 有一个固定的比值 C（电容），即：

$$C = \frac{q}{U} \tag{7.1}$$

电容与导体携带的电量无关，是材料特有的性质。电容的国际单位为法［拉］，即当材料携带的电量为 1C，电位为 1V 时，该导体电容为 1 法［拉］。法［拉］可以用 F 来表示。F 与 mF、μF、nF、pF 之间的换算为：

$$1F = 10^3\,mF = 10^6\,\mu F = 10^9\,nF = 10^{12}\,pF \tag{7.2}$$

陶瓷电容器定义为一种容纳电量的陶瓷器件。孤立材料虽然可以容纳电量，但是极易受到周围物体的影响。因此设计一种容纳电量较大并且不受周围物体影响的器件非常必要，这种器件称为电容器。电容器的电容指电容器两极板所带的等值异号电量与两极板电位差的比值，即：

$$C = \frac{q}{U_A - U_B} \tag{7.3}$$

电容器按介质类型可分为空气介质电容器、云母介质电容器、陶瓷介质电容器、纸介质电容器、电解质电容器等。使用陶瓷介质制作的电容器器件即陶瓷电容器。陶瓷电容器最简单的制备方法是在陶瓷介质两端涂上可焊性导电浆料，通过烧结固化，再焊接或烧结，将引线与制备好的电极实现良好的电连接,最后用绝缘树脂灌封、固化、印字。陶瓷电容器结构简单、原材料丰富、价格低廉、损耗小、电容量范围较宽(几皮法到上百微法),同时电容量温度系数可在很大的范围内调整,因此被广泛应用于电子设备。

7.1.1.2 陶瓷电容器的物理意义

陶瓷电容器最基本的物理意义即式(7.3)。由式(7.3)以及电量电流之间的关系可以得到电容的电流电压关系:

$$q = It \tag{7.4}$$

当电流连续变化时,上式变化为:

$$q = \int i \, dt \tag{7.5}$$

由式(7.4)和式(7.5)可得到陶瓷电容器电流电压之间的关系:

$$V_c = \frac{\int i \, dt}{C} \tag{7.6}$$

储能

$$A = \frac{CV^2}{2} \tag{7.7}$$

下面以最简单的平板电容器为例来说明电容与陶瓷介质性质的关系。

平板电容器的电容可由下式表示:

$$C = \frac{\varepsilon_0 \varepsilon_r S}{d} \tag{7.8}$$

由式(7.8)可知,平板电容器的电容与极板面积 S 及陶瓷介质真空介电常数 ε_0、相对介电常数 ε_r 成正比,与极板间距 d 成反比。因此应该设计大的极板面积以及小的极板间距,并选择相对介电常数大的介质陶瓷来满足大电容需求。

7.1.2 陶瓷电容器的重要参数

7.1.2.1 额定电压与交流有效值电压

用于直流电的电容器,其可以持续施加的电压为额定电压。陶瓷电容器的额定电压低于陶瓷介质的击穿电压。额定电压由制作工艺及陶瓷介质的击穿电压共同决定。陶瓷介质的击穿电压一般为陶瓷电容器额定电压的 1.75~2 倍以上。同理,当陶瓷电容器用于交流电时,其可以持续施加的电压称作交流有效值电压。

7.1.2.2 电容量及容量误差

陶瓷电容器的电容量值可以从交流电容测量时的阻抗得到。当在电容器两端插入陶瓷介质之后,两极板间的电势降低。当陶瓷电容器的电量不变时,电容量的增大来源于两极板间的电压降低。因此电容器两极板间插入陶瓷介质会增加电容量。一般通过插入相对介电常数高的陶瓷介质来增大电容量。同时,电容量不是固定不变的,其值会随频率、温度、电压及测试方法而变化。此外,在制造陶瓷电容器时,每个电容器的电容量都会与设计值有或多或少的差异,该差异范围就是陶瓷电容器的容量误差,一般用百分数来表示陶瓷电容器的容量误差。按照容量误差等级可以分为 ±5%(J 级)、±10%(K 级)、±20%(M 级)、±50%/−20%(S 级)、±80%/−20%(Z 级)。因此选择陶瓷电容器时不仅要考虑其电容量值,同时要考虑其应用精度。

7.1.2.3　损耗因数

电介质在工作中并不能将存储其中的能量百分之百地传输出去，在恒定电场下会伴随着能量损耗的发生。陶瓷电容器的损耗因数是指每施加一个周期交流电流时电容器产生的损耗与电容器存储的功率比值。损耗因数标志着电容器工作时产生的损耗大小，与工作频率密切相关。因为陶瓷电容器工作时产生的损耗与介质吸收、漏电流及等效串联电阻等有很大的关系，而这三者与频率密切相关。当损耗很低时，介质吸收的介电常数变化可以忽略。当对陶瓷介质施加电场进行极化时，电场作用下会使陶瓷介质中分子间相互碰撞从而损失能量产生损耗，该过程也造成了介电常数的下降。电介质中流过的电流包括：电容充电形成的电流，简称电容电流；建立极化所形成的电流；电导形成的电流。其中电容电流不损耗能量，而另外两种电流将引起能量的损耗；第二种电流引起的损耗称为极化损耗，第三种电流引起的损耗称为电导损耗。电子陶瓷介质损耗的分类如表 7.1 所示。

表 7.1　电子陶瓷介质损耗分类

损耗机构	损耗种类	引起损耗的条件
极化介质损耗	离子松弛损耗	具有松散晶格的单体化合物晶体；缺陷固溶体；存在碱性氧化物的玻璃相中
	电子松弛损耗	电子半导体晶格的化学组成遭到破坏
	共振损耗	工作频率接近微粒固有频率
	自发极化损耗	铁电晶体的温度低于居里点
漏导介质损耗	表面电导损耗	制品表面有污垢，空气湿度高
	体积电导损耗	材料温度过高，毛细管吸湿
不均匀结构介质损耗	电离损耗	存在闭口孔隙和高电场强度
	由杂质引起的极化和漏导损耗	存在开口孔隙、半导体杂质、吸附水分

陶瓷电介质的损耗主要由电导损耗、极化损耗和结构损耗组成。电介质的极化分为两类：一类是建立极化过程，称为瞬时位移极化，经历时间很短，因此不损耗能量；另一类称为弛豫极化，如偶极子转向极化等，经历时间很长，损耗能量。材料表面存在的气孔由于吸附灰尘、水汽等杂质会造成表面电导，也将引起介质损耗。为了确切表征电介质的损耗特性，需要用电介质消耗掉的有功功率与它输送的无功功率的比值表示，叫损耗角正切，用 $\tan\delta$ 表示，计算式为：

$$\tan\delta = \frac{\sigma}{\omega\varepsilon} \tag{7.9}$$

式中，σ 是电介质的电导率；ω 是加载在介质两端交流电的角频率；ε 为电介质介电常数。如何降低电介质材料的损耗，减小损耗角正切值，也是当今学者研究的主要课题之一。

7.1.2.4　工作温度范围及电容温度系数

陶瓷介质都存在工作温度范围，当温度过高时陶瓷介质会发生物理化学变化，如介电强度下降。发生物理化学变化的陶瓷电容器将不再满足陶瓷电容器的性能要求，因此每种陶瓷电容器都存在一定的使用温度范围。电容温度系数是指在一定温度范围内电容量随温度的变化：

$$\alpha_C = \frac{1}{C} \times \frac{\Delta C}{\Delta t} \quad\quad\quad (7.10)$$

式中，C 为电容量；Δt 为温度变化值；ΔC 为温度变化 Δt 时的电容量变化值。

电容温度系数可用介电常数温度系数表示：

$$\alpha_\varepsilon = \frac{1}{\varepsilon} \times \frac{\Delta \varepsilon}{\Delta t} \quad\quad\quad (7.11)$$

式中，ε 为介电常数；Δt 为温度变化值；$\Delta \varepsilon$ 为温度变化 Δt 时的介电常数变化值。

7.1.2.5　绝缘电阻及漏电流、介电强度

绝缘电阻是指直流电压下陶瓷电容器抗漏电能力的量度。理想的绝缘体原子结构中没有自由电子。但是实际上绝缘体不具备无穷大的电阻，因为晶体结构中存在着杂质和缺陷，会产生载流子。当施加电场时，载流子会定向移动产生漏电流，导致绝缘电阻降低。此外，陶瓷材料的形状等改变及物理因素都会影响陶瓷电容器的绝缘电阻。当陶瓷电容器表面吸附潮气或杂质时，其表面性质与基体不同，从而造成不同的表面电阻率。

介质只能在一定的电场强度内保持绝缘，拥有介电能力。当电场强度超过某一临界值时，介质将变为导电状态，不再拥有介电能力，称介质的击穿。相应的临界电场强度称为介电强度，或称击穿电场强度。

固体电介质在电场作用下伴随着热、化学、力等作用而丧失其绝缘性能的现象叫作击穿。实际上，固体电介质的击穿是相当复杂的，不仅取决于表征材料本身的特征，同时还受到外界因素的影响，如电极的形状、电介质的样式、测试过程中外界的媒介、外加电压类型、外界温度、介质散热条件等。一般来说，固体电介质的击穿大致可以分为电击穿、热击穿、局部放电击穿以及树枝化击穿等。

电击穿是指当固体电介质承受的电压超过一定的数值 U_B 时，电介质内部就会有相当大的电流通过而使介质丧失绝缘性能。一般采用击穿强度 E_B 来描述各种材料在电场中的击穿现象，计算公式如下：

$$E_B = U_B / d \quad\quad\quad (7.12)$$

式中，d 为试样的厚度。击穿强度用来表征介质承受电场作用的能力。

对固体介质，电击穿现象可采用类似于气体放电的碰撞电离理论来解释：固体介质中存在的少量导电电子，在外电场的作用下获得动能，同时又要与振动着的晶格发生相互作用而损耗自身能量。当外加电场足够高时，则电子从电场中获得的能量将会超过其失去的能量，电子就可在碰撞过程中积累能量。当电子积累的能量足够大时，可使电子与晶格发生碰撞电离，产生新的电子，构成雪崩效应，最终导致介质击穿。固体介质中导电电子的来源可能有三种：本征激发、杂质电离和注入电子。以上理论是针对均匀固体介质阐述的，现实条件下，很多固体电介质是不均匀的，材料结构的不均匀性往往对击穿强度产生非常大的影响。因此，制备陶瓷电容器时，为了得到高的耐压强度，一定要提高材料的均匀程度。

固体电介质在电场作用下由于电导和损耗的存在将产生一定的热量，当产生的热量高于电介质向外界散发的热量时，其内部热平衡将被破坏，介质温度不断上升，最终导致介质永久性的破坏，这种现象称为热击穿。若在电场作用下，介质试样的发热功率为 P，散热功

率为 W，则热平衡方程为：

$$P(T_m) = W(T_m) \qquad (7.13)$$

式中，T_m 为电介质达到临界热平衡时的极限温度，与之相应的电压就是热击穿电压。假设电介质表面面积为 S，厚度为 d，外加直流电压 U，则此时电介质中只有漏电流产生热量。若电介质的电导率为 σ，则其电导为：

$$G = \frac{\sigma S}{d} \qquad (7.14)$$

而介质的电导率随温度的上升呈指数式增加，其关系式为：

$$\sigma = A_e^{-\frac{B}{T}} \qquad (7.15)$$

因此可推导出以下公式：

$$P = \frac{AS}{d} U^2 e^{-\frac{B}{T}} = P(U, T) \qquad (7.16)$$

环境温度为 T 时，则散热功率 W 与温差成正比。设 S' 为散热面积，β 为与热传导和热对流有关的散热系数（与温度无关的常数），则

$$W = \beta S'(T - T_0) = W(T) \qquad (7.17)$$

由此可看出，若曲线与直线有交点时，则在交点介质达到热平衡状态，温度不再升高；若曲线始终位于直线上方时，介质在任何温度下都不会达到热平衡，将使其温度不断升高，最终导致热击穿。

由于热击穿不仅与电介质的电导、损耗等因素有关，还取决于环境温度、散热系数、散热面积大小等外界因素，因此热击穿电压往往不作为表征电介质特性的参数。

局部放电击穿就是在电场作用下，在电介质局部区域中所发生的放电现象。需要注意的是，此时电介质并没有被整个击穿。由于固体电介质实际上并不均匀，往往存在着气泡、液珠或其他杂质和不均一的成分。陶瓷更是一种多孔性的不均匀材料，而气体和液体的介电常数较小，击穿电场强度较低，则在这些薄弱的区域就会发生局部放电。工程电介质在使用过程中损坏的重要原因之一就是局部放电，局部放电将导致介质的击穿和老化，因为在局部放电的过程中还伴随着热、辐射、化学和应力作用等过程，这些过程的综合作用，就使介质击穿或者老化变质，因此局部放电击穿又称为老化击穿。

树枝化是指在电场作用下，在固体电介质中形成的一种树枝状汽化痕迹；树枝是指介质中充满气体的微细管子组成的通道，管道直径为数微米。树枝化主要发生在高分子电介质中，引起树枝化的原因或许为局部放电而发生；电场局部集中或者在脉冲电压作用下产生；在潮气和水分存在下缓慢发生。此外，树枝化还可能因为环境的化学污染而产生，如材料中存在杂质和腐蚀气体等。高聚物树枝化之后并没有被击穿，但这却是高聚物发生击穿的一个很重要的潜伏因素，经过一定过程之后，最终会导致电介质的击穿。

7.1.2.6 寿命

陶瓷介质在施加电压后介电常数下降将会导致寿命问题。当陶瓷电容器电容量下降到寿命的终值时，其使用寿命也会终了。

7.2　陶瓷电容器的分类和特点

按无功功率大小可以分为高功率和低功率陶瓷电容器；按形状可分为管形、鼓形、筒形、圆片形、瓶形、独石、块状、穿心形、支柱形、叠片等；按工作电压高低可分为高压和低压陶瓷电容器；按介质类型可分为Ⅰ类陶瓷电容器、Ⅱ类陶瓷电容器和Ⅲ类陶瓷电容器。其中Ⅰ类陶瓷电容器指氧化物，Ⅱ类陶瓷电容器指具有高介电常数的铁电材料，Ⅲ类陶瓷电容器指半导体陶瓷电容器。接下来，按照介质类型进行简要阐述。

7.2.1　Ⅰ类陶瓷电容器

Ⅰ类陶瓷电容器基于氧化物，如二氧化钛、钙钛矿钛酸盐等，具有较低的介电常数、较低的损耗和很好的温度稳定性。但是Ⅰ类陶瓷电容器之间可以相互混合，实现综合的电学性能。如金红石相的介电常数在 100 左右，温度系数为 $-750 \times 10^{-6} ℃^{-1}$，但加入滑石混合后可实现 $15 \sim 20$ 的介电常数和 0 的温度系数。Ⅰ类陶瓷电介质的线性温度系数一般在 $10^{-6} ℃^{-1}$ 量级，可应用于深井钻井、电力电子模块等高温领域。同时，由于具有低的损耗和较好的频率特性，也广泛应用于高频谐振电路。

非铁电陶瓷电容器是其中很重要的一类Ⅰ类陶瓷电容器，主要用于制造高频电路，具体可分为高频热稳定型电容器和高频热补偿型电容器。

高频热稳定型电容器主要用于电子谐振回路以获得精准的谐振频率，要求陶瓷材料的介电常数值稳定。例如，当谐振频率在 100kHz 的温度范围（一般为 $-55 \sim +55 ℃$）内要求稳定在 0.1% 以内时，α_ε 应低于 $10 \times 10^{-6} ℃^{-1}$。因此高频热稳定型电容器的特点是 α_ε 很低甚至接近于零，常用的有 $MgTiO_3$、$CaSnO_3$ 等系统。为了寻求理想的 α_ε 和低 $\tan\delta$ 值，通常采用复合固溶体的方法。

在高频振荡回路中，由于电感器及电阻器通常具有正温度系数 α_ε，为了保持回路谐振频率的稳定性，则要求电容器具有负温度系数；但在部分应用场合中，有时也要求正温度系数。非铁电电容器陶瓷介质一般具有中低值介电常数，但要求温度系数值稳定，特别是高频及较高温度下介电损耗低。其中 α_ε 值为 $(+190 \sim -4.7) \times 10^{-6} ℃^{-1}$；工作频率范围为 1kHz $\sim$ 50GHz；稳定性应优于 $\pm(0.05 \sim 1.00)$%；损耗低于 2×10^{-4}。常用的这类陶瓷有 $MgTiO_3$、$CaSnO_3$、Al_2O_3、MgO 等，但介电常数较低（$10 \sim 18$），热稳定性较差。目前较有前途的是 $MgO\text{-}La_2O_3\text{-}TiO_2$ 体系及 $CaTiO_3$、$SrTiO_3$ 和 $MgTiO_3$、$LaTiO_3$ 复合陶瓷，现已形成温度补偿型全系列。

7.2.2　Ⅱ类陶瓷电容器

Ⅱ类陶瓷电容器指具有高介电常数的铁电材料制作的陶瓷电容器，其相对介电常数在 1000 至几万之间，损耗一般在 1% $\sim$ 5%。电子产业联盟对Ⅱ类陶瓷电容器的分类依据是：较低的工作温度；较高的操作温度；电容稳定性，如表 7.2 所示。例如代码 X7R 表示 $-55 \sim 125 ℃$ 指定的电介质，其电容变化率在 ± 15% 以内。

表 7.2　电子产业联盟对Ⅱ类陶瓷电容器应用划分标准

第 1 字母		数字		第 2 字母	
符号	最低温度/℃	符号	最高温度/℃	符号	电容最大变化值/%
Z	+10	4	+65	A	±1.0
Y	−30	5	+85	B	±1.5
X	−55	6	+105	C	±2.2
		7	+125	D	±3.3
		8	+150	E	±4.7
		9	+175	F	±7.5
				P	±10.0
				R	±15.0
				S	±22.0

　　Ⅱ类电介质的特征是存在介电异常峰。主要用于制作低频电容器，可以满足大容量需求，但由于介电异常峰的存在其温度稳定性较差，一般只满足 Z5U、Y5V 等标准。

　　通过掺杂改性方式可以改善Ⅱ类陶瓷电介质的温度依赖性。据报道，许多复杂的陶瓷固溶体均具有频率依赖、宽 ε_r-T 峰特征，在特定的组分范围内 ε_r-T 类似一个平台，延伸到远高于 200℃。这些材料被称为"温度稳定弛豫介质"。如在 $Pb(Mg_{1/3}Nb_{2/3})O_3$ 等经典的弛豫体中，在 T_m 温度下，ε_r-T 响应表现出宽频率依赖性的 ε_r 峰。大多数温度稳定性好的Ⅱ类陶瓷电介质都存在铅元素，但铅元素挥发会造成环境污染，这在一定程度上限制了Ⅱ类陶瓷电容器的应用。因此目前开发了许多种高介电常数的无铅铁电材料来弥补含铅铁电体的缺点，如铌酸钾钠、钛酸铋钠、铁酸铋等。如通过掺杂 Co、Nb 或其他元素的铁电 $BaTiO_3$ 来形成核壳偏析晶粒结构，其铁电顺电相变峰会变得弥散，从而满足 X7R 标准；通过在 $Na_{0.5}Bi_{0.5}TiO_3$ 体系中掺杂 $NaNbO_3$、$KTaO_3$、$BaTiO_3$-$K_{0.5}Na_{0.5}NbO_3$、$K_{0.5}Bi_{0.5}TiO_3$-$K_{0.5}Na_{0.5}NbO_3$、$BaTiO_3$-$Bi_{0.2}Sr_{0.7}TiO_3$ 均在不同程度上使退极化温度以及 T_C 变得弥散，同时提高介电常数以满足更高标准要求；纯铌酸钾钠在 420℃ 附近存在 T_C 峰，200℃ 附近存在正交-四方相变峰，因此对于 $Na_{0.5}K_{0.5}NbO_3$ 基陶瓷电容器来说，有两种方式可以提升其温度稳定性。一是通过掺杂 $LiTaO_3$ 等可以降低正交-四方相变峰至 0℃ 以下，实现在 −15~300℃ 范围内介电常数为 630~700（±15%）。另一种是通过掺杂 $LiTaO_3$-$BiScO_3$ 的方式将相变峰变得弥散，实现 20~450℃ 范围内介电常数为 1150（±15%），类似添加 $Bi(Zn_{0.75}W_{0.25})O_3$ 可以在 150~350℃ 范围内实现介电常数为 1300（±15%）。

7.2.3　Ⅲ类陶瓷电容器

　　Ⅲ类陶瓷电容器指半导体陶瓷电容器。其通过陶瓷半导化使晶粒变为半导体，再通过氧化或扩散等方法在陶瓷表面或内部晶粒晶界上形成电容性绝缘介质层，因此电容极高。Ⅲ类陶瓷电容器相对于其余两种来说在相同体积下具有最高的电容量，但存在成本高、工艺复杂问题。在 7.3.1 节中将着重介绍半导体陶瓷电容器。

7.3 几种典型陶瓷电容器

7.3.1 半导体陶瓷电容器

半导体陶瓷电容器属于Ⅲ类电介质陶瓷电容器，其介电常数高，有利于电容器小型化。半导体陶瓷电容器应用广泛，有钛酸钡陶瓷二次电子倍增管、正温度系数陶瓷热敏电阻（PTC热敏电阻）、氧化锌非线性压敏电阻、晶界层陶瓷电容器、表面层陶瓷电容器等。本节主要针对陶瓷的半导化及半导体陶瓷电容器的分类来进行介绍。

7.3.1.1 陶瓷的半导化

钛酸钡是制备半导体陶瓷电容器的主要陶瓷材料之一，此节以钛酸钡陶瓷的半导体化为例来说明。钛酸钡陶瓷的半导化途径主要是施主掺杂半导化、强制还原半导化、$SiO_2 + Al_2O_3 + TiO_2$ 掺杂半导化。

（1）施主掺杂半导化

钛酸钡陶瓷室温电阻率高，在 $10^{12} \Omega \cdot cm$ 左右，绝缘性良好。当对钛酸钡陶瓷进行施主掺杂时，可获得低的n型半导体陶瓷。比如采用 La^{3+}、Dy^{3+} 等离子半径与 Ba^{2+} 相近的三价离子置换 Ba^{2+}，或者用 Nb^{5+}、Ta^{5+} 等离子半径与 Ti^{4+} 相近的五价离子置换 Ti^{4+}，可以获得 $10^2 \sim 10^5 \Omega \cdot cm$ 的电阻率。这种通过施主掺杂造成电价控制而得到的半导体陶瓷也称为价控半导体。价控半导体的电阻率与施主掺杂浓度密切相关，当超过掺杂限度时，材料的电导率就会显著降低，并且快速成为电阻率更高的绝缘体，该过程称为重新绝缘化。

（2）强制还原半导化

钛酸钡陶瓷在还原气氛中烧结或者热处理时，氧以分子状态逸出，形成带正电的氧空位，为了保持电中性，氧空位束缚电子从而实现半导化。钛酸钡陶瓷可以在惰性气氛、真空、还原气氛中实现 $10^2 \sim 10^6 \Omega \cdot cm$ 低电阻率，但是这种半导化方式不会呈现电阻的正温度系数特性（PTC特性）。

（3）$SiO_2 + Al_2O_3 + TiO_2$ 掺杂半导化

制备钛酸钡陶瓷的原料中存在着许多杂质，例如 Fe^{3+}、Na^+、Mn^{3+} 等，这些杂质离子会在烧结中取代 Ti^{4+} 成为受主，阻碍陶瓷半导化。而 $SiO_2 + Al_2O_3 + TiO_2$ 在钛酸钡中的溶解度较小，在较高温度下可与其他氧化物形成熔融的玻璃相，构成晶粒边界层，从而使受主杂质被吸引到玻璃相，减弱了受主杂质对半导化的不利影响。

实际上陶瓷半导化经常会综合利用上述方法，达到需求标准。

7.3.1.2 半导体陶瓷电容器的分类及性能

半导体陶瓷电容器主要包括表面层陶瓷电容器和边界层陶瓷电容器。

（1）表面层陶瓷电容器

表面层陶瓷电容器是在钛酸钡等半导体陶瓷表面形成厚度约 $0.01 \sim 100 \mu m$ 的绝缘层作为介质层，绝缘层电阻率达 $10^{12} \sim 10^{13} \Omega \cdot cm$。半导体陶瓷本身可视作等效串联回路的电阻，这种结构既具有高介电常数又减薄了介质层厚度。表面层陶瓷电容器的结构示意图和等效电路图如图7.1所示。

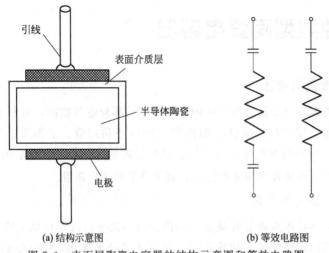

(a) 结构示意图   (b) 等效电路图

图 7.1　表面层陶瓷电容器的结构示意图和等效电路图

半导体陶瓷表面形成绝缘层的方式主要有三种：形成电价补偿表面层、形成 pn 结阻挡层、还原-氧化法。

① 形成电价补偿表面层：通过蒸发、涂布、电镀、电解等方法，在半导体陶瓷表面被覆一层受主杂质，比如铜离子置换钛离子、银离子置换钡离子，在 700℃ 以上热处理。这种情况下受主金属离子会沿半导体表面扩散，表面层会因受主杂质的毒化作用变成绝缘性介质层。然后通过表面涂覆电极、焊接引线之后就可以得到表面层陶瓷电容器了。该种表面层陶瓷电容器的单位电容量高达 $0.08\mu F/cm^2$。这种电容器相对来说绝缘电阻和工作电压都很高。

② 形成 pn 结阻挡层：由于银的电子逸出功很大，在钛酸钡半导体陶瓷两端涂覆银电极，在电场的作用下，半导体陶瓷与银电极接触面上会出现缺乏电子的薄层，即阻挡层。此阻挡层存在许多空间电荷极化，半导体陶瓷与银电极之间的阻挡层变成了实际的介质层。研究发现在半导体陶瓷表面烧渗银电极时，银会在高温下氧化成氧化银。半导体陶瓷本身为 n 型半导体，氧化银为 p 型半导体，这样两者形成 pn 结，因此表面阻挡层电容器也称为 pn 结电容器。此外，在半导体陶瓷表面先蒸镀一层铜，再涂覆银浆烧渗。此类电容器的单位电容量可达 $0.4\mu F/cm^2$，但绝缘电阻只有 $0.5\times10^6 \sim 1\times10^6 \Omega\cdot cm$。

③ 还原-氧化法：将已经经过高温烧成的钛酸钡半导体陶瓷置于还原气氛（98％ N_2 + 2％ H_2）中，在 800～900℃下进行热处理，使表面少量的氧被强制还原，进一步半导体化。之后将陶瓷片置于氧气或空气中，在 500～900℃加热氧化形成绝缘层。还原氧化法制备的绝缘层较薄，单位电容量通常为 $0.05\sim0.06\mu F/cm^2$。

（2）边界层陶瓷电容器

在晶粒发育比较充分的 $BaTiO_3$ 等半导体陶瓷表面涂覆金属氧化物，在适当温度下进行氧化热处理——第二次煅烧，氧化物就会与 $BaTiO_3$ 等形成低共熔液相，沿开口气孔渗透到陶瓷内部。由于物质在晶界上的扩散速度比在晶粒内部的扩散速度快很多，因此经过第二次煅烧后，氧化物只在晶界上形成一层极薄的固溶体绝缘介质层，而整个晶粒不致被绝缘化，晶粒内部仍然保持着良好的半导性。这种绝缘介质层的厚度为 $0.5\sim2\mu m$，绝缘电阻率可达

$10^{12} \sim 10^{13} \Omega \cdot cm$。采用这种材料制得的电容器称为边界层电容器。边界层陶瓷电容器的结构及等效电路示意图如图 7.2 所示。

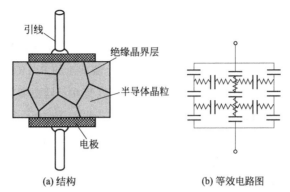

(a) 结构   (b) 等效电路图

图 7.2 边界层陶瓷电容器的结构示意图和等效电路图

边界层陶瓷的特殊结构使得其制成的电容器有如下特点：

① 高的介电常数。整个陶瓷体可以看作是由很多半导体晶粒和绝缘晶界层形成的小电容器相并联和串联而成的，每个小电容器的电容量很大，使得材料整体的介电常数非常高。

② 良好的抗潮性。边界层陶瓷材料的形成必须经过第二次煅烧的工序，陶瓷的气孔等缺陷会被削减，致密度提高，因此边界层陶瓷几乎不吸潮。

③ 可靠性高。由于热处理时涂覆的氧化物扩散后形成的边界层绝缘性能好，有效地提高了边界层陶瓷电容器的可靠性。

④ 与相应的普通电容器比较，边界层陶瓷的介电常数、电容量随温度的变化比较平缓。

⑤ 工作电压较高。边界层电容器可以在 100V/0.6mm 的场强下工作，一般阻挡层陶瓷电容器很难做到这一点。

⑥ 边界层陶瓷电容器用作 100MHz 以上的高频旁路电容器时，阻抗部分可以设计得比任何其他电容器都小，是一种比较适宜的宽带旁路电容器。

7.3.2 高压陶瓷电容器

高压陶瓷电容器是指额定直流工作电压不低于 1000V，而对无功功率不规定要求的陶瓷电容器。高压陶瓷电容器的性能直接取决于其电介质的性能。早在 19 世纪，人们就对高压电容器进行了系统研究，先后采用了不同材料（如电解液、云母、陶瓷等）作为电介质，其中陶瓷占据了重要地位。陶瓷电容器不仅耐高压、耐腐蚀，而且拥有较高的介电常数，能满足社会对于电容器小型化的要求。目前，高压陶瓷电容器是多种电子设备和高压线路的关键元件，具有隔直流和分离频率的能力，在高清晰数字电视、汽车电子、计算机、国防军工等行业应用广泛。随着电子工业的发展，高压陶瓷电容器的应用领域扩展。

7.3.2.1 高压陶瓷电容器的分类及性能

目前，用于高压陶瓷电容器的电介质材料主要以 $BaTiO_3$ 和 $SrTiO_3$ 为主。$BaTiO_3$ 是一种铁电陶瓷材料，具有高的介电常数，随温度变化相对缓慢，适合用作电介质材料。但其介电损耗较大，而且在居里点附近相对介电常数随温度变化波动大，同时由于其存在自发极化特性，造成耐压强度较低。近年来，针对改善其损耗、耐压强度、居里点和居里点处的相对介电常数峰值等问题，致力于研究 $BaTiO_3$ 基陶瓷改性的问题。$SrTiO_3$ 也是一种介电陶瓷材料，在室温下相对介电常数较低，但具有较高的耐压强度。

因此，需要两类材料进行掺杂改性，以提高其综合性能。例如，在 $BaTiO_3$ 基陶瓷电介质配料中加入 $Bi_2O_3 \cdot TiO_2$，制备出的 $BaTiO_3$ 基材料具有较高的耐压强度且损耗小，但是相对介电常数却较低；加入白黏土、ZnO 和 BaO 等，制备出的 $BaTiO_3$ 基材料具有较高的相对介电常数和较小的损耗角正切，但是耐压强度却不高且在不同温度下容量稳定性较差；在配料中加入 Bi_2O_3、SiO_2、BaO、SrO_2 和 CaO 等，制备出的 $BaTiO_3$ 基陶瓷电介质材料相对介电常数很高、耐压强度较大，但是损耗却很大。在制备 $SrTiO_3$ 基材料的研究中，掺入 $CaCO_3$、$MgCO_3$ 制备出的材料耐压强度高、损耗小，但是相对介电常数不高；在配料中加入 MgO、Mn、Cr、Fe 即稀土氧化物等制备出的 $SrTiO_3$ 基陶瓷电介质材料，拥有较高的相对介电常数和耐压强度，但是稳定性不高，损耗也较大；在配料中加入 NiO、La_2O_3 和 MnO 等，制备出了稳定性优秀的 $SrTiO_3$ 基介质材料，但是其阻抗角正切却很大，相对介电常数也不高。由此可见，材料各类优秀的电气性能不可兼得，要根据实际需求进行取舍。

电容器的电介质材料是影响电容器性能的主要因素之一，同时电容器的制造工艺也对其性能有一定的影响。早期的高压陶瓷电容器由于应用的场合不同，其结构和形状也相差很大，有鼓形、穿心形等，体积也偏大。随着仪器越来越精密，电容器也趋向小型化发展，圆片形陶瓷电容器的使用越来越广泛。如果陶瓷圆片成型不均匀，存在气泡或裂纹，则会严重影响电容器的性能，使其在一个很小的外加电压下就会被击穿。因此，成型工艺对于电容器的制造至关重要。目前的成型工艺主要有干压成型、扎膜成型、等静压成型等方式。除此之外，影响高压陶瓷电容器性能的另一个重要因素就是电极材料的选择和形成电极的质量。目前常用的方法是将金属 Ag 或 Ni 涂抹至电介质两端形成电极，涂抹时需要电极与电介质有良好的接触，往往需要增加电极的厚度，但这导致电容器的成本增加。因此，不少学者在研究以贱金属取代贵金属 Ag 等成为新的电极材料。电容器在使用时会不断地承受温度、电压的冲击，有时还存在机械振动，针对此种情况，采用柔性导电端头浆料，对产品封端后进行烘干、固化，再镀上 Ni 和 Sn，制备出柔性端头，能够承受形变应力。

7.3.2.2　高压陶瓷电容器的用途

目前，高压陶瓷电容器的用途十分广泛，在不同的应用领域里用途不同，这就要求陶瓷电容器有不同的功能和各自的特点。表7.3给出了各种用途的陶瓷电容器功能及特点。

表 7.3　各种用途的高压陶瓷电容器功能及其特点

应用领域	设备	电容器的功能	特点
电力	遮断器	改善极间电压，分担抑制再启动电压	小型、高电压、良好的频率特性
	负载关闭器	用作电压输出电路的电压分担	小型、高耐压、良好的温度特性
	配电线传输通信	用作电压输出电路的电压分担	小型、高耐压、良好的温度特性
	验电器	用作电压输出电路的电压分担	小型、高耐压
	避雷器	改善分担电压	小型、高耐压

应用领域	设备	电容器的功能	特点
脉冲功率	气体激光器	能量的高速充放电	小型、高耐压、低电感、良好的频率特性
	脉冲形成电路	与电感组合形成脉冲	小型、高耐压、良好的频率特性、良好的温度特性
	高压电源	平滑能量的充放电	小型、高耐压

目前常用的高压陶瓷电容器，按照形状分类有鼓型高压陶瓷电容器和圆片形高压陶瓷电容器。鼓型高压陶瓷电容器的结构类似于圆柱体，以铁电陶瓷作为介质。这种电容器具有容量大、工作电压高等优点，主要在雷达、电视或其他电子和电气设备中用于旁路、滤波等。圆片形高压陶瓷电容器在结构上与圆片陶瓷电容器相似，圆片直径较大、厚度较厚，两电极间绝缘边较宽。其特点就是廉价、焊接方便，因此被大量应用在一般电子线路之中。

7.3.3 片式多层陶瓷电容器

片式多层陶瓷电容器（MLCC）的结构类似于并联叠片的介电容器，其特点是将陶瓷坯体与电极同时烧结成整体，这种结构称为独石结构，故有独石电容器之称。MLCC除具有一般瓷介电容器的特点外，还具有体积小、比电容高、内部电感低、绝缘电阻高、介电损耗小、性价比高等优点，可贴装在印制电路板（PCB）、混合集成电路（HIC）基片上，有效地缩小电子信息终端产品（尤其是便携式产品）的体积和质量，能很好地适应表面安装技术（SMT）发展的要求。目前，MLCC已成为电容器的主流，逐渐取代铝/钽电解电容器、有机薄膜电容器、原片陶瓷电容器，在计算机、家电等民用电子设备以及航天航空、军用通信、武器装备等电子设备中广泛应用。

7.3.3.1 多层陶瓷电容器的结构特点

片式多层陶瓷电容器的设计主要是依据平行板电容器叠加原理，即：

$$C = \frac{0.0885\varepsilon Sn}{d} = \frac{k\varepsilon n}{d} \tag{7.18}$$

式中，k 为丝网常数；ε 为介电常数；n 为介质层数；d 为介质厚度；S 为有效面积。其中，k 综合了内电极有效面积和平行板电容器电容量转换的固有参数，与印制电容器内的电极图形大小、丝网网径大小等因素有关。

常见的片式多层陶瓷电容器内电极设计有四种，如图7.3所示。

在这四种设计方法中，悬浮内电极设计最优，外阻（R_{es}）值最低。不错位内电极设计方案相当于增加了片式多层电容器内的电极层数 n，内外金属电极接触好，金属损耗电阻减小，R_{es} 值降低。同向内电极设计中，同向电极对提高电容器的 C 值没有直接作用，但其加强了内外电极的基础，从而降低了接触电阻，略微降低了 R_{es} 值。常规内电极设计的 R_{es} 值最高，但其制作工艺最简单、成本最低；在一般电子电路中，只要符合电子电路的要求，一般采用常规内电极设计。

普通MLCC中电介质层与相邻的电极构成单个电容，整个电容器的电容由这些单个电容并联而成；高压MLCC中每层电介质与相邻的内电极构成若干个串联电容，这些串联电容再经端电极并联起来，构成整个电容器的电容。这些串联牺牲较大的整体电容，能够经受比单个介质层高出几倍的电压，是高压 MLCC 的一个基本特征，如图 7.4 所示。

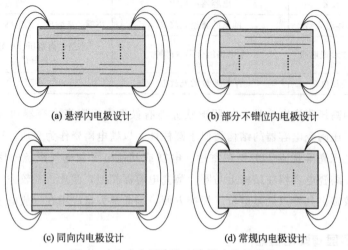

(a) 悬浮内电极设计　　　　　(b) 部分不错位内电极设计

(c) 同向内电极设计　　　　　(d) 常规内电极设计

图 7.3　片式多层陶瓷电容器内电极设计

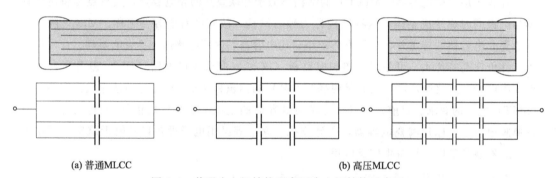

(a) 普通MLCC　　　　　　　　　(b) 高压MLCC

图 7.4　普通内电极结构和高压内电极结构示意图

普通 MLCC 中所有的内电极均为同样尺寸的矩形，相邻内电极分别连接相反的端电极，内电极排列为 ABAB…AB，有效介质层数为奇数。高压 MLCC 的内电极结构具有更高的对称性，典型的情况包括两种图样：A 型内电极分为 3 段，中间一段较长，其余两段较短，分别与两个端电极相连；B 型内电极分为同样长的两段，与端电极之间没有连接。相邻的内电极层之间的电极片段相互交叠，构成一组串联电容器，内电极排列为 ABABA…BA，有效介质层数为偶数。在实际高压 MLCC 中，A 型内电极可以是两段、三段、四段甚至更多段。相应地，B 型内电极分别是一段、两段、三段甚至更多。分段数量可以根据所选陶瓷介质的电学性能及工作电压等设计要求进行调整。

普通 MLCC 的内电极形状一般为直角矩形，而高压 MLCC 的内电极形状为圆角矩形。圆角可以有效防止在内电极拐角处的电场集中，圆角的半径由 MLCC 两端所加的电压和介质层厚度共同决定。

7.3.3.2　多层陶瓷电容器的生产工艺

多层陶瓷电容器的结构如图 7.5 所示。MLCC 产品的制作主要包括陶瓷介质薄膜成型、内电极制作、电容芯片制作、烧结成瓷、外电极制作、性能测试、包装等工序。MLCC 制造工艺流程如图 7.6 所示。首先将陶瓷粉末混合溶剂、分散剂、黏合剂和增塑剂，形成均匀的、悬浊液形态的陶瓷浆料；然后通过流延、载膜工艺形成一层均匀的浆料薄层，通过热风区干燥后（将浆料中绝大部分溶剂挥发）可得到致密、厚度均匀并具有足够强度的陶瓷膜片，膜片的厚度一般在 $10\sim30\mu m$ 之间；根据工艺要求，将设计的电极图形借助丝网印刷技术印刷到陶瓷膜片上；在叠压、层压过程中，印刷的膜片需一层层地精确对准，并使层与层之间更加致密、严实地结合；在切割形成独立的电容器生坯后，通过排胶工艺进行高温烘烤，以去除芯片中的黏合剂等有机物质；随后，陶瓷电容器烧结强化使膜片间致密结合，形成具有高机械强度、优良电气性能的陶瓷体；最后通过端封和烧结工艺，将同侧内部电极连接起来形成端电极；经过外观筛选以及电性能测试后的陶瓷电容器就完成了所有的制造工艺可以编带入库了。

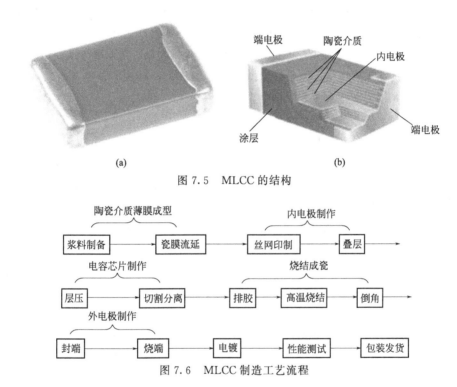

图 7.5 MLCC 的结构

图 7.6 MLCC 制造工艺流程

MLCC 产品主要的电性能指标有容量、介质损耗、绝缘电阻、耐压四个参数。其中在容量方面，需要满足相应的容量误差级别。具体误差级别对应的容量误差范围见表 7.4。

表 7.4 具体误差级别对应的容量误差范围

代码	B	C	D	F	G	J	K	M	S	Z
误差	±0.10pF	±0.25pF	±0.5pF	±1.0%	±2.0%	±5.0%	±10%	±20%	+80%/−20%	+80%/−20%

7.3.3.3 多层陶瓷电容器的发展与应用

（1）MLCC电子陶瓷材料产业发展现状

随着世界电子行业的飞速发展，作为电子行业的基础元件，多层片式电容器（MLCC）也以惊人的速度向前发展，每年以 10%～15% 的速度递增。目前，世界上片式电容器的需求量在 2000 亿支以上，70% 出自日本（如 MLCC 大厂村田 muRata），其次是欧美和东南亚

（含中国）。随着片容产品可靠性和集成度的提高，其使用范围越来越广，广泛地应用于各种军民用电子整机和电子设备，如电脑、手机、程控交换机、精密的测试仪器、雷达通信、汽车等。现在 MLCC 陶瓷材料主要分为三类：C0G、X7R、Y5V。其中 X7R 是各国竞争最为激烈的规格，也是市场需求最大的品种之一，主要通过对纳米级钛酸钡改性来制造。MLCC 电子陶瓷粉体材料的供应商主要是堺化学、日本化学、富士钛等日本企业。据统计，上述厂商控制了全球 95％以上的电子陶瓷材料市场，他们主要生产并销售钛酸钡粉体。此外，美国的 Ferro 公司也是全球领先的电子材料生产商，其市场占有率位列第二，仅次于日本堺化学。

我国对电容器用陶瓷粉体制备技术的研究起步较晚。目前，国内钛酸钡厂家大多采用的是固相合成法，然而使用该种方法制得的粉体杂质较多、颗粒粒径较大且分布不均匀，只能用于低端电子元件生产，对高质量钛酸钡的需求仍主要依赖进口，国内产出为小规模、小批发量、自产自用。目前，国内规模最大的 MLCC 配方粉体生产企业是山东国瓷，成功地研发了批量化生产高品质钛酸钡粉体工艺，是继日本堺化学之后，全球第二家成功地运用高温高压水热工艺批量生产高纯度、纳米级钛酸钡粉体的厂家，打破了日本在该领域的垄断地位，填补了国内 MLCC 电子陶瓷材料的空白。

（2）世界 MLCC 产业发展现状

在早期的陶瓷电容器市场中，圆片陶瓷电容器一直是主流产品。20 世纪 60～70 年代以后，随着钯内电极制作技术的不断完善，制作层数的不断提高，尤其是 20 世纪 80 年代表面安装技术（SMT）在电子行业应用后，适合自动安装的 MLCC 产品逐渐取代圆片陶瓷介质电容器产品成为了市场主流。

20 世纪 90 年代至 21 世纪初期，是 MLCC 行业大发展的时期。在此期间，MLCC 行业掀起了技术方面的革命，通过材料、设备、制造工艺方面的开发，成功地实现了 Ni 内电极取代 Pd 内电极和 Pd-Ag 内电极，使得 MLCC 产品的制作成本下降 70％以上，同时在小型化、高容量等方面发展飞速。在小型化方面，由 20 世纪 90 年代初的 1206 规格到 21 世纪初的 0402 规格，再到 2005 年后的 01005 规格，几乎每隔 2～3 年，便出现新的规格。在高容量 MLCC 开发方面，不断追求更薄的介质与更高的设计层数，使得 MLCC 不断推出更大容量的产品，如目前世界上最新技术制作的介质厚度达到 $1\mu m$，设计层数达到 1000 层以上。这些产品的开发依赖于材料、设备以及工艺技术方面的持续创新，推动了 MLCC 产业的快速发展。

近年来，随着下游市场的发展，电容器的需求呈现出整体上升的态势。受下游产品更新换代速度的加快和 MLCC 对其他类型电容器的替代两个因素影响，未来市场对 MLCC 的需求将进一步增加。目前，全球 MLCC 生产厂商主要分布在日本、欧美、韩国和我国台湾等地区。其中日本的村田、TDK、太阳诱电和京瓷等企业生产规模较大，韩国的三星电视、我国台湾地区的国巨和中新科技等也是全球主要的生产商。

（3）国内 MLCC 产业发展现状

MLCC（多层陶瓷电容器）作为电子信息产业的基础元器件之一，其性能优劣将直接影响各类电子产品的发展。5G 时代的到来，为 MLCC 的发展带来了新的机遇，小型化、中压高容、高频低功耗的 MLCC 将是未来 5G 市场需求量巨大的产品。但机遇与挑战并存，国内高端 MLCC 的开发制造由于受材料、设备及工艺技术水平的限制，产品发展缓慢，高端产品市场主要被国外厂家占领。20 世纪 80 年代中前期，中国电容器产业的片式化率几乎为零，仅有少量多层陶瓷电容器半成品芯片以手工贴装于厚膜混合集成电路基板。第一个完全采用 SMT 技术的终端产品为彩电调谐器，由日本进口的 MLCC 牢牢占据了这一市场。时至今日，随着国际 IT、AV 与通信终端产品制造商纷纷落户中国，全面促进了包括 MLCC 在内的新型片式元件等上游产业的发展。同时，中国本土 MLCC 制造商的实力也在严酷的国际化竞争中得到全方位的提升。

MLCC 的发展历程可分为四个阶段：第一阶段，20 世纪 80 年代中期，原电子工业部下属 715 厂、798 厂以及若干省市省属企业从美国引进生产线，标志着中国 MLCC 生产核心技术过渡到现代陶瓷介质薄膜流延工艺，在产品小型化和高可靠性方面取得实质性突破。第二阶段，20 世纪 90 年代前期，以上述企业与后续进入的外资企业相互兼并整合以及风华集团的脱颖而出为标志，在此期间，三层端电极电镀工艺的突破，实现引线式叠层陶瓷电容器向完全表面贴装化的 MLCC 过渡。第三阶段，20 世纪 90 年代中后期，随着中国成为全球电子整机生产基地，MLCC 作为主要电子元器件之一，其生产基地也转移至国内，全球各大生产厂家接连在国内开设了合资或独资企业，在这期间以贱金属电极（BME）核心技术为基础的低成本 MLCC 开始进入商业化阶段。第四阶段，在新旧世纪相交之际，飞利浦在产业顶峰放弃并主动让出了事业部，我国打破了日资企业在 BME 制造技术方面的垄断，也相继完成了 BME-MLCC 技术改造和产业化，成为 MLCC 主流产品本地化制造供应商。我国经过近 30 年的发展，完成了从零到 MLCC 生产和消费大国的转变，MLCC 产业规模占全世界总量的 30％左右。同时，我国在相关领域的自主技术逐渐上升。

从 MLCC 产品的市场需求来看，其主要应用在航天、航空、船舰、兵器、电子对抗、通信设备、医疗电子设备、汽车电子、精密仪表仪器、石油勘探设备等领域。

① 军用 MLCC 市场　由于军事用途的各类高技术电子系统、设备所处的环境差异较大，对军用可靠 MLCC 产品提出了更高的要求，不仅需要电容量大、体积小、质量小，还要能适用在高温、低温、淋雨、盐雾等气候环境中及在振动、冲击、高速运动等机械环境条件下保持性能的稳定性和可靠性。

② 工业类 MLCC 市场　工业类 MLCC 市场主要包括系统通信设备、工业控制设备、医疗电子设备、汽车电子等。随着全球特别是中国 5G 网络加速，加上智能手机传销、专属网络建设等导致系统设备快速更新，对高可靠性 MLCC 产品的需求也将逐渐体现。

③ 消费类 MLCC 市场　消费类市场主要包括汽车、笔记本电脑、手机、专业录音与录像设备等。图 7.7 为村田生产的车载专用 MLCC。

图 7.7　村田生产的车载专用 MLCC

根据工业和信息化部发布的统计显示，笔记本电脑和手机的需求量大大提升，且由于更新换代的提速，带动了相关 MLCC 产品的需求。同时，随着移动互联网技术的高速发展和智能终端的快速普及，现有的第四代移动通信技术（4G）已无法满足人们对高效、准确信息传递的需求。依托 4G 良好技术构架，第五代移动通信技术（5G）应运而生。它采用拥有极大带宽的毫米波段，可为用户提供每秒千兆级的数据传输速率、零时延和高可靠的使用体验，可满足如车联网、智能家居、移动终端、虚拟现实、超清视频、云存储等场景的运用。在 5G 技术支撑下，移动互联网将对人类社会信息交互的方式产生深远的影响，与之对应的移动通信和产业将升级换代。物联网将人与人通信延伸到人与物、物与物的智能互联，移动通信服务范围扩大，与之相应的海量连接设备将会出现一个爆发性的增长。多层陶瓷电容器（MLCC）作为电子设备中不可或缺的零组件，将迎来新的发展机遇。通信技术的升级，对 MLCC 的各项性能提出了更高的要求。为迎接 5G 时代的到来，MLCC 将逐渐向高频化、低功耗、小型化和高储能密度技术方向发展。5G 及新能源汽车等领域增长对 MLCC 的需求持续增长，目前国内 5G 及新能源汽车等领域对 MLCC 的需求大幅增长。国内生产 MLCC 的企业如风华高科、三环集团、火炬电子等均在进行扩产计划。

7.4 陶瓷电容器的发展趋势

如图 7.8 所示，电容器主要有电解电容器、薄膜电容器和陶瓷电容器三大类型。其中薄膜电容器占市场份额的 50％，电解电容器占市场份额的 16％，陶瓷电容器占市场份额的 29％，并有逐年增长的趋势。

图 7.8　三大电容器所占的市场份额

如图 7.9 所示，陶瓷电容器可用于国防、电子产品、航空航天、电动汽车、医疗、高压输电、新能源并网、工业激光、高压发生器、脉冲形成网络等方方面面。

电子工业对陶瓷电容器的需求日益增长，驱使了陶瓷电容器的快速发展。从 2016 年起，村田、太阳诱电、TDK 等技术领先的日系大厂逐渐将产能向小型化、高容车用等高端市场转移，逐步退出了中低端市场。结合电容器陶瓷的发展现状，未来陶瓷电容器的发展主要有以下趋势：

小型化：随着手机、运动相机、智能穿戴等设备向小型化、微型化方向发展，驱使陶瓷电容器电子元器件向小型化和微型化发展。当前，市场上主流陶瓷电容器的尺寸已逐步缩小规格。以电容网络化及电容阵列化为代表的集成技术在降低成本、缩小组件体积等方面具有很大的优势。同时因为集成化降低了焊点的数量，也提高了设备可靠性、降低了寄生电容电

图 7.9　陶瓷电容器的应用领域

感。通过研究更高容量的电容器，在保持高性能的同时降低陶瓷电容器的尺寸是急需解决的问题。在小型化方面，韩国三星电机率先推出 01005 型 MLCC，其平面尺寸为 0.4mm×0.2mm，是 0201MLCC 的 1/3。日本村田随即推出 01005 型 MLCC，使得 01005 产品能够广泛应用于 2.5G/3G 手机、数码照相机等便携式消费电子产品。目前，日系厂商均能提供 01005 规格的量产产品，而国内企业生产的 MLCC 主流产品是 0402 型和 0201 型。MLCC 的小型化不仅要求平面尺寸减小，还要降低 MLCC 产品的厚度。日本京瓷推出的超薄型 MLCC-LT 系列中 0402 规格的最大厚度只有 0.356mm。

　　大容量、多层化：集成化要求电容量值的提升。因此，Ⅰ类陶瓷电容器由于低电容量已经不适用于小型化、大容量化发展需求。相较之下，Ⅱ类和Ⅲ类陶瓷电容器由于具有高的介电常数而更满足小型化、大容量化需求，在电容器领域具有很好的发展前景。以高耐压技术与低功耗技术为代表，拓宽了该类电容器的应用场合。简单地说，高压多层陶瓷电容器是在普通多层陶瓷电容器的基础上，改变各层单体电容的组合形式，将相邻若干个内电极串联形成分组继而并联而成。这种构型虽降低了器件的电容值，但能够承受比单个介质层高得多的电压值。同时，开发具有更高电容值的陶瓷电容器也是未来科技发展的趋势。小型化高容量的 MLCC 要求做到介质薄层化，介质厚度小于 $1\mu m$，粉体颗粒的粒径小于 $0.25\mu m$，这对陶瓷粉体的粒径、纯度、结晶度、形状和均一性等都有较高的要求。另外具有高介电常数的铁电性粉体存在明显的尺寸效应，当粉体粒径低于一定尺度时，随着粉体粒径的减小，其介电常数也会随之降低。采用高结晶度的粉体，可使粉体的细晶化和高介电常数成为可能。目前国产瓷粉很难达到上述要求，高性能的陶瓷粉体是制约我国电子陶瓷产业发展的瓶颈。多层技术是 MLCC 大容量化的关键，近年来有了新的发展，积层数可以达到 1000 层。MLCC 的大容量和小型化必须是同步的，积层数的增加必须减小每层介质的厚度。MLCC 介质层的厚度已经由原来的几十微米，发展到现在的 $1\mu m$ 以下。太阳诱电是日本第四大的 MLCC 生产企业，同时也是大容量 MLCC 的领头羊，该公司在大于 $1\mu F$ 容量的 MLCC 市场上拥有霸主地位，全球占有率高达 37%。

高频化：当今对智能手机、人工智能等集成电路的运算能力要求越来越高，而集成电路的处理速度依赖工作频率的提升，因此对电子元器件高频化的需求提升。当前主要应用多层陶瓷电容器（MLCC），而 MLCC 内部印制有导线，高频作用下导线的电阻值将由于趋肤效应而变大，此外高频下导线构成的回路产生的电感也将影响性能。因而单层陶瓷电容器在高频尤其是微波频段的应用也备受关注。随着通信技术的快速发展，高频 MLCC 的市场需求剧增。为了适应超高频电路的要求，国际上已研制出用于微波频段的 MLCC，在 100MHz～1GHz 范围内，介电性能优良。美国已生产出工作在 4.2GHz 的多层陶瓷电容器。目前，国外最高频率已达 5THz，国内在该方面还存在差距。

绿色环保：近年来，随着人们环保意识的增强和对自身健康的关注，对各类电子产品提出了绿色环保的要求。目前，一部分 MLCC 产品，尤其是耐高温的 MLCC 中含铅、镉等对人体和环境有害的元素，虽然掺杂这些元素的产品拥有良好的介电性能和宽的工作温区，但是与建设以人为本、环境友好型社会背道而驰。这些产品将被回收处理，并逐渐淘汰，开发新的绿色环保材料成为必然。

贱金属电极的使用：当前陶瓷电容器的电极主要以 Ag 及 Pd/Ag 合金为主，导致其成本高。此外，当工作温度过高或处于湿度过大的环境时，电极中的银离子将会向陶瓷电介质中迁移，从而降低其性能。当前使用的碱金属电极材料主要包括镍、铜等，需要在还原气氛下烧结，会导致电介质半导体化，从而大幅降低陶瓷电容器的绝缘性。如镍电极的烧结收缩率要高于陶瓷粉料的烧结收缩率，而二者的差异越大，烧结开裂的可能性就越大，必须减小 Ni 电极的烧结收缩率。密实的球形镍粉堆积密度高，结晶好的镍粉膨胀性能低，这些对减小烧结收缩率有很大益处。提高纯度和结晶度有利于镍粉的抗氧化性。镍粉的粒径大小和分布决定着电极层的厚薄。均匀的球形镍粉能够形成光滑的内电极层。单分散性的球形铜粉颗粒抗氧化性好，MLCC 所用的铜粉必须是球形、化学纯度高、无团聚、粒度均匀的超细铜粉。传统的固相法、超声电解法、微乳液法、液相还原法等方法所制备的铜粉都不同程度地存在粒径不均匀、易团聚、形貌不规则等缺点。因此陶瓷电容器的电极碱金属化已成为当前市场趋势。

极端条件下的使用行为：陶瓷电容器需要在极端条件下（如耐高温、耐高压等）使用。比如在石油天然气工业中的钻井工作会使用电子设备和传感器来对钻井设备工作情况进行监测，而地热梯度为 25℃/km，因此钻井工作对陶瓷电子元器件的温度稳定性提出了更高要求。在航空航天的电子控制和传感系统中如果提高电子控制装置及传感器等的工作温度，使其更靠近发动机，这将使陶瓷电子元器件在 200～300℃下工作，对温度稳定性有很高的要求。在风力发电等系统中，陶瓷电容器需要承受极高的工作电压等。因此，必须完善研究陶瓷电容器在极端条件下的使用行为。

课后习题

1. 简述陶瓷电容器的定义及其物理意义。
2. 简述陶瓷电容器的六个重要参数及其特征。

3.按介质类型分类，陶瓷电容器可分为哪几类？其特点分别是什么？

4.半导体陶瓷电容器的半导化方法是什么？简述半导体陶瓷电容器的分类及特点。

5.什么是高压陶瓷电容器？请列举两个高压电容器应用实例。

6.简述 MLCC 的结构特点及其制备工艺。

7.调研 MLCC 最新应用领域的进展。

8.简述陶瓷电容器的发展趋势。

参考文献

[1]   陈永真. 第2讲 电容器基础知识——电容器一般参数 [J]. 电源世界，2014（12）：55-62.

[2]   陈永真. 电容器及其应用 [M]. 北京：科学出版社，2005.

[3]   刘雅婷. 高压陶瓷电容器及其电气性能研究 [D]. 大连：大连理工大学，2013.

[4]   李欣源. ST 半导体陶瓷材料的改性研究 [D]. 成都：电子科技大学，2019.

[5]   Smolensky G. Ferroelectrics with diffuse phase transition [J]. Ferroelectrics，1984，53（1）：129-135.

[6]   Laulhé C，Hippert F，Kreisel J，et al. Exafs study of lead-free relaxor ferroelectric $BaTi_{1-x}Zr_xO_3$ at the Zr K edge [J]. Physical Review B，2006，74（1）：014106.

[7]   Shvartsman V V，Lupascu D C. Lead-free relaxor ferroelectrics [J]. Journal of the American Ceramic Society，2012，95（1）：1-26.

[8]   Zeb A，Milne S J. High temperature dielectric ceramics：a review of temperature-stable high-permittivity perovskites [J]. Journal of Materials Science：Materials in Electronics，2015，26（12）：9243-9255.

[9]   Li Y，Chen W，Zhou J，et al. Dielectric and piezoelecrtic properties of lead-free（$Na_{0.5}Bi_{0.5}$）TiO_3-$NaNbO_3$ ceramics [J]. Materials Science and Engineering：B，2004，112（1）：5-9.

[10]   König J，Spreitzer M，Suvorov D. Influence of the synthesis conditions on the dielectric properties in the $Bi_{0.5}Na_{0.5}TiO_3$-$KTaO_3$ system [J]. Journal of the European Ceramic Society，2011，31（11）：1987-1995.

[11]   Dittmer R，Jo W，Damjanovic D，et al. Lead-free high-temperature dielectrics with wide operational range [J]. Journal of applied physics，2011，109（3）：034107.

[12]   Dittmer R，Anton E M，Jo W，et al. A high-temperature-capacitor dielectric based on $K_{0.5}Na_{0.5}NbO_3$-modified $Bi_{1/2}Na_{1/2}TiO_3$-$Bi_{1/2}K_{1/2}TiO_3$ [J]. Journal of the American Ceramic Society，2012，95（11）：3519-3524.

[13]   Shi J，Fan H，Liu X，et al. Bi deficiencies induced high permittivity in lead-free BNBT-BST high-temperature dielectrics [J]. Journal of Alloys and Compounds，2015，627：463-467.

[14] Skidmore T A, Comyn T P, Milne S J. Temperature stability of ($[Na_{0.5}K_{0.5}NbO_3]_{0.93}$-$[LiTaO_3]_{0.07}$) lead-free piezoelectric ceramics [J]. Applied Physics Letters, 2009, 94 (22): 222902, 222903.

[15] Skidmore T A, Comyn T P, Milne S J. Dielectric and piezoelectric properties in the system: $(1-x)[(Na_{0.5}K_{0.5}NbO_3)0.93-(LiTaO_3)0.07]-x[BiScO_3]$[J]. Journal of the American Ceramic Society, 2010, 93 (3): 624-626.

[16] Chen X, Chen J, Ma D, et al. High relative permittivity, low dielectric loss and good thermal stability of novel $(K_{0.5}Na_{0.5})NbO_3$-$Bi(Zn_{0.75}W_{0.25})O_3$ solid solution [J]. Materials Letters, 2015, 145: 247-249.

[17] 张启龙. 中国战略性新兴产业——新材料功能陶瓷材料与器件 [M]. 北京: 中国铁道出版社, 2017.

[18] 董振江, 董昊, 韦薇, 等. 5G 环境下的新业务应用及发展趋势 [J]. 电信科学, 2016, 32 (6): 58-64.

[19] IMT-2020 (5G) 推进组发布 5G 技术白皮书 [J]. 中国无线电, 2015 (05): 6.

[20] 杨邦朝, 冯哲圣, 卢云. 多层陶瓷电容器技术现状及未来发展趋势 [J]. 电子元件与材料, 2001, 20 (006): 17-19.

第 8 章

敏感陶瓷

8.1 敏感陶瓷的定义及分类

敏感陶瓷可用于制造敏感元件，敏感元件是根据陶瓷的电阻率、电动势等物理量对热、湿、光、电场、压力及某种气体、某种离子的变化特别敏感的特性而制得的。按陶瓷材料相对应的特性，可以把这些陶瓷材料分为热敏、湿敏、光敏、压敏、气敏和离子敏感陶瓷。此外，还有具有压电效应的压力、位置、速度、声波等敏感陶瓷以及具有铁氧体性质的磁敏陶瓷和具有多种敏感特性的多功能敏感陶瓷等。目前，敏感陶瓷已广泛应用于工业检测、控制仪器、交通运输系统、汽车、防止公害、防灾、公安、家用电器等领域。

敏感陶瓷根据其物理化学特性可以分为物理敏感和化学敏感陶瓷两大类。物理敏感陶瓷主要包括光敏陶瓷［如硫化镉(CdS)、锡化镉(CdSe)］、热敏陶瓷［如正温度系数(PTC)、负温度系数(NTC)、临界温度系数(CTR)］、磁敏陶瓷［如锑化铟(InSb)、砷化铟(InAs)、砷化镓(GaAs)］、声敏陶瓷［如罗息盐、水晶、钛酸钡($BaTiO_3$)、锆钛酸铅(PZT)］、压敏陶瓷［如氧化锌(ZnO)、碳化硅(SiC)］、力敏陶瓷［如钛酸铅($PbTiO_3$)、锆钛酸铅(PZT)］。化学敏感陶瓷主要包括氧敏陶瓷［如氧化锡(SnO_2)、氧化锌(ZnO)、氧化锆(ZrO_2)］和湿敏陶瓷［如二氧化钛-镁铬尖晶石(TiO_2-MCr_2O_4)、氧化锌-氧化锂-氧化钒(ZnO-LiO-V_2O_5)］。敏感陶瓷大多属于半导体陶瓷，是继单晶半导体材料之后的一类新型多晶半导体电子陶瓷。随着科学技术的不断发展，工业生产、科研、日常生活等领域对新型敏感陶瓷材料和器件提出了更多的要求。因此，为了研究和开发更多的新型敏感陶瓷，应对敏感陶瓷材料、敏感机制和性能进行更加深入的研究。本章主要对热敏、压敏、气敏、光敏、湿敏等陶瓷材料的基本性能、具体参数、敏感机制和影响因素进行介绍。

8.2 热敏陶瓷

热敏陶瓷是对温度变化敏感的陶瓷材料，属于半导体陶瓷材料，其电阻率大约为 $10^{-4}\sim10^{7}\Omega\cdot cm$。当温度发生变化时，其电阻率、磁性、介电性等特性会发生明显的改变。热敏陶瓷在温度传感器、温度测量、线路温度补偿、稳频等方面有着广泛的应用，它主要包括热敏电容、热敏电阻、热电和热释电等陶瓷材料。热敏电阻是热敏陶瓷中应用最为广泛的一类，它是一种电阻值对温度非常敏感的电阻元件。按照电阻值对温度响应的特点，热敏电阻通常可以分为三类：正温度系数（positive temperature coefficient，PTC）热敏电阻，即电阻值随温度的升高而增大的热敏电阻；负温度系数（negative temperature coefficient，NTC）热敏电阻，即电阻值随温度的升高而降低的热敏电阻；临界温度系数（critical temperature coefficient，CTR）热敏电阻，即电阻值在很窄的温度范围内急剧上升或下降的热敏电阻。

8.2.1 陶瓷热敏电阻的基本参数

（1）热敏电阻的阻值

① 实际电阻值（R_T），指环境温度为 T 时，采用引起阻值变化不超过 0.1% 的测量功率测得的电阻值。

② 标准电阻值（R_{25}），指在指定温度 25℃ 时，采用引起阻值变化不超过 0.1% 的测量功率测得的电阻值。

（2）热敏电阻的材料常数 B

材料常数 B 是表征热敏电阻材料物理特征的参数。材料常数 B 与热敏电阻值 R_T 有下列关系：

① PTC 热敏电阻的电阻值：

$$R_T = A_P e^{B_P/T} \tag{8.1}$$

② NTC 热敏电阻的电阻值：

$$R_T = A_N e^{B_N/T} \tag{8.2}$$

式中，A_N 和 A_P 为常数，它们由材料的物理特性和热敏电阻结构尺寸决定；B_N 和 B_P 分别为 NTC 热敏电阻和 PTC 热敏电阻的材料常数，它们不是严格意义上的常数，当温度发生变化，其值通常会略微升高，表示如下：

$$B_N = 2.303 \frac{\lg \dfrac{R_1}{R_2}}{\dfrac{1}{T_1} - \dfrac{1}{T_2}} \tag{8.3}$$

$$B_P = 2.303 \frac{\lg \dfrac{R_1}{R_2}}{T_1 - T_2} \tag{8.4}$$

式中，R_1、R_2 分别为热力学温度 T_1、T_2 下的电阻值。

（3）温度系数 α_T

热敏电阻的温度系数是指温度变化 1℃ 时电阻值的变化率。关系式如下：

$$\alpha_T = \frac{1}{R_T} \times \frac{dR_T}{dT} \tag{8.5}$$

式中，α_T 和 R_T 分别为对应温度 T(K) 下的温度系数和电阻值；α_T 是一个变量。

NTC 热敏电阻的温度系数为：

$$\alpha_{TN} = -\frac{B_N}{T^2} \tag{8.6}$$

PTC 热敏电阻的温度系数为：

$$\alpha_{TP} = B_P \tag{8.7}$$

（4）耗散系数 H

耗散系数 H 表征温度升高 1℃所消耗的功率。它量化了热敏电阻工作时与外界环境进行热交换的大小。

$$H = \frac{W}{T - T_0} = \frac{I^2 R}{T - T_0} \tag{8.8}$$

式中，W 为热敏电阻消耗的功率，mW；T 为热敏电阻的温度；I 为在温度 T 下通过热敏电阻的电流，mA；R 为在该温度 T 下热敏电阻的阻值，Ω；T_0 为环境温度。

（5）热容量 C

热容量 C（J/℃）表征热敏电阻温度升高 1℃所消耗的热能，热容量的大小受电阻的材料、尺寸以及结构影响。

（6）时间常数 τ

时间常数 τ 用来衡量热敏电阻的惰性，其定义为：热敏电阻本身温度与周围媒质温度相差 63.2%（即 $1 - e^{-1}$）时所需的时间。热容量 C、时间常数 τ 以及耗散系数 H 之间存在如下关系：

$$\tau = \frac{C}{H} \tag{8.9}$$

8.2.2 PTC 热敏电阻材料

1955 年，荷兰 PHILIP 公司的 Haayma 等通过在 $BaTiO_3$ 基体中掺杂稀土元素实现半导体化发现了 PTC 热敏电阻，它的电阻值大小与温度呈正向关系。这种特性由电阻陶瓷中的晶粒和晶界的电学性能决定。当陶瓷中的晶界处具有适当的绝缘性，晶粒被充分半导体化时，陶瓷就会具有电阻值和温度呈正向关系这一特性。

8.2.2.1 PTC 效应实现方式

$BaTiO_3$ 陶瓷在室温下的电阻率一般为 $10^{13}\,\Omega \cdot cm$。要使这些氧化物陶瓷转化为半导体，需要一个半导体化过程。在电场作用下，其中存在的弱束缚电子会转化为导电载流子，从而降低陶瓷电阻率，实现材料的半导性。$BaTiO_3$ 陶瓷的半导化主要包括化学计量比偏离和掺入施主杂质两种方式。

化学计量比偏离通常指在高温还原气氛（$N_2 + H_2$）中烧结 $BaTiO_3$，氧会以氧分子的形式逸出从而形成氧空位。Ti^{4+} 会捕获氧逸出残留的电子，形成 $Ti^{4+} \cdot e$。$Ti^{4+} \cdot e$ 中的电子很容易跃迁至导带并实现电导，这类电子被定义为弱束缚电子。弱束缚电子在电场的作用下会实现半导性。

掺入施主杂质是一种电价补偿半导化，即通过施主掺杂方式解决。施主掺杂包括三种方式：A 位掺杂、B 位掺杂和 A/B 位共掺杂。A 位掺杂是指选取和 Ba^{2+} 半径相近而价态高于 Ba^{2+} 的金属离子部分取代 $BaTiO_3$ 中的 Ba^{2+}，比如 La^{2+}、Y^{3+}、Sb^{3+}、Bi^{3+}；B 位掺杂是指用与 Ti^{4+} 半径相近而价态高于四价的金属离子部分取代 $BaTiO_3$ 中的 Ti^{4+}，比如 Nb^{5+}、Ta^{5+}；而 A/B 位共掺杂则是指用与 Ba^{2+} 半径相近而价态高于 Ba^{2+} 的金属离子和与 Ti^{4+} 半径相近而价态高于四价的金属离子同时部分取代 Ba^{2+}、Ti^{4+}。不论采取哪种方式，掺杂量都不超过总量的约 5% （摩尔分数），该掺杂会形成弱束缚电子，使 $BaTiO_3$ 基陶瓷的晶粒成为半导体。施主掺杂反应可以用下式表示：

$$BaTiO_3 + x M^{3+} \longrightarrow Ba_{1-x}^{2+} M_x^{3+} Ti_{1-x}^{4+} (Ti^{4+} \cdot e^-)_x O_3^{2-} + x Ba^{2+} \tag{8.10}$$

$$BaTiO_3 + x M^{5+} \longrightarrow Ba^{2+} M_x^{5+} Ti_{1-2x}^{4+} (Ti^{4+} \cdot e^-)_x O_3^{2-} + x Ti^{4+} \tag{8.11}$$

$BaTiO_3$ 陶瓷中引入杂质后，其电阻率会随施主含量增加呈现 U 形变化。掺杂量通常会控制在一定的范围内，稍高或稍低都会使材料重新绝缘化。

8.2.2.2　几种传统的 PTC 理论和模型

PTC 热敏陶瓷有多种物理模型。首先是 20 世纪 60 年代初 Heywang 等提出的表面势垒模型，它将 PTC 效应晶界势垒和介电常数联系了起来。之后是 Jonker 模型，它将 PTC 效应和材料的铁电性相联系。后来又陆续出现了 Daniels 的钡空位模型等。

（1）Heywang 模型

Heywang 模型是假设在晶界上存在一个缺陷与杂质形成的二维受主面态，从而引起肖特基势垒层。图 8.1 为晶界表面势垒模型能带图。肖特基势垒高度可以表达为：

$$\phi_0 = \frac{e^2 n_D}{2 \varepsilon_0 \varepsilon_{eff}} r^2 \tag{8.12}$$

式中，n_D 为施主浓度；r 为空间电荷层；ε_0 为真空介电常数；ε_{eff} 为有效介电常数。由上式可知，势垒高度与 ε_{eff} 呈反向关系。

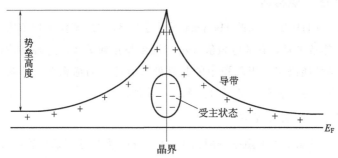

图 8.1　晶界表面势垒模型能带图

当温度低于居里温度 T_C 时，ε 高达 10^4 数量级，势垒高度很低。但当温度超过 T_C 时，依据居里-外斯定律（$\varepsilon = \dfrac{C}{T - T_C}$，$C$ 为居里-外斯常数），ε_{eff} 随着温度升高而减小，势垒高度则随温度升高而增大。材料的有效电阻率可近似为晶粒电阻率 ρ_S 和晶界表面势垒电阻率 ρ_V 的加和，表示如下：

$$\rho_{eff} = \rho_S + \rho_V = \rho_V \left(1 + \alpha \exp \frac{\phi_0}{KT} \right) \tag{8.13}$$

式中，α 是和晶粒尺寸有关的几何因子。

综上所述，Heywang 模型的基本观点为在多晶 $BaTiO_3$ 基半导体陶瓷的晶粒边界存在二维受主表面态，由该受主表面态引起的表面势垒由材料的铁电性决定，从而确定电阻率的因子随温度的升高而呈现峰值。Heywang 模型不能解释 $T < T_C$ 或者 T_C 附近的电阻温度变化。

（2）琼克（Jonker）模型

琼克的观点为在 T_C 以下 $BaTiO_3$ 具有铁电相，因而存在自发极化及铁电畴。这种极化电荷会与晶界区的表面电荷部分抵消，即自发极化产生的电荷部分抵消晶界势垒，导致晶界接触电阻下降或消失。

（3）丹尼斯（Daniels）模型

Daniels 等针对 Heywang 模型的局限，比如 PTC 效应存在于施主掺杂的 n 型半导体 $BaTiO_3$ 中，而在还原氛围中形成的化学计量比偏离的 n 型半导体中不存在 PTC 效应。针对 Heywang 模型的局限，Daniels 认为 PTC 热敏电阻材料中晶界表面的受主是钡空位，而氧化钡的蒸气压很低，所以钡空位只能来源于晶格，比如晶粒边界晶格的延伸，而不可能由钡的蒸发产生，钡空位会在晶界上形成高阻势垒层。而还原法制得的 n 型半导体 $BaTiO_3$ 陶瓷中电子由氧空位提供，缺乏钡空位导致没有高阻势垒层——产生 PTC 效应的条件。

8.2.2.3　PTC 热敏电阻的主要特性

（1）电阻-温度特性

电阻-温度特性简称为 R-T 特性，定义为在指定电压下 PTC 热敏电阻的零功率电阻值与电阻材料自身温度之间的关系。零功率电阻是在某规定的温度下测量的 PTC 热敏电阻元件的电阻值。R-T 特性是 PTC 热敏电阻的基本特性，它指电阻值会随自身温度升高而增大；当自身温度超过临界温度时，电阻值会急剧增大 $10^2 \sim 10^8$ 倍。图 8.2 为 PTC 热敏电阻的 R-T 特性曲线。图中，T_{min} 代表 PTC 电阻值最小（R_{min}）时的温度；T_b 为 2 倍 R_{min}（R_b）时的温度，也被称为开关温度，从该温度开始阻值 R 会按指数规律迅速增大；T_p 表示平衡点温度；T_{max} 指 R 达到最大值 R_{max} 时的温度。图 8.2 中的 PTC 元件 R-T 特性曲线可以定义室温电阻 R_{25}、居里温度 T_C（开关温度）、突变量级（R_{max}/R_{min}）以及电阻温度系数：

$$\alpha_T = \frac{1}{R_T} \times \frac{dR_T}{dt} = \frac{1}{lge} \times \frac{lgR_p - lgR_b}{(R_p - R_b)} \tag{8.14}$$

电阻温度系数可以将 R-T 特性曲线划分为三种类型，即缓变型、低居里点突变型和高居里点突变型。缓变型 PTC 热敏电阻对应的曲线较为平缓，α_T 值较小，通常在 5％～10％/℃之间，可用于温度传感器和温度补偿器。低居里点突变型 PTC 热敏电阻的 T_C 通常在 50～120℃之间，α_T 通常可达到 15％～60％/℃，可用作温度传感器、过热电流保护器、消磁器等。高居里点突变型 PTC 热敏电阻的 T_C 在 120～340℃之间，α_T 通常可达到 15％～60％/℃，可用作过热保护器、温度传感器、加热器等。

（2）电流-电压特性

电流-电压特性又名伏安特性，指在室温下静止的空气中，施加于热敏电阻元件的电压和通过它的稳定电流之间的关系。由图 8.3 可见，静态伏安曲线可以分为 AB、BC、CD 三段，对应 I、II 和 III 三个区域。在区域 I，由于样品两端所加的电压较低，电阻变化可忽略，因此该区域的电流-电压曲线符合欧姆定律。在区域 II，由于电阻急剧升高，电流随电压的增大而减小，不符合欧姆定律。在区域 III，电流随电压的升高而增大，电阻随温度的上升而呈指数关系下降。

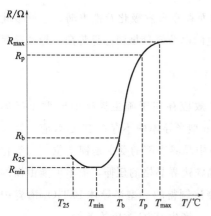

图 8.2 PTC 元件的 R-T 特性曲线

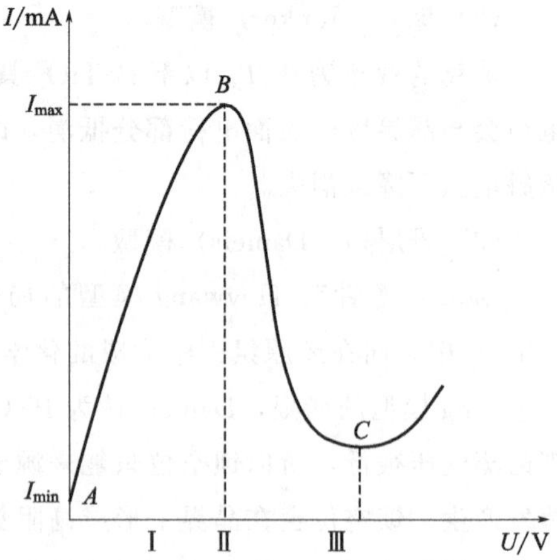

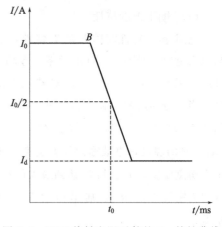

图 8.3 PTC 元件的 U-I 特性曲线

（3）电流-时间特性

PTC 热敏电阻元件的电流-时间（I-t）特性是 PTC 元件在外加电压的作用下，电流和时间的关系。最初在 PTC 元件两端施加 I-U 峰值以下的电压，此时元件电阻不变，处于恒电流状态。当电压大于峰值时，电流大而电阻低，持续一定时间后，热敏电阻自身发热，温度上升，电阻迅速增大，电流减小，最后变得稳定。图 8.4 中 I_0 为初始电流，I_d 为稳定电流，规定 $I_0/2$ 对应的时间为动态时间 t_0。热敏电阻因该特性可以用于彩电消磁、过热电流保护、电动机启动等。

图 8.4 PTC 热敏电阻元件的 I-t 特性曲线

8.2.2.4　PTC 热敏电阻的应用

PTC 热敏电阻在家用电器中应用广泛，比如彩电消磁、过流保护、电动机启动、恒温加热、灯丝预热等，下面进行简单举例介绍。

（1）彩电消磁

彩电的消磁电路由消磁线圈和 PTC 热敏电阻元件串联而成。消磁线圈安装在彩电的电源引入线上，接通交流电，开始由于 PTC 热敏电阻的电阻值很小，通过消磁线圈的交变电流则较大，使得 PTC 热敏电阻的阻值迅速增大，从而消磁线圈的电流迅速减小；最后保持一个值，产生一个迅速减小的交变磁场，使得荫罩板沿着由大到小的磁滞回线反复磁化，经过多个周期，荫罩板的剩磁消失。

（2）冰箱的电动机启动

在冰箱的启动电路中，PTC 热敏电阻和压缩机电动机的启动绕阻串联，PTC 的阻值在室温下较小，对压缩机在工作电压下的启动没有影响。压缩机在启动的瞬间会产生很大的启动电流，电流经过 PTC 热敏电阻元件会产生很多热量，使得 PTC 热敏电阻元件的温度迅速上升至 100℃并产生很大的电阻值；该电阻值在压缩机启动电流中类似于断开，从而使得压缩机启动绕阻脱离工作，完成启动。

（3）电气设备恒温发热体

PTC 热敏电阻具有恒温特性，它通过自身发热而工作，当达到设定温度时，自动恒温。比如电热蚊香液、恒温电熨斗、吹风机等。PTC 热敏电阻的恒定温度只与 PTC 陶瓷的 T_c 以及外加电压有关。

（4）过流保护-过热保护

PTC 热敏电阻可以用于电子镇流器（电子变压器、万用表、智能电度表）等的过流、过热保护。将 PTC 热敏电阻元件串联在负载电路中，若线路出现状况，可以自动限制过电流或者阻断电路，当故障排除后又会恢复原状。若将 PTC 热敏元件串联在电源回路中，电源处于正常状态时，流过 PTC 热敏元件的电流小于额定电流，PTC 处于正常状态；当电路的电流远超过额定电流时，PTC 迅速发热升温，电阻值迅速增大而限制或者阻断电流，达到保护电路的目的。当电流恢复正常后，PTC 电阻恢复至正常状态，电路正常运行。

（5）日光灯的预热启动

使用 PTC 热敏电阻实现预热启动可用于各种荧光灯电子镇流器、电子节能灯中。将 PTC 热敏电阻器直接跨接在灯管的谐振电容器两端即可将电子镇流器、电子节能灯的硬启动变为预热启动，使得灯丝的预热时间长达 0.4～2s，延长灯丝的寿命。

8.2.3 NTC 热敏电阻材料

负温度系数热敏电阻是指其电阻率随温度升高而减小的一类电阻。NTC 热敏电阻器的发展经历了漫长的阶段。1834 年，科学家首次发现了硫化银具有 NTC 特性。随后，1930 年，科学家发现氧化亚铜-氧化铜也具有 NTC 特性，并将其成功地运用在了飞行仪器的温度补偿电路中。随后，由于晶体管技术不断发展，热敏电阻器的研究取得重大进展。1960 年，研制出了 NTC 热敏电阻器。

8.2.3.1　NTC 热敏电阻的分类

按照运行温度范围，NTC 热敏电阻大致可以分为低温型、中温型和高温型三大类。

（1）高温型 NTC 热敏电阻

高温型 NTC 热敏电阻的工作温度超过 300℃，其应用前景广，尤其是在汽车/燃料传感器方面。主要有稀土氧化物和 $MnAl_2O_4$-$MgCr_2O_4$-$LaCrO_3$［或（LaSr）CrO_3］两种常用的典型材料。稀土氧化物材料是指在 Pr、Er、Tb、Nb、Sm 等氧化物中加入适量其他的过渡金属氧化物，其运行范围为 300～1500℃。$MnAl_2O_4$-$MgCr_2O_4$-$LaCrO_3$［或（LaSr）CrO_3］的运行范围为 1000℃ 以下。

（2）常温型 NTC 热敏电阻

常温型 NTC 热敏电阻的温度范围在 −60～200℃ 之间，材料主要以 MnO 为主，与其他元素形成二元或三元半导瓷，其电导率的范围为 10^3～10^{-9}（$\Omega \cdot cm$）$^{-1}$。NTC 热敏电阻中最具有使用价值的为 Co-Mn 二元系材料，其电阻率在 20℃ 时为 $10^3 \Omega \cdot cm$，主要晶相为立方尖晶石 $MnCo_2O_4$，导电载流子为 Mn 和 Co 电子。当 Mn 的含量增加时，电阻率会增大，这是因为形成了立方尖晶和四方尖晶的固溶体。三元系材料包括 Mn 系和非 Mn 系。Mn 系主要包括 MnO-CoO-NiO、MnO-CuO-CoO 和 MnO-CuO-NiO，其电阻率随 Mn 含量的增加而增加；非 Mn 系有 Cu-Fe-Ni 和 Cu-Co-Fe 等。Mn 系相对于非 Mn 系组成对电学性能影响小，产品一致性好。除了上述材料，还有以上氧化物与 Li、Mg、Ca、Sr、Ba、Al 等氧化物组成的材料。这些材料具有稳定性好、价廉以及烧结温度低等优点。Cu-Mn-Al 和 Co-Ni-Al 系的 B 值较低，在 20℃时电阻率在 $10^3 \sim 10^4 \Omega \cdot cm$ 之间；相反，Ca-Cu-Fe 系为高 B 值材料，在 20℃时电阻率的范围为 $10^4 \sim 10^5 \Omega \cdot cm$。

（3）低温型 NTC 热敏电阻

低温型 NTC 热敏电阻的运行范围为 -60℃以下，它的材料以过渡金属氧化物为主，加入 La、Nd、Pd 等氧化物；主要材料有 Mn-Ni-Fe-Cu、Mn-Ni-Cu 和 Mn-Co-Cu 等，它们的常用温区为 4～20K、40～80K、77～300K。该类型的热敏电阻优势主要有稳定性好、机械强度高、抗磁场干扰能力强、能抗带电粒子辐射等。

8.2.3.2　NTC 热敏电阻的应用

NTC 热敏电阻主要用于温度检测、抑制浪涌电流以及电子线路中的温度补偿。具体简述如下：

（1）温度检测

温度检测是指可以检测特定场所的温度，NTC 热敏电阻在该领域内应用最为广泛。比如空调、洗碗机、微波炉等设备的控温，热水器中最佳水温的设置以及有效控制输入功率等。NTC 热敏电阻还可以应用在新生儿保温箱、心肌热敏电阻探针等电子仪器和设备中。

（2）抑制浪涌电流

浪涌电流通常为正常工作电流的 5～10 倍，会损害电子设备的电子元件，影响其正常使用。抑制浪涌电流是各个电子设备尤其是开关电源必须考虑的问题。通常采用的方法为设置保护电路，即串入固定电阻以限制浪涌电流。但该方法电路复杂、成本高、可靠性低，而 NTC 热敏电阻则可以弥补以上缺陷。

（3）电子线路中的温度补偿

NTC 热敏电阻被广泛应用在通信系统的电子线路中，比如应用于仪表线圈、集成电路、石英晶体振荡器中起到温度补偿作用。石英振荡器大多都具有温度依赖性，在振荡器内部安装 NTC 热敏电阻可以实现自动温度补偿及宽温度范围的温度稳定性。

8.2.4　CTR 热敏电阻材料

CTR 热敏电阻的构成材料主要为 V、Ba、Sr、P 等元素氧化物的混合烧结体，主要成分为 VO_2，属于半玻璃状的半导体。CTR 也被称为玻璃态热敏电阻。它在 68℃附近电阻可突变达到 3～4 个数量级，具有很大的负温度系数；骤变温度随添加 Ge、W、Mo 等的氧化物而变，这是因为不同杂质的掺入，使氧化钒的晶格间隔不同。在适当的还原气氛中，五氧化二钒将变成二氧化钒，使电阻急变温度升高；若进一步还原为三氧化二钒，则急变消失。产生电阻急变的温度对应于半玻璃半导体物性急变的位置，因此产生半导体-金属相移。CTR 热敏电阻的骤变温度特性具有重现性和可逆性，可应用于电器开关、控温报警以及温度探测器等。

8.3 压敏陶瓷

压敏陶瓷是指其电阻值随外加电压变化而有显著非线性变化的半导体陶瓷，这种陶瓷制成的电阻被称为压敏电阻。它具有非线性伏安特性，在某一临界电压下，压敏陶瓷电阻值非常高，几乎没有电流通过；但当超过这一临界电压时，电阻将急剧变化，有电流通过，随着电压的少许增加，电流会陡增。随着当今电子技术和信息产业的迅速发展，仪器和电子设备都有朝自动化、智能化方向发展的趋势，而推动电子技术发展的核心是集成电路和超大规模集成电路在电子设备中的广泛应用；确保集成电路和超大规模集成电路可以在额定电压下工作是保证设备稳定、可靠运行的前提，而压敏陶瓷电阻可以实现过压保护。

压敏陶瓷电阻半导体材料主要有 SiC、Fe_2O_3、$BaTiO_3$、$SrTiO_3$、ZnO 等。应用广、性能好的当属 ZnO 压敏陶瓷，由于 ZnO 压敏陶瓷呈现较好的压敏特性，在电力系统、电子线路、家用电器等各种装置中都有广泛的应用，尤其是在高性能浪涌吸收、过压保护、超导性能和无间隙避雷器方面的应用最为突出。

8.3.1 压敏陶瓷的基本特性

（1）电流-电压特性

压敏陶瓷电阻具有非线性伏安特性，对电压变化敏感。压敏陶瓷电阻的电流-电压非线性主要表现在：当电压低于某一临界值时，电阻值非常高，I-U 的关系服从欧姆定律，类似于绝缘体；而当电压高于临界值时，电阻值会迅速变化，并有电流通过，其作用类似于导体。压敏陶瓷的这种电压-电流特性曲线及区域划分如图 8.5 所示。

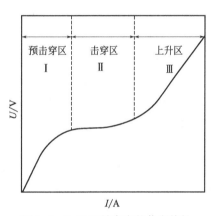

图 8.5　ZnO 压敏陶瓷的伏安特性

在预击穿区（Ⅰ区），电流在 10^{-5} A 以下，伏安特性曲线满足 $\lg I$-$U^{1/2}$ 关系。在击穿区以下更小的范围内，I-U 曲线符合欧姆定律。在击穿区（Ⅱ区）电流范围为 $10^{-5} \sim 10^3$ A，该区域的 I-U 曲线呈现出优异的非线性电导特性，即：

$$I = (U/C)^a \tag{8.15}$$

式中，α 为非线性系数；I 为通过压敏电阻的电流；U 为压敏电阻器两端的电压；C 为材料常数，也称为非线性电阻值，它反映了材料特性和材料压敏电压的高低。上升区（Ⅲ区）的电流在 10^3 A 以上，该区域内压敏电阻器的伏安特性主要由晶粒电阻的伏安特性确定。该区域的伏安特性曲线呈现线性电导特性。

（2）非线性系数 α

α 定义为

$$\alpha = \lg \frac{\dfrac{I_2}{I_1}}{\dfrac{U_2}{U_1}} \tag{8.16}$$

式中，U_1 和 U_2 分别为施加在压敏电阻器两端的电压；I_1 和 I_2 为对应电压 U_1 和 U_2 下流经电阻器的电流。令 $I_2 = 10I_1$，整理可得

$$\alpha = 1/\lg(U_2/U_1) \tag{8.17}$$

由上式可得，曲线的非线性随非线性系数 α 的增大而增强。α 在很宽的温度范围内不是常数，在预击穿区（Ⅰ区）和上升区（Ⅲ区）α 有所下降，在击穿区（Ⅱ区）α 值最大，压敏电阻的电阻值对电压变化十分敏感，α 值可达 60 以上。α 值还与温度有关，如 ZnO 压敏电阻温度为 77K 的 α_{max} 大于 298K 的 α_{max}，且当温度下降时，α_{max} 的电流值下降。当电流和温度保持一定时，α 的值与材料的化学成分有关。

通常取 1mA 对应的电压作为 I 随 U 陡峭上升的电压大小的标志，把此电压称为压敏电压，用 U_{1mA} 表示。

（3）材料常数 C

由式(8.15)可知，材料常数 C 相当于电阻的系数，量纲为欧姆。令非线性系数 $\alpha = 1$，C 正好是欧姆电阻值。C 值越大，在一定的电流下对应的电压越高，因此 C 也被称为非线性电阻值。C 的值与压敏电阻的几何尺寸相关。材料常数 C 是用于比较不同压敏材料的特征参数，定义为通过压敏电阻的电流密度为 $1mA/cm^2$ 时，在电流通路每毫米长度上产生的电压降。材料常数 C 既反映了压敏电阻材料的特性，又反映了其压敏电压的高低。非线性系数 α 和材料常数 C 的大小与压敏电阻的组成、结构、制造工艺以及压敏电阻的导电机制相关。此外，在使用过程中，压敏电阻的连接方式也会影响 C 的值。当 n 个压敏电阻串联时，通过的电流与单个压敏电阻的电流相等，则需施加的外加电压为 n 倍单个压敏电阻电压，因此 U_{1mA} 也增至 n 倍。

（4）漏电流

电子线路、设备以及仪器使用压敏电阻时，在正常工作状态下，压敏电阻在进入击穿区之前流经过的电流称为漏电流。它是描述预击穿区（Ⅰ区）$I\text{-}U$ 特性的参数。电压、温度对漏电流的大小都有影响，电压、温度升高都会增大漏电流。例如 ZnO 压敏电阻预击穿区 1mA 以下的 $I\text{-}U$ 特性曲线部分，使用和选择压敏电阻时，为了保证压敏电阻稳定地工作，漏电流越小越好。

（5）电压温度系数

压敏电阻的压敏电压随着温度的升高而降低，电压温度系数是评估压敏电阻温度特性的参数。在规定的温度范围和零功率（漏电流的范围为 $50\sim100\mu A$）的条件下，温度每变化 1℃，压敏电压的相对变化率定义为压敏电阻的温度系数。表达式如下：

$$\alpha_{11} = \frac{U_2 - U_1}{U_1(T_2 - T_1)} = \frac{\Delta U}{\Delta T U_1} \tag{8.18}$$

式中，α_{11} 为电压温度系数；T_1、T_2 分别为室温和极限温度；U_1 为室温下的压敏电压；U_2 为极限使用温度下的压敏电压。实际上，α_{11} 不是常数，大电流下的 α_{11} 比小电流下的 α_{11} 小，一般可以控制在 $-10^{-3}\sim10^{-4}$℃$^{-1}$。

（6）压敏电阻的通流容量

压敏电阻经过高浪涌电流冲击后，压敏电压 U_{1mA} 会下降，U_{1mA} 下降的多少可以用来衡量压敏电阻的耐高浪涌冲击能力。将满足 U_{1mA} 下降要求的压敏电阻能承受的最大冲击电流

称为压敏电阻的通流容量。压敏电阻的通流容量大小受到材料的化学成分、制造工艺等多方面因素的影响。

（7）残压比

残压比是用来衡量压敏电阻器在大电流下工作的质量参数，表达式如下：

$$K = \frac{U_x}{U_{1mA}} \tag{8.19}$$

式中，U_x 为大电流时压敏电阻上的电压降，x 代表通过压敏电阻的电流值，x 通常在 100mA～10kA 范围内。

8.3.2　压敏半导瓷的导电机理

在压敏电阻中，ZnO 压敏半导瓷性能最好。它具有非线性特性优秀、漏电流小、响应速度快、通流容量大等多重优点，已被广泛应用于电子、电力等领域。此处以 ZnO 压敏陶瓷为例讲解压敏半导瓷的导电机理。ZnO 为纤维矿晶体结构，属于六角晶系。室温下纯 ZnO 为 Zn^{2+} 填隙型非化学计量比化合物，存在本征缺陷，具有 n 型半导体特性，电流和电压呈线性关系，无压敏特性。ZnO 压敏陶瓷是以 ZnO 为材料主体，添加微量氧化物（Bi_2O_3、Pr_2O_6、Sb_2O_3、Cr_2O_3、MnO_2 等）改性烧结而得的，在 ZnO 间形成晶界势垒。由 ZnO 压敏陶瓷的显微结构可以看出，它由基本构成单元 n－型半导性的晶粒和复杂的晶界层（厚度为 $2 \times 10^{-9} \sim 2 \times 10^{-8}$ m）组成。ZnO 晶粒临近晶界部位的电阻率远高于晶粒内部，晶粒内部和晶界处产生的电阻降称为耗尽层。每个晶界和晶粒之间都会形成耗尽层。比如在 ZnO 中掺杂 Bi_2O_3，晶界层可以是富 Bi 相，也可以是由化学组分偏离化学计量比导致的晶格缺陷和杂质的富集。这种晶界层构成对电子的势垒，称为肖特基势垒。两晶粒间的肖特基势垒被晶界层隔开，称为分立的双肖特基势垒，如图 8.6（a）所示。图中 b 为自由电子耗尽层厚度，P_0 为势垒层高度。通常化学组分偏离化学计量比导致的晶格缺陷和杂质在晶界处富集都会使晶界处的深能级陷阱出现。

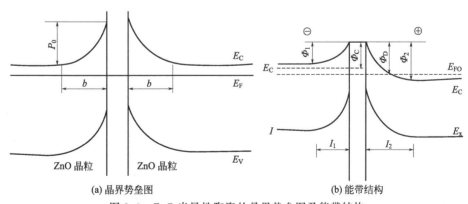

(a) 晶界势垒图　　　　　　　　　(b) 能带结构

图 8.6　ZnO 半导性陶瓷的晶界势垒图及能带结构

ZnO 压敏电阻在外加电压下，肖特基势垒的能带结构会发生形变，左边的势垒由于处于正向偏置，势垒有所降低，而右侧势垒有所增加，如图 8.6（b）所示。当外加电压较低时，会存在两种向右侧流动的电子：①左侧 ZnO 晶粒导带中电子因热激发逸出，越过势垒流向右边的正端。②晶界处俘获的电子逸出并流向右侧。这两种电子的逸出都是由热驱动导致的，此处的导电机制为热激电流，受温度影响。当给 ZnO 半导瓷施加强的外加电场时，在 ZnO 的耗尽层内会形成空穴，晶界界面能级中俘获的电子无需越过势垒，而是直接穿过势垒导电，在量子力学中被称为隧道效应。由隧道效应引起的电流会很大，I-U 特性曲线会非常陡峭，此时的导电机制为隧道电流。

8.3.3　压敏电阻的应用

压敏电阻的应用非常广泛，主要有如下几方面：

（1）电子设备的过压保护

各种大型整流设备、大型电磁铁、电动机、民用设备在开关时都会产生高的过电压。在电路中接入压敏电阻可以抑制过电压，达到保护电路的目的。ZnO 压敏电阻具有非线性系数 α 高、残压低、耐浪涌能力以及反应快速等优点，另外，其 U_{1mA} 也可以随意调整。因此，ZnO 压敏电阻为理想的大气过压保护元件。ZnO 的响应速度为纳秒级，只要浪涌源内阻的电压不超过设备的安全允许值，即可有效保护电子设备。

（2）交流输电路的防雷保护

在压敏电阻铁路自动移频通信系统的 220 V 交流供电路中，由很多个压敏电阻构成的防雷保护系统可以进行输电线对大地之间的雷击电保护和铁路交、直流供电架空线路的防雷系统保护。

（3）稳压作用

压敏电阻的稳压作用来源于其 I-U 特性曲线，压敏电阻用于稳压的工作点应当选取在预击穿区和击穿区附近的高非线性系数 α 处。压敏电阻在正常工作时会产生较大的电流和功耗，使得温度上升。ZnO 压敏陶瓷纳秒级的反应速度、小的电压温度系数以及大的非线性系数 α 使得它在稳压方面得以应用，具体可以应用在彩电接收器、卫星地面站彩色监视器以及电脑显示装置中稳定显像管阳极高压，以提高图像质量。压敏电阻通常与被保护电器设备并联使用。

8.4　气敏陶瓷

各种可燃性气体（液化石油气、天然气、氢气）常被用作燃料，这些气体具有易燃、易爆、有毒等特点。一旦泄漏，将会引起严重的环境污染或火灾。因此，对这些气体在大气中含量的监测显得尤为重要。气敏陶瓷指的是吸收某种气体后电阻率发生明显变化的一类半导体陶瓷。不同的半导体陶瓷可以监测一类或者多类气体，其检测精度可达百万分之一。陶瓷气敏元件由于灵敏度高、性能稳定、使用便利、价格低廉等多重优点在近年来得到了广泛的应用。

8.4.1　气敏元件的主要特性

（1）工作温度

陶瓷气敏元件多属于化学敏感元件，需要适当的温度才能正常工作。从节能的角度出发，温度越低越好。

（2）初始电阻

气敏元件的初始电阻指的是电阻式半导体气敏传感器在洁净空气中的电阻值，而被测气体中的电阻称为实测气体中元件的电阻值。

（3）灵敏度

气敏元件的灵敏度是表征气体元件对被检测气体敏感程度的指标，它有三种表示方法：第一种是采用热敏电阻元件在不同待测气体中的电阻值表示，也可以以该电阻值与待测气体浓度的函数作图，取相应的读数；第二种是在恒定电源电压条件下，采用与气敏电阻串联的取样电阻的电压值变化进行表示；第三种是以气敏电阻在一种不同浓度待测气体中的电阻值和纯净空气中的电阻值之比（K_R），或取样电阻的相应电压之比（K_U）表示，表达式如下：

$$K_R = \frac{R_g}{R_0} \tag{8.20}$$

$$K_U = \frac{U_g}{U_0} \tag{8.21}$$

式中，R_g 代表气敏电阻在不同浓度待检测气体中的电阻值；R_0 代表气敏电阻在纯净空气中的电阻值；U_g 代表不同浓度待测气体中取样电阻的电压值；U_0 代表纯净空气中取样电阻的电压值。

（4）响应恢复时间

气敏电阻元件的响应时间指的是其对被测气体的响应速度，通常指的是从气敏电阻元件与被测气体接触至气敏电阻元件的电阻值达到稳定电阻值的 90% 所需的时间。恢复时间定义为被测气体解析所消耗的时间，又名脱附时间。通常从气敏电阻脱离待测气体至电阻值达到稳定电阻值 90% 所耗的时长为恢复时间。

（5）寿命

气敏电阻元件的寿命是指其正常工作的时长。催化剂的老化、中毒以及气敏电阻陶瓷在使用过程中晶粒长大都会缩减其寿命。

（6）分辨率

理想状态下一种气敏电阻陶瓷元件只对一种气体响应，而实际应用中几乎所有的气敏陶瓷都会同时对几种化学性质相似的气体响应。此处用 S 表示分辨率，则

$$S = \frac{待测气体中的响应率}{干扰气体中的响应率} \tag{8.22}$$

响应率可以用待测气体浓度变化后电阻元件的阻值变化表示，也可以用待测气体中取样电阻的电压值变化表示。干扰气体和待测气体取相同浓度。

8.4.2 SnO_2 气敏陶瓷元件

SnO_2 气敏陶瓷元件是应用最为广泛的气敏陶瓷元件，它的灵敏度高，工作温度较低。SnO_2 气敏陶瓷属于表面吸附性机制的气敏材料，其吸附原理为：在空气中 SnO_2 气敏电阻陶瓷表面能吸附 O_2，而吸附的氧以 O^- 甚至 O^{2-} 的形式存在；氧负离子的吸附会在电阻表面形成电子消耗层，使得粒子间产生高势垒，从而使得材料表面电阻增加。当电阻与还原性气

体接触时，其表面氧负离子的电子会被捕获并释放回半导体中导致材料表面的电阻减小。SnO_2气敏元件检测的主要为还原性气体，比如甲烷、一氧化碳、硫化氢、丙烷等。

（1）SnO_2气敏元件的特征

SnO_2气敏元件的阻值和气体浓度呈指数关系，这种特性在低浓度情况下尤为明显，因此它适用于检测低浓度气体。除此之外，该气敏元件化学物理性质稳定，使用寿命长。SnO_2气敏元件对气体的检测是可逆的，吸附脱附过程很快，其设备简单、成本低廉。

（2）SnO_2气敏元件的类型

SnO_2气敏元件通常有多孔烧结体、厚膜和薄膜三种类型。多孔烧结型气敏元件为三维多孔状体型结构，气孔率通常达30％～50％。后两者采用的是平面结构的叉指电极。这三种气敏元件在微观尺度都是由晶粒和晶界组成的陶瓷材料。SnO_2气敏元件工作的温度范围为200～300℃。接下来对三种SnO_2气敏元件分别做介绍。

① 烧结型气敏元件：以SnO_2为基体材料，然后加入烧结剂、粘接剂，再按照传统陶瓷烧结工艺烧结而得。烧成之前需将加热丝和测量电极埋入坯体中，又名直热式SnO_2气敏元件。SnO_2气敏元件的结构见图8.7(a)，图(b)为图形符号。

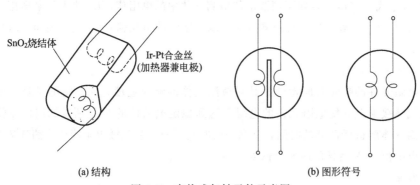

(a)结构　　　　　　　　　　　　　(b)图形符号

图8.7　直热式气敏元件示意图

直热式气敏元件具有制作工艺简单、耗能小以及可在高压电路下使用等优点。其缺点是热容量小，易受环境气流影响，测量和加热回路会相互影响。为了解决直热式气敏元件的缺点，随后出现了旁热式气敏元件（图8.8）。旁热式气敏元件的加热电阻置于陶瓷管内部，管外的梳状电极为测量电极，其外再涂SnO_2浆料和其他辅料。这样的结构设计避免了测量和加热回路之间的影响，元件的热容量大，很大程度上降低了环境气流变化产生的影响，提升材料稳定性。

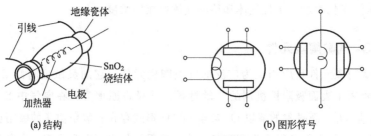

(a)结构　　　　　　　　　　　　　(b)图形符号

图8.8　旁热式气敏元件示意图

② 厚膜型气敏元件：将 SnO_2 与恰当比例的硅凝胶混制得到能印刷的厚膜胶；然后把该胶印刷在已烧渗电极的氧化铝陶瓷基片上，再在基片的另一面印刷 RuO_2 电阻浆料作为加热电极；最后在 400～800℃ 的条件下烧结 1～2h 即可得到厚膜型气敏元件。其典型结构如图 8.9 所示。

③ 薄膜型气敏元件：在陶瓷基片上溅射一层 SnO_2，再引出电极即可制成薄膜型气敏元件。其典型结构如图 8.10 所示。薄膜型 SnO_2 气敏元件的工作温度较低，大约为 250℃。这种气敏元件比表面积大、活性高、气敏特性好。

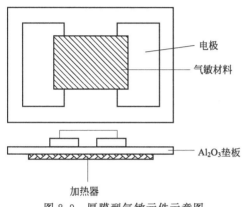

图 8.9 厚膜型气敏元件示意图

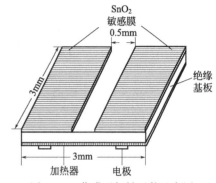

图 8.10 薄膜型气敏元件示意图

8.4.3 ZrO_2 系气敏元件

8.4.3.1 ZrO_2 陶瓷电解质

ZrO_2 是一种典型的陶瓷材料，在室温下属于单斜晶系，随着温度的升高会发生相转变。在 1100℃ 下为四方晶系，2700℃ 下在熔融的 ZrO_2 中添加 CaO、Y_2O_3、MgO 等杂质后，会成为稳定的四方晶系，具有萤石结构，成为稳定的 ZrO_2。由于杂质的加入，ZrO_2 晶格中会产生氧空位；杂质的种类和浓度的变化都会影响氧空位的浓度，ZrO_2 的离子导电性也受杂质种类和浓度的影响。

在 ZrO_2 中添加 CaO、Y_2O_3 等杂质之后，离子导电性会发生改变。研究表明，CaO 的含量为 15%（摩尔分数）时，离子电导出现最大值。但是，由于 ZrO_2-CaO 固溶体离子活性较低，需要在高温条件下气敏元件才会有足够的灵敏度。ZrO_2-Y_2O_3 固溶体离子活性较高，在较低的温度下，离子电导较大。因此，通常用于制造氧传感器的 ZrO_2 气敏陶瓷电解质材料主要为 ZrO_2-Y_2O_3 系统。

8.4.3.2 ZrO_2 氧传感器

ZrO_2 氧传感器作为氧传感器的基本原理为氧浓差电池，表示如下：

$$O_2(p^r)\,|\,Pt(ZrO_2)Pt\,|\,O_2(p^s) \tag{8.23}$$

式中，p^r 为参比电极（Pt）一边的氧分压（通常为空气）；p^s 为工作电极一边的氧分压（被测气体）。利用能斯特公式，该氧浓差电池产生的电动势为：

$$E = \frac{RT}{4F} \ln \frac{p^s}{p^r} \qquad (8.24)$$

式中，R 为气体常数，其值为 $8.314\mathrm{J/(mol \cdot K)}$；$F$ 为法拉第常数，其值为 $9.648 \times 10^4\mathrm{C/mol}$；$T$ 为温度；E 为传感器输出的信号，V。

图 8.11 为 ZrO_2 浓差电池型氧传感器的结构。

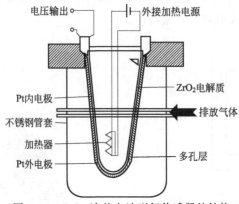

图 8.11　ZrO_2 浓差电池型氧传感器的结构

8.4.4　TiO₂ 气敏陶瓷

TiO_2 半导体材料和电阻型氧传感器是利用 TiO_2 半导体陶瓷及薄膜材料制成的。TiO_2 的禁带宽度为 $3 \sim 3.2\mathrm{eV}$，属于 n 型半导体。纯 TiO_2 陶瓷在室温下电阻率很大，在温度升高和氧分压较低的情况下，TiO_2 会失去 O^{2-} 形成氧空位，留下电子进入导带，呈现出 n 型半导体特性。电阻率和氧分压的关系如下：

$$\rho = A \exp\left(-\frac{E}{KT}\right)(0.101325 p_{O_2})^{-\frac{1}{m}} \qquad (8.25)$$

式中，A 为常数；p_{O_2} 为环境氧分压；E 为活化能；K 为玻尔兹曼常数；T 为绝对温度；$1/m$ 为材料对氧气的灵敏度。这种材料适用于环境温度较高的汽车尾气监控，但也需要考虑温度补偿。

TiO_2 氧传感器还有很多需要完善的地方，比如可以通过多种离子掺杂和贵金属掺杂提高其灵敏度以及缩短响应时间。从微量氧化还原反应角度和催化特性考虑，常加入的氧化物有 Co_2O_3、CuO、NiO、ZnO、NiO、Fe_2O_3、CeO_2 等。掺杂贵金属 Pt、Pd 等可以显著提高其灵敏度、缩短响应时间，引进薄膜技术和微加工技术也可以改善灵敏度和选择性。

8.4.5　气敏陶瓷的现状及发展趋势

烧结型气敏陶瓷元件是众多陶瓷中的主流。金属氧化物半导体气敏元件对多种气体有很灵敏的响应，比如液化石油气、天然气、一氧化碳、氢气等。此外，灵敏度高、成本低廉的特点使得金属氧化物半导体气敏元件被广泛应用。但是它仍然存在多种不足，比如元件的选择性不高、某些结构的元件稳定性和一致性有待提高、检测机理模糊、生产工艺落后等。

针对金属氧化物半导体气敏元件的上述不足，其发展趋势主要集中在以下几点：第一，通过寻求新材料以提高元件的灵敏度。考虑到单一组分的气敏材料物理化学性质稳定性较差，近年来，科研者们将精力主要集中在寻找有特定结构的、灵敏度和选择性都较好的复合氧化物气敏材料方面。第二，开发新型气体传感器。研究新型传感器以及传感系统，比如光波导气体传感器、微生物气体传感器等。随着技术的发展，传感器逐渐趋于小型化，具有多功能、稳定性好、价格实惠等优点。第三，气体传感器趋于微型化、智能化、多功能化。将纳米、薄膜等新材料制备技术应用于气体传感器，使得它逐渐趋于微型化。将多个微型化传感器集成传感器阵列元件，结合计算机技术，有望开发出可以识别气体种类的电子鼻以解决气体传感器选择性差的缺点。仿生电子鼻是未来传感器发展的主要趋势。价格低廉、小型化、集成化、多功能的气敏传感器将会受到越来越多的重视。薄膜型气敏元件具有响应快、易与信息处理系统集成、与微电子技术兼容性能好等多方面的优点，因此会受到广泛关注。第四，探究气敏传感器的传感机理。清晰的传感机理可以弥补气敏传感器的不足之处，促进气体传感器的产业化进程。

8.5 光敏陶瓷

光敏陶瓷也称光敏电阻瓷，属于半导体陶瓷。半导体的禁带宽度为 $0\sim3.0\text{eV}$，与可见光的能量（$1.5\sim3.0\text{eV}$）相对应。由于材料的电特性和光子能量的差异，它在光的照射下吸收光能，产生光电导或光生伏特效应。利用光电导效应来制造光敏电阻，可用于各种自动控制系统；利用光生伏特效应可制造光电池或称太阳能电池，为人类提供了新能源。

8.5.1 光敏陶瓷的基本原理

当半导体被光照射时，在光的作用下产生的光生载流子使得半导体的电导率发生变化，这种现象被称为光电效应。光电导效应分为本征光电导效应和杂质光电导效应两种。当半导体吸收的光子能量大于禁带宽度时，电子会由价带激发至导带，使得电导率增加，这种光电导称为本征光电导，这些载流子称为光生载流子。而对于掺杂半导体，光子仅激发禁带中杂质能级的电子或空穴，引起电导率增加，该种电导称为杂质光电导或者非本征光电导。发生本征光电导效应要求的光子能量远大于杂质光电导的能量，因此本征光电导通常发生在杂质较少的半导体内。

可见光的波长范围通常为 $380\sim760\text{nm}$，He-Ne 激光的波长为 632.8nm，低压 Na 灯光源的波长为 589.59nm 和 589.99nm。不同光源的光子所具有的能量状态不同，因此不是所有的光子都可以对光电效应做出贡献的。对于本征激发，光的波长 λ_0 应该满足：

$$h\nu_0 = \frac{hc}{\lambda_0} \geqslant E_g \tag{8.26}$$

式中，h 为普朗克常量；c 为光速，大小为 $2.998\times10^{10}\text{cm/s}$；$E_g$ 为禁带宽度。因此光的波长 λ_0 可以由下式计算而得。

$$\lambda_0 = \frac{hc}{E_g} \tag{8.27}$$

将普朗克常数 h、光速 c 和 E_g 代入上式即可求出具体的 λ_0，从而确定出产生激发光的波长。由上式可知，只有具有足够高能量波长的照射才会使得半导体中的电子或空穴激发为载流子，产生光电效应。非本征光电导效应对光子能量要求较低，因此掺杂半导体光电导效应倍受关注。掺杂半导体光电导材料被分为：施主掺杂和受主掺杂。受主掺杂即敏化剂。比如 CdS 的禁带宽度是 2.4eV，相当于波长为 500～550nm 可见光的激发能量，因此 CdS 对可见光有很好的光谱响应。

图 8.12 为掺杂 Cu 对 CdS 光敏电阻灵敏度的影响，Cu 的掺杂使得 CdS 光敏电阻的光谱特性向长波方向移动。为了提高光敏电阻的灵敏度，应该恰当控制施主和受主的比例。

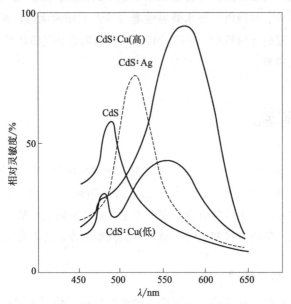

图 8.12　掺 Cu 对 CdS 光敏电阻灵敏度的影响

8.5.2　光敏陶瓷的基本特性

从实际角度出发，光敏电阻陶瓷的主要特性有光电导灵敏度、光谱响应特性、响应时间和温度特性等，具体简介如下：

（1）光电导灵敏度

光敏电阻的光电导灵敏度是指在光照下光敏电阻所产生的光电流大小，它与材料的光生载流子数目、寿命以及电极间的距离有关，通常有两种表达方式：

电阻灵敏度：
$$S_s = \frac{R_D - R_P}{R_P} \tag{8.28}$$

相对灵敏度：
$$S_r = \frac{R_D - R_P}{R_D} \tag{8.29}$$

式中，R_D 和 R_P 分别为电阻不受光照射和接受光照射时的电阻值。由于 R_P 随光照强度变化，因此电阻灵敏度需标明具体的光照强度才有意义。相对灵敏的表达式只适用于弱光照条件，1lx 以上的各种光强，$S_r = 1$。

（2）光谱响应特性

光敏电阻的光谱特性是指光敏电阻灵敏度最高时所处的那段波长。在不同波长的单色光照射下，若将不同波长下的灵敏度画成曲线，就可以得到光谱响应曲线。比如 CdS 的灵敏度峰值波长在 520nm，CdSe 的灵敏度峰值波长在 720nm，若将两者按一定的比例混合形成固溶体时，其灵敏度的范围为 520～750nm，如图 8.13 所示。

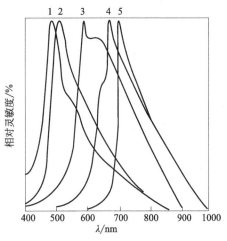

图 8.13　CdS-CdSe 的固溶体的光谱特性

（3）照度特性

光敏电阻的照度特性指光敏电阻输出的电信号（电流、电压或电阻阻值）随光照强度变化而变化的特性。随着光照强度的增加，光敏电阻的阻值迅速下降。若继续增大光照强度，则电阻变化减小，然后趋向平缓。在大多数情况下，该特性为非线性。

（4）响应时间特性

光敏电阻的响应时间又名时间常数，是指在光照下亮电流达到稳定值所需要的上升时间及遮光后亮电流消失所需的衰减时间。上升时间是指光照下达到稳定亮电流的 63.2％和 90％所需的时间。衰减时间是指避光后，亮电流衰减至稳定亮电流的 63.2％和 90％所需的时间。响应时间随光照强度而异，光照强度强时响应时间短，光照强度弱时响应时间长。

响应时间和灵敏度两个参数相互矛盾。因此，制造光敏电阻时需要根据实际需求综合考虑两个参数。

（5）温度特性

光敏电阻的光导特性和电学特性受温度影响较大，关系较复杂。通常用温度系数 α_T 表示光敏电阻的温度特性。光敏电阻的温度系数是指在一定的光照强度下，亮电阻或亮电流在温度每变化 1℃情况下的相对变化率。表达式如下：

$$\alpha_T = \frac{R_2 - R_1}{R_1(T_2 - T_1)} = \frac{\Delta R}{R_1 \Delta T} \tag{8.30}$$

$$\alpha_T = \frac{I_2 - I_1}{I_1(T_2 - T_1)} = \frac{\Delta I}{I_1 \Delta T} \tag{8.31}$$

式中，R_1 和 R_2 分别为 T_1 和 T_2 时光敏电阻的光照电阻值；I_1 和 I_2 为响应温度下的亮电流。从使用的角度来看，光敏电阻的温度系数 α_T 越小越好。为了减小 α_T，不同的光敏电阻有规定的实际应用温度范围。例如，CdS 光敏电阻器的工作温度规定在 -20～70℃，CdSe 光敏电阻器的工作温度范围规定为 -20～40℃。

（6）负荷特性

光敏电阻的负荷特性是指光敏电阻经过光照和电场作用负荷后的稳定性。负荷特性反映了光敏电阻的负荷老化对其稳定性的影响。采取适当的掺杂、控制工艺条件和进行恰当的老练处理都可以显著改善光敏电阻的负荷特性。

8.5.3 光敏陶瓷的研究及应用

光敏陶瓷的应用范围非常广,接下来对几种典型的光敏陶瓷的制备、应用、研究和发展加以介绍。

(1) CdS基陶瓷光敏电阻

最具代表性的光敏电阻为CdS、CdSe,它们由掺杂而得。掺杂物分为两大类:①施主掺杂剂:主要有ⅢA族元素Al、Ga、In等三价金属化合物,NH_4Cl以及其他卤化物;②敏化剂:敏化剂是受主掺杂剂,包含第Ⅰ和Ⅴ族元素的卤化物、硝酸盐和硫酸盐,比如Cu、Ag、Au的卤化物、硝酸盐和硫酸盐等。图8.14为CdS的能带结构图。可以看出CdS的禁带宽度约为2.4eV,与可见光中波长为500～550nm光子能量相当,因此能够对可见光有很好的响应。Cl在导带下施主能级0.03eV的位置,而Cu在导带下1eV的位置,处于费米能级E_F下方不远处,是深能级陷阱,被电子填充有利于俘获空穴,因此大部分光生空穴被陷阱俘获,等效于夺取一部分的复合中心的空穴。导带中的非平衡自由载流子电子和价带空穴复合概率很小,复合概率更大的是陷阱中心空穴先激发到价带,然后价带空穴再被复合中心俘获,与非平衡的自由载流子电子复合,因此非平衡载流子的寿命被延长,提高了定态光电导的灵敏度。受主形成的陷阱中心称为敏化中心。

光电导体中掺杂适量的Cu可以提高其灵敏度,但Cu过量会使得光电导体性能不稳定。掺杂Cu的CdS属于n型半导体,受主Cu形成的陷阱中心减小光电导体的电导率。Cu的掺杂含量会影响光电导率或亮电阻,如图8.15所示。由图可知,适量Cu掺杂可以得到高的暗、亮电阻比。掺杂Cu使得CdS光导体的光谱特性曲线向长波移动,本征半导体CdS的光谱特性在520nm处,掺较多Cu以后,其光谱特性移至600nm处。适当调控施主和受主的含量,使得光敏电阻的灵敏度达到最高。

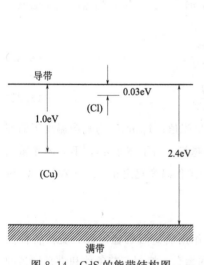

图8.14 CdS的能带结构图

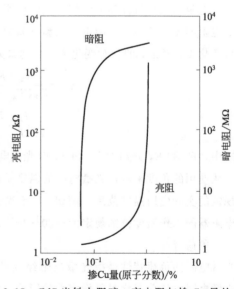

图8.15 CdS光敏电阻暗、亮电阻与掺Cu量的关系

制备 CdS 和 CdSe 有以下几点需要注意：①原料纯度要求高，一般要求 99.999% 以上，尤其是对有害杂质要严格控制。比如，铁含量达 0.001% 时，光敏电阻的灵敏度将显著下降。②必须注意掺杂剂的纯度。③原料的粒度也是一个重要指标，多数属于超细粉末，一般粒径在 $0.05 \sim 1\mu m$ 范围内，以便实现好的光导性能。CdS 的熔点为 1750℃，为了降低烧成温度，通常添加助熔剂（常用的助熔剂为含 $CdCl_2$、$ZnCl$、$NaCl$、$CaCl_2$、$LiCl$ 等的卤化物），以获得致密的烧结层。助熔剂虽然能促进烧结行为，但会使 CdS 形成粗晶。而光敏电阻及其他光导材料都要求获得细晶，以使颗粒之间接触点增加，从而使电阻增加，即暗电阻高。分散剂的熔点要比助熔剂的熔点高，否则不能起到分散的作用，且要求能溶于水而不与光导电粉末起化学反应，以便烧成后洗掉。常用的分散剂有 NaF、CaI_2、$NaBr$、$CaBr_2$、$NaCl$、$CaCl_2$ 等。

（2）烧结膜陶瓷光敏电阻

烧结膜陶瓷光敏电阻对基板、配方、制备工艺等要求很严格，下面做一简单介绍。

烧结膜光敏电阻是把配好的浆料用喷枪喷到基板上，或者通过丝网印刷印刷到基板上。需要注意的是，基板表面的物理化学性质、表面平滑度、清洁度，都会对烧结膜光敏电阻的性能有很大的影响。因此应该选择合适的基板并进行恰当的处理。

理想状态下，光敏电阻电极材料和光电导体之间形成很好的欧姆接触且不发生化学反应，且不受外界条件影响，比如光照、温度或外加电压变化。对于 CdS、CdSe 光敏电阻，采用真空蒸发的方法，把铟、镓蒸镀到 CdS、CdSe 光敏电阻烧结膜上，制得欧姆接触电极。

彩色电视摄像管常用的靶材料有 Sb_2S_3、PbO、Si 和 CdSe 等构成的光敏材料。一般彩色电视摄像管靶材对蓝光的灵敏度比对绿光和红光的低。彩色电视摄像管靶材理论上需要对所有可见光都敏感，尤其是对蓝光应该有高的灵敏度和响应速度快的特性。上述靶材料中，Sb_2S_3 靶材的光电灵敏度低；PbO 靶材不仅制备工艺复杂，对红光的灵敏度低，而且 Pb 成本高，污染环境，因此不适用；Si 靶材是单晶体，荧光屏的图面容易产生白斑，使用集成电路而形成 p-n 结，图像清晰度差；CdSe 靶材的光电导灵敏度高，暗电流小，稍有残余时，易出现图像暂时停留在荧光屏上的问题。实际应用表明，CdSe 膜的光谱特性好，特别是CdSe 薄膜的暗电流小，性能和效果良好。

目前，ZnS_xSe_{1-x}、$Zn_xCd_{1-x}Se$ 和 $(Zn_yMg_{1-y}Te)_xM_{1-x}$ 系靶材料（M 是 In_2Te_3、Ga_2Te_3 以及 InTe 三者中其一）摄像管的光电性能都比上述靶材的光电性能优异。当以 ZnS_xSe_{1-x}、$Zn_xCd_{1-x}Se$ 和 $Zn_xCd_{1-x}S$ 三者中其一为靶材的第一层，$(Zn_yMg_{1-y}Te)_xM_{1-x}$ 为第二层时，摄像管对蓝光的灵敏度会提高，暗电流下降，残像减小。这些靶材可以被广泛应用于照度计、曝光表、电子照相的光检出器等。

8.5.4　太阳能电池

太阳能电池是以太阳光为光源的光电池。在能源方面，太阳能电池由于价格低廉和无污染等优势而受到世界各国的广泛关注。

（1）光生伏特效应

太阳能电池的工作原理基础是半导体 p-n 结的光生伏特效应。光生伏特效应是指当半导体受到光照时，内部的电荷分布状态发生变化而产生电动势和电流的一种效应。当太阳光或其他光照射半导体的 p-n 结时，若光子的能量 $h\nu \geqslant E_g$，在 p-n 结附近可以激发出电子空穴对；该电子空穴对在复合前会被 p-n 结的自建场分离，在 p-n 结的两边出现电压，叫作光生电压。图 8.16 为光生载流子的分离模型。图（a）和图（b）分别为有无光照的情况，U_D 为 p-n 结在无光照（暗态）下的平衡电势差（势垒高度）。由于光生载流子被 p-n 结的自建电场分离而建立起光生电压 U，使得 p-n 结的势垒高度降低到 U_D-U，在 p-n 结开路时光生电压最大值可达 U_D。

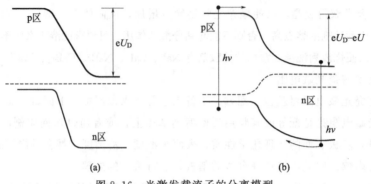

图 8.16　光激发载流子的分离模型

（2）光电转换效率

太阳光是连续光谱，不同波长的光呈现不同的能量。当光子能量等于禁带宽度时，能直接产生光电效应，此时光能转换成电能；当光子能量大于禁带宽度时，相当于禁带宽度的那部分能量转换成电能，多余的能量传递给晶格，加强晶格振动，变成热能损耗掉；当光子的能量小于禁带宽度时，以同样方式变成热能损耗掉或透射过去。因此，使用禁带很宽的材料做太阳能电池是不利的。如果光电池的禁带宽过窄，由于高能光子造成的损耗也会导致光电转换效率下降。太阳能电池的光电转换效率可以表示为：

$$\eta = \frac{P_{\text{out}}}{P_{\text{in}}} \tag{8.32}$$

式中，P_{out} 代表输出电功率；P_{in} 代表入射电功率。

图 8.17 为几种禁带宽度不同的光子吸收材料对太阳光利用的情况，曲线下的面积代表产生电功率的能量。图 8.18 为光敏材料的 E_g 与光子激发利用率的关系。在禁带宽度为 $0.5 \sim 1.5\text{eV}$ 的范围内，有较高的光子激发利用率。从禁带度来看，Si、Cu_2S、GaAs、CdTe 等都适合用作太阳能电池，其中 Si、GaAs 常用作单晶或多晶薄膜太阳能电池材料，而 Cu_2S、CdTe 常用作薄膜陶瓷太阳能材料。

太阳能电池的实际转换效率除了受到光子激发利用率的限制外，还受到材料表面的反射损耗、电子空穴对复合损失、电压因子、串联电阻损耗等多方面因素的影响。因此，转化效率远远低于光子激发利用率。综合各方面的限制因素，光敏材料的禁带宽度在 $1.0 \sim 1.6\text{eV}$ 较为合适。表 8.1 为一些半导体光敏材料的禁带宽度。

表 8.1　部分半导体的禁带宽度

半导体材料	Ge	Si	Cu_2S	GaAs	CdTe	Cu_2O	ZnTe	CdS
禁带宽度/eV	0.66	1.11	1.2	1.43	1.44	1.95	2.26	2.42

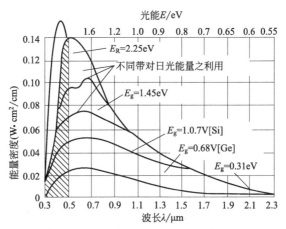

图 8.17 几种禁带宽度不同的光子吸收材料对太阳光谱能量利用的情况

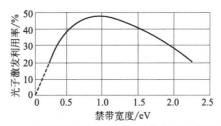

图 8.18 光敏材料的 E_g 与光子激发利用率的关系

从禁带的角度考虑，Si、Cu_2S、GaAs、CdTe 等都适合制备太阳能电池，Si、GaAs 常用于单晶或多晶薄膜太阳能电池作为光子吸收材料。

（3）Cu_2S-CdS 太阳能电池

Cu_2S-CdS 太阳能电池常采用烧结-电化学工艺方法制造，主要流程如图 8.19 所示。

图 8.19 Cu_2S-CdS 陶瓷太阳能电池工艺流程

具体工艺过程为：将高纯 CdS 研细并放入瓷舟，然后放入含氧量小于 $200mg/kg$ 氮气氛围的管式炉中，在 $750\sim780℃$ 下预烧 3h，需要特别注意的是必须保持 CdS 粉末金黄色；预处理后的 CdS 先在研钵中研细，再加适量粘接剂造粒干压成型；烧结氛围的氮气含氧量必须小于 $1000mg/kg$，烧结温度 800℃，保温 $5\sim7$ h；烧结结束后随炉冷却至室温，停止通氮气。由于氮气中含有少量的氧气，烧结时会有如下反应：

$$CdS + 2O_2 \longrightarrow CdSO_4 \tag{8.33}$$

$$CdSO_4 + CdS \longrightarrow 2Cd + 2SO_2 \tag{8.34}$$

$$xCd + (1-x)CdS \longrightarrow CdS_{1-x} \tag{8.35}$$

烧结时上述反应发生会形成非化学计量比的 CdS_{1-x}。硫空位在 CdS 禁带中形成了施主能级，烧结时会形成 n 型半导体。严格控制烧结温度和氧气浓度，特别是氮气中的氧气浓度非常重要。在烧结后磁体的背光面制备负电极，向光面利用电化学方法，形成 p 型半导体。通过化学处理形成的 CdS_{2-x}S p 型层不是均匀地覆盖在 CdS 层表面，而是分布在 CdS 的晶界面上，与 CdS 形成 $CdS_{2-x}S$-CdS p-n 结一直延续到距表面 $60\mu m$ 处，而且，$CdS_{2-x}S$ 中包括不同化学计量比的 $CdS_{1.8}S(E_g=2.3eV)$、$CdS_{1.96}S(E_g=1.5eV)$、$Cu_2S(E_g=1.0eV)$ p 型半导体。由于沿着晶界扩散的 Cu 离子置换晶界表面处的 Cd 离子而形成极薄的 $CdS_{2-x}S$ 层，形成三维网络结构的 p-n 结，增大 p-n 结的有效面积，很大程度上提高入射光子的吸收效率及电池的光电转换效率。

经过电化学处理之后，将制好的筛网状的 Cu 或者 Ag 电极用环氧树脂粘在受光的一边，形成正电极，并焊接上引线，装配成太阳能电池。

（4）薄膜 Cu_2S-CdS 太阳能电池

可以采取真空镀膜等工艺将薄膜太阳能电池镀在有机薄膜上，它具有面积大、体积小、重量轻等优点，是太阳能电池的主要形式。首先需要制备 CdS 烧结体，其电阻必须在 $0.5\sim1.0\Omega\cdot m$ 之间。在基板镀电导膜，可以选用锌或透明导电 SnO_2 薄膜。使用真空镀膜机进行蒸镀膜时，烧结体 CdS 放入坩埚中，用夹具夹好基板。蒸发源 CdS 的温度控制在 $800\sim1100℃$ 之间。倘若温度低于 $800℃$，CdS 蒸发速度慢导致析出速度很小；而倘若温度高于 $1100℃$，CdS 蒸发速度过快导致膜的厚度难以控制。基板的温度范围为 $250\sim500℃$，当基板温度低于 $250℃$ 时，镀膜为非晶质，其主要成分是 Cd；当基板温度高于 $500℃$ 时，造成镀膜再蒸发，而得不到 CdS 膜。蒸发过程在氢或含氢的氛围中进行，成膜速度范围为 $0.5\sim0.3\mu m/min$。镀膜的结晶性很好，没有针孔。当将制得的 CdS 膜浸泡在恰当温度的 $CuSO_4$ 水溶液中，或在含 Cu^{2+} 的水溶液中把它当作阴极，铜板作为阳极时，二者之间可以通过微弱的电流在 CdS 表面形成 p 型 $Cu_{2-x}S$ 层，并在 $Cu_{2-x}S$ 表面形成格子状电极作为阳极，导电性极板作为阴极，制成薄膜太阳能电池。

烧结 Cu_2S-CdS 太阳能电池和薄膜 Cu_2S-CdS 太阳能电池都会由于 Cu^{2+} 迁移而使得性能不稳定，该问题可以通过阴极处理得以改善，即以白金板为阳极，将太阳能电池作为阴极放入 0.1% 的 $NaNO_3$ 溶液中，通电后的电流密度为 $0.1\ mA/cm^2$，大约经过 20min 后水洗、干燥，然后敷设电极引线，用透明的环氧树脂包封，处理之后的转换效率约为 $6\%\sim9\%$。

（5）CdTe-CdS 太阳能电池

CdTe-CdS 太阳能电池为厚膜型烧结膜电池，其制作工艺为：首先将 CdS 制成浆料，通过丝网印刷将其印刷到玻璃基板，然后干燥处理，接下来在氮气氛围中 $650℃$ 烧结，从而制得禁带宽度为 $2.4eV$ 的半导体 CdS 层；再然后在 CdS 层上印刷掺杂 Zn 的 CdTe 用于 n 型衬底，其禁带宽度 $E_g=1.44eV$，作为光子吸收层。通过浸泡法在 CdTe 上形成 p 型 Cu_2Te，最后形成 p-n 结。在 Cu_2Te 层上制备银电极，并在 CdS 窗口露出部分制备 In-Ga 电极，焊接上引线，即可制备如图 8.20 所示的太阳能电池。

近年来，硅太阳能电池，以无机盐如砷化镓Ⅲ-Ⅴ化合物、硫化镉、铜铟硒等多元化合物为材料的电池，功能高分子材料制备的太阳能电池，纳米晶太阳能电池，染料敏化电池，量子点电池，钙钛矿型太阳能电池等受到研究者的广泛关注。其中，钙钛矿型太阳能电池（perovskite solar cells）是利用钙钛矿型的有机金属卤化物半导体作为吸光材料的太阳能电池，属于第三代太阳能电池，也称作新概念太阳能电池。该类光伏材料的转换效率几乎可以媲美硅太阳能电池，但是存在稳定性差等问题。

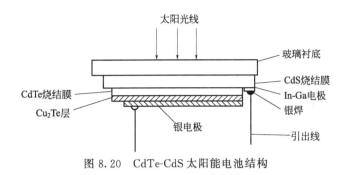

图 8.20 CdTe-CdS 太阳能电池结构

8.5.5 铁电陶瓷的电光效应

电光效应由 Rontgen 和 Kundt 在 1883 年发现，他们认为电光效应源于介质的非线性极化，表明材料在电场作用下的频率变化。电学上呈现各向异性的晶体，其电场和电位移之间的关系为：

$$D_m = \sum \varepsilon_{mn} E_n \quad (m=1、2、3) \tag{8.36}$$

式中，$m=1$、2、3；ε_{mn} 是一个二阶对称张量，有 9 个分量。通常将晶体在特定温度下的介电常数视为常数，且不受电场影响。比如，当外加电场作用于各个各向异性晶体的主对称轴方向时，电位移 D 和电场 E 的关系可以展开为如下的级数形式：

$$D = \varepsilon^0 E + \alpha E^2 + \beta E^3 + \cdots \tag{8.37}$$

式中，ε^0、α、β 为常数。该函数如图 8.21 所示。图中虚线 a 的斜率为 ε^0（线性介电常数），描述式（8.37）等号右边第一项；式中二次项和其他高次项表示 D-E 的关系偏离线性，如曲线 b 所示。α、β 等系数表征介电常数的非线性（α 通常为负数）。

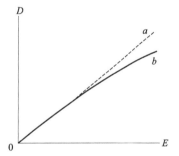

图 8.21　电位移随电场变化的关系

由曲线斜率确定的介电常数（微分介电常数）可以表示为：

$$\varepsilon = \frac{dD}{dE} = \varepsilon^0 + 2\alpha E + 3\beta E^2 + \cdots \tag{8.38}$$

通常介电常数受该式第二项和其他高次项的影响很小。无机电介质材料的折射率与光频电场作用下介电常数的平方根相等，所以介电常数的微小变化仅引起折射率的变化称为铁电陶瓷的电光效应。光频场下外加偏置电场与材料的折射率 n 的关系为：

$$n = n^0 + aE_0 + bE_0{}^2 + \cdots \tag{8.39}$$

或者

$$n - n^0 = aE_0 + bE_0{}^2 + \cdots \tag{8.40}$$

式中，n^0 为 $E_0=0$ 时介质材料的折射率；a、b 为常数。材料的折射率 n 和 E_0 呈线性变化关系，通常被称为线性电光效应；而材料的折射率 n 和 E_0 呈平方变化关系，通常被称为二次电光效应。铁电陶瓷的电光效应为这两种效应的总和。对于电光效应来说，直流电场和交变电场都可以作为外加电场。

若晶体具有对称中心，当外加偏置电场 E_0 反向时，要求晶体的折射率不变，则式子

(8.39) 变为：

$$n - n^0 = -aE_0 + bE_0^2 - \cdots \qquad (8.41)$$

因此，具有对称中心的晶体没有线性电光效应，二次电光效应则可以存在于任何铁电晶体中。

电光晶体从结构上可以分为：KH_2PO_4（KDP）类型晶体、立方晶相钙钛矿型晶体、铁电性钙钛矿型晶体、闪锌矿型晶体和钨青铜型晶体。KDP 晶体是含氢键的铁电体。其中 PO_4^{3-} 类似于正四面体，而 PO_4^{3-} 之间由氢键联系起来。该类晶体工作温区高于居里温度，在可见光范围内透明，在水溶液中可生长出非常大的晶体。但其缺点是居里温度点低，对环境的湿度敏感，半波电压较高，因此其应用受到限制。立方晶相钙钛矿型晶体利用的是二次电光效应，无吸潮性，半波电压也不高，但它很难生长出均匀的晶体，还容易受激光损伤。如钽铌酸钾（KTN）室温下的二次电光系数比较大，半波电压非常低，调制效率好，是一种有前途的二次电光晶体，但很难生长出尺寸大且均匀的晶体。许多闪锌矿型晶体可以透过红光，如氯化铜（CuCl），但晶体生长比较困难，容易吸潮。钨青铜型晶体也具有电光效应，且非线性光学系数大，作为调制用的晶体是很有前途的一种；不过这类晶体是多组分的混晶，组成不易控制，较难生长。

电光效应在光电技术中有一系列重要的应用。从使用的角度看，理想的电光材料需具有电光系数大、半波电压低、抗光损伤能力强、折射率大、光学均匀性好、透明波段宽、透光率高、介电损耗小、导热性好、耐电强度高、温度效应小、易获得大尺寸的优质单晶、物理化学性能稳定、易于加工等系列特性。

目前，电光材料的一次电光效应（或二次电光效应），最重要的应用是光调制。电光效应引起材料 x、y、z 各方向的偏振光波传播速度不同，可以实现调制。光调制器用来把所要传送的信息加到光频载波上，是光雷达、光存储、光通信、大屏幕彩色电视机等高新技术中的关键部分之一。在实际应用中，光调制器需要半波电压和介电系数均小的材料。铁电体在这些材料中占据重要的地位，它具有以下几个重要特点：铁电体不具有对称中心，容许奇阶张量具有不为零的分量，实际应用中最多的线性电光技术和二阶非线性光学系数都是三阶张量；铁电体一般具有较大的非线性极化率，即电光系数和非线性光学系数比较大；铁电体的自发双折射比较大，使得谐波与基波间达到相位匹配，这是获得谐波输出的必要条件之一。

电光晶体在激光技术中主要用于扫描器、激光调制器和激光 Q 开关以产生巨脉冲激光。电光晶体调制激光的方式有很多种，图 8.22 为最简单的装置原理。电光晶体置于两正交偏振片间，在检偏振片的前面插入一片 1/4 波长的光学偏置片。当激光通过该光学系统时，加在晶体透明电极（导电玻璃）或中空的环形电极上的交变电压使晶体折射率随电场发生变化，通过晶体的两种光（寻常光 o 光和异常光 e 光）发生相位差，使得输出激光强度变化。这样，只要将电信号加到电光晶体上，激光便被调制成载有信息的调制光，使光由完全不透到透过最大，需产生半个波长的相位延迟。使晶体产生半个波长相位延迟所施加的电压称为半波电压。材料的电光系数与需要的半波电压成反比。在大屏幕激光显示、汉字信息处理和光通信等方面，电光晶体也具有非常广泛的应用前景。

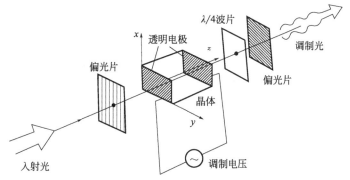

图 8.22　电光晶体调制激光的简单装置原理

透明铁电陶瓷具有优异的电光效应。组分调控可使透明铁电陶瓷呈现可控双折射效应和电控光散射效应。因此，透明铁电陶瓷可制成电光、电光机军民两用器件。透明铁电陶瓷电光快门具有工作电压低、响应速度快、开关比大、可加工性能好、成本低等优点。该类材料还可实现波长连续调制以及把电、光、机械形变等几个物理量结合起来，应用于可使人们在荧光屏上看到三维立体图像的立体眼镜。人们广泛关注的有 PLZT 透明铁电陶瓷，通过改变其组分和制备工艺可以得到不同的电光材料，透明铁电陶瓷的制备必须要求组成分布的均匀性和烧结体的致密性。当 La 的含量和 Zr/Ti 不同时，该铁电陶瓷既有电光记忆效应，又可以有二次电光效应（Kerr 效应）和线性（Cockles）电光效应。大量引入 La 时，室温下为立方相，有较强的二次电光效应；La 的量少时，呈现两种铁电相。当 $0 \leqslant |E| \leqslant E_s$ 时（E_s 为铁电极化开始饱和时的电场强度），细电滞回线型铁电结构的 PLZT 材料具有二次 Kerr 电光效应，矫顽场高的四方相结构 PLZT 材料具有线性电光效应，这种材料的电光系数大，但响应速度慢，不适用高速电光器件的制作。

PLZT 陶瓷的横向电光系数值几乎都远高于其他单晶体，即在较低的外加电场下即可实现较高的有效双折射以用于光调制，如用于电压传感器的线性电光调制器、光记忆电光快门、光隅和光谱滤色器等。

铁电显像器件研究较多，这类记忆电光快门、器件被称作"费匹克"（ferroelectric picture device）。该器件可以把图像变成为陶瓷内局部双折射状态来进行储存。如果采用恰当的偏振光去照射该器件，就能直接观察到被存储的图像。电光材料的几种具体应用简介如下。

（1）纵向 KDP 光调制器

KDP 光调制器的电光系数虽不大，但易生长出大尺寸的高光学质量的单晶，其透明范围宽、电阻率高，至今在电光调制材料中仍使用最为广泛。纵向 KDP 光调制器的原理见图 8.23。入射光束为 x 和 y 平面上的平面偏振光，当无施加电压时，o 光和 e 光沿光轴没有相位差；当施加平行于光束的电压后，成为双折射晶体，o 光和 e 光产生相位差：

$$\varphi = 2\pi \frac{n_o^3 \gamma U}{\lambda} \tag{8.42}$$

式中，n_o 为 o 光的折射率；λ 为入射波的波长，μm；γ 为电光系数，$\mu m/V$；U 为施加的电压，V。

（2）电光陶瓷光快门

图 8.24 为电光陶瓷用作照相机快门的原理。当线性极化的电压色光进入"开"状态的

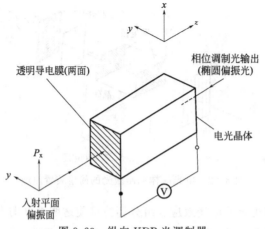

图 8.23 纵向 KDP 光调制器

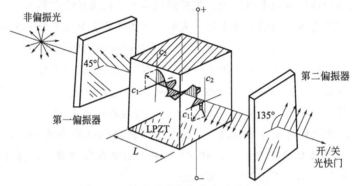

图 8.24 铁电透明陶瓷的电光快门原理

陶瓷器件时，光将被分解为两垂直的分量 c_1 和 c_2，材料的光折射率确定其振动方向。折射率不同，传播速度也将改变，引起两个光的相移，称为延迟（retardation）。延退量 τ 是 $\Delta n = (n_o - n_e)$ 和路径 L 的函数，即

$$\tau = \Delta n L \tag{8.43}$$

当施加足够高的电压时，c_1 相对于 c_2 的相位延达 π，结果线偏光的振动方向旋转 90°；倘若两个偏光的夹角是 90°或 0°，偏振光可通过第二个偏片或被锁住。因此，电光效应的克尔效应从 0 到半波延迟便形成了开/关的光快门，其开/关时间在 $1 \sim 100\mu s$，开关比可高达5000∶1。电光材料还可以用于制造眼睛防护器（避免焊接或原子弹爆炸等强光辐射的伤害）、颜色过滤器、显示器以及进行信息存储等。

（3）$Sr_x Ba_{1-x} Nb_2 O_5$（$0.2 < x < 0.8$）铁电薄膜

$Sr_x Ba_{1-x} Nb_2 O_5$（$0.2 < x < 0.8$）（简称 SBN）铁电薄膜具有电光系数大、热释电和压电特性良好、光折变效应高等优点。SBN 铁电薄膜有着广泛的应用，比如可以制作性能良好的电光波导调制器、热释电红外探测器、全息成像存储器等。因其纵向电光系数 r_{33} 很大，在波导调制器件中得到了很好的应用，适量掺入 K 等可大幅度提高晶体的电光系数。

8.6 湿敏陶瓷

基于材料、传感技术和传感原理,湿度传感器可以分为有机型、无机型、有机/无机型和碳型。其中,湿敏陶瓷材料是无机型湿度传感器用材料。在一些材料表面附着的水膜会使固体表面的电导或者电容增大,利用其电导或电容与大气中的湿度和温度存在的某种函数关系,可以将这种材料制备成湿敏陶瓷元件以及湿度传感器进行应用。陶瓷湿敏元件是 20世纪 70 年代研制出的,按其结构不同可以分为烧结体型、厚膜型和薄膜型湿敏陶瓷元件。湿敏陶瓷元件大多为多孔半导体陶瓷材料制成的湿敏电阻或者湿敏电容器等,可以将湿度的变化转变为电阻或者电容相应变化的电信号,从而实现湿度的自动检测、显示、存储等。通常可以用相对湿度表示湿度的大小,即特定温度下的实际水蒸气分压与该温度下饱和水蒸气压的百分比,用%RH 表示。湿敏陶瓷属于全湿型,用湿敏陶瓷元件构成的传感器一般能在相对湿度为 0~100%的范围内工作。在实际生活中需要对空气和各种环境中的湿度进行测量,比如气象、各种食品物质的存储、生产环境等,从而保证人们生活、生产活动的正常进行。此外,在智能系统和网络中作为监测传感器用于诊断基础设施侵蚀是这些传感器的特点之一。湿敏陶瓷材料与其他湿敏材料相比,具有稳定性好、灵敏度高、使用寿命长等特点,受到了人们的广泛关注。此外,多功能的湿-气敏、温-湿敏等陶瓷材料,是陶瓷材料未来的重要研究方向。

8.6.1 湿敏陶瓷的主要特性

湿度传感器在家用电器、食品、工业等方面的应用越来越广泛,人们对湿度传感器的性能要求也越来越高:①高稳定性和长期稳定的使用寿命;②可以用于各种腐蚀性的环境(比如存在 Cl_2、SO_2 等的气氛);③可以用于污染环境中(比如存在油、烟等的环境);④高热性能,能在较宽的湿度和温度范围内应用,比如 1%~100%RH、1~100℃;⑤高疏水性,在湿度量程内,传感器的变化要易于测量,比如电阻在 10~10^7 Ω、电容在 10~10^5 pF 内变化;⑥生产工艺简单,生产成本低;⑦较好的互换性。湿敏陶瓷可以很好地满足这些性能要求。

湿敏陶瓷的主要特性如下:

① 湿敏陶瓷材料的电阻率一般为 10^3~10^7 Ω·cm,介电常数为 2~10^3。在感湿过程中,湿敏陶瓷材料的电阻率通常变化 10^2~10^4 倍,介电常数变化 10~10^3 倍。湿敏材料的电阻率和介电常数等随湿度的变化呈现线性相关,也有些湿敏材料的电阻率和介电常数随温度的变化呈对数函数相关,可以根据实际应用的需要选择相应的湿敏陶瓷材料。根据国家标准,正常的实验大气条件为:温度 15~35℃,相对湿度 45%~75%,气压 86~106kPa。

② 通常以相对湿度变化 1%时,湿敏陶瓷元件的电阻值或者电容量变化的百分数表示元件的灵敏度,单位为%/%RH。一般情况下,湿敏陶瓷元件的灵敏度为 1%~15%/%RH。

③ 湿敏陶瓷元件在工作过程中的吸湿和脱湿时间称为响应速率。吸湿时间是湿度由 0%增加到 50%,或由 30%增加到 90%时,湿敏陶瓷元件达到平衡所需的时间。脱湿时间为

湿度由 100％下降到 50％，或者由 90％下降到 30％时，湿敏陶瓷元件达到平衡所需的时间。对于湿敏陶瓷来说，吸湿和脱湿的时间越短越好，一般湿敏陶瓷元件的响应速率小于 30s。湿敏陶瓷元件对湿度的敏感程度和材料的组成、微观结构以及性能、环境温度等有关。烧结体型湿敏陶瓷元件的湿度响应慢，厚膜型和薄膜型湿敏陶瓷元件的湿度响应快。如图 8.25 所示为某种湿敏陶瓷元件的吸脱湿响应曲线。可以看到随着时间的延长，吸脱湿响应会逐渐趋于平衡。湿敏陶瓷元件在吸湿、物理吸附和流动空气条件下的湿度响应快，但在脱湿、化学吸附或静止空气条件下的湿度响应比较慢。从实际应用的角度出发，要求湿敏陶瓷元件只对水蒸气敏感，而对环境的其他物质不敏感，只有这样才能真实地反映环境中的湿度，同时还要求陶瓷元件容易清洗。

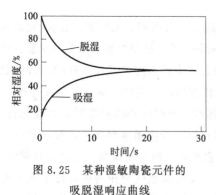

图 8.25　某种湿敏陶瓷元件的
吸脱湿响应曲线

④ 湿敏陶瓷的电阻率或者介电常数的温度系数称为该材料的湿度温度系数，即温度变化 1℃时，材料的电阻率或者介电常数变化所对应的湿度变化，单位为％RH/℃。当湿敏陶瓷元件受到污染时，其性能会变差，甚至不能正常工作，这时可以采取如下方法进行适当的处理从而使陶瓷元件恢复正常工作：将受到污染的湿敏陶瓷元件加热到 400℃以上，去除吸附在陶瓷元件表面的污染物以恢复其原有的湿敏性能。有一些湿敏陶瓷元件自带热清洗的器件，可以在厨房等污染严重的环境中长期工作，比如 $MgCr_2O_4$-TiO_2 系列湿敏陶瓷元件可进行热清洗 250000 次以上，使用寿命很长。

8.6.2　湿敏陶瓷的基本原理

湿敏陶瓷元件大多是由半导体陶瓷材料制成的，其特性和原料以及加工工艺有很大的关系。湿敏陶瓷材料和其元件的特点以及湿敏机理如下：

① 多孔半导体湿敏陶瓷元件通常采取在配料中掺杂的方法制成，其室温电阻率为 $10^3 \sim 10^8 \Omega \cdot cm$，呈现电子或空穴为载流子的半导体导电特性。湿敏陶瓷元件通常制备成多孔结构，从而增加与水分子的接触面积。其中开口气孔率一般为 30％～40％。陶瓷材料的晶粒约 $1 \sim 2\mu m$，体积密度较低，一般为理论密度的 60％～70％。例如，一种主晶相 $MgCr_2O_4$ 掺杂 TiO_2 的多孔半导体湿敏陶瓷其性能为：体积密度/理论密度为 60％～70％，气孔率为 30％～40％，比表面积为 0.1％～0.3％，平均粒径为 $1 \sim 2\mu m$。这种 $MgCr_2O_4$-TiO_2 湿敏陶瓷具有 p 型半导体导电特性、其电阻-温度呈现 NTC 特性、材料的感湿灵敏度高且性能稳定、脱湿和吸湿的响应速度快，该湿敏陶瓷元件的电阻随吸湿增加和减少的变化曲线几乎重合、测试电源频率在 10^4 Hz 以下及测试电压在 5V 以下时对其性能影响很小、使用寿命长。如图 8.26 所示，$MgCr_2O_4$-TiO_2 湿敏陶瓷材料的电阻率随着相对湿度的增加逐渐减小，是很有应用前景的湿敏传感器陶瓷材料，已经应用于微波炉的自动控制。此外，目前比较常见的高温烧结型湿敏陶瓷还有以 $ZnCr_2O_4$ 为主晶相系的半导体陶瓷以及新研究的羟基磷灰石 $[Ca_{10}(PO_4)_6(OH)_2]$ 湿敏陶瓷。而 Si-Na_2O-V_2O_5 系湿敏陶瓷是典型的低温烧结型湿敏陶瓷，其主晶相是具有半导体性质的硅粉，烧结温度一般低于 900℃，烧结时固相反应不完

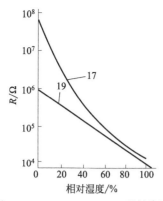

图 8.26 MgCr₂O₄-TiO₂ 湿敏陶瓷
材料的电阻率随着相对湿度的变化

全，烧结后收缩率很小，阻值在 $10^2 \sim 10^7 \Omega$ 左右，并且电阻值随着相对湿度以指数规律变化，测量范围为 $(25 \sim 100)\% RH$。Si-Na₂O-V₂O₅ 系湿敏陶瓷的感湿机理是：Na₂O 和 V₂O₅ 吸附水分，使吸湿后的硅粉粒间的电阻值显著降低。Si-Na₂O-V₂O₅ 系湿敏陶瓷元件的优点是温度稳定性较好，可以在 100℃ 下工作，阻值范围可调，工作寿命长；缺点则是响应速度慢，有明显的湿滞现象，不能用于湿度变化不剧烈的场合。（Na＋Nb）共掺杂 TiO₂ 陶瓷是一种很有前途的湿敏材料，其灵敏度为 102.6pF/％RH，响应/恢复时间为 115s/20s，具有重复性良好的湿敏性能。

② 一般湿敏半导体陶瓷材料大多为离子晶体，晶体内部晶格结点形成周期性势场，而表面的能带结构和内部不同。表面正离子由于没有异性离子的屏蔽作用，具有较大的电子亲和力，在稍低于导带底处会出现受主能级 R。表面负离子对电子的亲和力较小，在略高于价带顶处出现表面施主能级 P。这种施主能级和受主能级成对出现，是离子晶体的本征表面态。化学掺杂会在湿敏陶瓷中形成半导体晶粒，杂质和缺陷则会引起禁带中出现施主能级和受主能级。

n 型半导体的导带中电子具有比表面受主能级更高的势能，其邻近的这种电子可能会被该表面受主态俘获，形成表面负空间电荷；这种负空间电荷对电子的排斥力会使电势由表面向内部逐渐减弱，形成电子的表面势垒，其能带在近表面处相应地向上弯曲，如图 8.27(a) 所示，使得近表面处的电子减少，形成耗尽层 A，表层电阻变大。与上述情况类似，在 p 型半导体中，激发到价带的是空穴，形成表面正空间电荷，能带向下弯曲，如图 8.27(b) 所示，形成空穴的耗尽层 A，使得表层电阻

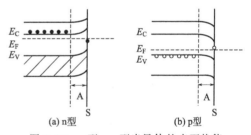

图 8.27　n 型、p 型半导体的表面势能

增大。相同化学组成的半导体陶瓷与半导体单晶相比具有较多电阻较大的晶界，因此，半导体陶瓷通常具有更大的体积电阻率。

③ 关于湿敏陶瓷元件的湿敏机理研究较多，并提出了相应的模型和解释。下面主要对表面电子电导型湿敏机理和表面离子电导型湿敏机理进行介绍。

a. 根据上述的半导体的表面势垒，形成的正或者负的表面空间电荷使半导体的表面对于外界杂质有很强的吸附力。比如某氧化物 p 型湿敏半导体，因为主要是表面俘获电子而形成的束缚态的负空间电荷，在表面内层形成的自由态的正电荷被氧的施主能级俘获，使氧的施主能级密度下降，使原下弯的能带变平，耗尽层 A 变薄，表面载流子浓度增加。随着湿度的增大，水分子在表面的附着量增加，使表面束缚的负空间电荷增加，导致在表面内层聚集更多的空穴与之平衡，从而形成空穴积累层，使得已经变平缓的能带上弯，空穴极易通过，载流子密度较快地增加，电阻值进一步下降。

对于 n 型半导体，水分子在表面附着后同样形成表面束缚的负空间电荷，使得原来上弯的能带进一步上弯。当表面价带顶的能级比表面导带底的能级更加接近费米能级时，表面层中的空穴浓度将超过电子浓度，出现 p 型层，空穴很容易在表面进行迁移，使得电阻值下降。

对于半导体陶瓷，可以将其晶体结构简化为结合紧密的晶粒和晶界的结构，并且两结晶方向不同的晶粒间能态相差极小。多孔半导体湿敏陶瓷的晶粒和晶界结构，同样由于空间电荷的积累形成耗尽层，水层的浸入同样使得耗尽层变薄或者反型，使湿敏陶瓷的电导增大。这种类型的湿敏陶瓷主要有：Fe_3O_4、Cr_2O_3、$La_{1-x}Sr_x$、Fe_2O_3、TiO_2、ZnO_2、SnO_2、$SrFeO_3$、$MgCr_2O_4$、$BaSnO_3$、$SrTiO_3$ 等。

b. 虽然湿敏陶瓷大多是电子电导型，但是也有一些陶瓷材料以离子电导为主，即使电子电导也存在，并且也会因为其表面附着水分子发生电子电导型相应的变化，影响这种湿敏陶瓷性能的仍然主要是离子电导。在湿度比较低时，此类湿敏陶瓷的多孔表面有少量的水蒸气凝结在表面晶粒间的颈部，这些少量水分子在物理吸附后，很快离解形成羟基吸附，即化学吸附，且与该表面最活泼的金属离子形成金属氢氧基化合物（M—OH），并提供游离的质子（H^+）。质子的浓度与温度、湿度和材料表面的结构等有关，并且在有羟基附着的表面以跳跃式发生导电。这种化学吸附只在表面形成单分子吸附层，解离和吸附都保持着一定的热力学平衡。当羟基吸附形成后，再在该表面形成新的物理水，每个水分子的两个氢键与表面的两个羟基相吸引。湿度较高时，大量的水分子不但会吸附在晶粒间的颈部，也会吸附到材料表面的其他部分，在两个电极间形成连续的电解质层，造成电导率增加；电导率随温度的变化比较平缓，主要的载流子仍然是质子。采用固相反应法制备的 $(In_{0.5}Nb_{0.5})_xTi_{1-x}O_2$（$x=0$、0.005、0.01、0.02、0.05 和 0.1）陶瓷的电容随相对湿度和掺杂量的增加而增大。样品的最佳湿度敏感性为 229.22pF/%RH。该湿敏机制可归因于氧空位缺陷和 NbTi 离子缺陷。

8.6.3 湿敏陶瓷材料及元件

湿敏陶瓷材料的化学组成和种类繁多，按照感湿特性可以分为电阻型、电容型、阻抗型和压敏式等。湿敏陶瓷元件主要包括涂覆膜型、烧结体型、厚膜型、薄膜型、玻璃-陶瓷复合型和多功能型等。

① 电阻型湿敏陶瓷材料是研究最多、应用最为广泛的湿敏陶瓷材料。根据电阻式传感机理，湿度传感器可分为普通电阻式湿度传感器和压阻式湿度传感器，分别测量电导率的变化和机械变形的变化。与电阻式湿度传感器不同的是，压阻式湿度传感器检测敏感材料的电特性，从而在低相对湿度级别下具有非线性特性；压阻式湿度传感器将湿度传感器和机电换能器/材料分离，因此，可以实现改进的性能。$MgCr_2O_4$ 烧结体具有典型的湿敏多孔结构，为 p 型半导体型。其体积密度/理论密度约为 60%～70%；电阻率具有负温度系数特性；平均晶粒尺寸为 1～2μm；比表面积约为 0.1～0.3m²/g；气孔率为 30%～40%；平均气孔尺寸为 10～30μm，气孔呈毛细管状，容易吸附水蒸气；可以反复热清洗且不被破坏。该材料的电阻率与相对湿度的关系如图 8.26 所示。该材料对吸附水灵敏且函数关系稳定；元件的吸湿脱湿响应时间在 30s 时已经达到完全稳定；测试电源频率在 10^4Hz 以下时，对湿度-电

阻的关系影响极小。该湿敏元件的湿滞曲线如图 8.28 所示，在
±0.5％RH 内升湿和降湿曲线几乎重合。在大气 150℃、交流
电压 10V 和 5000h 条件下的高温负荷寿命试验和相对湿度 95％
以上、60℃、交流电压 10V，经过 120μL/L 的硫化氢以及其他
有机蒸气等条件下的寿命试验说明性能可靠，寿命特性很好。
图 8.29 是该湿敏元件在各种湿度条件下放置的时间老化曲线。
元件在不同湿度下的时间老化速率相同，不受外界湿度环境的
影响，但是电阻值具有较大的差异。如图 8.30 所示，在 1～
80℃的范围内和 60％RH 的条件下湿敏陶瓷元件的湿度温度系
数约为 3.8％RH/℃。

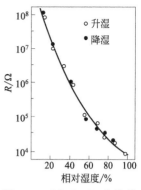

图 8.28　MgCr$_2$O$_4$ 烧结体
元件的湿滞曲线

　　膜式湿敏电阻大体上可以分为涂覆膜型、厚膜型和薄膜型。
涂覆膜型是将无定形湿敏陶瓷颗粒或者湿敏氧化物细晶粒或者细颗粒的湿敏陶瓷粉，加上
适当的胶黏剂涂覆在陶瓷基片上，经过烘干制成。其制备工艺简单、成本较低，适用于精度
要求不高和没有油污的场合。上述湿敏电阻膜不需要烧结，但是不能进行热清洗，应用的条
件受到限制。厚膜型采用厚膜工艺制备，比如采用真空蒸发和高频溅射等工艺。厚膜型和薄
膜型湿敏电阻的主要优点是体积小、响应速度较快。

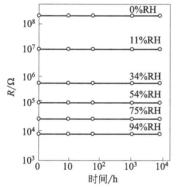

图 8.29　MgCr$_2$O$_4$ 烧结体元件的老化曲线

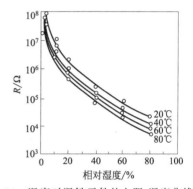

图 8.30　温度对湿敏元件的电阻-湿度曲线影响

　　以（Ba$_{0.5}$，Sr$_{0.5}$）TiO$_3$ 钙钛矿纳米粉末作为活性材料，有机载体作为粘接剂制备了敏感
浆料，随后将此敏感浆料和交错的铂电极利用丝网印刷的方法连续沉积在氧化铝衬底上制
备了厚膜平面湿度传感器，如图 8.31 所示。如图 8.32 所示，陶瓷材料表面的开孔率越高，
导电性越大，反之亦然。在 1300℃退火处理的样品中得到了最高的电阻和最低的电阻值变
化，为 1.17×10^7～1.38×10^6 Ω。而在 1100℃退火处理的样品中得到了最低的电阻和最高的
电阻值变化，为 2.98×10^6～41×10^3 Ω。此外，（Ba$_{0.5}$，Sr$_{0.5}$）TiO$_3$ 陶瓷的阻抗灵敏度在一定
程度上受频率的影响，特别是在 20Hz～10kHz 的范围内，如图 8.33 所示。对于超过 10kHz
的频率，样品几乎在整个相对湿度范围内没有湿度依赖性。阻抗（几乎三个数量级的变化）
的最佳湿度敏感特性是在 20Hz 的频率点上观察到的。在所有湿度范围内，当频率增加时，
阻抗减小。在 100kHz～2MHz 频率范围中观察到阻抗降低到最低（几乎所有相对湿度水
平）。如图 8.34 所示，在所有的区域都观察到了光谱的平滑趋势。阻抗的变化是显著的，为

低频率到高频率范围内在 30％ RH 时的超过四个数量级和大约五个数量级的变化。在所有湿度下的低频状态，阻抗同时依赖湿度和频率。在这一区域，阻抗随着湿度和频率的增加而减小；然而在高频区域（500kHz 以上），阻抗仍然是一个频率相关的元素（但更小），湿度变化可以忽略不计。也就是说在低湿度水平，BST 陶瓷可认为是一个由水汽值控制的可变电阻。在高频区域，BST 陶瓷表现出高通滤波器的特性，只有高于截止频率的频率可以通过。此时，晶粒的电容性和电阻性组分形成了阻抗，但是它们对湿度的依赖性非常低，仅在中等湿度范围内。

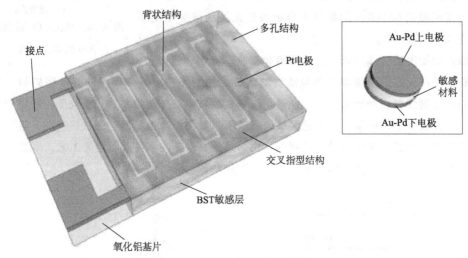

图 8.31　厚膜和颗粒结构示意图

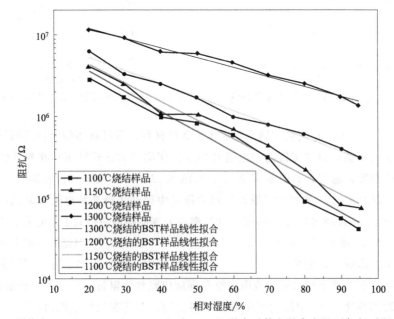

图 8.32　颗粒在 1100℃、1150℃、1200℃和 1300℃退火后的电阻在室温下与相对湿度的关系

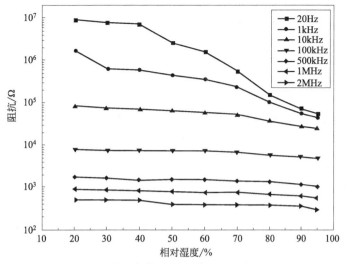

图 8.33　室温七个不同频率值下 BST 陶瓷的阻抗和相对湿度的关系

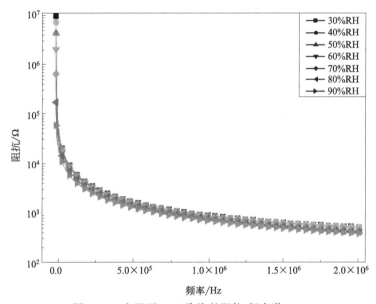

图 8.34　室温下 BST 陶瓷的阻抗-频率谱

② 电容型湿敏陶瓷元件的电容量和湿度呈现线性关系，存在温度稳定性、抗干扰、抗老化等问题。例如，采用阳极氧化法在铝板上形成的具有细颗粒的多孔结构的 Al_2O_3 膜，铝板作为电极之一，在 Al_2O_3 膜表面采用真空蒸镀多孔金属膜作为另一个电极，所以 Al_2O_3 膜较容易吸附水蒸气。多孔氧化铝的介电常数一般为 2～10，空气的介电常数约为 1，水的介电常数约为 80，当水蒸气取代 Al_2O_3 膜中孔内的空气时，该介质的介电常数和元件的电容量都会发生变化。将介电常数接近 70 的陶瓷细粉印刷制成厚膜，可以使电容型湿度传感器的性能有所提高。利用反应溅射制成的薄膜型湿敏电容的上电极厚度约为 10～20nm，下电极厚度约为 200nm，电极材料通常用 Au 或者 Pd。介质材料有 Al_2O_3、Ta_2O_5 等，膜的厚度约为 0.2～2nm。利用这种湿敏厚膜制成的湿度传感器响应速度较快，灵敏度较高。比如

某种 Al_2O_4 膜湿敏电容的吸湿（相对湿度从 0 到 34%）、脱湿（相对湿度从 34% 到 0），响应时间小于 10s。

气溶胶沉积的 $BaTiO_3$ 薄膜可用于超高灵敏度的数字间电容器（IDCs）和平方螺旋电容器（SSC）的湿度传感器元件的制备。在室温下制备 $BaTiO_3$ 基传感薄膜，然后在 200℃ 和 400℃ 退火，以提高材料的传感性能。$BaTiO_3$ 传感膜的热暴露增加了电子密度，改善了材料缺陷，增强了晶粒间的连通性，并提高了亲水性。通过比较不同相对湿度水平下的电容变化来评估所有制造器件的灵敏度，如图 8.35 所示。室温下制备的 $BaTiO_3$ 薄膜集成的湿度传感器在相对湿度 30%～90% 的范围内灵敏度都较低，此时灵敏度的微小变化是由于传感膜中存在较低的水吸附位点、较多的漏电流和较高的晶粒缺陷 [图 8.35(a)]。如图 8.35(b)、(c) 所示，热处理使晶粒缺陷最小化，增强了晶粒间的连通性，增加了水蒸气的吸附位点。退火效应也使 $BaTiO_3$ 薄膜中的氧离子（O^{2-}）降低并产生传导电子，这些传导电子在 Ti^{3+} 和 Ti^{4+} 之间跳跃，降低了沉积材料的整体晶粒电阻。此外，在潮湿的环境中，热激发的电子与电场相互作用，并与水蒸气离子一起极化。水蒸气离子和热激发电子的这种排列增加了传感薄膜的复合有效介电常数。

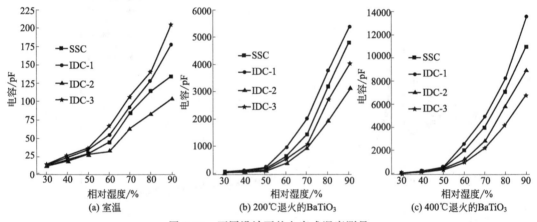

图 8.35　不同设计下的电容式湿度测量

选择金属卤化物钙钛矿（$CsPbBr_3$ 和 $CsPb_2Br_5$）与多种陶瓷（Al_2O_3、TiO_2 和 $BaTiO_3$）结合作为传感材料，采用气溶胶沉积（AD）工艺制备了纳米复合粉体。由此提出了一种新型电容式湿度传感器，该传感器采用新型材料和制造工艺，可用于敏感环境和具有高性价比的功能器件。与 $CsPbBr_3/Al_2O_3$ 和 $CsPbBr_3/TiO_2$ 传感器相比，采用 AD 工艺制备的 $CsPb_2Br_5/BaTiO_3$ 纳米复合湿度传感器的湿度传感性能显著提高。由于 $CsPb_2Br_5$ 的高度多孔结构、有效的电荷分离和防水特征，该湿度传感器具有杰出的湿度敏感性（21426pF/RH%）、优异的线性（0.991）、快速响应/恢复时间（5s）、低磁滞（1.7%），在较宽的相对湿度范围内具有良好的稳定性。值得注意的是，这种前所未有的结果是通过一个简单的一步 AD 过程，在室温下几分钟内完成的，无需任何辅助处理。AD 技术与钙钛矿基纳米复合材料的协同结合具有开发多功能传感器件的潜力。

③ 阻抗型湿敏陶瓷元件是以 Al_2O_3 膜为感湿体介质的阻抗元件。首先经过 185℃、16h 的热处理制成多孔薄膜，然后在氧化铝膜表面真空蒸发金膜作为 Al_2O_3 薄膜的另一个电极，

并焊接上金引线。如图 8.36 所示，是一种阻抗型元件的结构，但是目前这种湿度传感器很少应用。

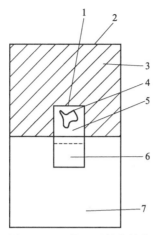

图 8.36　阻抗型元件的结构

1—金引线；2—另一根引线，用导电胶黏到背后；3—绝缘子；

4—导电胶；5—厚的金沉积物；6—薄的金沉积物（作为电极）；7—Al_2O_3 面

④ 重力传感的主要优点是分辨率高、灵敏度高、动态范围宽，这是因为频移测量是最简单、最精确的物理测量之一。此外，重量传感器是轻型和低功耗所需的设备，因此为集成结构和设备操作提供了简单性。石英晶体微天平（QCM）、产生体声波的薄膜体声谐振器（FBAR）、声表面波谐振器（SAW）、电容式微机械超声换能器（CMUT）和基于微悬臂梁的谐振器是目前最常用的重力湿度传感器。传统的基于电阻或电容的测量需要材料具有高导电性和介电性，而微悬臂梁用于湿度检测时，将检测表面变化引起的偏转或质量变化引起的共振频移。微悬臂梁可以被建模为悬臂梁，即一端固定，另一端自由（图 8.37）。因此，微悬臂梁中使用的传感材料的吸湿特性是非常重要的。开发一种优秀的吸湿传感材料有两种方法，即创造一种全新的材料和改进现有材料的性能。陶瓷材料由于其表面能有效地吸附水分而被用作湿敏材料。与聚合物相比，它们表现出了较好的化学和热稳定性。对于金属氧化物/陶瓷基微悬臂梁湿度传感器，灵敏度由沉积材料决定。同时，为了在静态和动态测量中都具有高灵敏度，需要高表面积和足够的柔性来实现悬臂功能化。此外，传感材料薄膜的均匀性、厚度和纳米结构的尺寸对微悬臂梁传感器的性能也很重要。通过在悬臂梁上涂上多孔材料和一维纳米结构，或在悬臂梁上刻蚀柱子，来达到高的比表面积体积比。然而，纳米结构很难在悬臂梁上重复生长，而且由于悬臂梁的双层结构难以控制其力学性能。ZnO 纳米结构，特别是一维 ZnO 纳米结构，由于其高的表体积比和众多的化学活性中心，作为湿度传感材料受到了极大的关注。在石英晶体微天平（QCM）上沉积 ZnO 纳米结构已经做了许多努力，在这种情况下，基于纳米粒子、纳米线、纳米针的 QCM 传感器被提出并制作用于高灵敏湿度传感。然而，由于硅微悬臂梁结构细长而脆弱，通常需要旋转涂层技术和高温或高压条件来沉积 ZnO 纳米结构，因此很难在其上制备 ZnO 纳米结构。将悬臂自由端浸入由硝酸锌 $[Zn(NO_3)_2]$ 和六亚甲基乙二胺（HMT，$C_6H_{12}N_4$）组成的水溶液中，在商用微

悬臂梁上制备了 ZnO 纳米棒。制作从 n 型体晶圆开始，利用磷扩散 n⁺ 掺杂来制作衬底接触。随后，通过硼扩散完成了 p⁻ 和 p⁺ 的掺杂加热电阻和全惠斯通电桥。用热氧化物作掩膜，用光刻法刻印图案。然后采用直流溅射和氧化法制备了致密而均匀的 ZnO 纳米棒生长种子层，之后，铬和金作为金属沉积，以创建连接点到加热电阻和惠斯顿电桥。然后对硅片进行干蚀刻，以达到期望的悬臂梁厚度，将硅片上表面下放入 [Zn(NO₃)₂] 和 HTM 溶液中生长 ZnO 纳米棒。在最后的悬臂梁背面刻蚀后得到了完整的 ZnO 纳米棒微悬臂梁，如图 8.38 所示。

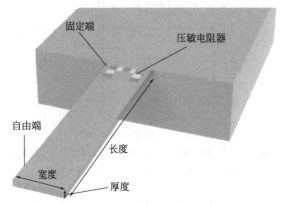

图 8.37　固定端集成压敏电阻的硅微悬臂梁的三维原理

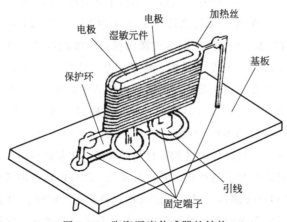

图 8.38　陶瓷湿度传感器的结构

8.6.4　湿敏陶瓷元件的应用

　　湿敏陶瓷元件主要用于湿度测量和控制等。图 8.38 是陶瓷湿度传感器的结构，数字式湿度计的测量原理如图 8.39 所示，电容式湿度传感器的三维结构及等效电路如图 8.40 所示。一种基于压阻微悬臂梁的新型湿度传感器在同一微悬臂梁芯片上分别集成了自传感元件、自驱动元件和自读取元件。将 ZnO 纳米棒和壳聚糖自组装单分子膜选择性沉积在微悬臂梁表面作为传感材料。如图 8.41 所示，在微悬臂梁的夹紧端分别绘制了一个加热电阻和一个全惠斯通电桥作为自致元件和自读元件。加热电阻和压电电阻均采用硼掺杂法制备。因为湿度传感器在家用电器、国防军事、航空航天等方面的应用越发广泛，人们对湿度传感器的要求也越来越高，未来需要在以下几方面对湿敏陶瓷材料和元件进行研究：

① 可用于全湿度量程并且具有高可靠性和长寿命的湿敏陶瓷材料和元件研究；

② 可用于各种有腐蚀性气体环境中的湿敏陶瓷材料和元件以及具有好的互换性的传感器研究；

③ 可在多种污染环境中使用的湿敏陶瓷材料和元件，如存在油、烟等环境的湿敏陶瓷材料和元件研究；

④ 可用于宽温度范围的湿敏陶瓷元件和传感器的温度稳定性研究；

⑤ 可用于全湿度量程、性能变化易于测量、生产成本低和易于生产的湿敏陶瓷元件研究；

⑥ 湿敏陶瓷材料和元件相关特性物理机理的研究，从而指导性能提升。

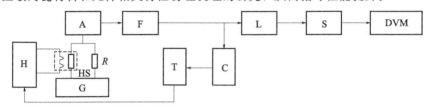

图 8.39　数字式温度计的测量原理框图

A—前置放大器；F—滤波单元；L—对数运算电路；S—减法器；HS—湿敏元件；

DVM—数字显示器；G—交流信号源；H—热清洗电路；T—时间程序控制器；C—电平检测器

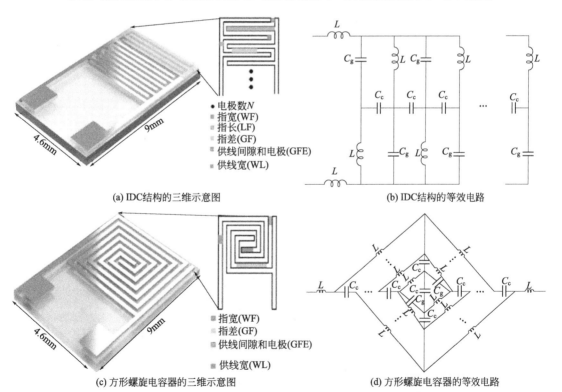

(a) IDC结构的三维示意图

(b) IDC结构的等效电路

(c) 方形螺旋电容器的三维示意图

(d) 方形螺旋电容器的等效电路

图 8.40　基于玻璃基板的 IDC 结构带有尺寸标记的三维示意图、

等效电路及带有尺寸标记的方形螺旋电容器结构的三维示意图、等效电路

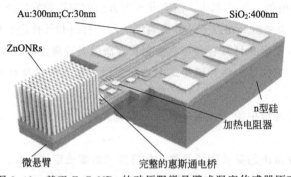

图 8.41　基于 ZnO NRs 的硅压阻微悬臂式湿度传感器原理

此外，近年来随着控制系统的发展，需要湿敏陶瓷传感器能够检测两种或者几种物理和化学参数，并且给出互相不干扰的电信号。满足这种需求的湿度-气体敏感陶瓷和温度-湿度敏感陶瓷等多功能敏感陶瓷需要更深入的研究。一种装有互补分裂环谐振器（CSRR）的无线缝隙天线集成的温度-压力-湿度（TPH）传感器，可用于恶劣环境。该传感器具有三个独立谐振频率的多共振结构，通过将敏感元件放置在相应的 CSRR 结构中，可以同时测量温度、压力和湿度，如图 8.42 所示。该传感器采用三维共烧和丝网印刷技术在高温共烧陶瓷（HTCC）上定制和制作，如图 8.43 所示。所制备的 TPH 传感器能够在 25～300℃、10～300kPa、20％～90％（相对湿度）的环境下稳定工作。TPH 传感器的温度灵敏度为 133kHz/℃；压力传感器的频移为 30MHz，在 60％RH 和 300℃的条件下最大的压力灵敏度为 107.78kHz/kPa；在 10kPa、25℃时，该湿度传感器在低湿度 20％～60％（相对湿度）时的灵敏度为 389kHz/％RH，在高湿度 60％～90％（相对湿度）时的灵敏度为 1.52MHz/％RH。此类传感器具有结构简单、灵敏度高、对环境干扰小等优点，具有应用于恶劣环境中 TPH 同步监测的潜力。

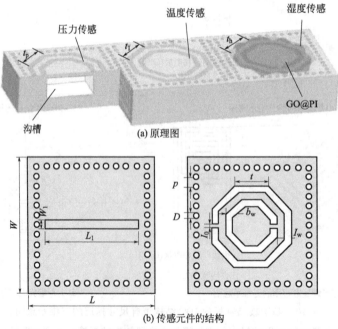

图 8.42　TPH 传感器原理图及其中单个传感元件的结构

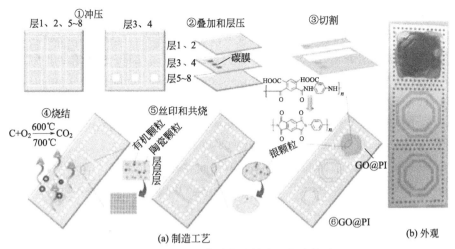

图 8.43 TPH 传感器的制造工艺及外观

(a) 制造工艺　　　　　(b) 外观

课后习题

1. 敏感陶瓷的分类依据是什么？可分为哪几类？

2. 热敏陶瓷分为哪几类？它们的基本特性是什么？

3. 半导体陶瓷半导体化的途径和基本原理是什么？简要给出影响半导体化的因素。

4. 简述压敏半导瓷的导电机理，压敏陶瓷有哪些主要应用？

5. 气敏陶瓷的作用原理是什么？气敏陶瓷的主要特性有哪些？

6. 请指出 SnO_2、TiO_2、ZrO_2 气敏陶瓷各能检测何种气体。

7. 什么是光电导效应？请举两个关于光敏陶瓷的应用实例。

8. 什么是湿敏陶瓷？其主要特征是什么？湿敏元件的湿敏机理是什么？

9. 调研湿敏陶瓷材料及其元件的最新进展，列举几种湿敏陶瓷材料及其元件的应用实例。

参考文献

[1] 徐廷献，沈继跃，薄站满，等. 电子陶瓷材料［M］. 天津：天津大学出版社，1993.

[2] 曲远方. 功能陶瓷的物理性能［M］. 北京：化学工业出版社，2007.

[3] 曲远方. 现代陶瓷材料及技术［M］. 上海：华东理工大学出版社，2008.

[4] 曲远方. 功能陶瓷及应用［M］. 北京：化学工业出版社，2003.

[5] 周东祥，张绪礼，李标荣. 半导体陶瓷及应用［M］. 武汉：华中理工大学出版社，1991.

[6] 许煜寰. 铁电与压电材料［M］. 北京：科学出版社，1978.

［7］　钟维烈. 铁电物理学 ［M］. 北京：科学出版社，1996.

［8］　吴玉胜，李明春. 功能陶瓷材料及制备工艺 ［M］. 北京：化学工业出版社，2013.

［9］　张启龙，杨辉著，黄伯云. 功能陶瓷材料与器件 ［M］. 北京：中国铁道出版社，2017.

［10］　Hamid F, Rahman W, Gerald A. Investigation of room temperature protonic conduction of perovskite humidity sensors ［J］. IEEE Sens J, 2021, 21：9657-9666.

［11］　Xu J, Bertke M, Wasisto H S, et al. Piezoresistive microcantilevers for humidity sensing ［J］. J Micromech Microeng, 2019, 29：053003.

［12］　Kumar A, Wang C, Meng F, et al. Aerosol deposited $BaTiO_3$ film based interdigital capacitor and squared spiral capacitor for humidity sensing application ［J］. Ceram Int, 2021, 47：510-520.

［13］　Kou H, Tan Q, Wang Y, et al. A wireless slot-antenna integrated temperaturepressure-humidity sensor loaded with CSRR for harsh-environment applications ［J］. Sensor Actuat B-Chem, 2020, 311：127907.

［14］　Si R J, Li T Y, Sun J, et al. Humidity sensing behavior and its influence on the dielectric properties of (In plus Nb) co-doped TiO_2 ceramics ［J］. J Mater Sci, 2019, 54：14645-14653.

［15］　Cho M Y, Kim S, Kim I S, et al. Perovskite-induced ultrasensitive and highly stable humidity sensor systems prepared by aerosol deposition at room temperature ［J］. Adv Funct Mater, 2019, 30：1907449.

［16］　Li T Y, Si R J, Wang J, et al. Microstructure, colossal permittivity, and humidity sensitivity of (Na, Nb) co-doped rutile TiO_2 ceramics ［J］. J Am Ceram Soc, 2019, 102：6688-6696.

第 9 章

绝缘陶瓷

9.1 绝缘陶瓷的定义及分类

9.1.1 绝缘陶瓷的定义及特性

绝缘陶瓷属于结构陶瓷，又被称为装置陶瓷，是在电子设备中安装、固定、支撑、保护、绝缘以及连接各种无线电元件及器件的陶瓷材料。广义上来讲，任何电阻率足够大且在电子器件中起到阻隔电流作用的陶瓷材料都可以被称为绝缘陶瓷。而在实际生产中，不同应用要求绝缘陶瓷除了应具有高电阻率外，还应具备其他特性。例如：

① 用于制造一般装置零部件和电感线圈骨架等，除了要求绝缘性能好，还要求介质损耗小、机械强度高、具有一定的散热性等。

② 用于制造电阻基体时，则要求在较高温度下仍然具有良好的绝缘性，除此之外还要求陶瓷体致密、气孔率低，可以精确地进行打磨加工和抛光等，保证一定的加工精度，能与炭膜和金属膜等牢固结合并且不发生化学反应。

③ 用于制造电真空器件和集成电路基片时，除良好的绝缘性外，还要求陶瓷材料气密性和致密度良好、高温性能稳定、导热性好、耐化学腐蚀性强、机械强度高、具有与金属形成良好的封接性能等。

绝缘陶瓷的生产工艺相对于其他功能陶瓷而言，有如下特点。

绝缘陶瓷的合成温度相比于一般的陶瓷材料要更高一些，对于尖晶石陶瓷来说，热压工艺使得热压尖晶石红外整流罩的光学、机械和热学等综合性能都明显优于其他一些整流罩材料。对于堇青石来说，最佳合成温度约为 $1400℃$，适当提高烧结温度有利于中间相向堇青石转变，加快堇青石的生成速度，能够增加主晶相的含量。此外，加压也能够促进堇青石的合成。这可能是加压成型使粉末颗粒之间接触面积增大，在烧成过程中易于使 Si^{4+}、Mg^{2+} 和 Al^{3+} 扩散，促进早期的固相烧结，最终有利于主晶相堇青石的合成。

9.1.2 绝缘与绝缘陶瓷

根据能带理论分析，尽管固体材料中都包含大量电子，但是禁带宽度却存在较大差异，而不同的禁带宽度则决定了在一定温度下，当相同外电场作用于固体材料两端时，电子从价带跃迁至导带参与导电过程的难易程度。禁带宽度越大，相同外电场下电子从价带跃迁至导带的难度越高，通过材料的电流越小，其绝缘性也就越强。

绝缘体是一种在外电场的影响下，几乎没有电流通过它的材料。这与其他材料，即半导体和导体形成对比，后者更容易传导电流。区分绝缘体的特性是其电阻率。绝缘体的电阻率高于半导体或导体，最常见的例子是非金属。

由能带理论可知，理想的绝缘体并不存在，大多数绝缘材料之所以具有较大的带隙，原因是包含最高能量电子的价带已满且导带处于空带的状态，并且较大的能隙使该带与位于其上方的下一个带分开。但是，总是有一定强度的电场（称为击穿电场 E_B）使电子有足够的能量被激发到该带中并且参与导电过程。一旦超过此临界电压，材料将不再是绝缘体，电荷开始通过绝缘体；并且通常会伴随物理或化学变化，从而永久降低材料的绝缘性能。绝缘陶瓷在分类上多属于离子型多晶或共价多晶，组成原子被牢固束缚在结构稳定的晶格中，并且可自由运动的电子极少，因此绝缘陶瓷在理论上具有大的禁带宽度。但是由于实际生产中的各类影响因素，绝缘陶瓷中总会不可避免地出现杂质离子、玻璃相、组成元素变价产生自由电子和空穴等缺陷，这些缺陷由于可以导致绝缘陶瓷中的载流子增多以及本身电导活化能小（例如玻璃相等），会极大增加绝缘陶瓷的电导性，使得其绝缘性能劣化。绝缘陶瓷并不是永恒不变的，而是随外界条件改变而变化。例如电绝缘玻璃材料在室温下具有超高的电阻使其具有很好的绝缘性能，但是随着温度的升高材料的电阻有明显的下降，尤其是超过玻璃化温度（T_g）以后，电阻会直线下降直至为零，这说明玻璃材料随温度升高从绝缘体变成了导体。

一般以化学组成来对绝缘陶瓷进行区分，大体上可分为氧化物系绝缘陶瓷和非氧化物系绝缘陶瓷。氧化物系绝缘陶瓷的典型代表有氧化铝质绝缘陶瓷和镁质绝缘陶瓷等，其中主要包含滑石瓷、镁橄榄石、尖晶石瓷及堇青石瓷以及莫来石质绝缘陶瓷。其中氧化铝瓷是以 Al_2O_3 为主要原料，α-Al_2O_3 为主晶相的陶瓷，是具有高电绝缘性能的高频、高温、高强度装置瓷。而滑石瓷（$3MgO \cdot 4SiO_2 \cdot H_2O$）、镁橄榄石 [$2(MgO \cdot SiO_2)$]、尖晶石瓷（$MgAl_2O_4$）、堇青石瓷（$2MgO \cdot 2Al_2O_3 \cdot 5SiO_2$）和莫来石质绝缘陶瓷（$3Al_2O_3 \cdot 2SiO_2$）则是含有镁和铝的硅酸盐的绝缘陶瓷。非氧化物系绝缘陶瓷主要指氮化物绝缘陶瓷，典型代表包括氮化铝、氮化硼（BN、氮化硅（Si_3N_4）、氮化锂（Li_3N）、氮化钛、氮化镁（Mg_3N_2）等陶瓷。氮化物绝缘陶瓷的晶格结构主要由氮原子与金属原子或非金属原子组成，且两者在绝缘陶瓷领域均有广泛的应用。

9.2 绝缘陶瓷的性能

氧化铝瓷：较高的机械强度，在高频、高温、高强度下具有优良的绝缘性，高导热性能、良好的热膨胀匹配性、高频性能以及优良的快速响应性能等。

滑石瓷：易挤压成型，产品尺寸精度高，易于研磨加工，介电损耗小，电绝缘性能优良；但具有膨胀系数大、耐热性差、易老化等特点。

镁橄榄石瓷：优异的高频绝缘性能，耐热性好、热传导性高、化学稳定性好以及强度高等，在高温和微波领域中介质损耗较小，高的线膨胀系数，不易老化，烧成范围宽，对组分要求不严格。

尖晶石陶瓷：耐磨损、抗冲击、耐腐蚀、耐高温、高硬度、优异的电绝缘性能，在紫外、可见光、红外光波段具有良好的光学透光率。

堇青石瓷：低的介电常数和热膨胀系数、高的力学强度和良好的电绝缘性能，可制造各种类型的电路板，易于其他材料进行复合。

莫来石：高温稳定性、高温抗蠕变性、优良的高温力学性能以及化学稳定性、优良的介电性、强抗氧化性、强抗腐蚀性、低热膨胀性和良好的电绝缘性。

氮化铝陶瓷：高温下稳定性好，在室温下具有高的强度、较小的热膨胀系数、强的抗熔融金属侵蚀能力、高的绝缘性、良好的介电性能、高的熔点和好的热传导性。

氮化硼陶瓷：力学、热学、电学性能具有明显的各向异性，良好的润滑性、电绝缘性、高导热性、高耐热性、低的热膨胀系数、优良的电绝缘性能、低的摩擦系数、优异的介电性能、强抗氧化性、化学性质稳定、耐化学腐蚀等。

氮化硅陶瓷：硬度高，极强的耐高温能力，好的润滑性和耐磨损性能，高温下抗氧化，抗冷热冲击，耐化学腐蚀，高性能电绝缘材料，本身具有脆性需要进行增韧。

9.3 几类典型的绝缘陶瓷

9.3.1 氧化铝质绝缘陶瓷

α-Al_2O_3 是 Al_2O_3 的高温结构晶型，其结构如图 9.1 所示。其结构最为紧密，活性低，是其许多同质异晶体中最稳定的晶型，并具有好的电学性质以及良好的机电性能。因此，采用 α-Al_2O_3 制成的 Al_2O_3 陶瓷应用广泛。利用该类材料机械强度较高、绝缘电阻较大的性能，可以用作装置瓷。氧化铝瓷的机电性能与热性能随 Al_2O_3 的含量增加而提高，但同时工艺性能也随之变差。常用的有含 75%、95%、99% Al_2O_3 的高铝氧瓷，但氧化铝质绝缘陶瓷中，高铝氧瓷尤其是纯刚玉瓷也具有制造困难、烧成温度高及价格昂贵等缺点。

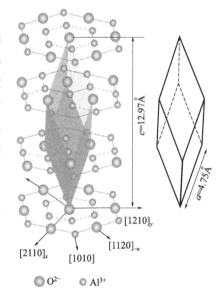

$\bigcirc$ O^{2-} $\bigcirc$ Al^{3+}

图 9.1 α-Al_2O_3 晶体结构（1Å$=10^{-10}$ m）

近年来，随着大规模以及超大规模集成电路的不断发展，用作集成电路的基片与封装材料的高性能绝缘陶瓷的需求大幅增加。该类材料通常需要绝缘性能好、导热性能高、热膨胀匹配性能好、高频性能以及快速响应性能优良等，因此，Al_2O_3 瓷作为精密绝缘陶瓷已被大量地使用。在 Al_2O_3 陶瓷基片上，采用丝网印刷方法可以形成 1~50μm 的厚膜，或者采用真空蒸镀方法形成 0.005~0.5μm 的薄膜。利用这些做微细布线而制成的高密度电路，用于高频大功率电路和高集成电路。将复杂布线封装在氧化铝陶瓷管壳中，可制成超小型、高密度化和高可靠性的集成电路。厚膜或薄膜基片均应具有优良的绝缘性、导热性、热匹配性等特性。

氧化铝陶瓷基片见图 9.2，覆铜氧化铝陶瓷基片见图 9.3。

图 9.2 氧化铝陶瓷基片

图 9.3 覆铜氧化铝陶瓷基片

9.3.2 镁质绝缘陶瓷

镁质瓷是以含 MgO 的铝硅酸盐为主晶相的绝缘陶瓷。按照瓷坯的主晶相可分为：滑石瓷、镁橄榄石、尖晶石瓷及堇青石瓷。

滑石瓷是以滑石为主要成分的生坯经过烧制而成的陶瓷材料。滑石瓷（$3MgO \cdot 4SiO_2 \cdot H_2O$）为层状结构，如图 9.4 所示，属于单斜晶系；$[SiO_4]$ 四面体连接成连续的六方平面网，活性氧离子朝向一边，每两个六方网状层的活性氧离子彼此相对，通过一层水镁氧层连接成复合层。加工为粉状后呈片状，有滑腻感，容易挤压成型；烧结后产品尺寸精度高，制品也易于进行研磨加工，且价格低廉。

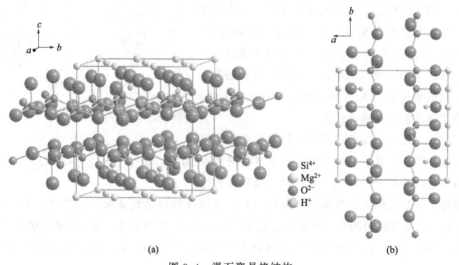

Si⁴⁺
Mg²⁺
O²⁻
H⁺

(a)　　　　　(b)

图 9.4 滑石瓷晶格结构

为了改进生坯的加工性能及瓷件质量，常加入一些外引剂。比如为增加塑性以及降低烧结温度可加入适量黏土；碱金属氧化物可改良滑石瓷的电学性能；硼酸盐可以大幅降低烧结温度。滑石瓷介电损耗小、电绝缘性能优良且成本较低，是用于射电频段内的典型高频装置瓷（图9.5）。由于其膨胀系数大、耐热性差，常用于对机械强度及耐热性无特殊要求的工作环境中。除此之外，滑石瓷有易老化的缺点，

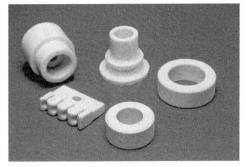

图9.5　高频绝缘装置瓷

常温下长时间放置，β-原顽辉石晶体会向 α-原顽辉石晶体转变，能够引起应变，产生明显的体积变化（$\geqslant2.8\%$），导致材料炸裂或粉化。

镁橄榄石的化学式为 $2(MgO \cdot SiO_2)$，其晶体结构属于正交晶系，如图9.6所示。氧负离子配位多面体分别为硅氧四面体与镁氧四面体，其中硅氧四面体呈孤立分布，硅氧四面体之间按照镁氧八面体的方式连接。宝石级镁橄榄石晶体见图9.7。

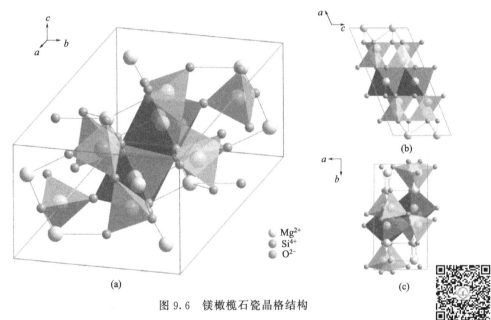

- Mg^{2+}
- Si^{4+}
- O^{2-}

(a)

(b)

(c)

图9.6　镁橄榄石瓷晶格结构

镁橄榄石瓷是一种价格低廉、工艺简便、性能优越、应用广泛的工程陶瓷，其主要应用在高频绝缘装置上，对无线电设备、仪表等起绝缘、支撑作用。此外，镁橄榄石瓷还可以在各种规格的组合基片、高/低温电阻及其电气设备中起到保护和绝缘作用。镁橄榄石瓷是一种性能优异的电子陶瓷，与滑石瓷相比，具有以下优点：

① 在高温和微波领域中，介质损耗 $\tan\delta$ 较小 [约为 $(2\sim4)\times10^{-4}$]。

图9.7　宝石级镁橄榄石晶体

② 常温特别是高温状态下比滑石瓷的体电阻率高约 $10^3\Omega\cdot cm$。

③ 线膨胀系数高达 $(8\sim10)\times10^{-6}℃^{-1}$，接近于 Ni-Fe 低碳钢及 Ti-Ag-Cu 合金的指标，易于金属封接并可应用于真空器件。

④ 不易老化，烧成范围宽，比滑石瓷宽 $15\sim20℃$，且对组分要求不严格。

在 $MgO\text{-}SiO_2\text{-}Al_2O_3$ 系统相图（图 9.8）中，镁橄榄石瓷存在较大的区域，这就是说，配方上允许较大幅度的选择和变更。

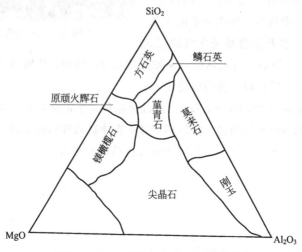

图 9.8　$MgO\text{-}SiO_2\text{-}Al_2O_3$ 系统的相图

尖晶石的化学式为 $MgAl_2O_4$，化学计算比为氧化镁 28.3%、氧化铝 71.7%。尖晶石呈坚硬的玻璃状八面体或颗粒与块体，有些透明且颜色漂亮的尖晶石可作为宝石（图 9.9）；其颜色主要为无色、淡红、淡绿、天蓝等，硬度为 8，密度为 $3.58g/cm^3$，折射率为 1.715，熔点为 2135℃，可与氧化铝形成一系列固溶体。在室温下尖晶石不受浓无机酸、磷酸、氢氟酸、苛性碱和碳酸碱溶液的腐蚀；和高铝瓷相比，其对碱性物、矿渣、熔融金属、盐类以及碳等物质的耐受度更高，并具有高的耐火度、强度，强的抵抗氧化气氛能力，耐各种腐蚀介质作用的高稳定性。

图 9.9　宝石级尖晶石晶体

透明尖晶石陶瓷的应用领域主要还是在军事和工业新科技领域。在军事领域上采用尖晶石陶瓷材料制造的防弹窗口（图 9.10）不仅可以有足够的抗弹性能（高强度），还可以节省空间以及减轻系统负重，提高系统机动性。此外，高的透过率更有助于满足人员和设备的观测要求。利用尖晶石陶瓷制成的整流罩（图 9.11）能抵抗高低温冲击、抗振动、抗加速度冲击，耐水、耐酸侵蚀，具有良好的抗干扰能力，并且成本较低，可以满足高速导弹整流罩的光学和机械性能要求，在综合性能上具有较大优势。

图 9.10 大尺寸镁铝尖晶石透明陶瓷

图 9.11 火箭整流罩

除了在工业新科技领域上适合被制成各类电路元件，如厚膜电路、薄膜电路、集成电路和芯片封装等高性能的基片材料，透明多晶尖晶石陶瓷还可以制备新型灯具及一些极端环境下使用的特殊灯具，如机场跑道等特殊场合下的灯具。由于尖晶石较之六方晶系的氧化铝更易得到透过率高的制品，因此所制灯管具有更高的亮度和使用寿命。此外，尖晶石还被用作各种高温高压、腐蚀性环境下的设备观察窗，如瓦斯探测器窗口，耐受煤矿井下恶劣的环境；能耐高温的锅炉水位计；井下探测用的传感器等。

堇青石（cordierite，$2MgO \cdot 2Al_2O_3 \cdot 5SiO_2$）属于镁铝硅酸盐矿物，呈无色，通常带有不同色调的浅蓝或浅紫色，具有玻璃光泽，透明度较高，同时具有多色性，可在不同方向上产生不同颜色，具有很高的欣赏价值。堇青石的密度为 $2.53 \sim 2.78g/cm^3$，莫氏硬度可达 $7 \sim 7.5$。

堇青石按晶体结构分为 2 种：低温稳定的斜方结构的 β-堇青石、高温稳定的六方结构的 α-堇青石。人工合成的大多为 α-堇青石，$[SiO_4]$ 四面体组成六元环为基本构造，并沿 c 轴排列，环间以 $[AlO_4]$ 四面体及 $[MgO_6]$ 八面体连接，同时 $[AlO_4]$ 四面体与 $[MgO_6]$ 八面体以共棱方式连接，组成堇青石结构（图 9.12）。堇青石矿物晶体见图 9.13。

堇青石瓷由于具有介电常数和热膨胀系数低、力学强度高和电绝缘性能良好等优点，是很有发展前景的介电材料，广泛应用于电力电子工业领域，如用于制造各种类型的电路板、绝缘体、整流罩、电容器、滤波器和混频器等，并且用于多层封装材料。近年来，堇青石在耐火材料、多孔陶瓷、红外辐射材料、复合材料等方面应用广泛。

随着人们对堇青石材料优异性能的认识程度加深，堇青石的应用范围和使用量都在逐渐扩展。特别是堇青石与其他材料的复合前景广阔，比如发展较快的堇青石-莫来石质耐火材料就是成功的典范。高纯度的合成堇青石材料在电子、通信、生物材料等高新技术领域的用途也在不断扩大。

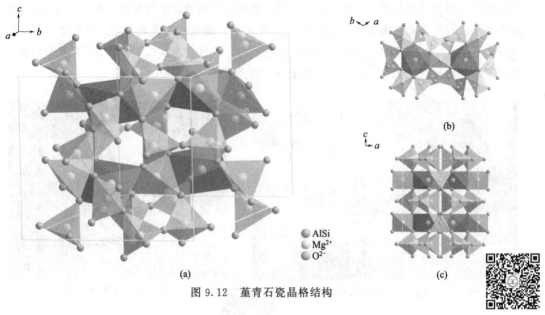

AlSi
Mg²⁺
O²⁻

(a)

(b)

(c)

图 9.12　董青石瓷晶格结构

图 9.13　董青石矿物晶体

9.3.3 莫来石质绝缘陶瓷

莫来石（mullite，$3Al_2O_3 \cdot 2SiO_2$）属于斜方晶系的双链铝硅酸盐矿物，晶格结构如图 9.14 所示；以最基本的硅氧四面体 $[SiO_4]$ 的机构单元与铝氧四面体 $[AlO_4]$，沿着 c 轴无序排列形成双链，并以铝氧八面体 $[AlO_6]$ 连接，连接方式为共顶角和共棱。由于 Al/Si 的变化使得其结构具有周期性的氧缺位，造成晶格空位，因此结构疏松。

莫来石作为高温结构材料和功能材料，因具有高温稳定性、高温抗蠕变性、高温力学性能以及优良的化学稳定性、强抗氧化性、强抗腐蚀性、低热膨胀性和良好的电绝缘性，是应用最早的高频装置瓷，广泛应用于国防及高科技的民用领域。莫来石的研究发展主要分为三个阶段：第一阶段，1920～1950 年，主要研究集中于探讨莫来石的结构特征；第二阶段，始于 1950 年，主要集中于对 $SiO_2\text{-}Al_2O_3$ 系相平衡的研究；第三阶，从 20 世纪 70 年代中期至今，相平衡的研究仍有疑义，但研究的重点转移到莫来石陶瓷在结构、光学、电子等方面的应用。

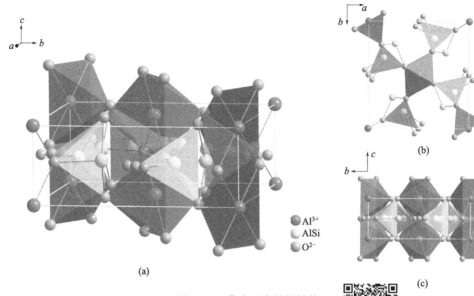

图 9.14 莫来石瓷晶格结构

莫来石瓷管、热电偶保护管见图 9.15、图 9.16。

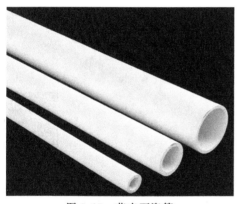

图 9.15 莫来石瓷管

图 9.16 莫来石热电偶保护管

莫来石瓷常用于制作热电偶保护管、电绝缘管等耐热电绝缘器件。由于其表面的微细结构，莫来石瓷也被大量用于制作炭膜电阻的基体。此外，莫来石瓷具有优良的热膨胀和介电性能，有利于开发高密度封装的大尺寸基体。莫来石的热膨胀系数稍高于硅，但是通过制备莫来石与玻璃以及与低膨胀陶瓷（董青石或锂辉石）复合材料，则可提高匹配性能。用于高性能封装的陶瓷，封装尺寸越大，密度越高，对介电常数的要求就越高，因为低的介电常数可以保证信号快速传递。根据莫来石的优点，现已用于制作高温莫来石材料、莫来石复合材料、莫来石纤维材料、莫来石膜、莫来石电子封装材料、莫来石光学材料等。

随着莫来石陶瓷应用逐渐广泛以及对莫来石陶瓷的需求不断扩大，莫来石陶瓷在各方面都具有了极大的发展空间：制备方面，需要将其制备工艺进一步完善，如原料的选择、烧结温度的控制、添加剂对其形成的作用机理等；应用方面，莫来石陶瓷在复合材料方面的应用则是日后重点的研究方向。

9.3.4 氮化物绝缘陶瓷

氮化物绝缘陶瓷的晶格结构主要由氮原子与金属原子或非金属原子组成，且两者在绝缘陶瓷领域均有广泛的应用，最为典型的例子为氮化铝（AlN）陶瓷与氮化硼（BN）陶瓷以及氮化硅（Si_3N_4）陶瓷。

（1）氮化铝陶瓷

氮化铝是一种具有六方纤锌矿结构的共价晶体，晶格结构如图9.17所示；晶格常数a＝3.110Å，c＝4.978Å。Al原子与相邻的N原子形成畸变的［AlN_4］四面体，沿c轴方向Al—N键长为1.917Å，另外三个方向的Al—N键长为1.885Å，理论密度为3.26g/cm^3。

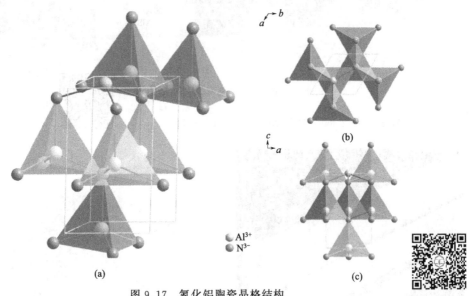

Al^{3+}
N^{3-}

图9.17 氮化铝陶瓷晶格结构

氮化铝是原子晶体，属类金刚石氮化物，最高可稳定存在于2200℃；室温强度高并且随温度的升高强度下降较慢，热膨胀系数小，是良好的耐热冲击材料；抗熔融金属侵蚀的能力强，介电性能良好。除此之外，由于其原子间是以四面体配置的强共价键，因此氮化铝陶瓷熔点高和热传导性好，是一类具有高热导率的非金属固体。氮化铝的理论热导率可达319W/(m·K)。高纯度氮化铝陶瓷是无色透明的，但其性质易受化学纯度及密度的影响，晶格中的缺陷，如杂质等很容易造成声子散射而使热导率明显降低。

随着集成电路的发展，解决集成电路和基片间散热的问题变得越来越重要。因此，基片必须具有高的热导率和电阻率。为满足这一要求，开发出了一系列高性能的陶瓷基片材料，其中主要包括 Al_2O_3、BeO、AlN、BN、Si_3N_4、SiC 等。相比之下，氮化铝陶瓷因具有高热导率、良好的机械性能（高于氧化铍瓷，接近氧化铝瓷）、低介电常数、与硅相匹配的热膨胀系数、高绝缘性、低介质损耗、可进行多层布线且无毒等特点，被认为是新一代高集成度半导体基片和电子器件的理想封装材料。氧化铝陶瓷基片如图9.18所示。同时，氮化铝粉体也是提高高分子材料热导率和力学性能的最佳添加料，如在环氧树脂中加入氮化铝粉体可以明显提高其热导率。目前氮化铝的应用范围正在不断扩大。

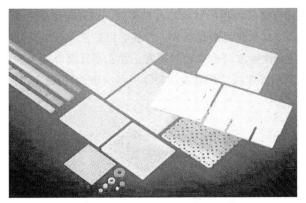

图 9.18　氮化铝陶瓷基片

氮化铝陶瓷的应用：

① 高温陶瓷材料：氮化铝能够耐高温，耐腐蚀，耐合金和铝、铁等金属的熔蚀，而且与银、铜、铝、铅等不润湿，可用来制作耐火材料或坩埚的涂层作为表面防护材料。另外，还可制成浇铸模具和坩埚等的结构材料。

② 电子膜材料：氮化铝作为电子膜材料，具有多种优异性能，例如作为压电薄膜，已经被广泛应用，有着重要的应用前景。

③ 透明陶瓷：透明氮化铝陶瓷主要用于电子光学器件，透明氮化铝板主要用来制造光和电磁波的高温窗口及耐热涂层。

④ 复合材料：纳米氮化铝可以用作结构材料的弥散相复合体，增强基体材料的热导率、刚性、强度等。

⑤ 电子基板材料：氮化铝陶瓷主要用于军事领域的多芯片模块、微波功率放大器以及民用领域的激光二极管载体、LED 散热基板和高温半导体封装。此外，氮化铝基片还广泛用于电动及燃气混合型汽车大功率模块电路的承载基片。

（2）氮化硼（BN）陶瓷

氮化硼（boron nitride）是由 B 原子和 N 原子按照摩尔比 1∶1 构成的化合物（图 9.19），在某些方面与石墨和金刚石具有非常相似的特征。根据晶体结构，氮化硼可以分为四种类型：六方氮化硼（h-BN）、纤锌矿结构氮化硼（w-BN）、菱方氮化硼（r-BN）和立方氮化硼（c-BN）。在绝缘陶瓷领域的应用中，h-BN 最为常见。

h-BN 属于六方晶系，有白石墨之称，与石墨是等电子体。h-BN 具有类似石墨的层状结构，每一层均由 B、N 原子相间排列成六角环状网络，这些六角形原子层沿 c 轴方向按 ABABAB 方式排列。层内原子间为很强的共价结合，所以结构紧密；层间为分子键结合，易被剥离开。h-BN 晶体呈现出明显的各向异性特点，在平行于层片和垂直于层片的方向，力学、热学、电学性能均有较大的差异，可以通过晶粒排列的织构化赋明显各向异性，在航空航天、电子、能源等领域具有重要的应用前景。

六方层片状的晶体结构赋予了 h-BN 陶瓷诸多特殊性能，如良好的润滑性、电绝缘性、导热性、耐热性、强抗氧化性、化学性质稳定、耐化学腐蚀性等，且具有吸收中子的能力。h-BN 还可作为 SiO_2、Si_3N_4 等陶瓷材料的添加相，来改善陶瓷基体材料的抗热振性、可加工性、润滑性、减摩特性等。但 h-BN 陶瓷本身也存在一系列的不足，比如烧结困难、强度低等，难以获得较好综合性能的单相材料，通常需加入增强、增韧的第二相以及有助于烧结的烧结助剂，制备成 h-BN 基复合陶瓷来改进性能，以适应不同的应用条件。此外，纳米级片状 h-BN 在聚合物复合改性方面也有较多研究，并在提升聚合物柔性电子器件的工作耐受温度及频率、提升材料的温度稳定性方面取得了一些突破性进展。

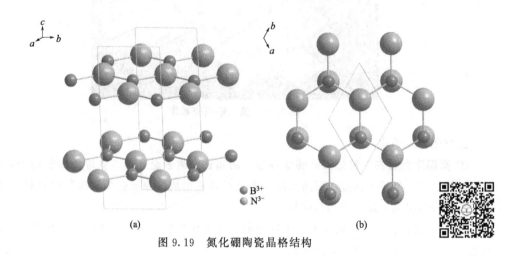

图 9.19　氮化硼陶瓷晶格结构

h-BN 陶瓷的基本性能有以下几方面优点：

①　高耐热性：在 0.1MPa 氮气中于 3000℃升华，在 1800℃时的强度为室温的 2 倍，具有优异的抗热振性能，在 1500℃空冷至室温数十次不会破裂。

②　高热导率：热压 h-BN 陶瓷制品具有与不锈钢相似的热导率，是陶瓷材料中热导率最大的材料之一。

③　低热膨胀系数：仅次于石英玻璃的线膨胀系数，是陶瓷中较低的。

④　优良的电绝缘性能：高温绝缘性好，其电阻率在 25℃ 为 $10^{14}\Omega\cdot cm$，在 2000℃仍有 $10^{3}\Omega\cdot cm$；高纯度 h-BN 陶瓷的最大体积电阻率可达 $10^{16}\sim10^{18}\Omega\cdot cm$，是陶瓷中最好的高温绝缘材料。

⑤　良好的耐腐蚀性：化学稳定性好且不被大多数的熔融金属、玻璃和盐润湿，因此具有高的抗酸、碱、熔融金属及玻璃的侵蚀能力，有良好的化学惰性。

⑥　低的摩擦系数：具有极好的润滑性能，摩擦系数为 0.16，高温下不增大，氧化气氛中可用到 900℃，真空下可用到 2000℃。

⑦　可机械加工性：极易使用常规金属切削技术对制品精加工，车削精度可达 0.05mm，因此由 h-BN 坯料可以加工得到复杂形状的制品。

由于氮化硼性质特殊，同时具有顺滑质感、良好的附着性、亮白光泽、散热特质等多项优点，因此被广泛地使用于化妆品配方。此外，常用作润滑剂、电解/电阻材料、添加剂和高温的绝缘材料，也可用作航天航空中的热屏蔽材料，原子反应堆的结构材料，飞机、火箭发动机的喷口；电容器薄膜镀铝、显像管及显示器镀铝等；各种保鲜镀铝包装袋等。氮化硼陶瓷产品见图 9.20。

近年来，陶瓷材料向多功能方向发展，h-BN 陶瓷及其复合材料一直以来被大量应用于高温耐火材料领域，如 TiB_2-AlN-BN 复合陶瓷蒸发舟、Si_3N_4-BN 分离环、特种金属高温电解槽、高温坩埚等。对于 h-BN 陶瓷及其复合材料，未来的研究方向如下：

① 设计新方法、新工艺和烧结助剂以及与第二相、晶须、纤维复合等方案，改善 h-BN 基复合陶瓷的烧结特性并实现显微组织结构的调控和力学、热学、介电等性能的进一步优化。

② 开辟制备大尺寸且复杂形状构件 h-BN 基复合陶瓷的新方法，实现低成本制备和规模化生产。

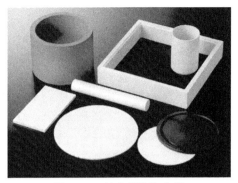

图 9.20　氮化硼陶瓷产品

③ 探索高温、热振、烧蚀等极端环境下及其耦合作用条件下 h-BN 基复合陶瓷及构件的损伤机理及失效机制，为其在航空航天、化工冶金等领域的推广应用提供理论指导和数据支撑。

④ 研究新型纳米级 h-BN 材料的合成、表征及其在强韧化和改性 h-BN 基复合陶瓷以及相关功能领域的应用。

⑤ 开展纳米级 h-BN 与高聚物的复合研究，提高聚合物柔性电子器件的工作温度与频率范围，从而在高温电子设备和储能设备中得到更广泛的应用。

（3）氮化硅（Si_3N_4）陶瓷

氮化硅陶瓷是无机非金属强共价键化合物，颜色为灰色、白色或灰白色，六方晶系，硬度 9～9.5，相对分子质量 140.28，加压下熔点为 1900℃。其晶体结构为硅原子位于四面体的中心，四个氮原子分别位于四面体的四个顶点，以每三个四面体共用一个硅原子的形式在三维空间形成连续而又坚固的网络结构。Si_3N_4 结构中氮原子与硅原子间的结合力强，常被作为一种高温结构陶瓷。氮化硅主要包括无定形氮化硅、四方氮化硅（晶格常数为 $a=$ 9.245Å 和 $c=8.48$Å）、六方晶系氮化硅（α-Si_3N_4 和 β-Si_3N_4）和立方氮化硅。

氮化硅属于超硬物质，具有润滑性并且耐磨损，高温时抗氧化，抵抗冷热冲击，极耐高温，耐化学腐蚀等特性，是具有高性能的电绝缘材料。氮化硅陶瓷本身存在脆性，目前 Si_3N_4 陶瓷增韧的途径主要有颗粒弥散增韧、晶须或纤维增韧、ZrO_2 的相变增韧、利用柱状 β-Si_3N_4 晶粒的自增韧和层状结构复合增韧等。由于扩散系数、致密化所必须的体积扩散及晶界扩散速度、烧结驱动力很小，纯氮化硅不能靠常规固相烧结达到致密化。当前氮化硅陶瓷的烧结工艺方法主要包括反应烧结、热压烧结、气压烧结等。

Si_3N_4 陶瓷具有优异的性能，已在多领域实现应用。例如：在机械工业中用作涡轮叶片、机械密封环、高温轴承、高速切削工具、永久性模具等；在冶金工业中用作坩埚、燃烧嘴、铝电解槽衬里等部件；在化学工业中用作耐蚀、耐磨零件，包括球阀、泵体、燃烧器、汽化器等；在电子工业中用作薄膜电容器、高温绝缘体等；在航空航天领域用作雷达天线罩、发动机等；在原子能工业中用作原子反应堆中的支承件和隔离件、核裂变物质的载体等。氮化硅基片见图 9.21。覆铜氮化硅管壳见图 9.22。

图 9.21　氮化硅基片

图 9.22　覆铜氮化硅管壳

（4）其他

氮化锂（Li_3N）陶瓷。氮化锂（Li_3N）陶瓷为宝石红透明晶体或微粒，易水解生成氢氧化锂和氨气，加热可发生剧烈燃烧。该类陶瓷主要由锂和氮气化合而得，常温下在干燥空气中不与氧发生反应，但加热易着火且易发生剧烈燃烧。在潮湿空气中缓慢分解成氢氧化锂并放出氨。该类材料主要应用于固体电解质、催化剂等。

氮化钛陶瓷。氮化钛属面心立方结构点阵，熔点为 2950℃，有很高的化学稳定性，一般情况下，与水、水蒸气、盐酸、硫酸等均不起作用，但在氢氟酸中有一定的溶解度。氮化钛粉末呈黄褐色，但超细氮化钛粉末呈黑色，氮化钛晶体则呈现黄色并有金属光泽。该类陶瓷主要包括二氮化二钛（Ti_2N_2）和四氮化三钛（Ti_3N_4）。其中二氮化二钛为黄色固体，溶于煮沸的王水，遇到热的氢氧化钠溶液则有氨气产生；四氮化三钛的性质与二氮化二钛相似。由于该类材料具有高熔点、高硬度、高温化学稳定性及优良的导热性能、导电性能、光学性能、生物相容性等，可用于耐高温、耐磨损、低辐射玻璃涂层及医学领域。

氮化镁（Mg_3N_2）陶瓷。氮化镁属六方晶系，呈淡黄色，广泛用于制备高硬度、高热导率、抗腐蚀、抗磨损和耐高温的其他元素的氮化物；制备特殊的陶瓷材料；制造特殊合金的发泡剂；制造特种玻璃；催化聚合物交联；核废料的回收；人造金刚石合成的催化剂及立方氮化硼的催化剂材料；高强度钢冶炼的添加剂等。

9.4　绝缘陶瓷的发展与应用

早在 1850 年，陶瓷绝缘子就作为电绝缘器材使用在铁路通信线路之中，如今已经研制出超高压输电需要的高性能陶瓷绝缘子。除此之外，汽车陶瓷火花塞等器件也拓宽了绝缘陶瓷的应用。

随着科学技术的发展，绝缘陶瓷除在机械、化工、冶金等传统产业中作为耐高温、耐腐蚀材料应用外，在新兴产业领域特别是航天航空、电子信息、新能源、石油化工、海洋工程、生物工程等领域也正获得越来越广泛的应用，这对绝缘陶瓷的结构和性能提出了更高的要求，使得各种陶瓷材料被相继开发出来并应用。绝缘陶瓷以其耐高温、耐磨损、耐高压、硬度高、耐腐蚀、化学稳定性好以及独特的电、热、光、磁等功能，在新兴材料领域中占有十分重要的地位，近 20 年来一直是材料学界和产业界研究的热点，其产业规模和应用市场也得到了快速发展。我国绝缘陶瓷的研究和生产与发达国家相比仍然具有一定的差距。比如我国虽然也实现了部分高纯原料的工业化生产，但是陶瓷粉体的形貌和性能与国外先进水平相比依然不及，这限制了国产绝缘陶瓷在高端领域的应用。下面主要结合绝缘陶瓷在部分新兴领域的应用现状来探讨其产业发展的新动向。

（1）航天航空领域

航天航空领域的材料大多在超高温、高真空、强辐照等极端苛刻环境中使用，要求材料具有高比强、高比模、耐高温、抗烧蚀等特性。氮化硅、氮化硼等氮化物陶瓷具有耐高温、介电常数和介电损耗低、抗蠕变和抗氧化等优异性能，可用作新型透波材料。六方氮化硼陶瓷导热性好、微波穿透能力强，可用作雷达窗口材料；同时其密度小，可用作飞行器的高温结构材料。航天航空领域对材料性能的高要求将有力推动工程陶瓷研制水平的提高和进步。

（2）电子信息领域

绝缘陶瓷对电子信息领域的技术进步起着至关重要的作用，几乎所有的电子元器件都是安装在氧化铝、氮化铝或蓝宝石基片上；碳化硅等宽禁带半导体材料的发展可有效提高原有硅集成电路的性能，对大功率和高密度集成电路芯片的发展具有重要作用；随着集成电路集成度的不断提升，电路的散热以及热控制已成为制约集成电路发展的重要因素。因此，近年来高绝缘和高热导的碳化硅和氮化铝瓷在集成电路领域获得了广泛的研究与应用。作为网络信息传输的光纤及其连接器分别由高纯石英玻璃纤维和氧化锆陶瓷制造；固体激光器的发光晶体材料主要是红宝石或钇铝石榴石；电子产品的摄像头和 LED 灯的基片材料为蓝宝石。多层共烧陶瓷技术的发展大幅度提升了电子元器件的集成度和可靠性，降低了制造成本，成为电子信息产品先进制备技术的重要发展方向。

（3）新能源领域

绝缘陶瓷在新能源领域的应用也是近些年发展的主要方向。集热式太阳能热发电的光吸收和热传导材料为碳化硅陶瓷；核能发电用反应堆的中子吸收剂为碳化硼等陶瓷；碳化物涂层及氮化物和碳化物复合涂层可用作核聚变堆中的抗氚涂层；风力发电的电机轴承也采用高可靠免维护的氮化硅陶瓷轴承；氮化硼晶体经掺杂后可实现紫外发光，能用于制备紫外半导体激光器，而硅基氮化硼薄膜具有光电效应，可用于制备光电池。随着新能源技术的进一步发展，工程陶瓷在新能源领域的应用也将更快地发展。

（4）节能环保领域

绝缘陶瓷在节能环保领域的应用也非常广泛，具有高闭口气孔率的轻质隔热保温材料和耐高温的氧化铝纤维或莫来石多晶棉等可作为隔热保温材料在 1000℃ 的高温下使用。此外，绝缘陶瓷材料通常具有较高的辐射系数，作为工业炉的内衬材料可促进辐射传热，升温速率更快并使炉内温度均匀。氮化钛薄膜具有低辐射性能，在可见光区具有较高的透射率，在近红外光区有特定的反射性，是一种高效的节能薄膜。具有高开口气孔率的陶瓷膜可实现高温烟气和工业含尘气体的气-固分离，能有效去除颗粒物及更细小的粉尘；绝缘陶瓷能耐各种酸碱和腐蚀性气体的侵蚀，使用寿命长。在工业废水和城镇饮用水处理方面，绝缘陶瓷膜也因具有耐腐蚀、可再生和使用寿命长等优异的性能，正逐步取代高分子膜材料而获得越来越广阔的应用。

绝缘陶瓷是为满足科学技术与实际生产发展而不断开发的一类陶瓷材料。高性能绝缘陶瓷的制备对原料要求较高，通常需要高纯度、超细且分散性能良好的粉体；在制备工艺方面，各种先进的成型和烧结技术及自动化程度高，控制精准的设备被相继开发并采用，产品更新周期短，能满足绝缘陶瓷制品产业化的需求。总之，绝缘陶瓷的产业化正步入快速发展时期，结构微细化、组成复合化和结构-功能一体化将是绝缘陶瓷研究和发展的重要方向。通过不断降低绝缘陶瓷的制备成本，提高产品的可靠性，扩大产业规模，将使绝缘陶瓷在战略性新兴产业领域获得越来越广泛的应用。

课后习题

1. 请简要给出绝缘陶瓷的基本定义？
2. 绝缘陶瓷的生产工艺相对于其他功能陶瓷有什么异同？
3. 绝缘陶瓷可用于哪些制作电子器件？试举一例并说明绝缘陶瓷是如何实现该电子器件的功能的。
4. 镁质绝缘陶瓷的典型代表有哪些？各有何特点？
5. 氮化物绝缘陶瓷的分类有哪些？
6. 六方氮化硼的性能具有哪些特点？
7. 目前氮化硅陶瓷的烧结工艺方法主要包括哪些？试举例说明。
8. 绝缘陶瓷在哪些新兴领域具有发展和应用前景？

参考文献

[1] 赵月明，郭从盛，谭宏斌. 堇青石陶瓷的应用与制备进展 [J]. 中国陶瓷，2011，47 (10)：7-9.

[2] 任强，武秀兰. 合成堇青石陶瓷材料的研究进展 [J]. 中国陶瓷，2004，05：25-27.

[3] 杜春生. 莫来石的工业应用 [J]. 硅酸盐通报，1998，02：57-60.

[4] 赵月明，王彩霞，郭从盛，等. 莫来石陶瓷的应用与制备进展 [J]. 中国陶瓷，2013，49 (01)：5-7.

[5] 燕东明，高晓菊，刘国玺，等. 高热导率氮化铝陶瓷研究进展 [J]. 硅酸盐通报，2011，30 (03)：602-607.

[6] Li Q, Chen L, Gadinski M, et al. Flexible high-temperature dielectric materials from polymer nanocomposites [J]. Nature，2015，523：576-579.

[7] 徐鹏金. 浅析六方氮化硼陶瓷的制备与应用 [J]. 中国粉体工业，2019，1：12-16.

[8] 段小明，杨治华，王玉金，等. 六方氮化硼 (h-BN) 基复合陶瓷研究与应用的最新进展 [J]. 中国材料进展，2015，34 (10)：770-782.

[9] 无机材料（三）[J]. 中国粉体工业，2012，6：61-62.

［10］ 王会阳，李承宇，刘德志. 氮化硅陶瓷的制备及性能研究进展［J］. 江苏陶瓷，2011，44（06）：4-7.

［11］ 肖汉宁，刘井雄，郭文明，等. 工程陶瓷的技术现状与产业发展［J］. 机械工程材料，2016，40（06）：1-7.

第 10 章

陶瓷基复合材料

10.1 陶瓷基复合材料的概述

陶瓷基复合材料就是指以陶瓷材料作为基体，高强度纤维、晶须、颗粒等作为增强体，采用适当的复合工艺制备而成的复合材料，又称多相复合陶瓷（multiphase composite ceramic）或复相陶瓷（diphase ceramic）。陶瓷基复合材料是从 20 世纪 80 年代逐渐发展起来的新型陶瓷材料，具有耐高温、耐磨、抗高温蠕变、热导率低、热膨胀系数低、耐化学腐蚀、强度高、硬度大等特点，是理想的高温结构材料。

陶瓷基复合材料具有极为广泛的应用前途，如航天、汽车、燃气轮机等热动力装置的高温部件、金属切削刀具、研磨材料，同时在电力、电子技术、节能等方面有着特殊应用，并且在军事上也有广泛的应用前途。陶瓷基复合材料包括纤维（或晶须）增韧（或增强）陶瓷基复合材料、异相颗粒弥散强化复合陶瓷、原位生长陶瓷复合材料、梯度功能复合陶瓷及纳米陶瓷复合材料。由于该类材料具有耐高温、耐磨、抗高温蠕变、热导率低、热膨胀系数低、耐化学腐蚀、强度高、硬度大及介电、透波等特点，其在有机材料基和金属材料基不能满足性能要求的工况下可以得到广泛应用，而成为理想的高温结构材料，越来越受到人们的重视。但由于陶瓷材料本身具有脆性的弱点，作为结构材料使用时缺乏足够的可靠性，因此改善陶瓷材料的脆性已成为陶瓷材料领域亟待解决的问题之一。据文献报道，陶瓷基复合材料将成为可替代金属及其合金的发动机热端结构的首选材料。鉴于此，许多国家都在积极开展陶瓷基复合材料的研究，大大拓宽了其应用领域，并相继研究出各种制备新技术。

10.1.1 陶瓷基复合材料的分类

复合材料按照材料使用功能、基体材料和增强体的几何形态可以有以下几种分类方式。按照材料使用功能可分为结构复合材料和功能复合材料。按基体材料可分为聚合物基复合材料、金属基复合材料和陶瓷基复合材料。按照增强体的几何形态可分为连续纤维增强复合材料、短纤维复合材料、薄片增强复合材料等。接下来将进行简要阐述。

10.1.1.1　按材料使用功能分类

（1）结构陶瓷复合材料

主要利用其力学、耐高温等性能，用于制造各种承力和次承力构件，具有轻质、高强度、高刚度、高比模、耐高温、低膨胀、绝热和耐腐蚀等特性。

（2）功能陶瓷复合材料

主要利用其光、声、电、磁、热等物理性能的功能材料，如具有导电、半导、磁性、压电、阻尼、吸声、吸波、屏蔽、阻燃、防燃等特殊性能的陶瓷基复合材料。多功能体可以使复合陶瓷具有多种功能，同时还可能由于产生复合效应而出现新的功能。

10.1.1.2　按基体材料的种类分类

（1）氧化物陶瓷基复合材料

如氧化铝基、氧化锆基、氧化硅基复合材料等。氧化物陶瓷主要由离子键结合，也有一定成分的共价键。其结构取决于结合键的类型、各种离子的大小以及在极小空间保持电中性的要求。纯氧化物陶瓷，其熔点多数超过 2000℃。随着温度的升高，氧化物陶瓷的强度降低，但在 800～1000℃ 以前强度的降低不大，高于此温度后大多数材料的强度剧烈降低。纯氧化物陶瓷在高温下难以被氧化，所以这类陶瓷是很有用的高温耐火结构材料。如氧化锆陶瓷具有高强度、高硬度、高耐化学腐蚀性等优点，其韧性是陶瓷中最高的，应用其耐磨损性能，可以制作拉丝模、轴承、密封件、医用人造骨骼、汽车发动机的塞钉、缸盖地板、气缸内衬等。

（2）非氧化物陶瓷基复合材料

非氧化物陶瓷不同于氧化物，这类化合物在自然界很少有，大部分需要人工合成。它们是先进陶瓷特别是金属陶瓷的主要成分和晶相，主要由共价键结合而成，但也有一定的金属键的成分。由于共价键一般具有很高的结合能，因此由这类材料制备的陶瓷一般具有较高的耐火度、高的硬度（有时接近于金刚石）和高的耐磨性（特别对侵蚀介质），但其脆性都很大，并且高温抗氧化能力一般不高，在氧化气氛中将发生氧化而影响材料的使用寿命。主要包含氮化物陶瓷基复合材料以及碳化物基陶瓷复合材料。

① 氮化物基陶瓷复合材料　主要是氮与过渡族金属（如钛、钒、铌、锆、钽、铪等）的化合物以及 Si_3N_4 中虽然固溶有铝和氧，但仍保持 Si_3N_4 结构的氮化物陶瓷。例如 Si_3N_4、AlN、BN 等陶瓷。

② 碳化物陶瓷基复合材料　是硅、钛以及其他过渡族金属碳化物的总称。例如 SiC、ZrC、WC、TiC 等陶瓷。

（3）微晶玻璃基复合材料

指向玻璃中引进晶核剂，通过热处理、光照射或化学处理等手段，使玻璃内部均匀地析出大量微小晶体，形成致密的微晶相和玻璃相的多相复合材料。例如锂铝硅酸盐微晶玻璃（$Li_2O\text{-}Al_2O_3\text{-}SiO_2$）、镁铝硅酸盐微晶玻璃（$MgO\text{-}Al_2O_3\text{-}SiO_2$）等。通过控制析出微晶的种类、数量、尺寸大小等，可以获得透明微晶玻璃、膨胀系数为零的微晶玻璃及可切削微晶玻璃等。微晶玻璃的组成范围很广，晶核剂的种类也很多，按基础玻璃组成，可分为硅酸盐、铝硅酸盐、硼硅酸盐、硼酸盐及磷酸盐 5 大类。用纤维增强微晶玻璃可显著提高材料的强度和韧性。

（4）碳/碳复合材料

以碳或石墨纤维为增强体，碳或石墨为基体复合而成的材料。其特点是无氧环境下到3000℃依然能保持其性能，主要应用于航天领域的高温部分以及航空的飞机刹车片等。

10.1.1.3 按增强体的形态分类

可分为零维（颗粒）、一维（纤维状）、二维（片状和平面织物）、三维（三向编织体）等陶瓷基复合材料。

（1）颗粒弥散强化陶瓷基复合材料

根据增强相相对于基体材料的弹性模量，颗粒增强陶瓷基复合材料又可分为延性颗粒复合于强基质中陶瓷基复合材料和刚性粒子复合于基质中陶瓷基复合材料。前者利用塑性变形或沿晶界滑移来缓解集中应力，如 TiN/Ni 等，可使韧性显著提高，但强度的提升不大，其高温性能下降。后者利用弹性模量和热物理参数的不同，形成残余应力，这种应力场于裂纹尖端相互作用（裂纹偏转、绕道、分岔、钉扎等），产生增韧作用。当增强颗粒尺寸很小的时候（纳米级及几微米），就形成了弥散强化。

（2）纤维（晶须）补强增韧陶瓷基复合材料

包括短纤维补强增韧陶瓷基复合材料，是一种高比强、高比模、耐高温、抗氧化和耐磨损以及热稳定性较好的新材料，尤其是在高温燃气轮机等高温、耐磨部件方面有着十分广阔的应用前景。有学者在理论分析和实验研究的基础上认为纤维（晶须）补强增韧机理是架桥和偏转机理，尤其是对晶须而言，拔出效应不明显。他们认为裂纹尖端尾部存在晶须-基体界面解离区（debonding zone），在此区域内，晶须把裂纹桥接起来并在裂纹表面产生闭合应力，阻止裂纹扩展而产生增韧补强作用。

（3）晶片补强增韧陶瓷基复合材料

包括人工晶片和天然片状材料。例如碳化硅晶片补强陶瓷，就是将碳化硅晶片作为增强体加入到氮化硅、氧化锆、氧化铝等陶瓷材料中，通过裂纹偏转、桥联等增韧机制达到增强效果。如增强后的氧化锆陶瓷，断裂韧性高达 $17.9MPa \cdot m^{1/2}$；增强后的氮化硅陶瓷断裂韧性达 $14.3MPa \cdot m^{1/2}$，可用于刀具、刃具和高温部件制作。

（4）长纤维补强增韧陶瓷基复合材料

长纤维补强陶瓷基复合材料的补强增韧作用主要是由于裂纹扩展过程中纤维拔出时产生的能量耗散。

（5）叠层式陶瓷基复合材料

包括层状复合材料和梯度陶瓷基复合材料。由于这种材料可按照设计需求灵活选择各层材料，因此可以在提高陶瓷基复合材料强度和韧性的同时提升其对复杂环境的适应能力。此外，陶瓷基层状复合材料的制备工艺具有简便易行、易于推广、生产周期短、投入成本低等特点，可以用于制备大的或形状复杂的陶瓷部件。1990 年，W. J. Clegg 提出了基于高度有序的"实体"结构的层状陶瓷概念，这种 SiC/C 层状复合材料的断裂韧性可达 $15MPa \cdot m^{1/2}$，断裂功更高达 $4625J/m$，是普通 SiC 陶瓷材料的几十倍。在此之后，世界各国研究者对 ZrO_2、Si_3N_4、Si_3N_4/BN 等体系的层状陶瓷进行了大量研究，都取得了比常规陶瓷材料高几倍乃至几十倍的强度以及断裂韧性。层状陶瓷复合材料，其独特的结构使陶瓷材料克服了单体时的脆性，在保持高强度、抗氧化的同时，大幅度提高了材料的韧性和可靠性，因而可应用于安全系数要求较高的领域，为陶瓷的实用化带来了新的希望。

层状陶瓷基复合材料的基体层为高性能的陶瓷片层，界面层可以是非致密陶瓷、石墨或延性金属等。与非层状的基体材料相比，层状陶瓷复合材料的断裂韧性与断裂功可以产生质的飞跃；层状复合不仅有效改善了陶瓷材料的韧性，而且其制备工艺具有简单、易于推广、周期短而价廉的优点，尤其适于制备薄壁类陶瓷部件。与此同时，这种层状结构还能够与其他增韧机制相结合，形成不同尺度多级增韧机制协同作用，立足于简单成分多重结构复合，从本质上突破了复杂成分简单复合的旧思路。这种新的工艺思路是对陶瓷基复合材料制备工艺的重大突破，将为陶瓷基复合材料的应用开辟广阔前景。

层状陶瓷基复合材料之所以具有很高的韧性，主要是因为界面层对裂纹的钝化与偏转。材料破坏过程中，当裂纹穿过基体层到达界面层时，由于界面层很弱，裂纹尖端不受约束，由 3 向应力变为 2 向应力，裂尖被钝化，穿层扩展受到阻碍，裂纹将沿着界面偏转，成为界面裂纹，能量被大量吸收，只有在更大载荷的作用下，裂纹才会继续穿层扩展。这一过程重复发生，直至材料完全断裂。因此层状陶瓷基复合材料的失效不是突发性的，裂纹的扩展不像在单体陶瓷中那样直接穿透材料，而是有一个曲折前进的过程，使得材料的断裂韧性和可靠性大大增加。

层状陶瓷复合材料由于结构上的特殊性，其力学性能也表现出一些独特的性质。研究表明，弱界面层状陶瓷复合材料对疲劳载荷不敏感，在经历 3×10^6 次循环加载后，材料的剩余抗弯强度与试验前相比没有下降。此外，在热冲击实验中，该复合材料在 $25 \sim 1400 ℃$ 热循环 500 次后，弹性模量基本保持不变，抗弯强度反而略有上升。这些特性对于发动机高温结构件来说是十分重要的。碳化硅基层状陶瓷复合材料的高温抗弯强度仅比室温强度略有降低，而且其高温抗氧化性和抗热振性均优于 SiC/C_f，有着很大的发展潜力。

10.1.1.4　按基体材料分类

① 聚合物基复合材料：以有机聚合物（主要为热固性树脂、热塑性树脂等）为基体制成的复合材料。

② 金属基复合材料：以金属为基体制成的复合材料，如铝基复合材料、铁基复合材料等。

③ 陶瓷基复合材料：以陶瓷材料（包括玻璃、水泥等）为基体制成的复合材料。

10.1.2　陶瓷基复合材料的特性

陶瓷材料强度高、硬度大、耐高温、抗氧化，高温下抗磨损性能好、耐化学腐蚀性优良，热膨胀系数和相对密度较小，这些优异的性能是一般常用金属材料、高分子材料及其复合材料所不具备的，但陶瓷材料抗弯度不高、断裂韧性低，极大地限制了其作为结构材料的使用。可通过控制晶粒、相变韧化、纤维增强等手段制成复合材料，陶瓷基复合材料具有高熔点、高硬度、高刚度和高温强度，并具有抗蠕变、疲劳极限好、高抗磨性，在高温和化学侵蚀的场合下能承受大的载荷等优点，在航空、航天等领域有着广泛的应用前景。最近，欧洲动力公司推出的航天飞机高温区用碳纤维增强碳化硅基体所制造的陶瓷基复合材料，可分别在 1700℃和 1200℃下保持 20℃时的抗拉强度，并且有较好的抗压性能、较高的层间剪切强度；而断裂延伸率较一般陶瓷高，耐辐射效率高，可有效地降低表面温度，有极好的抗氧化、抗开裂性能。陶瓷基复合材料与其他复合材料相比，其发展仍然较为缓慢，主要原因在于复杂的制备工艺以及缺少耐高温的纤维。

10.1.2.1　陶瓷基复合材料的主要力学性能

（1）拉伸、压缩和剪切力学行为

单体陶瓷的拉伸曲线是直线，而连续纤维增强的陶瓷基复合材料则会在直线后经过曲线上升到最大应力断裂。此外，纤维增强陶瓷基复合材料在拉伸载荷作用下表现出明显的非线性特征，材料内部不断产生损伤，直到材料最终破坏。理想单向陶瓷基复合材料的拉伸应力-应变曲线可以分成 4 个阶段，如图 10.1 所示。

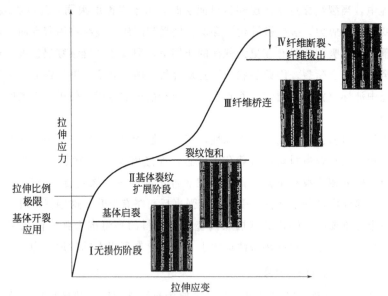

图 10.1　单向陶瓷基复合材料的拉伸应力-应变曲线

第 Ⅰ 阶段为线弹性段，新裂纹没有产生而且制备过程中产生的微裂纹没有扩展，对应于宏观应力-应变曲线上的线性段，复合材料的刚度可以通过混合率求得；随载荷增加，逐渐进入第 Ⅱ 阶段，此时开始产生新的微裂纹，原有裂纹也开始扩展，裂纹密度（单位长度上的裂纹数目）成为一个稳定值，裂纹达到饱和；第 Ⅲ 阶段始于基体裂纹饱和，通过纤维桥联，不发生进一步损伤，表现为一段直线，直线斜率对应复合材料的刚度，取决于纤维模量以及纤维体积含量；第 Ⅳ 阶段纤维开始断裂，断裂后的纤维逐渐从基体中拔出，由于纤维在基体中沿轴向和径向都受到压缩，因此纤维在拔出过程中还受到界面摩擦力的作用，对应于载荷下降的过程，这一阶段决定复合材料的强度。复合材料的强度取决于纤维的统计强度和界面摩擦力。部分陶瓷基复合材料可能只出现其中的一个或几个阶段，便发生断裂。

（2）断裂韧性

不同类型的陶瓷基复合材料增韧机理有所不同。采用传统断裂力学方法测出的连续纤维增强陶瓷基复合材料断裂韧性可达 20MPa$^{1/2}$，该值远高于单体陶瓷材料（约 10MPa$^{1/2}$）。但是，严格来说，不存在力学定义的断裂韧性，因此断裂功被用来评价韧性的高低。

（3）热冲击抗力

陶瓷基复合材料在热冲击载荷下不容易发生完全的毁坏。由于陶瓷本身的脆性，陶瓷几乎不发生塑性变形，而且陶瓷材料一般导热差，温度变化引起的应力梯度大；陶瓷材料在热冲击条件下，由于各向异性热膨胀系数造成的热应力很大。因此，热冲击断裂和损伤是工程陶瓷材料失效的主要方式之一，也是评价工程陶瓷材料使用性能的一种重要指标，研究陶瓷材料的抗热冲击性能对于实际应用具有非常重要的意义。

目前高温陶瓷材料的抗热冲击理论主要认为当陶瓷材料受到热冲击破坏时，主导因素为裂纹，并从裂纹萌生和扩展的角度给出了两种重要的理论，分别是热应力断裂理论和热冲击损伤理论。陶瓷材料的热冲击破坏分为热冲击作用的瞬时断裂和热冲击循环作用下的开裂、剥落，以至整体损坏的热冲击损伤两大类。据此脆性陶瓷材料抗热冲击性能的评价理论也相应地分为以下两种：一种是基于热弹性理论的临界应力断裂理论；另一种是基于断裂力学概念的热冲击损伤理论与裂纹开始和裂纹扩展的统一理论。这几种评价理论的比较如表 10.1 所示。

表 10.1　抗热冲击性能评价理论的比较

评价理论	适用范围	缺陷
热应力断裂理论	致密高强度陶瓷	无法解释含微孔材料良好的抗热冲击性能
热冲击损伤理论	多孔低强度陶瓷	仅限于裂纹扩展阶段的抗热冲击性能的评价
断裂发生与裂纹扩展的统一理论	兼有两种理论参数的特点	与热冲击断裂理论本质一致，没有构成统一的新的评价理论

（4）疲劳

跟传统材料相比，陶瓷基复合材料的疲劳寿命随最大应力或者应力幅的增长而下降。在室温下，其疲劳极限为拉伸强度的 70%～80%，远远大于基体的开裂应力（即最大容许应力）。但是在高温下，存在疲劳寿命降低的问题。陶瓷基复合材料在普通工业领域，常用于阀体及阀座、挤压模具及泵衬、切削刀具等，其性能远优于普通陶瓷和硬质合金。采用碳化硅晶须增强的陶瓷基复合材料，韧性和抗弯强度都有显著提高，用作切削刀具材料，其耐用度比硬质合金要高出 100 多倍（抗弯强度＞800MPa，断裂韧性值 8MPa·m$^{1/2}$，硬度＞92HRA）。

10.1.2.2　陶瓷基复合材料的主要物理和化学性能

（1）热膨胀

复合材料由纤维、界面和基体构成，因此各组成成分之间热膨胀系数的相容性是非常重要的。虽然线膨胀系数彼此一致是最为理想的，但是这几乎难以实现。一般而言，线膨胀系数用于表征材料的热膨胀，晶体的线膨胀系数存在各向异性，因此线膨胀系数的各向异性造成的热应力常常是导致多晶体材料从烧结温度冷却下来时发生开裂的原因。在陶瓷基复合材料里，一般希望增强体承载压缩的残余应力，这样即使是弱界面，也不会发生界面脱黏。

（2）热传导

陶瓷作为耐热、隔热材料，其热导率是重要的物理性能指标。热导率对于复合材料的裂纹、空洞和界面结合情况都很敏感。此外，纤维增强复合材料的热导率还具有方向性，如碳、石墨纤维增强复合材料，沿纤维方向比垂直纤维方向的热导率大得多。有实验测得，碳纤维增强复合材料垂直于板平面方向的热导率为 $0.61W/(m \cdot \text{℃})$，而板平面方向的热导率为 $6.4W/(m \cdot \text{℃})$，相差很大。纤维增强复合材料的热导率不仅与纤维和基体有关，还与纤维的排列及方向有关。

（3）氧化抗力

陶瓷基复合材料作为高温材料，氧化抗力是其重要的性能指标。例如连续碳纤维增强碳化硅基（C/SiC）复合材料，由高强度的碳纤维和高模量、抗氧化的 SiC 基体材料复合而成，是一种新型耐高温、低密度、高强韧性的热结构材料，已经发展成航空航天领域极具发展前景的新一代高温热端结构材料，但是氧化问题仍然制约着其发展和应用。一方面是因为 SiC 基体与 C 纤维之间的热膨胀系数不匹配，在制备过程中 SiC 基体上会产生许多微裂纹，而这些微裂纹为氧气进入材料内部与 C 纤维发生氧化反应提供了通道；另一方面是因为材料的致密度差，不能有效阻挡氧气的扩散。因此，氧化失效是 C/SiC 在高温下失效的主要原因之一。

10.2　陶瓷基复合材料的基体

用作基体材料的陶瓷一般应具有优异的耐高温性质、较好的工艺性能以及与纤维或晶须之间有良好的界面相容性等。在多种陶瓷基体中，应用最广泛的主要有以下三类：

（1）玻璃及玻璃陶瓷基体

玻璃是通过无机材料高温烧结而成的一种陶瓷材料，具有非晶态结构是玻璃不同于其他陶瓷材料的特征。在玻璃胚体的烧结过程中，由于复杂的物理化学反应产生不平衡的酸性和碱性氧化物的熔融液相，其黏度较大，并在冷却过程中进一步迅速增大。一般当黏度增大到一定程度（约 $10^{12}Pa \cdot s$）时，熔体硬化并转变为具有固体性质的无定形物体即玻璃，这个转变温度就称为玻璃化转变温度（T_g）。当温度低于 T_g 时，玻璃表现出脆性。加热时玻璃熔体的黏度降低，在达到某一黏度（$10^8Pa \cdot s$）所对应的温度时，玻璃显著软化，这一温度就称为软化温度（T_f）。T_g 和 T_f 主要由玻璃的成分决定。无机玻璃在适当的热处理下可以从非晶态转变为晶态，这一过程称为反玻璃化。合理控制某些玻璃的反玻璃化过程，可以得到无残余应力的微晶玻璃，这种材料就是玻璃陶瓷。玻璃陶瓷具有热膨胀系数小、力学性能好和热导率较大等特点。但在反玻璃化过程中，玻璃转化为多晶体，透光性变差，由体积变化产生的内应力也会影响材料强度。

此类基体的优点是可以在较低温度下制备，增强体不会受到热损伤，因而具有较高的强度保留率；同时在制备过程中可通过基体的黏性流动来进行致密化，增韧效果好。但其致命的缺点在于玻璃相的存在容易产生高温蠕变，同时玻璃相还容易向晶态转化而发生析晶，导致材料的使用温度范围受到限制。目前，此类基体主要有：钙铝硅酸盐玻璃、锂铝硅酸盐玻璃、镁铝硅酸盐玻璃、硼铝硅酸盐玻璃及石英石玻璃等。

（2）氧化物基体

是 20 世纪 60 年代以前使用最多的一类陶瓷材料，主要有 Al_2O_3、SiO_2、ZrO_2、MgO

和莫来石（富铝红柱石，$3Al_2O_3 \cdot 2SiO_2$）等，它们的熔点都在 2000℃ 以上。近年来，又相继开发了钇铝石榴石、ZrO_2-TiO_2、ZrO_2-Al_2O_3 等。氧化物陶瓷主要为单相多晶结构，除晶相外，可能还含有少量气相（气孔），微晶氧化物的强度较高，粗晶结构，晶界面上的残余应力较大，对强度不利。氧化物陶瓷的强度对环境温度敏感，随环境温度升高而降低，但在 1000℃ 以下时的降低程度较小。制备氧化物陶瓷基复合材料的最大问题在于：在高温氧化环境下增强体例如纤维容易发生热退化和化学退化，并易与氧化物基体发生反应。此外，陶瓷基体如 Al_2O_3 和 ZrO_2 的抗热振性较差，SiO_2 在高温下容易发生蠕变和相变，虽然莫来石有较好的抗蠕变性能和较低的热膨胀系数，但其使用温度最好也应低于 1200℃。因此，这类材料均不适宜用于高应力和高温环境中。

（3）非氧化物基体

指不含氧的氮化物、碳化物、硼化物和硅化物，主要指 SiC 和 Si_3N_4 陶瓷。由于其具有较高的强度、耐磨性和抗热振性及优异的高温性能，与金属材料相比还具有较低的密度等特点，因此非氧化物基体被人们广泛关注。其中 SiC 基复合材料是研究最早也是最成功的一种。例如，以化学气相渗透法制备的 Nicalon 纤维增韧碳化硅基复合材料，其抗弯强度达 600MPa，断裂韧性达 27.7MPa·$m^{1/2}$。其他研究较为成功的非氧化物陶瓷基体还有氮化硼。氮化硼具有类似石墨的六方结构，在高温（1360℃）和高压作用下可转变成立方结构的 β-氮化硼，耐热温度高达 2000℃，硬度极高，可用作金刚石的替代品。

10.3 陶瓷基复合材料的增强体

10.3.1 常用增强体的分类

由于陶瓷基体中加入的增强体主要增强陶瓷的韧性，因此陶瓷基复合材料中的增强体通常也称为增韧体。从几何尺寸上来说，增强体可分为纤维（长、短纤维）、晶须和颗粒三类。

（1）纤维

许多材料特别是脆性材料在制成纤维之后，其强度远远超过块体材料的强度。其原因在于物体越小，表面和内部包含可能导致脆性断裂的危险裂纹的可能性越小。在陶瓷基复合材料中使用得较为普遍的是碳纤维、玻璃纤维、硼纤维等；与其他增韧方式相比，连续纤维增强陶瓷基复合材料（CFCC）具有较高的韧性，当受到外力的冲击时，能够产生非失效性破坏形式，可靠性高，是提高陶瓷材料性能最有效的方法之一。表 10.2 为单组分陶瓷与连续纤维增强陶瓷基复合材料性能的比较。

表 10.2 单组分陶瓷与 CFCC 性能的比较

材料	抗弯强度/MPa	断裂韧性/MPa·$m^{1/2}$
Al_2O_3	550	4.5
碳增强 Al_2O_3/SiC_f		10.5
SiC	500	4.0
SiC/SiC_f	750	25.0

材料	抗弯强度/MPa	断裂韧性/MPa·m$^{1/2}$
SiC/C$_f$	557	21.0
氮化硼增强 ZrO$_2$/SiC$_f$	450	5.0
硅酸硼玻璃	60	0.6
硅酸硼玻璃/SiC$_f$	830	18.9

目前用于增强陶瓷基复合材料的连续纤维主要有 SiC、C、B 及氧化物等纤维，C 纤维的使用温度最高，可超过 1650℃，但只能在非氧化条件下工作。对于 C 纤维增强陶瓷基复合材料高温下的氧化保护问题，国际上目前尚未完全解决。除 C 纤维外，其他纤维在超过 1400℃的高温下均存在性能恶化问题。由于陶瓷材料一般都需在 1500℃以上烧制，通常的制备方法都会使陶瓷纤维由于热损伤而造成力学性能的退化。CVI 工艺虽然可解决制备过程中的这一问题，但其制备成本十分昂贵。此外，材料在高温下使用时仍会面临纤维性能退化的问题。因此，突破连续纤维增强陶瓷基复合材料性能的关键在于研制出抗氧化的陶瓷纤维。

目前，解决纤维问题的途径主要有：①提高 SiC 纤维的纯度，降低纤维中的含氧量。如近年来采用电子束辐照固化方法发展出了一种低含氧量（质量分数为 0.5%）的 Hi-NicaionSiC 纤维，其高温性能比普通 NicaionSiC 纤维有了明显的提高。②发展高性能的氧化物单晶纤维。氧化物连续纤维出现较晚，且一般为多晶纤维，高温下会发生再结晶，导致性能下降，而单晶纤维则可以避免这个问题。例如目前蓝宝石单晶纤维使用温度可达 1500℃，使材料的高温性能有了提升。随着能承受更高温度的氧化物单晶纤维出现，高温结构陶瓷基复合材料的研究必将有所突破。从发展趋势上看，非氧化物/非氧化物陶瓷基复合材料中 SiC/SiC$_f$、Si$_3$N$_4$ 仍是研究的重点，有望在 1600℃以下使用；氧化物/非氧化物陶瓷基复合材料由于氧化物基体的氧渗透率过高，在长时间高温的应用条件下几乎没有任何潜在的可能；能满足 1600℃以上高强和高抗蠕变要求的复合材料，最大的可能将是氧化物/氧化物陶瓷基复合材料。

1) 长纤维

按纤维排布方式的不同，又可将其分为单向长纤维增强复合材料和多向长纤维增强复合材料。单向长纤维增强复合材料的显著特点是具有各向异性，即沿纤维长度方向上的纵向性能要大大优于其横向性能；在这种材料中，当裂纹扩展遇到纤维时会受阻，在这种情况下，要使裂纹进一步扩展就必须提高所施加的外应力，如图 10.2 所示。当外加应力进一步提高时，由于基体和纤维之间界面的离解，再加上纤维比基体更高的强度，纤维就可以从基体中拔出。当拔出的长度达到一个临界值时，纤维就会发生断裂。由上所述，我们可以得知裂纹的扩展必须克服由于纤维的加入而产生的拔出功以及纤维的断裂功，因此使得材料的断裂更为困难，进而达到了增韧的效果。在实际材料断裂的过程中，纤维的断裂并不一定发生在同一个裂纹平面上，主裂纹还会沿着纤维断裂的位置而发生裂纹转向。这种情况也同样会增加裂纹扩展的阻力，进一步提升韧性。

另外，单向排布纤维增韧陶瓷只是在纤维排列方向上的纵向性能较好，其横向性能则稍显逊色，但许多陶瓷构件要求在二维及三维方向上都具有优异的性能，这时就需要开发多向

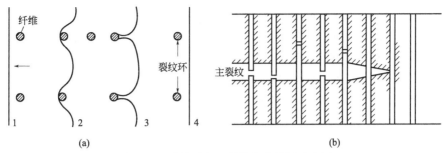

图 10.2　裂纹垂直于纤维方向扩展示意图

长纤维增强复合材料。二维多向排布纤维增韧复合材料中纤维的排布方式有两种：一种是将纤维编织成纤维布，浸渍浆料后根据需要的厚度将单层或若干层进行热压烧结成型，如图 10.3(a) 所示。这种材料成型板状构件曲率不宜太大。其在平行于纤维排布面方向上的性能显著提高，但在垂直于纤维排布面方向上的性能较差，一般用于对二维方向上的性能要求较高的器件。另一种是纤维分层单个排布，层间纤维成一定的角度，如图 10.3(b) 所示。这种复合材料可以根据构件的形状用纤维浸浆缠绕的方法做成所需形状的壳层状构件。这种二维多向纤维增韧陶瓷基复合材料的韧化机理与单向排布纤维复合材料相同，主要都是靠纤维的拔出与裂纹转向机制，使其韧性及强度与基体相比有大幅度的提升。

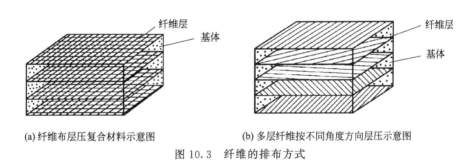

(a) 纤维布层压复合材料示意图　　　　(b) 多层纤维按不同角度方向层压示意图

图 10.3　纤维的排布方式

三维多向排布纤维增韧陶瓷基复合材料是按直角坐标将多束纤维分层交替编织而成的，由于每束纤维呈直线伸展，不存在相互交缠和绕曲，因而使纤维可以充分发挥最大的强度结构。这种编织结构还可以通过调节纤维束的根数和股数、相邻束的间距、织物的体积密度以及纤维的总体积分数等参数进行设计以满足性能要求。

2）短纤维

长纤维增韧陶瓷基复合材料虽然性能优越，但其制备工艺复杂，而且纤维在基体中不易分布均匀。因此，将长纤维剪短（小于 3mm），再与基体粉末混合，经过一定工艺，也可以实现增韧效果。

纤维的引入不仅提高了陶瓷材料的韧性，更重要的是使材料的断裂行为发生了根本性变化，由原来的脆性断裂变成了非脆性断裂。纤维增强陶瓷基复合材料的增韧机制包括基体预压缩应力、裂纹扩展受阻、纤维拔出、纤维桥联、裂纹偏转、相变增韧等。

金属纤维是最早应用于陶瓷基复合材料中的纤维，例如 W、Mo、Ta 等，用于 Si_3N_4、莫来石、Al_2O_3 和 Ta_2O_5 等基体的增韧。虽然这类陶瓷基复合材料在室温下可以获得较高的强度，但在其在高温下的氧化问题却不可忽视，因此又研发了 SiC 涂层 W 芯纤维。用这种纤维增韧的 Si_3N_4 复合材料断裂功可提升至 $3900J/m^2$，但它的强度仅有 55MPa（图 10.4），而且纤维的抗氧化性问题也没有得到改善。此外，当温度升高到 800℃时，复合材料的强度严重下降。碳纤维因较高的强度、弹性模量和低成本等优异特性而被广泛应用于复合材料领域，但在实际生产生活中发现，高温下碳纤维会与多种陶瓷基体发生化学反应。

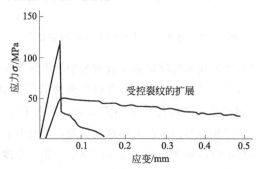

图 10.4　Si_3N_4 陶瓷采用 SiC 涂层 W 芯纤维增韧前后断裂功的变化

Nicalon 是由聚碳硅烷熔融纺丝后通过热解制备而成的 SiC 纤维，该纤维含有过量的 O 和 C。其中过量的 C 有利于在制备 CMC 过程中在 f/m 界面上形成富 C 层，进而促进 Si_3N_4 增韧，但当温度超过 1000℃时，它会严重氧化，使纤维的性能严重恶化。高温下这种纤维增强复合材料还会产生脆化，这主要是由于高温下纤维的性能会受损，f/m 界面的结合会加强。氧化物陶瓷纤维还研究得较少，主要是因为这些纤维与很多陶瓷基体的界面结合得过于牢固，与此同时，纤维本身也容易出现晶粒长大，如果其中含有玻璃相时，则还会发生高温蠕变，达不到很好的增韧效果。但经过一系列涂层技术的研究和应用，这类纤维的应用前景将有所改观。

目前能用于增强陶瓷基复合材料的纤维种类较多，包括氧化铝系列（包含莫来石）、碳化硅系列、氮化硅系列、碳纤维等，除了上述纤维外，目前正在研发的还有 BN、TiC、B_4C 等复相纤维。利用浆料法结合真空浸渗工艺，制备了二维石英纤维增强多孔 Si_3N_4-SiO_2 基复合材料；增加浸渗次数虽不能有效提高复合材料的强度，但却使裂纹偏转因子变小，断裂模式由韧性断裂向脆性断裂转变，端口形貌由纤维成束拔出变为多级拔出。利用 LPCVI 技术制备了三维连续纤维增韧碳化硅基复合材料。当复合材料的界面相厚度为 $0.19\mu m$，体积密度为 $2101\sim2105g/cm^3$ 时，用碳纤维 T300 增韧后的复合材料弯曲强度为 459MPa，断裂韧性为 $2010MPa \cdot m^{1/2}$，断裂功为 $25170J/m^2$。

纤维拔出是纤维复合材料的主要增韧机制，通过纤维拔出过程的摩擦耗能，使复合材料的断裂功增大。纤维拔出过程的耗能取决于纤维拔出长度和脱黏面的滑移阻力。滑移阻力过大，纤维拔出长度较短，增韧效果不好；滑移阻力过小，尽管纤维拔出长度较长，但摩擦做功较小，增韧效果不好，且强度较低。纤维拔出长度取决于纤维强度分布、界面滑移阻力。因此，一般在设计纤维增强陶瓷时，纤维增强材料的选择有以下几个原则：

① 尽量使纤维在基体中均匀分散。多采用高速搅拌、超声分散等方法，湿法分散时，常常采用表面活性剂避免料浆沉淀或偏析。

② 弹性模量要匹配，一般纤维的强度、弹性模量要大于基体材料。

③ 纤维和基体要有良好的化学相容性，无明显的化学反应或形成固溶体。

④ 纤维与基体的热膨胀系数要匹配，只有纤维与基体的热膨胀系数差不大时才能使纤维与界面结合力适当，保证载荷转移效应，并保证裂纹尖端应力场产生偏转及纤维拔出。热膨胀系数差较大的，可采取在纤维表面涂层的方法或引入杂质使纤维-基体界面产生新相缓冲其应力。

⑤ 适量的纤维体积分数，过低则力学性能改善不明显，过高则纤维不易分散，不易致密烧结。

⑥ 纤维直径必须在某个临界直径以下。一般认为纤维直径尺度与基体晶粒尺寸在同一数量级。

（2）晶须

晶须是在人工条件下制造出的细小单晶，一般呈棒状，断面呈多角状，其直径约为$0.2\sim1\mu m$，长度约为几十微米，长径比很大。由于其组织结构细小、缺陷少而具有很高的强度和模量。晶须是目前所有材料中强度最接近理论强度的材料，其机械强度几乎等于相邻原子间的相互作用力。在某些情况下，晶须的拉伸强度可达$0.1E$（E为杨氏模量），这已经非常接近理论理想拉伸强度$0.2E$；相比之下，多晶的金属纤维和块状金属的拉伸强度则低得多，分别只有$0.02E$和$0.001E$。晶须高强的原因在于其非常小的直径，因此不能容纳削弱晶体的空隙、位错和不完整等缺陷。此外，晶须材料完整的内部结构使它的强度免受表面完整性的严格限制。晶须兼具玻璃纤维和硼纤维的优异性能，即晶须具有玻璃纤维的延伸率（$3\%\sim4\%$）和硼纤维的弹性模量（$4.2\times10^5\sim7.0\times10^5$ MPa）；氧化铝晶须在$2070℃$的高温下，仍能保持7000 MPa的拉伸强度。晶须增韧的效果不随着温度的变化而变化，因此晶须增韧被认为是高温结构陶瓷复合材料的主要增韧方式。

目前常用的有 SiC、Al_2O_3、Si_3N_4 等陶瓷晶须，部分晶须的基本性能见表10.3。

表10.3　部分晶须的基本性能

晶须名称	密度/(g/cm³)	熔点/℃	拉伸强度/MPa	拉伸模量/GPa	比强度	比刚度
氧化铝	3.9	2080	$(1.4\sim2.8)\times10^5$	$(7\sim24)\times10^2$	3500~7200	$(1.8\sim6.2)\times10^5$
氧化铍	1.8	2560	$(1.4\sim2.0)\times10^5$	7×10^2	7800~11000	3.9×10^5
碳化硼	2.2	2450	0.71×10^4	4.5×10^2	2800	1.8×10^5
石墨	2.25	3580	2.1×10^4	10×10^2	9300	4.5×10^5
α-碳化硅	3.15	2320	$(0.7\sim3.5)\times10^4$	4.9×10^2	2250~11100	1.55×10^5
β-碳化硅	3.15	2320	$(0.71\sim3.55)\times10^4$	$(7\sim10.5)\times10^2$	2250~11100	$(2.2\sim3.3)\times10^5$
氮化硅	3.2	1900	$(0.35\sim1.06)\times10^4$	3.86×10^2	1000~3320	1.2×10^5

采用30%（体积分数）的β-SiC晶须增强莫来石，在SPS烧结条件下材料的强度为570 MPa，比热压高10%左右，断裂韧性为415 MPa·$m^{1/2}$，为纯莫来石的一倍。在2%（摩尔分数）的Y_2O_3超细料中加入30%（体积分数）的SiC晶须，可以细化$2Y$-ZrO_2材料的晶粒，并使材料的断裂方式由沿晶断裂为主转变为穿晶断裂为主的混合断裂，从而显著提高了复合材料的刚度和韧性。

晶须增韧陶瓷基复合材料的主要增韧机制包括晶须拔出、裂纹偏转、晶须桥联，其增韧机理与纤维增韧陶瓷基陶瓷材料类似。晶须增韧陶瓷复合材料主要有两种方法：

① 外加晶须法。即通过晶须分散、晶须与基体混合、成型，再经煅烧制得增韧陶瓷，可加入氧化物、碳化物、氮化物等基体中得到增韧陶瓷复合材料。目前此方法应用较为普遍。

② 原位生长晶须法。将陶瓷基体粉末和晶须生长助剂等直接混合成型，在一定的条件下原位合成晶须，同时制备出含有该晶须的陶瓷复合材料。这种方法尚未成熟，仍待进一步探索。

晶须没有显著的疲劳效应，切断、磨粉或其他的施工操作都不会降低其强度。晶须在复合材料中的增强效果与其品种、用量关系极大，根据实际经验：

a.作为硼纤维、碳纤维及玻璃纤维的补充增强材料。加入 1%～5% 的晶须，强度有明显的提高。

b.加入 5%～50% 的晶须，模压复合材料和浇注复合材料的强度能成倍增加。

c.在层压板复合材料中，加入 50%～70% 的晶须，能使其强度增长许多倍。

d.在定向复合材料中，加入 70%～90% 的晶须，往往可以使其强度提高一个数量级。定向复合材料所用的晶须制品为浸渍纱和定向带。

e.对于高强度、低密度的晶须构架，胶黏剂只须相互接触就可把晶须粘接起来，因此晶须含量可高达 90%～95%。

晶须材料由于价格昂贵，目前主要用在空间和尖端技术上，在民用方面主要用于合成牙齿、骨骼及直升机的旋翼和高强离心机等。

（3）颗粒

从上面的讨论可知，由于晶须具有较大的长径比，因此当其含量较高时，桥架效应会使致密化变得困难，降低材料密度进而使性能恶化。为了克服这一缺陷，可采用颗粒来代替晶须制备复合材料，这种复合材料在原料的均匀混合以及致密烧结方面都比制备晶须增强陶瓷基复合材料要简单易行。从几何尺寸上看，颗粒在各个方向上的长度是大致相同的，具有各向同性，一般为几微米。虽然颗粒的增韧效果不如纤维和晶须，但如果颗粒种类、粒径、含量及基体材料选择适当，仍会有一定的韧化效果。此外，颗粒还会带来高温性能的改善，颗粒增强在高温下仍然起作用，因而逐渐显示了颗粒弥散增强材料的优势。

常用的颗粒有 SiC、Al_2O_3、Si_3N_4 等。颗粒增韧按增韧机理可分为非相变第二相颗粒增韧、延性颗粒增韧、纳米颗粒增韧。非相变第二相颗粒的增韧主要是通过添加颗粒使基体与颗粒间产生弹性模量和热膨胀失配来达到强化与增韧的目的，此外，基体和第二相颗粒的界面在很大程度上决定了增韧机制和强化效果。目前使用较多的是氮化物和碳化物等颗粒。延性颗粒增韧是在脆性陶瓷基体中加入第二相延性颗粒（一般加入金属粒子）来提高陶瓷的韧性。金属粒子作为延性第二相引入陶瓷基体内，不仅改善了陶瓷的烧结性能，而且还可以多种方式防止陶瓷中裂纹的扩展，如裂纹的钝化、偏转、钉扎及金属粒子的拔出等，使复合材料的抗弯强度和断裂韧性得以提高。金属粒子增韧陶瓷的增韧效果归因于金属的塑性变形或裂纹偏转，且其韧化行为强烈程度取决于金属粒子的形状。当其形状为颗粒时，增韧机制主要是裂纹偏转；而金属的塑性变形则主要发生在金属呈纤维、薄片等形状存在的复合材料中。

有研究表明，将晶须与颗粒这两者共同使用可达到取长补短的效果。如 $Al_2O_3+ZrO_2$ $(Y_2O_3)+SiC_w$ 复合材料在含 20％SiC_w＋30％$ZrO_2(Y_2O_3)$ 时，其 σ_f 为 1200MPa，K_{IC} 达 10MPa·$m^{1/2}$ 以上；而只有晶须强化的 $Al_2O_3+SiC_w$ 复合材料，其 σ_f 仅为 634MPa，$K_{IC}=$ 7.5MPa·$m^{1/2}$。这表明晶须加颗粒这种复合强化对性能有显著的提升。表 10.4 给出了莫来石以及用莫来石制得的复合材料的性能。可以看出，由 ZrO_2+SiC_w 与莫来石制得的复合材料要比单由 SiC_w 与莫来石制得的复合材料性能好得多。

表 10.4　莫来石及其制得的复合材料的强度与韧性

材料	σ_f/MPa	K_{IC}/MPa·$m^{1/2}$
莫来石	244	2.8
莫来石＋SiC_w	452	4.4
莫来石＋ZrO_2＋SiC_w	551～580	5.4～6.7
Si_3N_4＋SiC_w	1000	11～12

将颗粒、晶须等增强物加入基体材料中，可明显提高陶瓷材料的抗弯强度和断裂韧性。由于二者弹性模量以及热膨胀系数之间的不匹配，因此会在界面形成应力区，这种应力区与外加应力之间发生相互作用，使扩展裂纹产生钉扎、偏转分叉或以其他形式（如相变）吸收能量，从而提高了材料的断裂抗力。表 10.5 列举了一些具有代表性的颗粒弥散及晶须复合增韧陶瓷基复合材料的力学性能。对于高温下使用的颗粒弥散及晶须复合增韧陶瓷基复合材料，就基体而言，综合考虑高温强度、抗热振性、相对密度、抗蠕变性、抗氧化性等，首选材料仍是 Si_3N_4 和 SiC；在高温下它们的表面会形成氧化硅保护层，能满足 1600℃ 以下高温抗氧化的要求。通过在基体材料中加入合适的增强物及选择适当的材料结构，可大幅度提高陶瓷材料的强度和韧性。

表 10.5　一些典型陶瓷基复合材料的力学性能

材料 （基体/增强物）	抗弯强度/MPa		室温断裂韧性/MPa·$m^{1/2}$
	室温	1600℃	
Si_3N_4/20％SiC_w	500		12.0
Si_3N_4/10％SiC_w	1068	386	9.4
Si_3N_4/SiC 短切纤维	900		20.0
Si_3N_4/SiC 纳米颗粒	1550		7.5
SiC/SiC_w	501	271	6.0
SiC/25％TiC	580		6.5
SiC/15％ZrB_2^*	560		6.5
SiC/Si_3N_4	930		7.0
SiC/33％TiC-33％TiB_2	970		5.9
Al_2O_3/SiC 短切纤维	800		8.7
Al_2O_3/SiC 纳米颗粒	1520		4.8
Al_2O_3/Si_3N_4 纳米颗粒	850		4.7

材料 （基体/增强物）	抗弯强度/MPa		室温断裂韧性/MPa·m$^{1/2}$
	室温	1600℃	
Al_2O_3/TiC	940		4.0
Al_2O_3/YAG	373	198	4.0
莫来石/ZrO_2-SiC	500		6.1
Y-TZP/20%SiC	1050		8.0
ZrO_2/30%SiC*	650	400	12.0

注：＊表示体积分数。

10.3.2 增强相的选择原则

一般选择增强相的原则如下：

① 增强相一般是高熔点、高硬度的非氧化物材料，如 SiC、TiB_2、B_4C、CBN 等，基体一般为 Al_2O_3、ZrO_2、莫来石等。此外，ZrO_2 相变增韧粒子是近年来发展起来的一类新型颗粒增强体。

② 增强相必须有最佳的尺寸、形状、分布及数量，对于相变粒子，其晶粒尺寸还与临界相变尺寸有关，如 t-ZrO_2，一般应小于 $3\mu m$。

③ 增强相在基体中的溶解度必须很低，且不与基体发生化学反应。

④ 增强相与基体必须要有良好的结合强度。

10.4 陶瓷基复合材料的制备方法

陶瓷基复合材料按增强体几何形状和尺寸的不同，分为晶须增强陶瓷基复合材料、颗粒增强陶瓷基复合材料和纤维增强陶瓷基复合材料。

晶须增强体和颗粒增强体尺寸均很小，只是几何形状有些不同。晶须与颗粒增强陶瓷基复合材料的制备方法基本相同，主要有以下两种：外加法和原位生长法。外加法与传统陶瓷材料的制备方法相似，主要包括三个步骤：用机械方法分散增强体并使其与基体粉末混合均匀、成型和烧结。例如通过添加 SiC 晶须对氧化物、碳化物、氮化物等基体进行增韧。原位生长法是在基体相中预先引入增强体生长反应物，均匀分散后，制成一定的坯体，在一定的条件下处理和致密化，得到原位生长晶须或颗粒强化的复合材料，具体有以下几种方法：碳热还原法、燃烧合成法、气固反应法、液固生成法、有机物热解还原法、分解反应合成法和化学混合法等。

纤维增强陶瓷基复合材料的制备工艺比晶须与颗粒增强复合材料复杂得多，并且需要能将纤维缠绕或编织的复杂专用设备。这种复合材料通常由纤维预制体来实现一定的形状，再在纤维预制体内部通过化学转化法制备陶瓷基体。其制备方法根据陶瓷先驱体的形态可分为固相法、液相法和气相法。固相法，即热压烧结法，此法结合了浆料浸渍和高温高压烧结的工艺；液相法，包括反应熔体渗透法、先驱体转化法和溶胶-凝胶法；气相法，主要指化学气相渗透法。本节将详细讲述纤维增强陶瓷基复合材料的制备方法。

10.4.1 固相法

固相法即热压烧结法（hot pressure sintering，HP），又称为浆料浸渗热压法（slurry infiltration and hot pressing），是一种制备纤维增强玻璃和低熔点陶瓷基复合材料的传统方法，采用这种方法已成功制备出诸多以玻璃相为基体的复合材料，例如 SiC/LAS、SiC/BAS、C/SiO_2、C/BAS 以及 C/LAS。其主要工艺过程如下：首先将纤维浸渍在含有基体粉料的浆料中，然后将浸有浆料的纤维缠绕在辊筒上，经烘干制成无纬布，再将无纬布切割成一定尺寸，层叠在一起，最后经热模压成型和热压烧结制得复合材料。其工艺路线如图 10.5 所示。热压过程中，最初阶段是高温去胶，随黏结剂挥发、逸出，基体颗粒重新分布，通过烧结和在外压作用下的黏性流动等过程，充填在纤维之间的孔隙中，最终获得致密化的复合材料。

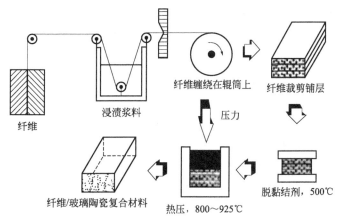

图 10.5　热压烧结法制备纤维增强陶瓷基复合材料的工艺路线

此方法的主要特点是基体软化温度较低，因此可使热压温度接近或低于陶瓷软化温度，利用某些陶瓷（如玻璃）的黏性流动，可以制得纤维定向排列、低孔隙率、高强度的陶瓷基复合材料。存在的问题如下：对于以难熔化合物为基体的复合材料体系，因为基体缺乏流动性而很难有效；对于三维纤维增强复合材料，在高温高压下会使纤维受到严重损伤，并且会导致纤维与基体之间发生额外的化学反应，降低复合材料的性能，因此它只能制备一维或二维的纤维增强复合材料。此外，采用热压烧结法难以实现形状复杂的复合材料构件。

10.4.2 液相法

（1）反应熔体浸渗法

反应熔体浸渗法（reactive melt infiltration，RMI）起初用来制备 Si/SiC 复合材料，并用于多孔体的封填，是一种快速且低成本的复合材料制备技术。RMI 的具体工艺过程为：将纤维预制体放置在密闭的模具中，通过高压冲型或树脂转移模塑工艺得到纤维增韧的复合材料，然后在惰性气氛中高温裂解获得低密度碳基复合材料，利用熔融硅的毛细作用对干燥多孔的复合材料进行浸渗处理，最后熔体硅与热解碳反应生成 SiC 基体，如图 10.6 所示。

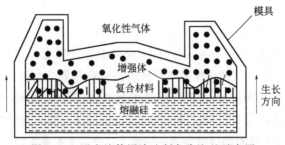

图 10.6　反应熔体浸渗法制备陶瓷基示意图

此方法的优点有：无需施加压力即可制备大尺寸、复杂形状的薄壁构件，并能实现近净成型；残余孔隙率低，复合材料具备较高的层间剪切强度，并且具有较高的热导率；制备周期短（1～2 周），成本低，易于实现大规模生产。其不足之处在于：该工艺制备的材料表面不均匀，需要进行后期处理；由于基体中含有少量自由硅，残余硅会降低材料的断裂韧性，影响其在高温下的使用性能；工艺温度高，容易对纤维造成损伤。通常采用在纤维表面制备保护层或者加入助熔剂的方法，以减弱渗硅过程中对纤维的高温损伤。

（2）先驱体转化法

先驱体转化法又称聚合物浸渍裂解法（polymer impregnation and pyrolysis，PIP）或先驱体裂解法，这种方法最先应用于 C/C 复合材料的制备，近年来在制备 SiC、Si_3N_4、BN 和 SiBCN 基复合材料中也得到了广泛的应用。其工艺的基本过程是：以多孔纤维预制件为骨架，浸渍具有一定流动性的陶瓷先驱体聚合物（适当理论比值的金属有机化合物）；将浸渍后的预制件烘干或者进行一定程度的交联固化，然后在惰性气氛中进行高温裂解；经过多次的浸渍-交联-裂解循环过程，最终可制得结构各异的致密纤维增韧陶瓷基复合材料。制备流程如图 10.7 所示。

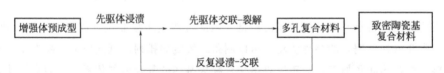

图 10.7　先驱体转化法制备陶瓷基复合材料的制备流程

PIP 法首先需要选择合适的陶瓷先驱体。针对复合材料具体的工艺需求，陶瓷先驱体一般要满足以下几个要求：第一，合适的流体黏度，采用浸渍裂解法制备致密的复合材料时，一般需五次甚至更多的浸渍裂解循环以提高复合材料致密度和降低内部孔隙率，因此要求先驱体具有适宜的黏度；第二，陶瓷先驱体分子结构尽量以线性直链结构为主，尽量减小支化交联结构；第三，可以适当地降低先驱体交联温度或引入特殊的反应基团，在浸渍完成后，通过升温或光辅助等催化交联，提高浸渍效率。

PIP 法的主要优点是：聚合物在较低温度下裂解（800～1100℃），可保持在无压状态，因而可减少纤维的损伤及纤维和基体之间的化学反应；可以对先驱体进行分子设计，制备所期望的单相或多相陶瓷基体，杂质元素容易控制；针对实际应用中的复杂构件，可预先设计相应的纤维预制体，再进行先驱体浸渍，制备出形状复杂、近净尺寸的复合材料部件。其主要缺点是：在无压（或低压）条件下，由于溶剂和低分子量组元的挥发以及小结构基团的分解等因素的综合作用，在干燥和热解过程中基体产生很大的收缩（可达 50%～70%）并出现裂纹，强度较低；为了获得致密度较高的复合材料，必须经过多次浸渗和高温处理（典型的达 6～10 次），制备周期长；该工艺制备的复合材料不能完全致密化，且部分先驱体的活性太高，可能会导致复合材料的制备过程存在一定的安全隐患。总之，制备周期过长和原料价格昂贵这两方面在一定程度上制约了 PIP 工艺的发展及广泛应用。

（3）溶胶-凝胶法

溶胶-凝胶法（Sol-Gel）的基本原理是用有机先驱体制成的溶胶浸渍纤维预制体，然后进一步水解、缩聚形成凝胶；凝胶经干燥和高温热处理，形成三维网状氧化物结构的复合材料。其工艺路线如图 10.8 所示。由于从凝胶转变成陶瓷所需的反应温度要低于传统工艺中的熔融和烧结温度，因此，在制造一些整体的陶瓷构件时，Sol-Gel 法有较大的优势。

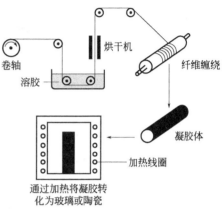

图 10.8　Sol-Gel 法制备纤维增强陶瓷基复合材料的工艺路线

以 Sol-Gel 法制备 SiO_{2f}/SiO_2 复合材料为例：采用高纯硅溶胶浸渍除胶处理的石英纤维预制体，缓慢升温使硅溶胶发生缩聚形成凝胶，经进一步干燥后，在高温下进行热处理即可得到 SiO_{2f}/SiO_2 复合材料。浸渍工艺中硅溶胶的浓度、黏度等特性是决定复合材料最终性能非常关键的因素，硅溶胶中的颗粒大小通常在几纳米左右，且能长时间保持悬浮状态。另外，由于烧成后的 SiO_2 基体表面含有大量的硅羟基，容易吸潮，因此还须对烧成后的 SiO_{2f}/SiO_2 复合材料表面制备防潮涂层，工艺过程较为复杂。

Sol-Gel 法的优点在于：热解温度相对较低（＜1400℃），对纤维的损伤小；基体的化学纯度和均匀性高，制得的复合材料质地均匀；在裂解前，经过溶胶和凝胶两种状态，容易对纤维及其编织物进行浸渗和赋形，因而便于制备连续纤维增强复合材料；原料易得，工艺相对简单，适合工业化生产。但是，该方法的陶瓷产量较低（质量分数＜30%），基体烧成收缩较大，需要多次浸渍-热处理过程才能制得相对致密的复合材料，生产周期较长，且制品气孔率高、强度低。

10.4.3　气相法

气相法主要指化学气相渗透法（chemical vapor infiltration，CVI），是在化学气相沉积法（chemical vapour deposition，CVD）基础上发展起来的一种常用的制备高性能纤维增强陶瓷基复合材料的方法。

常规的 CVI 工艺是等温 CVI，典型工艺过程如图 10.9 所示。将经过预处理的纤维预制体或者多孔骨架置于沉积炉中，选择合适的含有目标陶瓷元素的气态或者液态先驱体，在载气鼓泡作用下与稀释气一起进入沉积炉，由于预制体或者骨架内部的孔隙比表面积高，先驱体会以扩散或者对流等方式渗透至其内部的孔隙中，并在特定的沉积压力和沉积温度下发生裂解等化学反应过程，生成目标陶瓷产物。随着反应的持续进行，沉积的陶瓷产物逐渐填充了预制体中的孔隙，最终形成连续、致密的陶瓷基体。

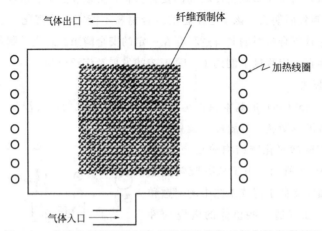

图 10.9　化学气相沉积法制备纤维增强陶瓷基复合材料示意图

CVI法的优点主要是：能在低温低压下进行基体的制备，材料内部残余应力小，沉积过程中对纤维基本无损伤，从而保证了复合材料的力学性能（特别是高断裂韧性）；可以根据目标基体陶瓷设计先驱体的成分，在满足蒸汽压等要求的基础上，提高其陶瓷产率；其适用范围很广，除了碳化物以外，还可制备氮化物、硼化物和氧化物等多种陶瓷基体，并可制备纤维体积分数高、形状复杂的构件。CVI法的缺点是：只能沉积简单的薄壁件，对于粗厚型构件内部往往出现孔洞，存在致密性差（一般都存在 $10\%\sim15\%$ 的孔隙率）、材料沉积不均匀的问题；同时其工艺复杂、周期长，材料制备成本较高。研究者为了克服常规 CVI 的缺点，根据反应动力学及气体传输原理研究出了等温等压 CVI 法、热梯度 CVI 法、等温强制对流 CVI 法、热梯度强制对流 CVI 法、脉冲 CVI 法和连续同步 CVI 法等。

表 10.6 对上述几种纤维增强陶瓷基复合材料制备方法进行了比较。在高温、高压下制备出的复合材料虽然可以保证材料的致密性，但同时也对纤维造成一定的损伤；而降低制备温度，在低压下制备复合材料，会导致基体孔隙高，严重影响复合材料的性能。因此，在制备某一复合材料时，可综合利用多种工艺。例如西北工业大学开发出了"CVI＋PIP"混合工艺制备 SiC/SiC 复合材料，大幅缩短了构件的制备周期。CVI＋PIP 充分利用了 CVI 工艺和 PIP 工艺反应前期致密化速度快的优点，工艺的制备周期比单一的 CVI 工艺或 PIP 工艺缩短约 50%；同时还继承了 CVI 工艺和 PIP 工艺可制备任意复杂形状的制品、易于工业化生产的优点。在实际应用中，RMI 技术通常用来填充 PIP 或 CVI 技术制备的 SiC/SiC 复合材料中的孔隙，以此来提高材料的气密性和热导率。综上所述，发展新的连续纤维增强复合材料的制备工艺是实现大规模生产的当务之急，也是今后连续纤维增强复合材料研究的主要方向。

表 10.6　几种纤维增强陶瓷基复合材料制备方法的比较

方法	温度要求	孔隙率	所需时间	原料成本	构件	举例
HP	1300℃以下	低	短	较低	简单、大型构件	SiC/玻璃陶瓷 Al_2O_3/玻璃陶瓷

方法	温度要求	孔隙率	所需时间	原料成本	构件	举例
RMI	高温 （>1410℃）	低	短	低	大尺寸、复杂形状 的薄壁构件	Si/SiC
PIP	低温 （800~1100℃）	高	长	高	复杂、大尺寸	C/C C/SiC
Sol-Gel	低温 （<1400℃）	高	长	高	整体构件	C/玻璃陶瓷 莫来石/莫来石
CVI	中温 （900~1200℃）	高	长	高	形状复杂构件	SiC/SiC C/SiC

10.5　陶瓷基复合材料的界面

　　复合材料在成型的过程中，增强体和基体会发生不同程度的相互作用和界面反应，形成各种类型的界面。由于界面的存在，增强体和基体不仅能发挥各自的作用，也相互依存、相互补充，从而得到了一个具有新宏观性能的整体。

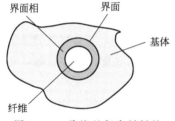

图 10.10　陶瓷基复合材料的
界面和界面相示意图

　　图 10.10 为陶瓷基复合材料的界面和界面相示意图。虽然陶瓷基复合材料的界面结合区域很小（几纳米至几微米），且在复合材料中所占的体积分数不足 10%，但由于增强体的高占比和大直径，使得界面面积很大，因此它对复合材料的耐热、抗疲劳、纤维脱黏失效等有着重要的影响，是复合材料极为重要的微结构。特别是对于脆性陶瓷基体组成的复合材料来说，增强体与基体间的界面是决定复合材料强度和韧性的重要因素。

　　陶瓷基复合材料基体通常具有脆性特征，受到外界应力时将首先发生开裂，但由于界面的存在，能够使陶瓷基复合材料发生韧性断裂。当一垂直于纤维方向的裂纹穿入包埋单根纤维的基体时，随后的破坏机制可能为：基体断裂、纤维-基体界面脱黏、脱黏后摩擦、纤维断裂、应力重新分布、纤维拔出等。纤维的增韧机制包括：裂纹偏转、脱黏/滑移、纤维桥联和纤维拔出（图 10.11）。其中纤维拔出是复合材料的主要增韧机制。通过纤维拔出过程的摩擦耗能，复合材料的断裂功增大，而纤维拔出过程的耗能取决于纤维拔出长度和脱黏面的滑移阻力。滑移阻力过大，纤维拔出长度较短，增韧效果不好；滑移阻力过小，尽管纤维拔出较长，但摩擦做功较小，增韧效果也不好，同时强度较低。纤维拔出长度取决于纤维强度分布与界面滑移阻力，而滑移阻力的大小主要取决于纤维界面及纤维表面粗糙度。因此，对陶瓷基复合材料来说，纤维与基体的界面是控制材料性能的关键因素，研究界面对陶瓷基复合材料的力学性能影响具有重要意义。

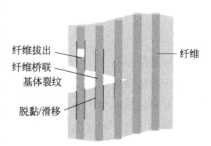

图 10.11　纤维增强陶瓷
基复合材料的增韧机制

10.5.1 界面功能

一般来讲，界面的功能主要有四个：载荷传递、阻断、缓解和保护作用。载荷传递作用就是界面作为一个"桥梁"将作用于基体的载荷充分传递至复合材料的主要承载者——增强体上；阻断作用是指当基体裂纹扩展到界面区域时，陶瓷基体和纤维沿它们之间的界面发生分离，并使裂纹的扩展方向发生改变，阻止裂纹向纤维内部扩展，先于纤维断裂发生裂纹偏转，即纤维脱黏；缓解作用指的就是界面通过过渡作用和界面滑移减少残余热应力；保护作用是指阻挡基体和纤维间元素的相互扩散、溶解和有害化学反应，阻止外界环境对纤维增强体的侵害。接下来分别介绍：

（1）载荷传递作用

载荷传递是界面在纤维与基体之间的主要作用。复合材料受力时，载荷一般加在基体上，然后通过界面将沿纤维轴向的剪切力传递到纤维上，使纤维成为主要的承载者。

界面能否有效地传递载荷，依赖于增强体与基体之间界面化学结合和物理结合的程度。图 10.12 是纤维增强复合材料在纤维与基体界面结合较强和较弱时的裂纹扩展示意图。强结合有利于把载荷由基体传向纤维，充分发挥纤维高强、高弹性模量的特性，获得强度较高的复合材料，但是纤维与基体的界面结合强度太高，纤维与基体的界面就不再发生解离，而是裂纹直接穿过纤维出现脆性断裂，也就达不到增强的效果，这是因为界面结合强度控制着能量吸收的机制。如果纤维与基体间的结合太弱，它就难以实现力的传递，复合材料的强度也得不到明显的改善。因此，纤维-基体之间的界面既应该具有足够的强度以传递载荷，又应该相对弱以满足能量吸收的机制。

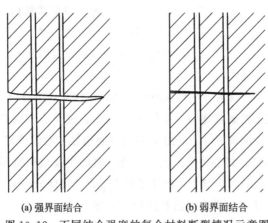

(a) 强界面结合　　　　　　　　(b) 弱界面结合

图 10.12　不同结合强度的复合材料断裂情况示意图

（2）阻断作用

对于单体陶瓷材料而言，当其受到拉伸应力时，应力较小时表现为弹性变形；随着应力增大，材料缺陷部位产生裂纹，裂纹迅速扩展，致使材料发生脆性断裂。而陶瓷基复合材料受到拉伸应力时，在基体开裂之前为弹性变形；随着拉伸应力的增大，基体开始产生裂纹，此时纤维开始脱黏，并起到裂纹桥联的作用；拉伸应力进一步增大，裂纹达到饱和，起桥联作用的纤维开始拔出；然后再继续增大，纤维开始断裂，直至材料达到最高强度，如

图 10.13 所示。

二者之所以以不同行为方式断裂，主要是界面在复合材料断裂过程中起到了阻断的作用。当基体裂纹扩展到界面区时，界面能够使裂纹发生偏转，从而达到调整界面应力，阻止裂纹向纤维内部扩展的目的，进而实现纤维的脱黏、拔出等吸能机制。纤维脱黏可以发生在界面与纤维或基体的界面上，也可以发生在界面内部。裂纹总是沿着弹性应变能释放最快的路径扩展，界面结合能和界面相的结合能决定了纤维脱黏的位置。界面脱黏可以减缓纤维应力集中，偏转基体裂纹扩展路径，避免裂纹沿某一横截面扩展，并阻止应力和能量在材料局部集中，使得材料韧性增加，不发生灾难性破坏。

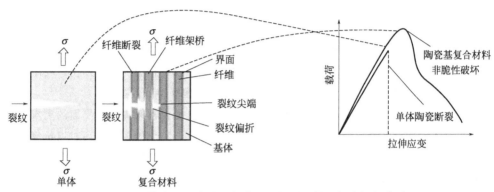

图 10.13　单体陶瓷和陶瓷基复合材料的裂纹扩展与破坏方式对比

界面对陶瓷基复合材料的断裂行为起到决定性作用，无界面或界面设计不合理的复合材料通常为脆性断裂，而设计合理的界面将使复合材料呈现韧性断裂。

（3）缓解作用

复合材料的基体与增强体的热膨胀系数差异较大，当复合材料从制备温度冷却后，复合材料内部就会产生残余热应力，进而影响复合材料的力学性能。以纤维增强复合材料为例，在其轴向和径向都会产生残余热应力，并受到制备温度与工作温度之差、纤维与基体热膨胀系数之差（$\Delta\alpha = \alpha_f - \alpha_m$）以及纤维体积分数的影响。

对于陶瓷基复合材料，理想的状况是承载之前增强体受一定的张应力，而使基体受一定的压应力，以提高基体的开裂应力。因此，从界面热物理相容的角度来讲增强体的热膨胀系数应该比基体稍大，但一般来说，陶瓷基复合材料的热膨胀失配程度比较严重。一方面，高模量高强度增强体的热膨胀系数可能比基体小或与基体接近；另一方面，可能在某一温度区间内匹配而在其他温度区间内失配。在低温下热膨胀失配使增强体受压应力，基体受拉应力，而在高温下正好相反。因此，增强体轴向的热膨胀失配严重时不仅使基体产生裂纹，而且损伤增强体，低温下基体裂纹的存在使陶瓷基复合材料的抗环境性能下降而且对温度梯度很敏感。

由于纤维与基体间的热膨胀系数差异易导致界面出现残余热应力而影响复合材料的性能，因此，界面必须具备缓解纤维与基体间界面残余热应力的作用，通过过渡作用和界面滑移来实现。Bobet 以 SiC/SiC、C/SiC 体系讨论了 $MoSi_2$、C 作为界面时材料体系应力分布的情况，说明热解碳作为界面能缓解应力，利用界面可调整应力分布。由此在设计界面时，可根据不同的材料体系，通过对界面材质的选择、界面结构和厚度的控制来调节应力分布情况。

（4）保护作用

高温下基体与纤维之间互扩散，甚至发生化学反应，不仅使纤维与基体间的界面结合增强，且导致纤维本身的性能大幅度降低，而合适的界面具有阻止或抑制纤维与基体间原子互扩散和化学反应的作用。

界面的保护作用要求其具有化学相容性和高温稳定性。作为界面能起到保护作用的前提，界面化学相容性是指在烧结和使用温度下，纤维与基体间不发生化学反应及纤维性能在该温度下不致退化，否则纤维的增强补韧作用将会降低，而且还会因此带来缺陷导致材料的性能下降。多层涂层组成的界面可起到不同的作用、完成不同的功能，更易实现界面的化学相容性，使界面的保护功能增强。界面保护作用要求界面在高温下的制造和使用过程中是稳定的，为此很多工作集中在抗环境侵蚀界面的研究上。

在复合材料制造和使用过程中，界面的保护作用使纤维免受或减轻机械损伤、气氛侵蚀、基体的反应侵蚀等。如界面可以减轻复合材料热压制备过程中的机械损伤；利用化学气相浸渍制备 C/SiC 时，热解碳界面可以减轻 HCl 气氛对碳纤维的侵蚀。

以上只是一般意义上的界面功能，但对不同功用的复合材料来说，对界面的要求有所不同，如以承受载荷为主要目的复合材料对前三种功能有更为苛刻的要求，而对以抗氧化为主要目的的复合材料则对保护功能有更为严格的要求。出于满足不同复合材料功能的需求，不同功用的复合材料应具有不同的界面，陶瓷基复合材料界面的研究正是在这种需求下而不断进行的。

10.5.2　界面设计与界面改性

（1）界面设计

界面设计是解决陶瓷基复合材料界面存在的热膨胀失配、界面反应和界面结合问题的最佳途径。因此，陶瓷基复合材料的设计主要是界面的设计。要同时解决这三方面的问题，界面必须满足下述基本条件：

低模量——缓解热膨胀失配；

低剪切强度——控制界面结合强度；

与增强体和基体共有化学组元——防止界面化学反应。

如上所述，在复合材料的界面设计中，界面结合强度既不能过高，也不能过低。界面结合强常导致复合材料脆性断裂，复合材料的韧性低，增韧效果差。适度的界面结合能兼顾增强和增韧，既能满足脱黏的要求，又使复合材料具有较高的强度。

能够满足上述条件的界面材料并不多，该类材料通常由层状晶体材料组成，层间结合力较弱，且层片方向与纤维表面平行，常用的有热解碳界面与氮化硼界面。此外，采用多层界面，如 PyC-SiC 或 BN-SiC，也能提高复合材料的力学性能和抗氧化性能。图 10.14 为单层和多层纤维/基体界面模型示意图。

热解碳是较为传统且常见的陶瓷基复合材料界面。最开始的时候研究人员发现，纤维表面原位生成的碳界面能够使得纤维与基体之间产生弱界面，从而提高复合材料的断裂韧性，之后研究人员开始通过在纤维表面沉积热解碳的方式制备热解碳界面。适当厚度的热解碳界面能起到增强的作用，如在含有碳界面的 SiC/SiC 复合材料中，$0.1\mu m$ 厚的界面使材料的弯曲强度提高了 104.2%；界面厚度增加到 $0.16\mu m$ 时，纤维的增强效果减弱，材料的断裂行为变差。

氮化硼通常有两种存在形式，立方氮化硼与六方氮化硼。立方氮化硼具有类金刚石结构特征，六方氮化硼则与石墨结构相近。1987 年，Rice 首次在纤维表面制备了氮化硼界面，并应用于陶瓷基复合材料的制备，其结果表明，氮化硼

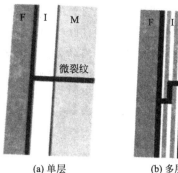

(a) 单层　　　　(b) 多层

图 10.14　单层和多层纤维/
基体界面模型示意图

界面显著提升了复合材料的性能。之后越来越多的研究人员开始关注该类界面材料，并发展出一系列的制备方法。六方氮化硼与热解碳界面相比，最大的优势在于抗氧化性；六方氮化硼氧化生成的氧化硼能够阻止氧气对于纤维的进一步氧化，从而提高了复合材料的高温性能。研究还表明，氮化硼界面的晶型结构越完善，复合材料的抗氧化性能越好。

（2）界面改性

界面改性的方法主要包括：

① 在基体中添加某些组分，利用被添加组分在界面处的偏聚来调整基体与纤维间的物理和化学相容性，避免或减小纤维与基体间的有害化学反应，从而达到改善界面特性的作用。

② 复合材料制备过程中，在纤维表面原位形成富碳层。

③ 复合材料强度对强界面的要求和韧性对弱界面的要求，可以通过采用复合纤维的方法结合起来。如美国 Textron 公司制造的 SCS-2 和 SCS-6 纤维，这种复合纤维是在内部纤维芯的外表包了一个鞘层，鞘层与周围基体的结合很强，但内部的纤维芯与鞘层的结合较弱，当复合材料发生断裂时，拔出可以发生在鞘层与纤维芯之间。

④ 对纤维表面进行涂层。它是根据纤维和基体的特性事先在纤维表面涂敷一层涂层，使其在复合材料中起到界面作用。使用的涂层材料可以有 C、BN、Si、B 等多种。例如含有 B_4C 涂层与不含涂层的 C_f/SiC 复合材料在同样的温度处理时，含涂层材料中 Si 原子几乎不扩散到碳纤维内部，说明 B_4C 涂层具有良好的阻挡作用，有利于改善界面结合和提高纤维强度保留率。由于纤维表面涂层工艺简单，且效果好，得到了广泛应用。到目前为止，纤维涂层的常用制备方法主要有：化学气相沉积、化学气相渗透、原位生长、溶胶-凝胶法和先驱体转化法等。另外，电镀、物理气相沉积、等离子喷涂和喷射法等技术也得到了应用。

10.6　几种典型陶瓷基复合材料

10.6.1　C_f/SiC

SiC 陶瓷具有优异的耐高温性、抗氧化性、低化学活性、高硬度、高模量和低密度等特

点，是热结构陶瓷基复合材料的主要候选基体材料之一，但是其韧性较低。连续纤维增强技术可以有效提高陶瓷材料的断裂韧性，连续纤维增强 SiC 陶瓷基复合材料（CMC-SiC）是最受关注、工业化应用最成熟的先进高温结构陶瓷基复合材料。CMC-SiC 主要包括碳纤维增强 SiC（C_f/SiC）和碳化硅纤维增强 SiC（SiC_f/SiC）两种陶瓷基复合材料。

在纤维增强陶瓷基复合材料领域中，碳纤维作为增强体受到了广泛的研究。碳纤维除具有超高的比强度和比模量外，还可以在惰性条件、高温环境下，仍保持力学性能不降低，并具有热膨胀系数低、抗腐蚀和抗辐射性好的特点，已成为纤维增强陶瓷基复合材料中最常用的增强纤维。

在 C_f/SiC 复合材料断裂过程中，可以通过诱导微裂纹偏转、碳纤维从基体中拔出和断裂等作用机理消耗大部分的断裂能，这样不仅可以提高陶瓷材料的弯曲强度和断裂韧性，还能不降低 SiC 陶瓷优异的高温使用性能，充分利用了碳纤维优异的高温力学性能和 SiC 陶瓷基体的高温抗氧化性能，并且其制品密度大幅度下降，重量减轻，结构设计简化，同时韧性大幅度提高，是制备具有高综合性能的先进结构陶瓷材料的极好途径。

由于 C_f/SiC 复合材料有着比强度高、比模量高、耐疲劳、热膨胀系数小、尺寸稳定和绝热等优异性能，在真空环境中显示出优异的特性，有着非常广阔的应用前景，不仅能在航天航空领域得到广泛的应用，而且可以应用于军事工业、机械工业、生物医学、能源和环境保护等领域。如图 10.15 所示，C_f/SiC 复合材料在高温结构件中有很大应用前景，如尖锐前缘、鼻锥、航空发动机、飞行器热防护系统、光学组件和核聚变/裂变反应堆。此外，由于碳纤维目前市场价格较低且可以大量获取，因此 C_f/SiC 复合材料已成为 SiC 陶瓷基复合材料开发、使用的首选。

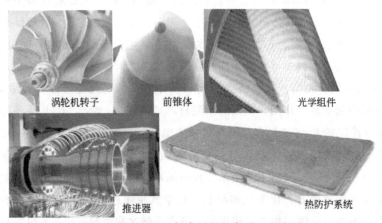

涡轮机转子　　前锥体　　光学组件

推进器　　热防护系统

图 10.15　C_f/SiC 复合材料的各种工程应用

然而，C_f/SiC 复合材料的制备工艺还不完善，难以大批量制备，极大地限制了它在民用领域的发展。因此，今后的研究方向应重点解决以下几个方面的问题：

① 现有的制备工艺成本高、生产周期长、对纤维损伤严重、制品性能不稳定，需发展更好的制备工艺来降低生产成本，改善碳纤维与基体之间的界面结合，提高材料力学性能。因此，如何开发出新工艺或优化现有工艺以缩短制备周期、降低成本是 C_f/SiC 复合材料制备过程中研究的重点。

② 异形碳纤维预制体构件的编织技术落后成为制约 C_f/SiC 发展的瓶颈，今后应重视发展碳纤维预制体的计算机虚拟设计与编织的计算机控制技术，以降低碳纤维成本。

③ 继续深入研究 C_f/SiC 复合材料在高温氧化环境中的氧化行为及其机理，以提高其抗氧化性能。

④ 推动 C_f/SiC 复合材料向结构和功能一体化方向发展，还需完善性能评价体系与构件质量控制体系，挖掘 C_f/SiC 复合材料的应用潜力并扩展其应用领域。

10.6.2 SiC_f/SiC

SiC_f/SiC 复合材料是指在 SiC 陶瓷基体中引入 SiC 纤维作为增强相，进而形成以 SiC 纤维为增强相和分散相、以 SiC 陶瓷为基体相和连续相的复合材料。SiC 纤维比 C 纤维具有更优异的抗氧化能力，所以 SiC_f/SiC 复合材料在高温、氧化性条件下的应用引起了重视。SiC_f/SiC 复合材料的结构和组分特征决定该类材料继承保留了碳化硅陶瓷材料耐高温、抗氧化、耐磨损和耐腐蚀等优点，同时通过发挥 SiC 纤维增强增韧机理，克服了材料固有的韧性差和抗外部冲击载荷性能差的先天缺陷。

20 世纪 70 年代，日本东北大学的 Yajima 教授开创了先驱体转化法制备直径小于 $15\mu m$ 的 SiC 纤维，并具有良好的可编织性，该成果推动了 SiC_f/SiC 的广泛研究和应用。几十年来，对材料制备方法、组成结构与性能关系的基础研究以及工程应用的牵引共同推动了 SiC 纤维和 SiC_f/SiC 陶瓷的发展。

SiC_f/SiC 的性能与其制备工艺密切相关。目前，传统制备工艺包括：先驱体浸渍裂解、化学气相渗透、反应熔渗（RS）等。近年来还出现了一些新的制备方法，如纳米浸渍与瞬态共晶法（NITE）、电泳渗透与瞬态共晶法（SLTE），以及多种方法混合使用的工艺。表 10.7 比较了几种 SiC_f/SiC 复合材料制备方法的优势和局限性。

表 10.7 不同方法制备出的 SiC_f/SiC 复合材料性能对比

性能	PIP	CVI	NITE	RS
基体致密过程	先驱体热解反应	气态先驱体热解反应	熔融相烧结，瞬时加压	固态先驱体与液态 Si 直接反应
典型基体组分	纳米晶体 Si-C-O	高纯 β-SiC	β-SiC 和少量烧结助剂	β-SiC 和等量液体 Si
辐照稳定性	不稳定	稳定	稳定	不稳定
力学性能	低	高	高	高
热导率	低	中	中	高
渗透性	差	适中	好	差
薄管成型方法	确定	确定	研究中	确定

先驱体浸渍裂解法制备 SiC_f/SiC 复合材料时，首先将 SiC 纤维的预制件浸渍在液态聚合物先驱体（如 PCS）中，然后通过高温热解生成 SiC 基体，重复浸渍-热解过程直到 SiC_f/SiC 复合材料致密化。此法的主要缺点是制备出的 SiC 基体不能完全填充纤维预制件，导致复合材料孔隙率较高；聚合物先驱体陶瓷化过程中由于尺寸变化会产生大量微裂纹；先驱体聚合物中含有 Si-C 相、Si-C-O 相和 Si-C-O-N 相等，导致 PIP-SiC_f/SiC 复合材料热导率低、辐照稳定性差。

化学气相渗透法制备 SiC_f/SiC 复合材料时，SiC 基体由气相（一般是氢气和甲基硅烷）转化而成，将 SiC 基体沉积在 SiC 纤维预制件上。CVI 法制得的 SiC 基体由 β-SiC 晶粒组成，SiC 基体在 1000℃ 以下具有优异的晶体结构；CVI 法制备的 SiC_f/SiC 复合材料被认为是理想的核聚变反应堆领域的应用材料，其高纯度、近化学计量比的 SiC 基体在辐照后具有优异的化学相容性。然而，CVI-SiC_f/SiC 复合材料较高的孔隙率（高于 15％）导致热导率较低。此外，CVI 法制备出的 SiC 基体中存在较多微裂纹，导致 SiC_f/SiC 复合材料的气密性较差。

纳米浸渍与瞬态共晶法制备 SiC_f/SiC 复合材料时，SiC 基体通过液相烧结 SiC 粉末与烧结助剂制得。步骤如下：先将有 PyC 涂层的 SiC 纤维预制件堆叠，再对其进行流延成型；成型之后将纳米级尺寸的 β-SiC 粉末与 10％～20％ 的烧结助剂（如 Al_2O_3、Y_2O_3）混合制成液体，用来浸渍 SiC 纤维预制件，之后加入 PCS 提高基体的致密度；最后在高温（1750～1800℃）、高压（15～20MPa）下烧结 SiC_f/SiC 复合材料，使其致密化。制得的复合材料具有较高的密度和强度，但制备过程中需要加入烧结助剂，生成的第二相辐照稳定性差，使得材料容易被中子活化。

反应烧结法制备 SiC_f/SiC 复合材料时，SiC 基体由 Si 和 C 反应制得。制备出的 SiC_f/SiC 复合材料具有较高的密度和良好的力学性能，然而，RS-SiC_f/SiC 复合材料基体中含有第二相（如 Si、C、SiO_2），降低了 SiC_f/SiC 复合材料的热稳定性和辐照稳定性。

目前，只有 CVI 法和 NITE 法可以大规模生产 SiC_f/SiC 复合材料。CVI 法制备 SiC_f/SiC 复合材料在几十年前就已经工业化，并且 CVI-SiC_f/SiC 复合材料已广泛应用于航空航天领域。NITE 法现在也可以工业化生产 SiC_f/SiC 复合材料，但其制备成本较高且在制备 SiC_f/SiC 复合材料时须添加烧结助剂，限制了 NITE-SiC_f/SiC 复合材料更广泛的应用。此外，在核聚变反应堆中应用时，应尽量降低 SiC_f/SiC 复合材料的氦渗透性，因此 SiC_f/SiC 复合材料的理想孔隙率应低于 5％，而上述方法制得的 SiC_f/SiC 复合材料孔隙率均难以达到要求。NITE-SiC_f/SiC 复合材料虽然密度较高，但 NITE 法的高温高压制备环境会降低 NITE-SiC_f/SiC 复合材料的性能。CVI 法和 PIP 法制备出的 SiC_f/SiC 复合材料孔隙率较高，致密性较差。RS 法制备出的 SiC_f/SiC 复合材料孔隙率也较高（约 10％～15％），且有大量小于 $1\mu m$ 的孔隙分布在 SiC 基体中。因此，对 SiC_f/SiC 复合材料制备方法进行改进具有十分重要的意义。

SiC_f/SiC 复合材料具备耐高温、抗氧化、高比强度/模量和耐中子辐射等性能，是高温和辐射条件下结构部件的备选材料，近年来在高性能航空发动机和核聚变反应堆结构部件的研究与应用方面发展迅速。

（1）航空发动机领域

航空发动机的发展趋势是不断提高推重比，而发动机热端部件的温度将随之升高，当推重比大于 10 时，热端部件的工作温度将远远超过传统高温镍基合金的承受温度（1150℃）。传统高温合金材料结合冷却气流结构设计已无法解决耐温性和燃烧效率的矛盾，SiC_f/SiC 以其优异的性能成为优先候选材料。

对于航空发动机，C_f/SiC 的使用温度为 1650℃，SiC_f/SiC 的使用温度为 1450℃，提高 SiC 纤维的使用温度可使 SiC_f/SiC 的使用温度提高到 1650℃。由于 C_f/SiC 抗氧化性能较 SiC_f/SiC 差，普遍认为航空发动机热端部件最终获得应用的应该是 SiC_f/SiC。

国外 SiC_f/SiC-CMC 经过多年的发展，已经进入工程应用阶段，目前已在多种型号航空发动机的燃烧室火焰筒/内衬/隔热屏、混合器、涡轮罩环/静子叶片、转子叶片、喷管调节片、密封片等热端部件上实现了考核验证或装机应用，促进了航空发动机向更高推重比的发展。国内 SiC_f/SiC 材料的性能和整体研究水平已基本达到国外先进水平，但在产业化和应用等方面仍需努力。

（2）核聚变领域应用

随着社会的发展，人类对能源的需求与日俱增，核聚变能是解决人类能源问题的重要途径之一。核聚变反应堆的结构材料长期处于高温、高辐照和高应力的严酷条件下，SiC_f/SiC 复合材料具有类塑性断裂行为、中子辐射下非常低的放射性、低氢渗透率，是合适的候选结构材料，主要应用在反应堆包层、流道插件以及偏滤器等部件上。

10.6.3 B_4C/Al_2O_3

Al_2O_3 是发展最早、应用最广的几种特种陶瓷材料之一，具有高硬度、高耐磨、耐高温、电绝缘性好及抗腐蚀性强等优良特性。然而，纯 Al_2O_3 陶瓷材料的韧性很差，且 Al_2O_3 陶瓷存在脆性大及抗热振性差等问题，制约其优良性能的发挥和实际应用。向纯 Al_2O_3 基体中添加第二相颗粒，如 TiC、ZrO_2、TiB_2、SiC 和 B_4C，形成氧化铝陶瓷基复合材料，通过颗粒钉扎、裂纹偏转或热失配等原理可以提高韧性。在氧化铝陶瓷基复合材料中，TiC/Al_2O_3、ZrO_2/Al_2O_3 和 SiC/Al_2O_3 开发的较成熟，TiB_2/Al_2O_3、B_4C/Al_2O_3 开发较晚，但由于 B_4C、TiB_2 具有比 TiC、ZrO_2 和 SiC 更优异的硬度、导热和导电等性能，近年来受到了许多学者的重视。

碳化硼陶瓷具有低密度、高硬度、高强度、高弹性模量、耐腐蚀、耐磨损和中子吸收性能，同时其抗热振性强，并且尺寸稳定性好，广泛应用在国防、核能和机械等领域。通过引入第二相制备 B_4C/Al_2O_3 陶瓷，不仅可以改善 Al_2O_3 陶瓷的脆性，使得韧性及抗热振性得到很大程度的改善，并且保持了 B_4C 材料的高强度、高模量、耐腐蚀性能和中子吸收性能。

B_4C/Al_2O_3 复合材料的几种常用制备方法有自蔓燃高温合成、无压烧结法、热压烧结法、机械合金化法等。经过对比发现，B_4C/Al_2O_3 陶瓷的几种制备方法中，自蔓燃高温合成方法可以有效降低烧结温度、缩短烧结时间，但得到的产物中会有硼酸铝相，从而影响合成产物的性能；而热压烧结可以提高致密性，并且降低烧结温度，但对于尺寸要求较为苛刻；无压烧结操作简单、成本较低，利于推广，是 B_4C/Al_2O_3 陶瓷的常用制备方法，但烧结较为困难，需要选择合适的烧结助剂来促进烧结，并提高烧结性能，这也是今后的研究重点。

B_4C/Al_2O_3 作为一种优良的结构部件，在耐磨部件、刀具等方面得到了广泛应用，在工业及国防领域也具有广阔的应用前景。下面介绍它在喷嘴领域和核工业领域中的应用。

（1）喷嘴领域

喷嘴作为一种结构部件，不仅可以清除零件表面的氧化层及腐蚀层、机加工件表面的残留污物，还能提高零部件表面的活性，增强涂层和基体的附着力，进而提高零件的耐磨性和疲劳强度，因此在工业领域应用较广泛。基于 B_4C/Al_2O_3 陶瓷具有极高的硬度以及良好的抗磨损能力，添加适量的硬质合金（如 TiC、TiB_2 等）进一步提高其性能，进而满足喷嘴领域的应用需求，从而在此领域具有广阔的应用前景。

（2）核工业领域

B_4C/Al_2O_3 陶瓷由于具有较低的成本和简单的制备工艺以及较好的中子吸收性能，在核工业可燃物领域具有良好的应用前景。作为良好的结构部件，B_4C/Al_2O_3 芯块已在核反应堆特别是核电堆中得到了广泛的应用。

10.6.4 CNTs/Al₂O₃

碳纳米管作为理想的纤维材料，由于优异的力学性能、大的长径比以及高的化学和热稳定性，且 CNTs 中的破坏能通过其中空部分的塌陷来完成，从而在复合材料中极大地吸收能量，显著地提高了材料的强韧性，使其成为纤维增韧陶瓷材料的理想添加相。

CNTs 的引入能显著改善 Al_2O_3 陶瓷材料的韧性，其原因有：①CNTs 在陶瓷基体中形成网络结构，将陶瓷晶粒桥接在一起，有助于阻止裂纹的扩展；同时在受到外力作用的时候，CNTs 的拔出和断裂会进一步消耗能量。②CNTs 会与 Al_2O_3 发生碳热还原反应生成 Al-O-C 化合物来增强 CNTs 与基质间的界面结合，进而提高了 $CNTs/Al_2O_3$ 陶瓷的强度。

研究表明，将 CNTs 引入 Al_2O_3 陶瓷中可显著改善其力学性能。引入的方法主要有：直接加入法、水热法、杂凝聚法、溶胶-凝胶法和催化化学气相沉积法。直接加入法工艺简单，但 CNTs 的分散效果不好；水热法虽然可以控制 Al_2O_3 晶粒的生长，但是所需反应时间长，效率不高；杂凝聚法可以提高 CNTs 在陶瓷粉体中的分散，但是该法难以控制电解质的浓度和溶液的 pH；溶胶-凝胶法涉及了较多的化学反应，工艺条件比较复杂；催化化学气相沉积法虽然可以在陶瓷基体中原位生成 CNTs，并实现 CNTs 在陶瓷粉体中的均匀分散，但是催化剂 Fe、Co 及 Ni 等的引入会降低陶瓷材料的高温性能。

由于 CNTs 具有较大的表面积和较高的长径比，在范德瓦尔斯力的作用下容易缠结在一起，难以在陶瓷基体中均匀分散。为了获得性能优良、结构可控的 CNTs 增强陶瓷基复合材料，必须要保证 CNTs 在整个陶瓷基体中均匀分布而不是团聚一起。因此，未来的 CNTs 增强陶瓷基复合材料研究的重点应集中在以下几个方面：①开发新型高效催化剂，采用原位生成的方法，保证 CNTs 在陶瓷基体中的分散性，并借此解决 CNTs 成本昂贵的问题；②改善 CNTs 与陶瓷基体的相容性，控制两者间的化学反应，生成适当的界面相，实现化学界面结合。

10.7 陶瓷基复合材料的应用及发展前景

（1）陶瓷基复合材料的应用

陶瓷基复合材料是制造高推重比航空发动机理想的耐高温结构材料。陶瓷基复合材料目前已经能满足大于 1200℃ 的使用条件，且其密度只有高温合金的约 70%，因此已成为航空航天等高技术领域极有应用前景的新型材料。经过多年发展，陶瓷基复合材料的研究有了较快的发展，并且已经在航空发动机结构部件上得到了应用。法国、美国等航空发动机技术先进的国家已经把纤维增强复合材料用于航空燃气涡轮发动机高温部件，CMC-SiC 在高推重比航空发动机内已经用于喷管和燃烧室，将工作温度提高了 300～500℃，推力提高了

30%～100%，结构减重 50%～70%，是发展高推重比（12～15、15～20）航空发动机的关键热结构材料之一。我国已形成具有独立知识产权的 CMC-SiC 制造技术和设备体系，发展了 4 种牌号的 CMC-SiC，并具有制备大型、薄壁、复杂构件的能力，多种构件通过了发动机环境的考核，材料性能和整体研究水平跻身国际先进行列。

陶瓷基复合材料已经实用化或即将实用化的领域有刀具、发动机制件、航天领域、生物医学以及其他领域等。

① 刀具　陶瓷基复合材料应用于切削刀具、阀及阀座、泵衬及挤压模具等，其性能远优于硬质合金和普通陶瓷材料。其中应用最普遍的是切削刀具类，它几乎占工程陶瓷产量的 2/3。

② 发动机制件　工程机械内燃机由于长时间工作在高温高压下，活塞与活塞环、缸壁间不断产生摩擦，润滑条件不充分，工作条件非常恶劣，尤其是在大功率的发动机中，普通的铸铁或铝合金活塞易发生变形、疲劳热裂。用陶瓷基复合材料制造的活塞，高温强度和抗热疲劳性能明显提高，并且具有较低的线胀系数，提高了活塞的工作稳定性和使用寿命，具有广阔的应用前景。

③ 航天领域　陶瓷基复合材料具有良好的耐热性和在高温下比强度高的特性，可用来制造飞机发动机零部件。它还具有比模量高、热稳定性好等特点，并且克服了其脆性弱点，抗热振冲击能力显著增强。用于航天防热结构，可实现耐烧蚀、隔热和结构支撑等多功能的材料一体化设计，大幅度减轻系统重量，增加运载效率和使用寿命，或者提高导弹武器的射程和作战效能。

④ 生物医学　近年来，临床广泛应用种植牙修复牙齿缺失，种植区骨量不足成为牙种植外科面临的常见问题。为了解决这一问题，人们研究了多种骨修复方法，其中同种异体骨如脱矿骨等曾在口腔外科中广泛应用，取得了一定的修复效果。若将异体骨经高温煅烧陶瓷化处理，消除了传播疾病的潜在风险，其组成成分完全为人体正常骨组织无机成分，具有良好的组织相容性，对促进骨组织修复具有重要意义。另外，生物活性陶瓷复合人工骨也具有良好的临床应用前景。

（2）陶瓷基复合材料的发展前景

近年来全球新材料市场正以两倍于整个世界经济增长的速度而发展，其中工程陶瓷基复合材料的发展尤为瞩目。陶瓷基复合材料随着制备技术的不断改进，并向着智能/多功能化、纳米化和仿生化发展，将在各个领域有广泛的应用前景。

在航空发动机方面，陶瓷基复合材料的应用遵循着从次高温结构件到高温结构件、从简单结构件到复杂结构件、从高温静子件到高温转子件的规律，并最终成为未来航空发动机核心主干材料，实现在军民用发动机高压涡轮和燃烧室等热端部件的全面占领。尤其是陶瓷基复合材料高压涡轮转子叶片的研制，反映了其应用的最高水平，标志着“陶瓷基复合材料是发动机高温结构材料的技术制高点”。

目前常用的燃气涡轮材料是单晶或多晶 Ni 基合金，但是这些合金的熔点较低，导致使用温度降低，由于涡轮效率的增加需要增加发动机的温度，因此迫切需要发展碳化硅陶瓷基复合材料等轻质、耐高温、冷却少甚至无需冷却的新型耐高温结构材料。由于这材料在使用过程中不需要冷却循环系统，因此燃料的消耗量及污染物的排放量可以大幅减少。

此外，由于较好的可加工性和高温下的高强度，陶瓷基复合材料还是目前使用的可加工陶瓷的很好替代品；陶瓷基复合材料良好的导电性和抗热振性使它在熔融金属的电极材料应用方面也有很大的潜力；陶瓷基复合材料具有与石墨类似的层状结构和自润滑性，而导电性和硬度都优于石墨，抗氧化性也更好，所以在高温下或其他氧化环境下需要润滑的场合，如用作轴承材料，其潜力将远远大于石墨；目前生物陶瓷基复合材料虽只有少数品种达到临床应用阶段，但它的高可靠性使它在生物医学领域具有高的研究价值。

可以预见，随着对陶瓷基复合材料理论问题的深入研究和制备技术的开发与完善，其应用范围将不断扩大，在航空航天、军事、能源、汽车、机械、化工、轻工等很多领域都有着广泛的应用潜力和广阔的前景。

课后习题

1. 简述陶瓷基复合材料的定义、组成及特点。
2. 复合材料区别于单一材料的主要特点？
3. 增强相在陶瓷基复合材料中起的主导作用？试举例说明。
4. 陶瓷基复合材料常用哪些增强材料？
5. 纤维增强陶瓷基复合材料的常用制备方法有哪些？试比较它们的优缺点。
6. 阐述陶瓷基复合材料受到拉伸载荷时的断裂行为以及界面在其中的作用。
7. 举出一例新型陶瓷基复合材料，并介绍它的用途。

参考文献

[1] 张长瑞，郝元恺，等. 陶瓷基复合材料 [M]. 长沙：国防科技大学出版社，2001.

[2] Clegg W J, Kendall K, Alford N M. A simple way to make tough ceramics [J]. Nature, 1990, 347: 455-457.

[3] 江涛. 层状陶瓷复合材料的制备技术及其研究发展现状和趋势 [J]. 硅酸盐通报，2019, 38 (08): 2475-2491.

[4] 王波，矫桂琼，杨成鹏，等. 陶瓷基复合材料力学行为研究进展 [J]. 航空制造技术，2014, 06: 54-57.

[5] Kingery W D, Bowen H K, Uhlmann D R. Introduction to Ceramics [M]. 2nd Edition, John Wiley and Sons. New York, 1976.

[6] 董艳玲，王为民. 陶瓷材料抗热震性的研究进展 [J]. 现代技术陶瓷，2004, 01: 37-41.

[7] Hasselman D P H. Unified theory of thermal shock fracture initiation and crack propagation in brittle ceramics [J]. J Am Ceram Soc, 1969, 52: 600-604.

[8] 艾江，张小红，王坤，等. 连续纤维增强陶瓷基复合材料合成技术及发展趋势 [J]. 陶

瓷，2016，12：9-13.

[9] 郝元恺，肖加余. 高性能复合材料学 [M]. 北京：化学工业出版社，2003.

[10] 康永，豆高雅. 陶瓷基复合材料研究现状和应用前景 [J]. 陶瓷，2016，11：9-14.

[11] 王洋，贺丽娟，刘圆圆，等. SiC/SiC复合材料制备技术研究进展 [J]. 飞航导弹，2019，06：92-97.

[12] 张立同，成来飞，徐永东. 陶瓷基复合材料的界面设计 [C]. 全国复合材料学术会议，2004.

[13] 何新波，杨辉，张长瑞，等. 连续纤维增强陶瓷基复合材料概述 [J]. 材料科学与工程，2002，2：273-278.

[14] 刘巧沐，黄顺洲，何爱杰. 碳化硅陶瓷基复合材料在航空发动机上的应用需求及挑战 [J]. 材料工程，2019，47 (2)：1-10.

[15] 张丛，曹剑武，燕东明，等. Al_2O_3/B_4C 复相陶瓷制备及其韧化机理的研究进展 [J]. 材料导报，2016，30 (S1)：445-448.

[16] 宋健波，张海军，王军凯，等. 碳纳米管增强陶瓷基复合材料的研究现状 [J]. 耐火材料，2017，51 (002)：152-156.